# Der Eigenbedarf

# mittlerer und großer Kraftwerke

Von

## Dr.-Ing. Alexander Roggendorf

Frankfurt a/M.

Mit 143 Abbildungen

Springer-Verlag

Berlin / Göttingen / Heidelberg

1952

ISBN-13: 978-3-642-92579-5          e-ISBN-13: 978-3-642-92578-8
DOI: 10.1007/978-3-642-92578-8

# Vorwort.

Der Plan, das vorliegende Buch zu schreiben, entstand während des letzten Krieges, als ich am Bau eines großen Dampfkraftwerkes und eines großen Hochdruckwasserkraftwerkes beteiligt war. Auch die Mitarbeit an früheren Projekten und langjährige Betriebserfahrung gaben Voraussetzungen dafür. Einige Erfahrungen wurden in der nur einem kleinen Personenkreis zugänglich gemachten Schrift „Der Eigenbedarf von Wärmekraftwerken" schon vor einigen Jahren niedergelegt. An der Abfassung dieser Schrift waren meine damaligen Mitarbeiter, die Herren Dipl.-Ing. G. STARKE und Ing. K. FISCHER beteiligt. Im Herbst 1950 fand ich nun Zeit, das alte Vorhaben durchzuführen. Die oben genannte kleine Ausarbeitung bildete zunächst den Ausgangspunkt. Nach kurzer Zeit der Bearbeitung sammelte sich aber eine Fülle von weiterem Material an, dessen Umfang um ein mehrfaches über jenes hinausging, das den Grundstock bildete. Es war mir in dieser Zeit Gelegenheit gegeben, mit zahlreichen Fachkollegen, vor allem aus dem Hause Siemens, Probleme der Eigenbedarfsversorgung von Kraftwerken zu diskutieren, oft in Fortsetzung früherer Zusammenarbeit auf diesem Gebiet. In diesem Zusammenhang wurden mir zahlreiche Bilder und Zeichnungen überlassen. Daraus ergaben sich naturgemäß viele Anregungen, die dem vorliegenden Buch zugute kamen. Auch die Abteilung „Kraftwerke und Kraftübertragung" der Allgemeinen Elektricitäts-Gesellschaft überließ mir außerordentlich umfangreiches und wertvolles Material. Unterlagen für die Bearbeitung von Teilaufgaben lieferten ferner die Röhren- und Gleichrichterfabrik der AEG, die Firma Voith, Brown, Boveri & Cie und einige Unternehmen, die große Kraftwerke betreiben. Letztere legten aber Wert darauf, nicht namentlich erwähnt zu werden. Allen genannten und nicht genannten Firmen und Kollegen bin ich zu großem Dank verpflichtet. Das von den Firmen erhaltene Bildmaterial habe ich den obigen Ausführungen gemäß in den Unterschriften gekennzeichnet. Wo ich wesentliche Veränderungen vornahm, ist dies besonders vermerkt.

Dem Hause Siemens verdanke ich ferner, daß mir die Möglichkeit geboten war, seine Literatursammlungen und anderen Hilfsmittel zu benützen, wodurch die Herstellung des Manuskriptes wesentlich gefördert wurde.

Dem Springer-Verlag bin ich für die wie üblich vorzügliche Ausstattung und reibungslose Abwicklung der Herausgabe dankbar.

Frankfurt/Main, im Dezember 1951.

**Alexander Roggendorf.**

# Inhaltsverzeichnis.

Inhaltsverzeichnis.                                                         V

# A. Einleitung.

Wärme- und Wasserkraftwerke gibt es in mannigfacher Ausführungsart und sehr verschiedener Zweckbestimmung. Die Eigenbedarfsversorgung solcher Werke ist eine Teilaufgabe der Gesamtplanung. Die Ausführungsformen und Arten der Eigenbedarfsversorgung haben aus dem Grunde zahlreiche Varianten. Zu den Einrichtungen des Eigenbedarfs in diesem Zusammenhang gehören die Energieleitungen und zum Teil auch Quellen für die Versorgung aller Hilfsmaschinen von Kraftwerken, die Antriebe dieser Hilfsmaschinen und im weiteren Sinne auch alle Einrichtungen zur Überwachung und Regelung. Bei der Mehrzahl dieser Einrichtungen handelt es sich um elektrische Maschinen und Apparate. Sie sollen hier mit Vorrang behandelt werden, während die nicht elektrischen Einrichtungen nur so weit besprochen werden sollen, als es zum Verständnis der Zusammenhänge und zum Zwecke der Abgrenzung notwendig erscheint. Alle elektrischen Einrichtungen von Kraftwerken, die direkt der Stromerzeugung und Fortleitung dienen, werden hier nicht betrachtet. Unter den Wärmekraftwerken unterscheidet man im wesentlichen etwa zwischen Kondensationskraftwerken und Gegendruckwerken. Die erstgenannte Ausführungsform kann als Grundlast- bzw. Fahrplan- oder Spitzenkraftwerk in Frage kommen. Gegendruckwerke sind vor allem in der Industrie weit gebräuchlich, aber auch für Städteheizung. Alle bisher genannten Varianten unterliegen auch in ihrer Ausführung und im Betrieb beispielsweise den Einflüssen, die mit den verwendeten Brennstoffen zusammenhängen. Bei den Wasserkraftwerken unterscheidet man in erster Linie hinsichtlich des Druckes zwischen Nieder- und Hochdruckwerken und dabei teilweise wieder zwischen Laufwerken, Speicherwerken und Kombinationen von beiden. Die Errichtung solcher Werke kann wesentlich beeinflußt sein von einem jahres- oder tageszeitlichen Ausgleich der Stromversorgung. Wenn auch die vorgenannte Aufzählung verschiedenster Variationen nicht auf Vollständigkeit Anspruch erhebt, so sollen doch schon diese kurzen Ausführungen zeigen, daß aus den verschiedenen Ausführungs- und Zweckbestimmungsformen der Kraftwerke sich sehr verschiedene Möglichkeiten der Auslegung des Eigenbedarfs ergeben. Es ist in diesem Buch beabsichtigt, möglichst alle Fragen, die in diesem Zusammenhang auftreten, zu erwähnen und, soweit dies allgemein möglich ist, auch zu klären. Es kann nicht erwartet werden, daß auch unter Einschränkung auf die genannten Varianten alle speziellen Lösungen aufgezeigt werden können, die wichtig oder denkbar sind. Es soll vielmehr versucht werden, allen an der Projektierung, Montage und Betrieb von Kraftwerken Beteiligten die erforderlichen Einflußgrößen aufzuzeigen und damit in die Lage zu setzen, bei speziell vorliegenden Projekten die wirtschaftlich und technisch beste Lösung zu finden. Aber auch dabei ist zu beachten, daß oft nicht nur eine, sondern mehrere Lösungsmöglichkeiten vorhanden sind, die oft nur wenige oder gar keine Gesamtvorteile gegeneinander aufweisen. Die persönliche Einstellung des projektierenden

Ingenieurs und des Betriebsmannes wird oft den Ausschlag geben. Wenn auch
versucht werden soll, diese Fragen möglichst allgemein und objektiv zu behandeln,
so wird sich doch nicht vermeiden lassen, daß in gewissen Fällen die persönliche
Ansicht des Verfassers im Vordergrund steht, zumal er aus eigener Praxis die
Aufgaben des projektierenden und des Betriebsingenieurs kennt. Daß aus diesem
Grunde auch im Verlauf des gesamten Buches immer wieder Beispiele herangezogen
werden, die der Verfasser aus eigener Praxis und damit am besten kennt, soll nicht
als Wertmaßstab angesehen werden. Gleichfalls soll dies nicht angenommen werden, wenn einzelne Fragen mit verschiedener Ausführlichkeit behandelt werden.

In den folgenden Ausführungen sollen in erster Linie die heutigen Voraussetzungen des Kraftwerkbaues behandelt werden. Es wird sich aber nicht vermeiden lassen, vor allen Dingen auch zur Begründung der heutigen Grundsätze
auf frühere Ausführungen zurückzugreifen. In den letzten 20 Jahren hat fast die
gesamte Kraftwerks- und besonders die elektrische Ausrüstung erhebliche Fortschritte in jeder Richtung gemacht. Einmal sind die Kraftwerke, die heute gebaut
werden, größer, verwenden auch, sofern es sich um Wärmekraftwerke handelt,
fast ausschließlich höhere Drücke. Ferner ist aber insofern auch eine Wandlung
eingetreten, als man heute mehr als früher damit zu rechnen hat, daß eng oder
enger vermaschte Netze von den neuen Kraftwerken gespeist werden. Damit
hat man bei den Hauptschaltanlagen im allgemeinen auch höhere Kurzschluß-
Abschaltleistungen zu berücksichtigen. Sofern die Eigenbedarfsversorgung irgendwie mit dem gespeisten Netz zusammenhängt, hat man auch dort mit höheren
Kurzschluß-Abschaltleistungen zu rechnen. Die elektrotechnischen Firmen, vor
allen Dingen in Deutschland, haben aber etwa im gleichen Zeitraum neue Leistungsschalter mit wesentlich vergrößerter Abschaltleistung entwickelt, wozu
in erster Linie Druckgas-, Expansions-, Ölströmungsschalter usw. gehören. Nach
Überwindung der mit Neuentwicklungen immer verbundenen Kinderkrankheiten
haben diese Schaltgeräte auch für die Errichtung von Eigenbedarfsanlagen neue
Möglichkeiten gegeben. Inzwischen wurde auch der früher ausschließlich vorhandene Ölschalter in seiner Abschaltleistung wesentlich verbessert. Dies gab
die Möglichkeit, den neuen Anforderungen überhaupt erst Rechnung zu tragen,
so daß es heute möglich ist, die Mittel für die Herabsetzung der Kurzschluß-
Abschaltleistungen oft in wesentlich geringerem Umfang zu verwenden[1]. Im
gleichen Schritt mit der Entwicklung der Hochleistungsschalter ging auch die
Entwicklung von Meßwandlern und Instrumenten. Ein noch wesentlich größerer
Einfluß auf die Ausgestaltung der Eigenbedarfsnetze ging aber von der inzwischen
wesentlich weiter entwickelten Relaistechnik aus. In den zwanziger Jahren war
dieser Zweig der Elektrotechnik noch verhältnismäßig unentwickelt. Man rechnete
bei den Leistungsschaltern der Hauptgeneratoren etwa mit Auslösezeiten bis
zu 10 sec. Die von den Kraftwerken gespeisten Netze waren vorwiegend als
Strahlennetze aufgebaut. Ihr Schutz bestand im wesentlichen aus unabhängig

---

[1] Größere Kraftwerke, die vor dem Anfang der dreißiger Jahre gebaut wurden, bevor
also Leistungsschalter größerer Abschaltleistungen zur Verfügung standen, wurden oft mit
Leistungsschaltern zu geringer Abschaltleistung ausgerüstet. Auch die Forschung über diese
Dinge war noch nicht allzu weit gediehen. In diesen Zeiten traten dann auch oft verhältnismäßig schwere Störungen auf, deren Häufigkeit erst nach Einführung der neuen Schaltgeräte
wieder zurückging.

verzögerten Überstromrelais, so daß durch die dadurch erforderliche Zeitstaffelung die Schalter im Kraftwerk die soeben genannten langen Auslösezeiten haben mußten. Der Distanzschutz war damals nur in einem bescheidenen Umfang vorhanden, hat sich heute aber bis zu einem sehr hohen Stand entwickelt, und da andererseits die gespeisten Netze immer mehr vermascht wurden, ergab der Einsatz moderner Distanzschutzrelais die Möglichkeit, Kurzschlüsse aller Arten in Bruchteilen von Sekunden aus dem Netz selektiv herauszulösen. Mit solchen Kurzschlüssen verbundene Spannungsabsenkungen wirken sich heute also, falls Eigenbedarfsnetze mit dem Hauptnetz zusammenhängen, wesentlich weniger gefährlich auf den Eigenbedarfsbetrieb aus als früher. Das soeben Gesagte gilt zwar in einem verhältnismäßig großen Umfang, vor allen Dingen für Netze der öffentlichen Stromversorgung und zuweilen auch für Industrienetze. Bei Großindustriekraftanlagen, deren Hauptsammelschienenspannung gleichzeitig Verteilungsspannung und Betriebsspannung für zahlreiche Hochspannungsmotoren im Werk ist, ist es im Gegensatz zu den obigen Ausführungen oft nicht ohne weiteres möglich, die früher verwendeten unabhängigen Überstromzeitrelais an den Generatorschaltern des Kraftwerkes durch Distanzschutzrelais zu ersetzen, die von den Stromwandlern im Sternpunkt der Generatoren aus messen. Die in solchen Netzen, vor allen Dingen in Kabelnetzen vorhandenen Impedanzen sind für die Meßgenauigkeit der Distanzrelais oft zu klein. Verwendet man aber, genau wie früher, für die Hauptschalter im Kraftwerk unabhängig verzögerte Überstromrelais, so kann man heute vielleicht mit etwas geringeren Auslösezeiten als 10 sec rechnen, im Grunde genommen trifft aber die gleiche Voraussetzung wie früher zu. Dies bildet leicht den Anlaß zu sogenannten intermittierenden Kurzschlüssen oder Pendelerscheinungen, die bis zu einer Gesamtdauer von einigen Minuten das Netz beunruhigen bzw. stören können. Netzzusammenbrüche können dabei leicht eintreten. Es handelt sich hierbei um Kurzschlüsse zwischen zwei Maschinengruppen eines Kraftwerkes oder zwischen zwei verschiedenen Kraftwerken. Es tritt dann leicht folgendes Spiel auf: Am Kurzschlußort verschwindet die Spannung bis auf einen geringen Rest. Beide Maschinengruppen bzw. Kraftwerke laufen mit verschiedenen Geschwindigkeiten bzw. Winkelbeschleunigungen oder Verzögerungen weiter. Der die Relais anregende Strom verläuft in Schwebungen, die unter Umständen kürzer sind als die Auslösezeiten. Die Relais ziehen also an und fallen wieder ab, das Spiel wiederholt sich, es kommt aber zu keiner Auslösung. Es ist dabei klar, daß bei Anschluß von Eigenbedarfsnetzen an das Hauptnetz sich damit große Unsicherheiten für die Eigenbedarfsversorgung ergeben. Man kann sich aber auch entsprechend der heutigen hochentwickelten Relaistechnik in solchen Fällen helfen. In diesem Zusammenhang sind die dem Kraftwerk am nächsten benachbarten Kurzschlüsse am unangenehmsten. Man kann die Zeiten für die selektive Ausscheidung der Kurzschlüsse auch in solchen Fällen herabsetzen, wenn man beispielsweise die gesamte Kraftwerks-Hauptsammelschiene durch einen Sammelschienenvergleichsschutz evtl. auch abschnittsweise erfaßt. Dann werden Sammelschienenkurzschlüsse schon einmal mit kurzen Zeiten in der Größenordnung von Bruchteilen von Sekunden ausgelöst, und der Eigenbedarf ist entsprechend weniger gefährdet. Einen noch höheren Grad der Sicherheit erreicht man, wenn man die vom Kraftwerk ausgehenden Hauptspeiseleitungen zu den Verteilungsstützpunkten bzw. zu Nachbarkraftwerken mit einem Kabelvergleichsschutz versieht. Dann werden auch Kurzschlüsse auf diesen Verbindungsleitungen schnell herausgelöst. Durch eine solche Projektierung nimmt der unabhängig verzögerte Überstromschutz mehr die Stelle eines Reserveschutzes an.

Es kann nicht Zweck dieser Ausführungen sein, die elektrotechnischen Ausrüstungsgegenstände, die in Eigenbedarfsnetzen Verwendung finden, mit allen Einzelheiten zu schildern. Es wird nur möglich sein, spezielle Dinge zu bringen, die mit dem Eigenbedarf im Zusammenhang stehen. Dies soll nicht ausschließen, daß auch manche Dinge, die neuerdings erst verwendet werden, oder deren Verwendung empfehlenswert ist, auch etwas eingehender behandelt werden, als es nach der soeben gemachten Voraussetzung zu erwarten ist.

Die folgenden Ausführungen beziehen sich auf große und mittlere Kraftwerke mit Leistungen herab bis auf etwa 10 MW, wobei naturgemäß eine Abgrenzung nicht sehr scharf sein kann. Viele der behandelten Probleme gelten aber auch für kleinere Kraftwerke. Auf die Behandlung von Sonderfragen solcher kleinen Kraftwerke wurde aber verzichtet.

## B. Größe der Eigenbedarfsleistung.

Bei Dampfkraftwerken ist die für die Eigenbedarfsdeckung nötige Leistung abhängig von zahlreichen Einflußgrößen, in erster Linie von der Kraftwerksleistung selbst. Sie wird aus diesem Grunde meist in Prozenten dieser Leistung angegeben. Dies hat aber nur einen Sinn bei Kondensationskraftwerken, die praktisch keinen Dampf erzeugen, der für andere Zwecke außer der Stromerzeugung dient.

Bei Gegendruck- und Gegendruck-Kondensationswerken ist eine geeignete Bezugsgröße überhaupt nicht recht zu definieren. Außerdem sind Höhe des Gegendruckes und Aufteilung des erzeugten Dampfes für Kondensationsstromerzeugung und Abgabe an ein Dampfnetz auf die Eigenbedarfsgröße von Einfluß. Wird in einem solchen Werk gar kein Kondensationsstrom erzeugt, so wäre die Kesselleistung als Bezugsgröße brauchbar. Solche Werke kommen aber selten vor. Nach ELLRICH [5][1] wird für Steinkohlenfeuerung als mittlerer Eigenbedarf angegeben:

für Mitteldruckkessel (30 bis 40 at)<br>
mit natürlichem Wasserumlauf . . . etwa   6,5 kWh/t Dampf<br>
für Hochdruckkessel<br>
mit natürlichem Wasserumlauf . . .  ,,   11,5   ,,    ,,<br>
mit Zwangsdurchlauf . . . . . . .  ,,   12,0   ,,    ,,<br>
bei LÖFFLER-Kesseln . . . . . . . .  ,,   19,5   ,,    ,,

Bei Braunkohlenfeuerung sind diese Werte um etwa 0,4 kWh/t Dampf höher. Bei Hochdruckanlagen kommen Abweichungen von $\pm 18\%$ von den angegebenen Mittelwerten vor, bei Mitteldruckanlagen ist die mögliche Abweichung doppelt so groß.

Außer der erzeugten Leistung spielen bei der Ermittlung der Größe des Eigenbedarfs eine Rolle die Anzahl und die Art der Kessel, ihrer Feuerungen, Größe und Anzahl der Maschinen, das Vorhandensein von natürlichem Zug bzw. der Anteil davon je nach Schornsteinhöhe, die Art der Rauchgasabsaugung usw. Der Einfluß des Dampfdruckes ist verhältnismäßig gering. Abb. 1 zeigt [12] die

---

[1] Die in [ ] gesetzten Ziffern weisen auf das Literaturverzeichnis Seite 218 hin.

Abhängigkeit des Eigenbedarfs vom Dampfdruck für Kondensationswerke. Man ersieht daraus, daß die Eigenbedarfsleistung in erheblichen Grenzen schwankt und daß der Druckeinfluß von anderen Einflußgrößen weit übertroffen wird.

Zahlentafel 1. *Einflußgrößen auf den Eigenbedarf eines Dampfkraftwerks* [12].

| | % |
|---|---|
| 1. Kesselart (Mehr gegen Naturumlaufkessel)[1] | |
|     Zwangsdurchlauf- (BENSON- oder SULZER-) Kessel . . . . . . . . . . | 3 bis 4 |
|     Zwangsumlauf- (LA MONT-) Kessel . . . . . . . . . . . . . . . | 6 „ 7 |
|     LÖFFLER-Kessel . . . . . . . . . . . . . . . . . . . . . . . | 50 „ 60 |
| 2. Zugführung (Zweizugkessel braucht mehr als Einzugkessel) . . . . . . . | etwa 10 |
| 3. Zugerzeugung (Mehr gegen natürlichen Zug eines Schornsteins von 150 m Höhe) | |
|     Saugzug . . . . . . . . . . . . . . . . . . . . . . . . . . | 10 bis 20 |
|     Unterwind . . . . . . . . . . . . . . . . . . . . . . . . . | 10 „ 20 |
| 4. Feuerungsart (Mühle braucht mehr als Rost) . . . . . . . . . . . | 20 |
| 5. Entstaubung (Zyklon braucht mehr als Elektrofilter) . . . . . . . . . | 10 bis 20 |
| 6. Speisewassertemperatur 200° C braucht mehr als 100° C am Saugstutzen | |
|     der Speisepumpe bei rund 100 at Kesseldruck . . . . . . . . . . . | 1,6 |
| 7. Kondensation (Rückkühlung braucht meist mehr als Flußwasserkühlung) | etwa 3 |
| 8. Zusätzlicher Bedarf für Versorgung eines Braunkohlentagebaues einschließ- | |
|     lich Kohlenbahn . . . . . . . . . . . . . . . . . . . . . . | 20 bis 60 |

Es ist hierzu zu betonen, daß die angegebenen Leistungen tatsächlich im Betrieb benötigte Leistungen sind und die Verhältniszahlen auf die tatsächlich gefahrenen Kraftwerksleistungen (Dauernutzleistungen) bezogen werden. Die Anschlußwerte sind 1,25- bis 2 mal so groß. Auch hierfür gibt es zahlreiche Einflußgrößen. Geht man von mittleren Verhältnissen aus, wie sie etwa durch die Kurve *a* in der obigen Abbildung bezeichnet sind, so sind in der obigen Zahlentafel 1 die Grö-ßen des Einflusses auf den Eigenbedarf eines Dampfkraftwerkes gegeben. Der mittlere Eigenbedarf beträgt dabei laut Abb. 1 etwa 5 bis 6 % der Kraftwerks-dauerleistung je nach Dampfdruck der Anlage. Abb. 2 zeigt, wie sich der Eigen-bedarf etwa aufteilt. Bei Betrachtung dieses Bildes darf aber nicht vergessen werden, daß es sich um ein Beispiel han-delt, da, wie wir soeben in der Zahlen-

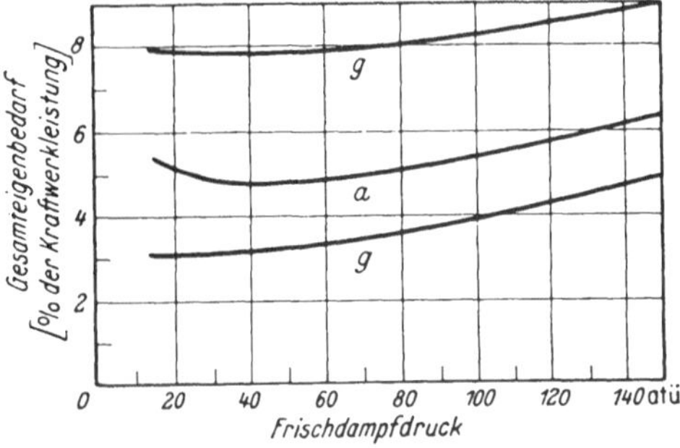



Abb. 1. Abhängigkeit des Eigenbedarfs vom Dampf-druck. Linie *a* für mittlere Verhältnisse, Linien *g* als Grenzlinien nach SCHRÖDER [33] [30].

tafel 1 sahen, von Fall zu Fall je nach der Ausrüstungsart des Kraftwerkes be-achtliche Verschiebungen auch in den Anteilen der Leistung möglich sind. Bei kritischer Betrachtung des soeben besprochenen Zahlenmaterials ist es also nicht sehr sinnvoll, dieses Material für andere als allgemein vergleichende Betrachtungen brauchbar anzusehen. Eine für die Ausführung brauchbare Unterlage ergibt sich immer erst nach Festlegung der Kraftwerksausrüstung, vor allem der Haupt-antriebe im Kessel-, Pumpen- und Maschinenhaus. Einige Angaben über den Leistungsbedarf von einzelnen Kraftwerksantrieben sind noch im Abschn. G zu finden. Die obigen und an anderer Stelle des Buches zu findenden Angaben

---

[1] SCHMIDT-Kessel sind in diesem Zusammenhang wie Naturumlaufkessel zu bewerten.

über Leistungen des Eigenbedarfs entstammen vorwiegend Originalarbeiten, die etwa vor 10 Jahren und mehr erschienen sind. Sie sind dadurch heute keinesfalls entwertet. Aber auch neuere Erhebungen, die vorwiegend etwa auch Höchstdruckkraftwerke modernster Ausführung berücksichtigen würden, würden ähnliche Toleranzen der Zahlenwerte ergeben, ohne die Größenordnung wesentlich zu verändern. Die absolute Änderung würde also sicherlich von dem Bereich der Toleranzen überdeckt werden. Die Auslegung der Kessel und auch anderer Teile der Kraftwerksausrüstung hat, wie wir schon sahen, wesentlichen Einfluß auf die Eigenbedarfsgröße. Eine Schilderung solcher Beziehungen würde weit in das Gebiet beispielsweise der Kesselplanung eingreifen. Dazu gehören z. B. Zusammenhänge zwischen Errichtungskosten von Kesseln und Eigenbedarfsgröße. Auch alle technologischen Fragen der Arbeitsmaschinen, die an den Kesseln benötigt werden, gehören dazu. Die Abstimmung dieser Einflüsse und ihre systematische Behandlung muß aber Werken überlassen werden, die die Dampferzeugung selbst behandeln (vgl. z. B. [26]).

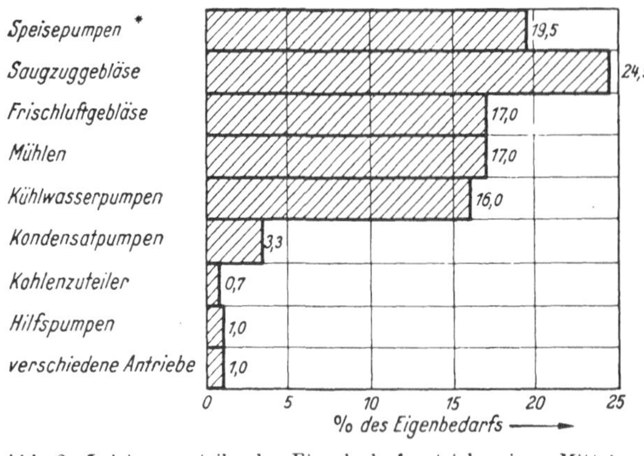


Abb. 2. Leistungsanteile der Eigenbedarfsantriebe eines Mitteldruckdampfkraftwerkes (Beispiel!).
* Bei rein elektrischem Antrieb der Speisepumpen wird der Anteil größer.

## C. Auswahl der Antriebe.

### 1. Vergleich zwischen Dampf- und elektrischem Antrieb.

Bei der Auslegung des Eigenbedarfs handelt es sich um zahlreiche verschiedene Antriebe, die sich hinsichtlich der angeforderten Leistung, der Sicherheit, der Drehzahl und der Regelbarkeit stark unterscheiden. Es wurde versucht, alle bei Kraftwerken vorkommenden Anforderungen in der Zahlentafel 2 zusammenzustellen. Dort sind für die einzelnen Abteilungen eines Kraftwerkes die hauptsächlichsten Antriebe aufgeführt. Nach den zur Verfügung stehenden Erfahrungen wurde in dieser Zahlentafel verzeichnet, welche Antriebsarten, d. h. elektrische oder Dampfantriebe, möglich sind bzw. hauptsächlich in Frage kommen. In den folgenden Spalten sind auch, soweit es bei einer derartig allgemeinen Aufstellung möglich ist, die Wichtigkeit der Versorgung, die Arten der Antriebsmaschinen und, soweit es sich um elektrische Antriebe handelt, die Spannungen genannt, an die die einzelnen Maschinen angeschlossen werden können. Ebenso wurde verzeichnet, von welchen Netzteilen die betreffenden Antriebsmotoren gespeist werden und mit welchen Auslösungsarten (Ruhestrom- oder Arbeitsstromauslösung) ihre Motorschutzschalter auszurüsten sind. Sofern eine Regelung bei den einzelnen Antrieben notwendig ist, wurde diese auch in der Zahlentafel mit aufgeführt. Bei den in der Zahlentafel gleichfalls genannten Dampfantrieben ist in der Regel verzeichnet worden, wo sowohl elektrischer als auch Dampfantrieb möglich ist. Es wurde dabei zunächst nicht entschieden, ob die eine oder andere Antriebsart vorzuziehen ist. Diese Frage muß gesondert geprüft werden, und zwar in erster Linie im Zusammenhang mit dem Wärmeschaltbild, das der Planung des Gesamtkraftwerkes zugrunde zu legen ist. Weitere Gesichtspunkte, die auch bei der Ausrüstung von Antrieben zu berücksichtigen sind, sind Sicherheit, Wirtschaftlichkeit, Regelbarkeit und betriebliches Verhalten. Auf die genannte Zahlentafel wird noch später in anderem Zusammenhang zurückzukommen sein. Ein Beispiel für die räumliche Verteilung der Eigenbedarfsantriebe über den Querschnitt eines Dampfkraftwerkes zeigt Abb. 3. Auch die räumliche Verteilung der Eigenbedarfsleistung ist stark abhängig vom speziellen Gesamtentwurf des Kraftwerkes.

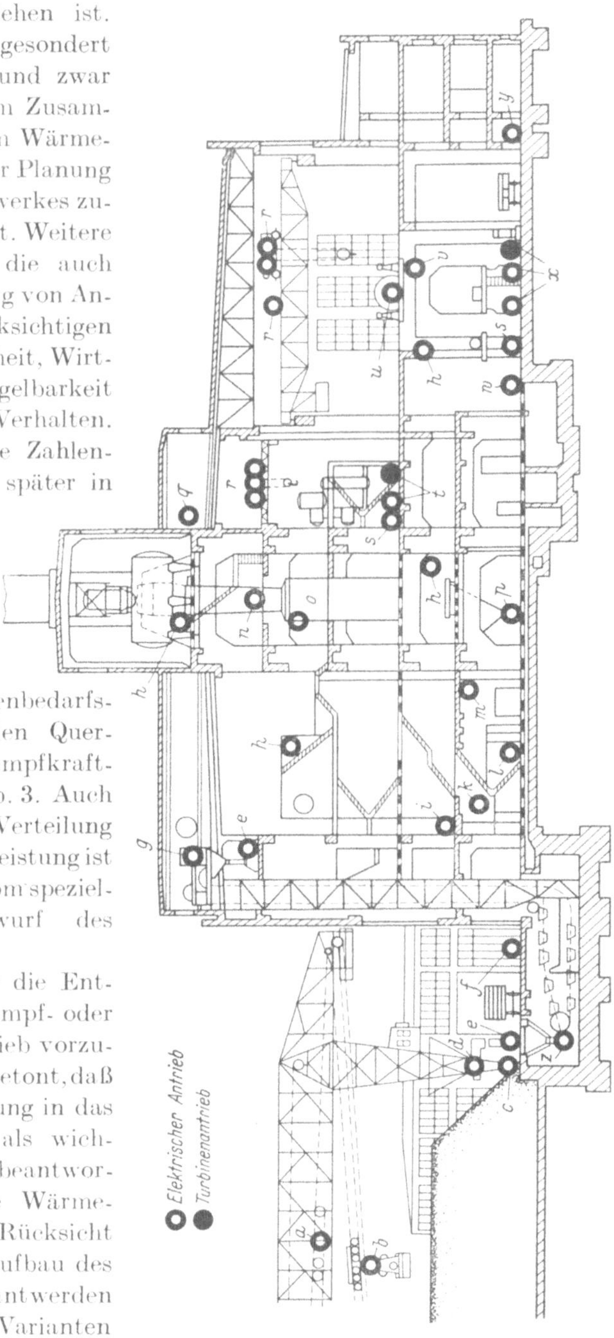


Abb. 3. Anordnung der Hilfsantriebe in einem Dampfkraftwerk (nach SCHRÖDER [36]).

*a* Brücke, *b* Greifer, *c* Fahrwerk, *d* Zuteiler, *e* Band, *f* Wasseraufbereitung, *g* Becherwerk, *h* Schieber, *i* Rostantrieb, *k* Zweitluft, *l* Unterwind, *m* Rostklopfer', *n* Saugzug, *o* Klopfer, *p* Entaschung, *q* Elektrofilter, *r* Kran, *s* Verdampfer- bzw. Vorwärmer- od. Kondensatpumpen, *t* Kesselspeisepumpe, *u* Drehvorrichtung, *v* Ölpumpe, *w* Kühler, *x* Kondensatpumpe, *y* Belüftung, *z* Füllwerk

Es wurde für die Entscheidung, ob Dampf- oder elektrischer Antrieb vorzuziehen ist, schon betont, daß dabei die Einfügung in das Wärmschaltbild als wichtigste Frage zu beantworten ist. Da die Wärmeschaltbilder mit Rücksicht auf den Gesamtaufbau des Kraftwerkes geplant werden und zahlreichen Varianten unterliegen, seien hier nur einige Beispiele von ausgeführten Wärmeschaltbildern gebracht. Abb. 4 zeigt ein Wärmeschaltbild eines Höchstdruckkondensations-

Zahlentafel 2. *Antriebsarten für*

| Anlageteil | Art des Antriebes | Wichtigkeit des Antriebes | Antriebsmaschine | Art der Spannung | | | |
|---|---|---|---|---|---|---|---|
| | | | | 6 kV | 0,5 kV | 0,38 0,22 kV | 220 V Gl. Spannung |
| **Bekohlung** | | | | | | | |
| Verladebrücke bei Lagerung im Freien | E | b | Drehstrommotor | | × | × | |
| Räumwagen bei Hochbunker . . . | E | b | ,, | | × | × | |
| Baggergerät bei Tiefbunker . . . . | E | b | ,, | | × | × | |
| Brecheranlage . . . . . . . . . | E | b | ,, | | × | × | |
| Kohletransportbänder . . . . . . | E | b | ,, | | × | × | |
| **Zentralmahlanlage** | | | | | | | |
| Mühle . . . . . . . . . . . . | E | b | ,, | × | | | |
| Fördereinrichtungen . . . . . . . | E | a | ,, | | × | × | |
| **Feuerung** | | | | | | | |
| Einzelmühle . . . . . . . . . . | E | a | ,, | × | × | × | |
| Zuteiler . . . . . . . . . . . | E | a | ,, | | × | × | |
| Wanderrost . . . . . . . . . . | E | a | ,, | | × | × | |
| Muldenrost-Druckölpumpen . . . . | E | a | ,, | | × | × | |
| Entaschungseinrichtung . . . . . . | E | b | ,, | | × | × | |
| Elektrische Gasreinigung . . . . . | E | b | ,, | | × | × | |
| **Gebläse** | | | | | | | |
| Saugzug . . . . . . . . . . . | E | a | ,, | × | × | × | |
| Saugzug . . . . . . . . . . . | D | a | Mehrstufige Turbine | | | | |
| Unterwind . . . . . . . . . . | E | a | Drehstrommotor | × | × | × | |
| **Kesselpumpen** | | | | | | | |
| Speisepumpe . . . . . . . . . | E | a | ,, | × | | | |
| Speisepumpe . . . . . . . . . | D | a | Mehrstufige Turbine | | | | |
| Umwälzpumpe . . . . . . . . . | E | a | Drehstrommotor | × | × | × | |
| Kessel-Füllpumpe . . . . . . . . | E | b | ,, | | × | × | |
| Primär-Nachspeisepumpe . . . . . | E | b | ,, | | × | × | |

*Eigenbedarfsanlagen in Wärmekraftwerken.*

| Art des Anschlusses | | | | | Art der Regelung | Bemerkungen |
| :---: | :---: | :---: | :---: | :---: | --- | --- |
| Allgemeines Netz r | Gesich. Netz r | Gesich. Netz f | Steuer-Drehstrom[1] | Batterie-Anschluß | | |
| × | | | | | Schleifringläufer mit Kontroller | |
| × | | | | | | |
| × | | | | | Für Fahrwerk Gleichstrommotor m. LEONARD-Schaltg. | |
| × | | | | | | |
| × | | | | | | |
| × | | | | | | |
| | | × | | | Regelgetriebe, auch Gleichstr.-Motor m. LEONARD-Schaltg. | |
| | | × | | | | 6 kV bei großen Einheiten, für Notantrieb gegebenenfalls Kleindampfturbine |
| | | × | | | Regelgetriebe, auch Gleichstr.-Motor m. LEONARD-Schaltg., auch Frequenzregelung | |
| | | × | | | Mit Rost-Stufengetriebe, auch Gleichstrommotor m. LEONARD-Schaltung und Rost-Stufengetriebe. PIV Getriebe | |
| | | × | | | | |
| × | × | | | | | |
| | | × | | | Vorwiegend Leitschaufel- oder Klappensteuerung, auch hydraulisches Getriebe oder Drehstrom-, Reihen- und Nebenschlußmotoren | 6 kV bei großen Einheiten |
| | | | | | Mit Turbinensteuerung (Düsengruppenregelung) | Für Großkessel auch Zentralsaugzuganlagen, jedoch selten |
| | | × | | | Vorwiegend Leitschaufel- oder Klappensteuerung | 6 kV bei großen Einheiten, evtl. auch Dampfantrieb bei dampfgetriebener Saugzuganlage |
| | | × | | | Drosselregelung | Bei elektrischem Hauptantrieb oft Dampfnotantrieb vorhanden |
| | | | | | Mit Turbinensteuerung (Düsengruppenregelung) | |
| | | × | | | | Für Sonderkessel (LÖFFLER, LA MONT) 6 kV bei großen Einheiten, bei elektrischem Antrieb Dampfnotantrieb erforderl., auch rein. Dampfantrieb |
| × | | | | | | |
| × | | | | | | Für SCHMIDT-HARTMANN-Kessel |

*Zahlentafel 2.*

| Anlageteil | Art des Antriebes | Wichtigkeit des Antriebes | Antriebsmaschine | Art der Spannung | | | |
|---|---|---|---|---|---|---|---|
| | | | | 6 kV | 0,5 kV | 0,38 0,22 kV | 220 V Gl. Spannung |
| **Maschinenhaus** | | | | | | | |
| Kühlwasserpumpe . . . . . . . . | E | a | Drehstrommotor | × | × | × | |
| Kühlwasserpumpe . . . . . . . | D | a | Mehrstufige Turbine | | | | |
| Kondensatpumpe . . . . . . . . | E | a | Drehstrommotor | | × | × | |
| Hilfsölpumpe . . . . . . . . . | E | a | Gleich- oder Drehstrommotor | | × | × | × |
| Drehzahl-Verstelleinrichtung . . . . | E | a | ,, | | | × | × |
| **Wasserversorgung** | | | | | | | |
| Rohwasser-, Hydrantenpumpen . . | E | a | Drehstrommotor | × | × | × | |
| Trinkwasserpumpen . . . . . . . . | E | a | ,, | | × | × | |
| **Zusatzwassererzeugung** | | | | | | | |
| Verdampfer-, D-Umformer-Speise- pumpen . . . . . . . . . . . . | E | a | ,, | | × | × | |
| Schlammumwälz-, Dosierpumpen . . | E | b | ,, | | × | × | |
| Rührvorrichtungen . . . . . . . . | E | b | ,, | | × | × | |
| **Betriebsüberwachung** | | | | | | | |
| Meßtafeln (Kessel-, Maschinen-, Pumpenhaus, Wasserreinigung) . . | E | a | | | | × | × |
| **Regel- und Steuereinrichtungen** | | | | | | | |
| a) Kesselhaus | | | | | | | |
| Reduzierstation . . . . . . . . . . | E | a | Drehstrommotor | | × | × | |
| ,, . . . . . . . . . . . | E | a | Gleichstrommotor | | | | × |
| Ölpumpen für hydr. Kesselregelung | E | a | Drehstrommotor | | × | × | |
| ,, ,, ,, ,, | E | a | Gleichstrommotor | | | | × |
| Elektrische Kesselregelung . . . . . | E | a | | | | × | |
| b) Elektrischer Betrieb | | | | | | | |
| Ladeumformer . . . . . . . . . . | E | a | Drehstrommotor | × | × | × | |
| Drucklufterzeuger für Schaltanlagen- steuerung . . . . . . . . . . . | E | a | ,, | | × | × | |
| Umformer für Steuerdrehstrom . . | E | a | Gleichstrommotor | | | × | × |
| Blinklichtumformer . . . . . . . . | E | a | Drehstrommotor | | | × | |
| Zusatzkühlung für Transformatoren | E | a | ,, | | × | × | |
| **Allgemeines** | | | | | | | |
| Werkstätten . . . . . . . . . . | E | b | ,, | | × | × | |
| Kompressoren . . . . . . . . . . | E | b | ,, | × | × | × | |
| Aufzüge und Kräne . . . . . . . . | E | b | ,, | | × | × | |

$E$ = Elektrischer Antrieb, $D$ = Dampfantrieb, $a$ = lebenswichtiger Eigenbedarf,

[1] Siehe Abschnitt L5, S. 189.

(Fortsetzung.)

Art des Anschlusses (erste fünf Spalten): Allgemeines Netz *r* · Gesichertes Netz (*r* / *f*) · Steuer-Drehstrom[1] · Batterie-Anschluß.

| Allgemeines Netz *r* | Gesich. Netz *r* | Gesich. Netz *f* | Steuer-Drehstrom[1] | Batterie-Anschluß | Art der Regelung | Bemerkungen |
|---|---|---|---|---|---|---|
| | | × | | | Drosselregelung | 6 kV bei großen Einheiten, bei Zentralpumpwerken auch drehzahlregelbarer Motor vertretbar |
| | | × | | | Mit Turbinensteuerung (Düsengruppenregelung) | Bei Dampfantrieb der Kühlw.-Pumpe auch auf gemeinsamer Welle |
| | | × | × | × | | Bei Dampfantrieb Kleinturbine |
| | | | × | × | | |
| | | × | | | | 6 kV bei großen Einheiten |
| | × | | | | | |
| | × | | | | | |
| × | | | | | | |
| × | | | | | | |
| | | | × | × | | |
| | | × | × | | | |
| | | | | × | | Automatisch einschaltbar |
| | × | | | | | |
| | | | | × | | „          „ |
| | | | × | | | |
| | | × | | | | 6 kV bei großen Einheiten, Auslösung „*f*" nur dann, wenn Umformer mit als Fremderregermasch. vorgesehen |
| | × | | | × | | Versorgung erfolgt über Gleichrichter aus Drehstromnetz, bei Notbetrieb von Batterie |
| | | | × | | | |
| | | × | | | | |
| × | | | | | | |
| × | | | | | | 6 kV bei großen Einheiten |
| × | | | | | Schleifringläufer mit Kontroller | |

*b* = weniger wichtiger Eigenbedarf, *r* = Ruhestromauslösung, *f* = mit Arbeitsstromauslösung

Lebenswichtiger Eigenbedarf liegt vor, wenn Ausfall die Kraftwerksleistung sofort beeinträchtigt, weniger wichtiger Eigenbedarf, wenn dies nicht der Fall ist.

Kraftwerkes bei reinem elektrischem Antrieb der Hilfsmaschinen (nach KAISS-
LING) und Abb. 5 (nach HENCKY und KAISSLING) das Wärmeschaltbild des Kraftwerkes Thalheim mit Dampfantrieb der Kesselspeise- und Kühlwasserpumpen.
Es würde hier zu weit führen, die Vor- und Nachteile der beiden extrem gegen-
einanderstehenden Ausführungsmöglichkeiten zu schildern. Dies gehört mehr zur
Projektierung der Kessel- und Maschinenanlage. Für den in Abb. 5 genannten
Fall hat die Praxis erwiesen, daß die Verwendung der dampfangetriebenen
Kesselspeise- und Kühlwasser-
pumpen erhebliche Vorteile hinsichtlich der gesamten Wärme-
wirtschaft des Kraftwerkes und
auch genügend Vorteile hinsichtlich der Sicherheit der installierten Anlagen gebracht haben.
Die Abb. 6 zeigt den Einbau
von dampfangetriebenen Kesselspeisepumpen, Kühlwasser- und
Kondensatpumpen in das Wärmeschaltbild eines Großkraftwerkes.
Es handelt sich dabei um das
Prinzipschaltbild des Kraftwerkes Bitterfeld. Auch hier haben
sich in gleicher Weise wie in Thalheim, und zwar in noch längerer
Betriebszeit als dort, die Vorteile
des Dampfantriebes herausgestellt. Es ist zwar nicht beabsichtigt, hier alle Fragen, die mit der
Einfügung von Dampfantrieben
in das Wärmeschaltbild zusammenhängen, zu behandeln. Um
aber anzudeuten, wie vielfältig
die Überlegungen sein können,
die man bei der Klärung dieser
Fragen anzustellen hat, sei hier
an Hand der Abb. 7 wenigstens

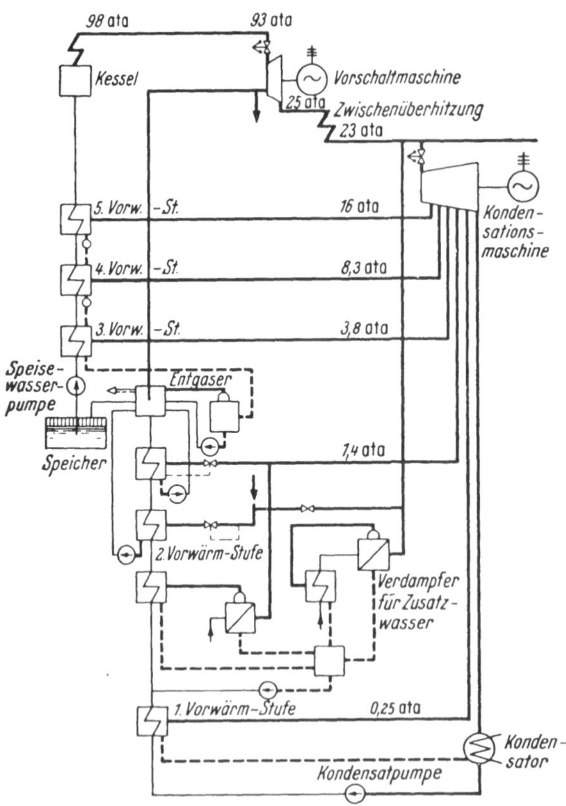


Abb. 4. Wärmeschaltbild eines Höchstdruck-Kondensations-
werkes bei rein elektrischem Antrieb der Hilfsmaschinen
(nach KAISSLING).

in kurzer Darstellung einiges besprochen. Bei dem in dieser Abbildung gezeigten
Wärmeschaltbild handelt es sich um ein 70 at-Kraftwerk mit Maschineneinheiten von
45 MW. Die Kesselspeisepumpen-Antriebsturbine ist hier zwischen 70 und 16 ata
geschaltet. Trotz der relativ geringen Leistung der Kesselspeisepumpe von nur
1200 kW und des hohen Frischdampfdruckes ist der Betrieb der Turbopumpe in bestimmten Lastbereichen noch günstiger als der elektrische Antrieb. Bis zu Leistungen von etwa 26 MW der Hauptmaschine ist der Turboantrieb vorteilhaft, weil bei
geringen Lasten die oberste Anzapfung der Hauptmaschine für die Vorwärmung
nicht einsetzbar ist, da der Druck noch zu niedrig ist. Hat man eine elektrisch angetriebene Speisepumpe, so ist in diesem Betriebsbereich der Dampf für die Vorwärmung aus dem Frischdampfnetz zu reduzieren, während bei Turbinenantrieb der

nötige Dampf als Abdampf anfällt. Bei Betrieb zwischen 26 und 36 MW liegt der
Gesamtwirkungsgrad der elektrisch angetriebenen Pumpe höher als bei Turbinenantrieb. Bei Belastungen der Hauptmaschine über 36 MW liegt der Druck an der
ungeregelten obersten Entnahmestufe der Hauptmaschine schon so hoch, daß zur

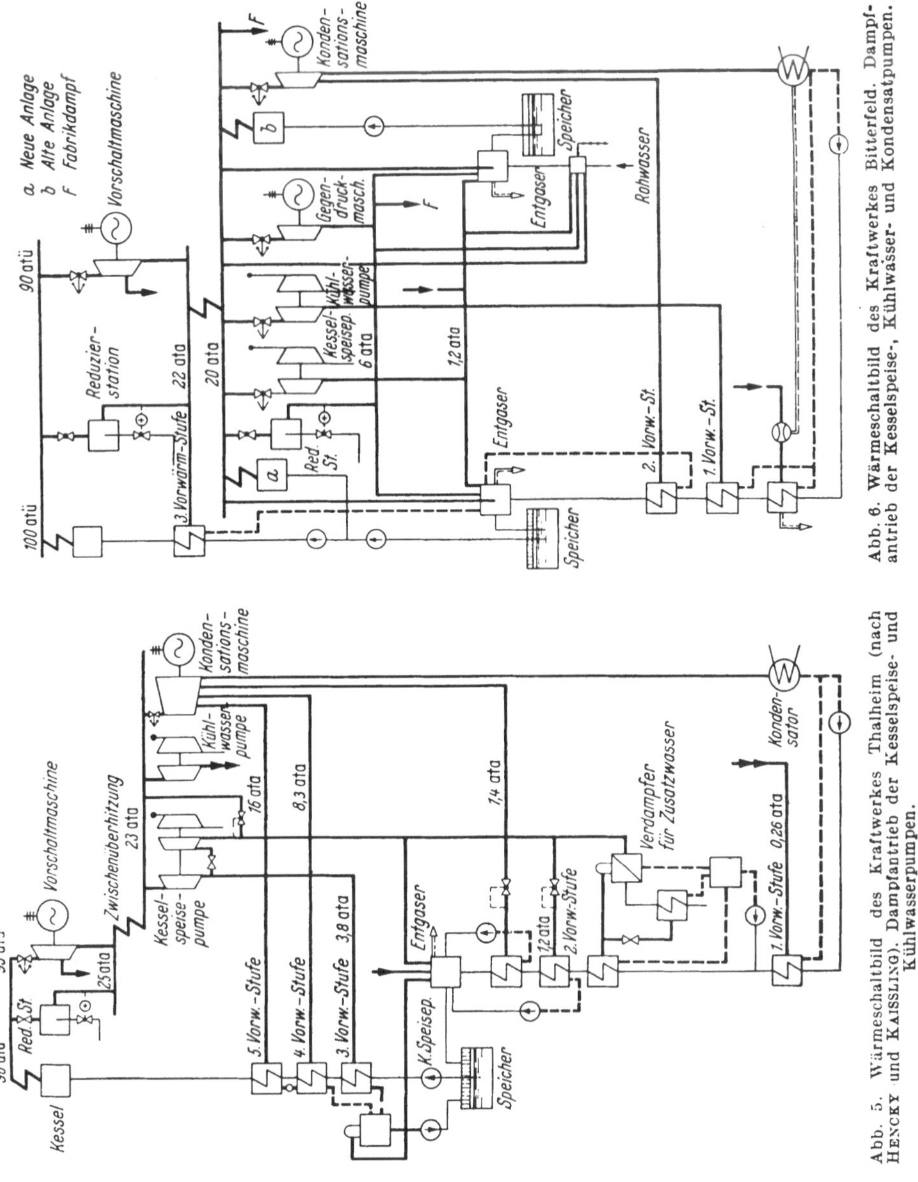


Abb. 6. Wärmeschaltbild des Kraftwerkes Bitterfeld. Dampfantrieb der Kesselspeise-, Kühlwasser- und Kondensatpumpen.

Abb. 5. Wärmeschaltbild des Kraftwerkes Thalheim (nach
HESCKY und KAISSLING). Dampfantrieb der Kesselspeise- und
Kühlwasserpumpen.

Speisung der Vorwärmung dieser Dampf reduziert werden müßte. Der Turboantrieb der Speisepumpe ist dann also wieder wirtschaftlicher. Die Unterschiede,
bezogen auf den Gesamtwärmeverbrauch des Kraftwerkes, schwanken in den
erwähnten Lastbereichen zwischen 0 und etwa 1,5 %. Wird bei der hier besprochenen
Schaltung nicht vorwiegend ein bestimmter Lastbereich gefahren, so könnten

sich Vor- und Nachteile der einen oder anderen Antriebsart im Mittel weitgehend
ausgleichen, so daß ein wärmewirtschaftlicher Vorteil irgendeiner Antriebsart
der Speisepumpe nicht errechenbar ist. Ob die anfallenden Dampfmengen für die
Vorwärmung ausreichend sind oder nicht, gehört natürlich auch zu den hier angedeuteten Überlegungen. Wesentliche Schwierigkeiten können z. B. in Abhängigkeit von der Belastung des Kraftwerkes entstehen, wenn die Belastung der Speisepumpe bzw. die anfallenden Dampfmengen aus der Antriebsturbine der Pumpe zum

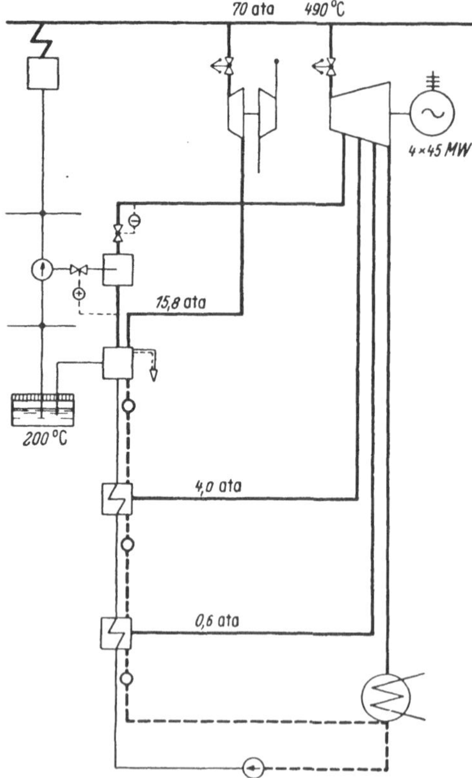


Abb. 7. Einfügung der Kesselspeisepumpen in das
Wärmeschaltbild eines 70 at Kondensationskraftwerkes mit 4 Maschinensätzen zu je 45 MW.

Bedarf der Vorwärmung nicht passend
sind. Wie sich die Verhältnisse und
damit die Gesichtspunkte für die Entscheidung für die eine oder die andere
Antriebsart verändern, wenn man z. B.
noch die Anschaffungskosten mit-
betrachtet, wird noch weiter unten angedeutet werden. Hier kam es aber
mehr darauf an, den großen Bereich
der Betrachtungen anzudeuten, der
einer Entscheidung zugrunde zu legen
ist. Deswegen soll auch die Abb. 7
nicht etwa als besonders typisches
Wärmeschaltbild angesehen werden.
Zur Frage Dampf- oder elektrischer
Antrieb ist in den folgenden allgemeinen Ausführungen zu sagen:

Bei Dampfantrieb der Hilfsmaschinen wird die Forderung nach möglichst
großer Sicherheit der Energieversorgung
sehr weitgehend erfüllt. Lassen sich
Dampfantriebe in das Wärmeschaltbild
weniger günstig einbauen und wählt
man aus diesem Grunde elektrischen
Antrieb für lebenswichtige Maschinen,
dann ist es oft zweckmäßig, auf den
Dampfantrieb in Form einfachster Turbinen zur Reserve zurückzugreifen,
wobei weniger Wert auf optimale Wirtschaftlichkeit zu legen ist, als erhöhtes
Gewicht auf sofortige Betriebsbereitschaft. In manchen Fällen wird bei Dampfantrieb nach Störungen ein schnelles und glattes Wiederingangkommen möglich
sein. Elektrische Antriebe sind fast immer billiger und leichter zu erstellen
und anzuschließen. Der elektrische Antrieb kann mit beliebiger Sicherheit
eingerichtet werden, wobei aber der Grad der Sicherheit oft nur mit steigen-
den Installationskosten erreichbar ist. Die Sicherheit hängt dabei in erster
Linie von der Art der zur Verfügung stehenden Stromquelle ab. Bei Hilfsmaschinen mit Dampfantrieb haben äußere Umstände auf die Energieversorgung einen verhältnismäßig geringen Einfluß. Dies ist in erster Linie dann zu
berücksichtigen, wenn ein Kraftwerk ohne Fremdstromanschluß für sich beispielsweise einen abgeschlossenen Industriekomplex zu versorgen hat. Bei Kraft-

werken in Verbundnetzen ist es leichter möglich, den Grad der Sicherheit elektrischer Antriebe heraufzusetzen. Eine weitere Frage, die bei der Einrichtung von Dampfantrieben nicht außer acht gelassen werden darf, ist darin zu sehen, daß bei plötzlichen Laststeigerungen durch sinkenden Kesseldruck das Antriebsmoment der Hilfsantriebe verringert werden kann.

In bezug auf Wirtschaftlichkeit ist der elektrische Antrieb ganz allgemein bei allen kleineren Hilfsmaschinenaggregaten überlegen, da bei kleinen Leistungen die Dampfturbinen zur Zeit nur mit schlechtem Wirkungsgrad ausführbar sind. Bei größeren Leistungen, vornehmlich über etwa 200 kW, wie sie z. B. für Kesselspeisepumpen und Kondensationspumpwerke benötigt werden, ist der Dampfantrieb dem elektrischen gleichwertig, wenn nicht überlegen. In diesem Falle können die Antriebsturbinen mehrstufig gebaut und mit Düsengruppenregelung versehen werden. Derartige Turbinen arbeiten mit gutem Wirkungsgrad, der dem von elektrischen Antriebsmaschinen unter Berücksichtigung der Verluste für Stromzuführung ohne weiteres gleichkommt. Die Anlagekosten für die Eigenbedarfsleistung betragen nach SCHULT [41] etwa 500,— bis 600,— RM pro kW (Preisniveau der dreißiger Jahre), wovon die Hälfte der Kosten auf die anteilige Kraftwerksleistung von der

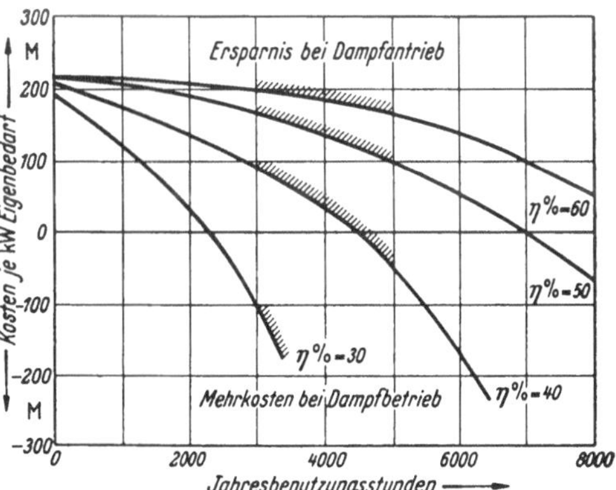


Abb. 8. Wirtschaftlicher Vergleich von Dampf- und elektrischem Antrieb, bezogen auf Kosten je kW Eigenbedarf bei veränderlichem Wirkungsgrad $\eta$ der Dampfturbine [41].

Kohlenförderung bis zu den Hauptsammelschienen, die von der Nutzleistung des Werkes in Abzug kommt, entfällt. Die zweite Hälfte wird durch die Verteilung im Kraftwerk selbst bis zu den einzelnen Antriebsmotoren, und zwar ausschließlich dieser, beansprucht. Bei der Verwendung des Dampfantriebes können diese Kosten bei gutem Wirkungsgrad der Hilfsmaschinen um 25 bis 30% gesenkt werden. Dieser Vorteil nimmt bei großen Leistungseinheiten mit relativ hohem Eigenbedarf und hohem Betriebsdruck weiter zu. In den Kosten für den Dampfantrieb ist die anteilige Kesselleistung und das zugehörige Rohrleitungsnetz enthalten. Die Abb. 8 zeigt die Ersparnisse bzw. die Mehrkosten bei Verwendung von Dampfantrieben gegenüber elektrischen Antrieben bei verschiedenen Wirkungsgraden $\eta$ der Turbinen und bei verschiedenen Benutzungsdauern der Antriebe. Da nur größere Turbinen mit gutem Wirkungsgrade ausführbar sind, ist aus der Abbildung ersichtlich, daß für den Normalbetrieb nur ihre Anwendung gegenüber elektrischem Antrieb in Betracht zu ziehen ist. Andererseits kann entnommen werden, daß Hilfsturbinen, die nur bei Störungen kurzzeitig angewendet werden sollen, gleichfalls vorteilhaft sein können, auch wenn ihr Wirkungsgrad niedrig, dafür aber ihre Benutzungszeit gering ist. Bei der Errichtung von ausgesprochenen Spitzenkraftwerken sind die hier aufgezeigten Beziehungen besonders zu beachten. Ferner kann man aus dem Diagramm folgern, daß nur ein geringer Anteil aus der Anzahl aller Eigenbedarfsantriebe für Dampfantrieb in Frage kommt, da ja immer die Mehrzahl der Antriebe kleine Leistungen und die für sie in Frage kommenden Turbinen nur schlechte Wirkungsgrade haben. Das Diagramm und die obigen Angaben entstammen einer Originalarbeit, die vor etwa 20 Jahren erschienen ist. Bei einer heute oft anzutreffenden anderen Größenordnung von Kesseln und Turbinen und vor allem bei wesentlich geänderten Preisen haben sich die Voraussetzungen natürlich geändert. Die aus dem Diagramm gezogenen Schlüsse berücksichtigen deswegen nur die aus den Kurven entnehmbaren grundsätzlichen Zusammenhänge. Die angegebenen absoluten Ersparnisse sind kaum noch als gültig anzusehen. Infolgedessen kann an Hand der meisten neueren Projekte besonders für größere Kondensationskraftwerke gesagt werden, daß die relativen Vorteile des Dampfantriebes sich verringert haben, teilweise sogar verschwunden sind oder sich auch ins Gegenteil verwandelt haben, je nach den Änderungen gegenüber den Voraussetzungen der seinerzeitigen Veröffentlichung. Eine erschöpfende Behandlung dieser Verhältnisse gehört mehr zur Gesamtplanung von Kraftwerken und kann aus diesem Grunde hier nur andeutungsweise gebracht werden. Dampfantriebe gestatten eine einfache Drehzahlregelung und sind viel stärker überlastbar als elektrische Antriebe. Was das Verhalten im Betrieb anbetrifft, so ist der elektrische Antrieb bis auf die Drehzahlregelung im Vorteil. Seine Wartung ist einfach, er ist unempfindlich gegen Staub und Schmutz, ferner ist er im Platzbedarf bescheidener. Auch bei schwierigen örtlichen Verhältnissen, wo die Aufstellung eines Dampfantriebes nicht möglich ist, läßt sich der elektrische Antrieb meist ohne weiteres unterbringen. Bei reinem elektrischen Antrieb der Hilfsmaschinen bietet die Einfügung der Speisewasservorwärmung in das Wärmeschaltbild keine Schwierigkeiten. Die Speisewasservorwärmung wird dann mit Anzapfdampf aus den Hauptturbinen vorgenommen (Beispiel Wärmeschaltbild für ein 100 atü-Kondensationskraftwerk mit 5 Anzapfungen der Hauptmaschinen, Abb. 4).

Bei sehr großen Kraftwerken, die in Blockschaltung, also in der Zusammenfassung von Kesseln, Maschinen und Transformatoren einschließlich aller Teile, die zu ihrem Betrieb direkt erforderlich sind, arbeiten und dabei Blockleistungen in der Größenordnung von etwa 100 MW aufweisen, ist der rein elektrische Antrieb wiederholt vorgeschlagen worden, besonders in den Fällen, wo man den Dampf vom Höchstdruck bis zur Kondensation meist mit, gelegentlich aber ohne Zwischenüberhitzung in einer einzigen Maschine entspannt. Sofern man die Eigenbedarfsversorgung genügend sicher macht, indem man z. B. im Normalfall als Speisepunkt die Generatorklemmen und bei Störungen evtl. durch Umschaltung die Klemmen benachbarter Maschinen benutzt, ist ein solches Vorgehen vertretbar. Die Speisewasservorwärmung geschieht dann, wie schon oben angedeutet wurde, ausschließlich durch Anzapfung der Hauptmaschinen an mehreren Stufen. Sowohl die elektrischen als auch die Wärmeschaltbilder werden dabei sehr einfach. Auch die Anschaffungskosten wurden bei der Durchrechnung verschiedener Projekte als günstig befunden, vor allem deswegen, weil man bei dieser Bauweise die Errichtungskosten pro installiertes kW sehr senken konnte.

Die Eingliederung der Speisewasservorwärmung in den Wärmekreislauf des Kraftwerkes ist beim Vorhandensein von dampfangetriebenen Hilfsmaschinen schwerer durchführbar. Wie die Erfahrung gezeigt hat, ist die organische Eingliederung noch möglich, wenn etwa knapp die Hälfte (Leistungsanteil) des Eigenbedarfs Dampfantrieb erhält. Es hat sich bei vielen Projekten und ausgeführten

Anlagen als wirtschaftlich herausgestellt, die großen Eigenbedarfsleistungen, wie sie bei Kesselspeisepumpen und Kondensationsantrieben vorliegen, mit Dampfantrieb auszurüsten. Die Ausdehnung des Dampfantriebes auch auf die Saugzüge, Feuerungsmühlen usw. ist, da dann der anfallende Dampf der Hilfsmaschinen nur noch schwer unterzubringen ist, meistens nicht mehr wärmewirtschaftlich. Als Beispiel für obige Art der Unterteilung des Eigenbedarfs ist das Kraftwerk Thalheim anzuführen (Abb. 5). Da durch den Pumpenabdampf zwei Stufen der Speisewasservorwärmung übernommen werden, braucht die Hauptmaschine im Gegensatz zum Beispiel nach Abb. 4 nur noch dreimal angezapft zu werden, was sich vorteilhaft auf die Gestaltung des Turbinengehäuses auswirkt.

Zu den Vorteilen des elektrischen Antriebes gehört bei den kleineren Leistungen unzweifelhaft der geringere Anschaffungspreis und die geringeren Instandhaltungskosten. Bei größeren Leistungen ist eine Gegenüberstellung von elektrischen und Dampfantrieben unter Würdigung aller schon erwähnten sonstigen Einflußgrößen zu empfehlen. Auch die Betriebskosten sollen dabei nicht außer acht gelassen werden. Die Wartung der Elektromotoren ist einfacher als der Dampfantriebe. Die Reparatur von Motoren ist oft durch eigene Werkstätten möglich, zumal es sich in überwiegender Anzahl um Drehstrom-Kurzschlußmotoren handelt. Defekte Lager sind leicht an Ort und Stelle auswechselbar. Die Neuwicklung von Ständern ist gleichfalls leicht möglich. Dagegen ist die Reparatur z. B. des Laufzeuges von Dampfturbinen im eigenen Betrieb schon sehr schwierig. Kurzschlußläufer von Motoren einschließlich ihrer verschiedenen Abarten erleiden praktisch keinen Verschleiß, von Lagerschäden abgesehen. Erst wenn diese bei mangelnder Aufsicht zu weit um sich greifen, ist auch mit Schädigung des Läufer- und Ständerpaketes zu rechnen. Die leichte Feststellbarkeit der Leistungsbzw. Stromaufnahme ist ein sehr angenehmes Betriebsmittel zur Feststellung des ordnungsgemäßen Arbeitens der angetriebenen Maschinen.

Die obigen Ausführungen mögen also gezeigt haben, daß die weitaus überwiegende Anzahl der Maschinen des Eigenbedarfs elektrisch angetrieben wird. Bei einigen größeren Antrieben ist eine allgemeine Festlegung oder Entscheidung für die eine oder andere Antriebsart nicht gegeben. Zahlreiche Einflußgrößen machen ein sorgfältiges Abwägen erforderlich. Nur der Rechnung zugängliche Einflüsse zu berücksichtigen, ist bedenklich, da dann beispielsweise das Betriebsverhalten kaum richtig eingeschätzt werden könnte. Es ist aber nicht erforderlich, solche Überlegungen für jedes einzelne Kraftwerksprojekt mit allen Feinheiten anzustellen. Dagegen ist es empfehlenswerter, an Hand vor allem ähnlich ausgeführter, aber auch gut durchgearbeiteter Pläne ähnlicher Werke vergleichende Betrachtungen anzustellen und für gewisse Gruppen von Kraftwerken gefundene Lösungen allgemeiner zu verwenden.

Bei der Betrachtung zahlreicher neuer Projekte und in der Ausführung begriffener Anlagen von Hochdruckkondensationswerken ist die Tendenz feststellbar, daß man auf Grund der oben im Prinzip erläuterten Überlegungen vielfach dem elektrischen Antrieb aller Eigenbedarfsmaschinen den Vorzug gegeben hat. Auch für Reservezwecke wird Dampfantrieb seltener herangezogen. Bei Industrie- und Heizkraftwerken mit einem wesentlichen Anteil von Gegendruckdampferzeugung ist eine solche Entwicklungsrichtung nicht im gleichen Umfang vorhanden.

## 2. Auswahl der Art der Motoren in mechanischer und elektrischer Hinsicht.

Die schon oben erwähnte Zahlentafel 2 zeigt die Antriebsarten, die in Wärmekraftwerken vorkommen. Bei Kraftwerken handelt es sich beinahe ausnahmslos um verhältnismäßig rauhe Betriebe, bei denen die Motoren vielfach auch der Einwirkung von Wasser oder Wasserdampf unterliegen, so daß grundsätzlich mindestens eine spritzwassersichere Ausführung erforderlich ist. Oft ist aber eine geschlossene Ausführungsart notwendig. Eigene Betriebserfahrungen lassen es wünschenswert erscheinen, für Dampfkraftwerke, besonders solche in der Nachbarschaft von chemischer Industrie oder Braunkohlengruben mit Tagebaubetrieb, generell geschlossene Motoren mit Oberflächenkühlung[1] zu verwenden. Auch an Stellen solcher Kraftwerke, wo die Anwendung derartiger Motoren aus technologischen Gründen nicht unbedingt erforderlich ist, ziehe ich diese Ausführungsform vor, und zwar u. a. deswegen, weil dann für das gesamte Kraftwerk eine einzige Bauserie verwendet werden kann, möglichst von der gleichen Lieferfirma. Die Vorteile einer solchen Projektierungsweise liegen in der geringeren Reservehaltung für den gesamten Motorenpark, aber auch für Einzelteile der Motoren. Diese Verringerung der Betriebs- und zum Teil auch der Anschaffungskosten für Reservezwecke wird zwar mehr als aufgehoben durch den höheren Preis der geschlossenen oberflächengekühlten Motoren gegenüber den nur geschützt ausgeführten Bauarten, ergibt aber eine einheitliche Ausrüstung, deren Vorteile nicht allein auf Grund der Anschaffungskosten zu werten sind. Ganz allgemein ist es aber ausreichend, wenn man die Bauform der Motoren an die Gegebenheiten des speziellen Aufstellungsortes anpaßt, also geschützte oder geschlossene Motoren je nach ihrer Gefährdung durch die Umgebung auswählt.

Ein zweiter Gesichtspunkt für die Auswahl der Antriebsmotoren liegt in der Wahl ihrer Charakteristik. Der größte Teil der Antriebsmotoren wird mit Kurzschlußläufern ausgerüstet mit den Varianten Wirbelstrom bzw. Stromdämpfungsläufer. Die normalen serienmäßigen Motorentypen sind für die meisten Fälle ausreichend für alle Drehzahlen, Anlauf- und Antriebsmomente, die in Kraftwerken vorkommen. Es sind wenige Fälle bekannt, wo in dieser Hinsicht Sonderausführungen nötig sind. Die Zahlentafel 2 weist aber noch eine Reihe von Antrieben nach, bei denen eine Regelung erforderlich ist. Es ist nun grundsätzlich möglich, die Regelbarkeit in den Motor selbst zu legen. Für derartige Zwecke stehen Drehstrom-Kollektormotoren, Gleichstrom-Nebenschlußmotoren mit Regelung durch Feldschwächung und Gleichstrommotoren zur Verfügung, die aus LEONARD-Umformern gespeist werden. Bei allen Motoren mit Kollektoren ist zu beachten, daß ihr Betrieb in den oft verschmutzungsreichen Anlageteilen von Kraftwerken wenig erfreuliche Betriebsumstände nach sich zieht. Der Verbrauch von Kohlebürsten soll bei der Beurteilung des Betriebsverhaltens nicht außer acht gelassen werden, da die Aufwendungen dafür einen wesentlichen Teil der durch guten Wirkungsgrad erzielten Ersparnisse aufheben können. Die Aufwendungen beim LEONARD-Antrieb werden recht umfangreich. Hinsichtlich des selbsttätigen Wiederanlaufes nach Störungen sind die soeben erwähnten Arten elektrischer

---

[1] Diese Motoren werden meist in der Form ausgeführt, wie sie die Abb. 89 u. 108 zeigen. Bei größerer Leistung erhalten sie aber heute oft auch die Form von gekapselten, röhrengekühlten Motoren lt. Abb. 30 u. 86.

Regelantriebe gegenüber normalen Kurzschlußläufermotoren sehr benachteiligt. Die Regelantriebe der vorbezeichneten Arten müssen gewöhnlich nach Spannungszusammenbrüchen oder Einsenkungen wieder besonders angelassen werden. Man hat aus diesem Grunde schon frühzeitig versucht, die Regelbarkeit des Antriebes auf andere Weise zu erreichen. Bekannte Maßnahmen dafür sind Getriebe mit oder ohne Stufenregelung. Die Praxis mindestens der letzten 15 Jahre hat eindeutig gezeigt, daß brauchbare Getriebeformen und -arten auf den Markt gekommen sind, die die Regelprobleme ungemein vereinfacht und sich jetzt auch schon in jahrelangem Betrieb bewährt haben. Es wird dabei sowohl an Stufengetriebe als auch an kontinuierlich regelbare Getriebe oder regelbare Flüssigkeitskupplungen gedacht. Vergleicht man Einheiten aus solchen Getrieben und Drehstrom-Kurzschlußmotoren mit den sonst üblichen rein elektrischen Regelantrieben (LEONARD-Schaltung, Drehstom-Kollektormotoren, frequenzgesteuerte Maschinensätze, Gleichstrom-Nebenschlußregelmotoren oder Drehstrom-Schleifringmotoren), dann ist mindestens dem Betriebsmann die erste Variante meist zusagender. Derartige Antriebe laufen ohne Schwierigkeiten nach Stromunterbrechungen oder Spannungsabsenkungen wieder an, ohne daß dazu ein Eingriff von Hand nötig ist oder eine besondere Automatik erforderlich wäre. Es muß aber berücksichtigt werden, ob ein solches Verhalten in jedem Fall erwünscht ist, d. h. ob nach einer Spannungsabsenkung in der vorherigen Regelstellung weitergefahren werden soll.

Als eine besondere Ausführungsform des Kurzschlußläufermotors darf der polumschaltbare Motor nicht unerwähnt bleiben. Seinem Verhalten nach ist er identisch mit einem gewöhnlichen Kurzschlußmotor. Durch Umschalten der Ständerwicklung auch während des Betriebes erfüllt er gleichzeitig die Funktion eines Stufengetriebes.

Eine andere Möglichkeit, die sich auch immer mehr eingeführt hat, ist die Querschnittsregelung des umzuwälzenden Betriebsmittels. Für diesen Fall sei beispielsweise die Klappen- oder Leitschaufelregelung für Unterwind und Saugzug genannt oder die Drosselregelung bei Pumpen aller Art. Gegen Klappen- und Drosselregelung wird oft ins Feld geführt, daß sie mit höheren Betriebsverlusten verknüpft ist (vgl. Abschn. C 3 c und G 3 und Abb. 96 und 97). Allein von diesem Gesichtspunkt aus kann diese Frage aber nicht entschieden werden. Man darf nicht nur die Höhe der Verluste und damit die Betriebskosten betrachten, sondern muß auch überlegen, wie bei den verschiedenen Regelarten im praktischen Betriebe der Zeitwirkungsgrad aussieht. Für die Erzielung eines guten Betriebsergebnisses ist unbedingt zu beachten, daß oft Regeleinrichtungen mit hohem Wirkungsgrad im Betrieb empfindlicher sind. In Kraftwerken, bei denen die Kessel fast immer mit Normallast durchlaufen, wie z. B. in chemischen Werken, ist auf guten Wirkungsgrad der Lüfter bei Teillasten kein allzu hoher Wert zu legen. Die einfachste Klappenregelung ist dort meistens die beste, da sie nur selten benutzt wird und ihr an sich geringer Wirkungsgrad nur von unbedeutendem Einfluß auf die Gesamtwirtschaftlichkeit ist. Hat man in einer Anlage mehrere gleichartige Kessel zur Verfügung und nimmt man die Mehrzahl der Kessel mit Normallast in Betrieb, wobei ein oder wenige Kessel die Regelung zu übernehmen haben, dann kann eine Regelung einfach unter Hinnahme auch größerer Einzelverluste sein. Der Gesamtwirkungsgrad und die Vorteile im Betrieb können dann immer noch ausreichend sein.

Wählt man aber z. B. bei Lüftern an Stelle der einfachen Querschnitts- eine Leitschaufelregelung, so ergeben sich auch günstigere Wirkungsgrade, ohne daß der gesamte Antrieb in seinem Aufbau komplizierter[1] wird. Zahlreiche Ausführungsbeispiele aus dem letzten Jahrzehnt haben also erwiesen, daß für den Eigenbedarf von Kraftwerken alle Motoren mit Regelung ein immer geringeres Anwendungsgebiet gefunden haben und der robusten Ausführung als Kurzschlußläufermotoren in Verbindung mit Getriebe-, Drossel- oder Leitschaufelregelung haben weichen müssen. Aus dem Betriebsergebnis des Kraftwerkes Bitterfeld sei z. B. erwähnt, daß Saugzug- und Unterwindmotoren mit Klappenregelung Betriebszeiten von 9000 Stunden und mehr erreicht haben, ohne daß an dem Antrieb auch nur die geringste Reparatur oder Wartungsarbeit erforderlich war. Es ist vollkommen ausgeschlossen, derartige Betriebszeiten mit Motoren zu erreichen, die zum Zwecke der Regelung mit Schleifringen oder Kollektoren ausgerüstet sind.

Die Anwendung von Schleifringläufern für Regelzwecke hat gleichfalls, wie auch sonst bei industriellen Antrieben, in den Kraftwerken einen immer kleineren Anwendungsbereich gefunden. Das Wiederanlaufen nach Spannungszusammenbrüchen ist ohne weiteres nicht möglich und muß durch Eingreifen von Hand oder mittels einer Automatik erfolgen. Schleifringläufermotoren für Regelzwecke sind aber im Gegensatz zu den Drehstrom-Kollektormotoren und LEONARD-Antrieben auch noch infolge des schlechten Wirkungsgrades und der Momentenverminderung weniger empfehlenswert (vgl. Zahlentafel 5). Wegen eines allzu hohen Anlaufmomentes braucht man heute kaum noch auf Schleifringläufermotoren zurückzugreifen. Man hat, wie schon oben angedeutet wurde, heute listenmäßige Kurzschlußmotoren mit genügendem Anzugsmoment zur Verfügung. Eine früher oft geübte Rücksichtnahme auf hohe Anlaufströme von Kurzschlußmotoren ist heute mindestens in Großkraftwerken nicht mehr nötig. Wenn, wie eingangs schon gesagt, heute auch die Eigenbedarfsnetze höhere Leistungen und damit auch Kurzschlußabschaltleistungen haben, so ist das nur ein oft nicht genügend gewürdigter Vorteil in Hinsicht auf die viel allgemeinere Möglichkeit der Anwendung von Kurzschlußmotoren. Rücksichtnahmen auf Lichtschwankungen sind auch kaum mehr nötig. Wie später noch erwähnt werden wird, ist es ohnehin besser, die Licht- und Kraftversorgung von Kraftwerken zu trennen. Für die Verwendung in Eigenbedarfsanlagen gelten für die Auswahl von Motoren kaum andere Regeln als auch sonst. Besonders schwer anlaufende Antriebe kommen selten vor, doch sind bei manchen Kraftwerksantrieben nicht nur die Leerlauf-, sondern auch die Vollastmomente beim Anlauf zu berücksichtigen. Bei Unterbrechungen der Stromzufuhr oder bei Spannungsabsenkungen müssen z. B. die Motoren der Bekohlungsanlage auch imstande sein, voll beladene Bandstraßen wieder zum Anlaufen bzw. zum Wiederhochlaufen auf normale Drehzahl zu bringen (vgl. nächsten Abschnitt). Bei Pumpen zur Förderung von Asche-Wasser-Gemischen kommen gelegentlich Verklemmungen durch größere Schlackenteile zwischen Pumpenläufer und Gehäuse vor. Hier ist keinesfalls der Antrieb so groß zu wählen, daß er imstande ist, die Verklemmung oder Verstopfung wieder zu lösen. Dies könnte nur dazu führen, die Arbeitsmaschinen

---

[1] Auf sorgfältige Ausführung der dauernd bewegten mechanischen Glieder ist mit Rücksicht auf möglichst geringen Verschleiß zu achten.

selbst zu beschädigen oder gar zu vernichten. Leichte Räumbarkeit solcher Antriebsmaschinen muß daher gefordert werden. Unter Umständen sind auch Vorkehrungen zu treffen, daß das meist nicht fachmännisch ausgebildete Bedienungspersonal nicht mehrere Einschaltversuche kurz hintereinander anstellt, was leicht dazu führen kann, die Motoren besonders an den Austrittsstellen der Wicklungen aus dem Eisenpaket zu beschädigen. Zahlreiche vorgekommene Motorendefekte dieser Art in der Spülentaschung eines Kraftwerkes traten nicht mehr auf, als man eine Sperrung der thermischen Auslöser der zugehörigen Motorschutzschalter eingeführt hatte. Diese konnte nur durch den Schichtelektriker aufgelöst werden. Er ließ ein Wiederanfahren nur noch zu, wenn die Motorwelle nach Reinigung der Aschenpumpe leicht beweglich war.

Ganz allgemein ist zu sagen, daß bei der Dimensionierung der Antriebe eine enge Zusammenarbeit zwischen dem Lieferanten der Antriebsmaschinen und der Motoren vom Bauherrn herbeigeführt werden muß. Es wird dadurch vermieden, daß die Motoren weder über- noch unterdimensioniert werden, beides wäre für den Betrieb nachteilig. Unterbemessene Motoren führen zu unerwünscht langen Stillständen nach Spannungsabsenkungen und zu vorzeitigen Defekten infolge von Überlastungen. Überbemessungen verschlechtern den Leistungsfaktor und erhöhen unnötig die Anschaffungskosten. Man hat eine Zeitlang die Frage der Kompensation der Phasenverschiebung in Eigenbedarfsnetzen wohl etwas überbewertet. Gewiß ist eine möglichst kleine Phasenverschiebung für die Wirtschaftlichkeit des Betriebes erwünscht. Wenn sie aber nur durch komplizierte Einrichtungen, wie etwa durch Hintermaschinen kompensierte Drehstrom-Asynchronmotoren usw., erkauft wird, dann kann der erreichte Vorteil durch die möglicherweise geringere Betriebsbereitschaft und durch häufig notwendige Überholungsarbeiten wieder aufgehoben werden. Unter Würdigung aller Einflüsse auf den Betrieb kann die angestrebte Verbesserung sogar zu einer Verschlechterung werden. Bei der Aufzählung der verschiedenen Antriebe soll die Drehzahlregelung durch Veränderung der Frequenz unter Anwendung normaler Drehstrom-Asynchron-Kurzschlußmotoren nicht unerwähnt bleiben. Solche Regeleinrichtungen sind oftmals ausgeführt worden. Sie setzen einen Drehstromgenerator mit variabler Frequenz voraus. Zum Antrieb nimmt man z. B. eine Dampfturbine oder einen regelbaren Motor mit dem nötigen Drehzahlregelbereich. Von dem frequenzgeregelten Generator betreibt man über ein vom übrigen Netz getrennt verlegtes „frequenzgeregeltes Netz" verschiedene Drehstrom-Kurzschlußmotoren. Ihre Drehzahlen sind unter Beachtung ihrer Polpaarzahl im gleichen Bereich variabel wie die Frequenz bzw. die Drehzahl des speisenden Generators. Die Motoren sind voll ausgenutzt, wenn die Spannung etwa proportional der Frequenz ist. Will man von der Normalfrequenz sehr tief herabregeln etwa bis auf 1 : 10, dann ist zur Erreichung brauchbarer Drehmomente die Spannung etwas zu überhöhen. Ebenso sind die genügende Selbstlüftung und die geforderten Betriebs- und Anfahrmomente bei kleineren Drehzahlen zu untersuchen. Dies führt meist zu einer gewissen Überdimensionierung der Maschinen gegenüber den Verhältnissen bei nur normaler Frequenz und Drehzahl. Vorteilhaft bei einer solchen Einrichtung ist die gleichmäßige Regelung einer beliebigen Anzahl von normal ausgeführten Kurzschlußmotoren. Die Einzelregelung vieler Motoren wird also ersetzt durch die Regelung einer einzigen größeren Maschine, der Antriebsmaschine

Zahlentafel 3. *Motorenpark des*

8 VKW-Schmidt-Höchstdruckkessel, 1 Vorschalt-

| Anlageteil | Anzahl | Motorentype | Fabrikat | Leistung kW |
|---|---|---|---|---|
| **Bekohlung** | | | | |
| a) Baggergerät | | | | |
| Leonard-Umformer für Fahrwerk . . . | 2 | OR 671—4 | SSW | 9 |
| Fahrmotor . . . . . . . . . . . . | 2 | OG 56n | ,, | 1,1 |
| Eimerkette . . . . . . . . . . . . | 2 | OR 2061—8 | ,, | 64 |
| Leiterwinde . . . . . . . . . . . . | 2 | OR 671—8 | ,, | 5,7 |
| b) Bandanlagen | | | | |
| Magnetabschneider an den Bändern . . | 2 | OR 67b—4 | ,, | 11 |
| Kohlenbänder 1 und 2 . . . . . . . | 2 | OR 1371—8 | ,, | 22 |
| ,,    3 ,, 4 . . . . . . . . | 2 | OR 2061—8 | ,, | 58 |
| Kohlenbrecher 1 und 2 . . . . . . . | 2 | OR 1861—8 | ,, | 40 |
| Kohlenschüttelrost 1 und 2 . . . . . | 2 | OR 1171—8 | ,, | 12 |
| Kohlenbänder 5 und 6 . . . . . . . | 2 | OR 2062—8 | ,, | 90 |
| ,,    7 ,, 8 . . . . . . . | 2 | OR 1861—8 | ,, | 40 |
| Motorbremslüfter . . . . . . . . . | 4 | Eldro | AEG | |
| **Kesselhaus** | | | | |
| Saugzug . . . . . . . . . . . . . | 8 | MQUe 114a | BBC | 45 |
| Unterwind . . . . . . . . . . . . | 8 | MQUe 136a | ,, | 50 |
| Trägerkühlung . . . . . . . . . . . | 8 | KN 13/2 | EWK | 0,5 |
| Schlackenbrecher . . . . . . . . . | 16 | R 771—6 | SSW | 10 |
| Backenbrecher . . . . . . . . . . . | 1 | OR 1271—6 | ,, | 21 |
| Entaschungs- und Spülwasserpumpen . | 6 | R 1871—4 | ,, | 120 |
| Sperrwasserpumpen . . . . . . . . | 2 | R 65b—2 | ,, | 15 |
| Schlammwasserpumpen . . . . . . . | 2 | OR 47 S—4 | ,, | 3 |
| Synchronmotor für Gleichrichter der elektrischen Gasreinigung . . . . . . | 5 | Ry 55 S—4 | ,, | 1 |
| Klopfmotoren für Elektrofilter . . . . | 16 | OR 27d—4 | ,, | 1,1 |
| Kesselfüllpumpe . . . . . . . . . . | 1 | OR 1863—2 | ,, | 70 |
| Primärnachspeisepumpen mit Ölpumpen { | 3 | OR 1371—6 | ,, | 28 |
|  | 3 | OR 27n—6 | ,, | 0,42 |
| Reduzierstation . . . . . . . . . . | 2 | OR 37b—4 | ,, | 2,2 |
| Feuerungsölpumpen . . . . . . . . . | 3 | OR 1371—4 | ,, | 37 |
| Pumpen für Kesselregelung . . . . . { | 1 | DB 80/7 | AEG | 11 |
|  | 1 | GA 74a | ,, | 11 |
| **Maschinenhaus** | | | | |
| Kondensatpumpen . . . . . . . . . | 3 | DAM 532/6 | ,, | 60 |
| Hilfskondensatpumpen . . . . . . . | 3 | OR 47n—2 | SSW | 5,5 |
| Hilfsölpumpen . . . . . . . . . . | 3 | DB 90/2 | AEG | 22 |
| Rotordrehvorrichtung . . . . . . . . | 4 | A 4/6 (P 11) | ,, | 2,4 |
| Drehzahlverstellmotoren . . . . . . { | 3 | DA 020/2 | ,, | 0,22 |
|  | 1 | DA 0,75/4 | ,, | 0,44 |
| El.-Welle . . . . . . . . . . . . { | 1 | DA 0,35/2 | ,, | 12,5 cmkg |
|  | 3 | D 30/2 | ,, | 4,2 ,, |
| Kompressor . . . . . . . . . . . . | 1 | MQUe 178a | BBC | 125 |
| Hydrantenpumpen . . . . . . . . . | 1 | OR 2061—4 | SSW | 88 |
| Spritzwasserpumpen . . . . . . . . | 2 | OR 971—4 | ,, | 15,5 |
| Druckerhöhungspumpen . . . . . . . { | 2 | OR 2261—4 | ,, | 140 |
|  | 2 | OR 2061—4 | ,, | 88 |

*Kraftwerkes Thalheim, 1. Ausbau.*
maschine, 3 Kondensationsmaschinen je 33 MVA.

| Art der Spannung | | | | Allgemeines Netz | Gesichertes Netz | | Bei einheitlicher Projektierung (OR-Motoren von SSW) | |
|---|---|---|---|---|---|---|---|---|
| 500 V | 380/220 V | 380/220 V Steuerdrehstrom | 220 V Gleichspannung | r | r | f | Type | Leistung kW |
| × |  |  |  | × |  |  |  |  |
|  |  |  | × |  |  |  |  |  |
| × |  |  |  | × |  |  |  |  |
| × |  |  |  | × |  |  |  |  |
| × |  |  |  | × |  |  |  |  |
| × |  |  |  | × |  |  |  |  |
| × |  |  |  | × |  |  |  |  |
| × |  |  |  | × |  |  |  |  |
| × |  |  |  | × |  |  |  |  |
| × |  |  |  | × |  |  |  |  |
| × |  |  |  | × |  |  |  |  |
| × |  |  |  |  |  | × | OR 1661—4 | 45 |
| × |  |  |  |  |  | × | OR 1861—6 | 50 |
| × |  |  |  |  |  | × | OR 17—2 | 0,5 |
| × |  |  |  | × |  |  | OR 971—6 | 10,5 |
| × |  |  |  | × |  |  |  |  |
| × |  |  |  | × |  |  | OR 2062—4 | 110 |
| × |  |  |  | × |  |  | OR 971—2 | 16,5 |
| × |  |  |  | × |  |  |  |  |
| × |  |  |  |  | × |  |  |  |
| × |  |  |  |  | × |  |  |  |
| × |  |  |  | × |  |  |  |  |
| × |  |  |  | × |  |  |  |  |
| × |  |  |  | × |  |  |  |  |
| × | × | × |  |  | × |  |  |  |
| × |  |  |  |  | × |  |  |  |
| × |  |  |  |  |  | × | OR 771/4 | 11 |
|  |  |  | × |  |  |  | OG 180 | 11,5 |
| × |  |  |  |  |  | × | OR 1862/6 | 60 |
| × |  |  |  |  |  | × |  |  |
| × |  |  |  |  |  | × | OR 1171—2 | 22 |
| × |  |  |  | × |  |  | OR 47n—6 (P 11) | 3 |
|  |  | × |  |  |  | × |  |  |
|  |  | × |  |  |  | × |  |  |
|  |  | × |  |  |  | × |  |  |
|  |  | × |  |  |  | × |  |  |
| × |  |  |  | × |  |  | OR 2061—8 | 145 |
| × |  |  |  |  | × |  |  |  |
| × |  |  |  | × |  |  |  |  |
| × |  |  |  |  | × |  |  |  |
| × |  |  |  |  | × |  |  |  |

(Die Zeile mit × in den Spalten „380/220 V" und „380/220 V Steuerdrehstrom" ist durch eine Klammer mit der Beschriftung *umschaltbar* verbunden.)

*Zahlentafel 3.*

| Anlageteil | Anzahl | Motorentype | Fabrikat | Leistung kW |
|---|---|---|---|---|
| **Grubenpumpstation, Filterhaus, Siebtrommelhaus** | | | | |
| Wasserversorgung aus der Grube . . | 2 | OR 2061—4 | SSW | 88 |
| | 2 | OR 2261—4 | „ | 140 |
| Wasserringlaufpumpe. . . . . . . . . | 1 | OR 47 S—4 | „ | 3 |
| Wabag-Gebläse . . . . . . . . . . | 2 | OR 2061—2 | „ | 88 |
| Spülwasserpumpen . . . . . . . . . | 2 | OR 1171—4 | „ | 21 |
| Kalkmilchrührbehälter . . . . . . . | 2 | OR 47 S—4 V1 | „ | 2,5 |
| Kalkmilch- und Chemikalienpumpen. . | 8 | OR 27d—4 | „ | 1,1 |
| Schlammpumpen . . . . . . . . . . | 2 | OR 37b—4 | „ | 2,2 |
| Chemikalienpumpen . . . . . . . . . | 2 | OR 37n—2 | „ | 1,1 |
| Siebtrommelantrieb . . . . . . . . . | 2 | OR 37b—4 | „ | 2,2 |
| Schlammpumpen . . . . . . . . . . | 2 | OR 771—4 V1 | „ | 11,5 |
| **Pumpenhaus** | | | | |
| Pumpen für Kochsalzlösung . . . . . | 2 | OR 47n—2 | „ | 5,5 |
| Kellerentwässerungspumpen. . . . . . | 2 | OR 37b—4 V1 | „ | 2,2 |
| Transportable Entwässerungspumpen . | 1 | OR 47n—4 | „ | 4,4 |
| | 1 | OR 671—4 | „ | 8 |
| Brüdenkondensat . . . . . . . . . . | 2 | OR 1271—4 | „ | 27 |
| Zusatz-Wasserpumpen . . . . . . . . | 2 | OR 671—4 | „ | 8 |
| Kondensatpumpen aus Sammelbehälter | 2 | OR 1171—4 | „ | 21 |
| | 1 | OR 1862—4 | „ | 72 |
| Kondensataushilfskondensator . . . . . | 2 | OR 47n—2 | „ | 2,2 |
| Kühlwasserpumpe für Hilfskondensator | 1 | OR 971—4 | „ | 12,5 |
| | 1 | OR 671—4 | „ | 8 |
| **Elektrischer Teil** | | | | |
| Ladeumformer und Hilfserregung . . . | 1 | R 2271—8 | „ | 120 |
| Steuerdrehstrom . . . . . . . . . . | 2 | G 147 | „ | 16 |
| Blinklicht. . . . . . . . . . . . . . | 2 | R 35a—8 | „ | 0,2 |
| Motoren für Nebenschlußregler . . . . | 8 | DW 8,7—4 | „ | 0,135 |
| Motor für Thoma-Regler . . . . . . . | 1 | OR 9,7—4 | „ | 0,11 |
| Lüfter für Elektrofilter-Schaltanlage . . | 1 | OR 37s—4 | „ | 1,5 |
| Lüfter für 10 kV-Heizung . . . . . . | 1 | OR 37b—4 | „ | 2,2 |
| „    „ 10 kV-Entqualmung . . . . | 3 | OR 37n—4 | „ | 1,85 |
| „    „ 0,5 kV-    „ . . . . | 5 | OR 27s—2 | „ | 0,97 |
| Trafo-Raumbelüftung . . . . . . . . | 26 | OR 17/2 | „ | 0,5 |
| Lüfter für 10/100 kV-Umspanner . . . | 56 | DMaPR 9,7—4 | „ | 0,37 |
| 100 kV-Beregnungsanlage . . . . . . . | 2 | OR 1861—4 | „ | 58 |
| 100 kV-Entwässerungspumpen . . . . . | 2 | OR 37n—2 | „ | 2,4 |
| Fensterreguliermotoren . . . . . . . . | 25 | OR 27d—4 V1 | „ | 1,1 |

$r$ = Ruhestromauslöser,

des „Frequenzgenerators". Ist diese Antriebsmaschine ein regelbarer Elektro-
motor, dann liegen in bezug auf das Wiederanfahren nach Spannungsabsenkungen
die gleichen nachteiligen Verhältnisse vor, wie auch sonst bei derartigen Motoren,
wobei auf die schon oben gemachten Bemerkungen verwiesen wird. Auf die
Möglichkeiten der Frequenzregelung aller oder verschiedener Antriebe eines oder

(Fortsetzung.)

| Art der Spannung | | | | Allgemeines Netz | Gesichertes Netz | | Bei einheitlicher Projektierung (OR-Motoren von SSW) | |
|---|---|---|---|---|---|---|---|---|
| 500 V | 380/220 V | 380/220 V Steuerdrehstrom | 220 V Gleichspannung | r | r | f | Type | Leistung kW |
| X |  |  |  |  | X |  |  |  |
| X |  |  |  |  | X |  |  |  |
| X |  |  |  |  | X |  |  |  |
| X |  |  |  | X |  |  |  |  |
| X |  |  |  | X |  |  |  |  |
| X |  |  |  | X |  |  |  |  |
| X |  |  |  | X |  |  |  |  |
| X |  |  |  | X |  |  |  |  |
| X |  |  |  | X |  |  |  |  |
| X |  |  |  | X |  |  |  |  |
| X |  |  |  | X |  |  |  |  |
| X |  |  |  | X |  |  |  |  |
| X |  |  |  | X |  |  |  |  |
| X |  |  |  | X |  |  |  |  |
| X |  |  |  | X |  |  |  |  |
| X |  |  |  |  | X |  |  |  |
| X |  |  |  |  | X |  |  |  |
| X |  |  |  |  | X |  |  |  |
| X |  |  |  |  | X |  |  |  |
| X |  |  |  |  | X |  |  |  |
| X |  |  |  | X |  |  |  |  |
| X |  |  |  |  | X |  |  |  |
| X |  |  |  |  |  | X |  |  |
|  |  |  | X |  |  | X |  |  |
|  |  | X |  |  |  | X |  |  |
|  |  | X |  |  |  | X |  |  |
|  |  | X |  |  |  | X |  |  |
| X |  |  |  | X |  |  |  |  |
| X |  |  |  | X |  |  |  |  |
| X |  |  |  |  |  | X |  |  |
| X |  |  |  |  |  | X |  |  |
| X |  |  |  |  |  | X |  |  |
|  | X |  |  |  | X |  |  |  |
| X |  |  |  | X |  |  |  |  |
| X |  |  |  | X |  |  |  |  |
| X |  |  |  | X |  |  |  |  |

f = Arbeitsstromauslöser

mehrerer Kessel wird in den Abschn. C 3 d, S. 35, E 1, S. 58, und G 3, S. 142, noch besonders eingegangen werden.

Drehstrom-Synchronmotoren werden in Kraftwerken kaum verwendet. Ihr Vorteil des günstigeren Leistungsfaktors ist gegenüber ihren sonstigen Nachteilen nicht entscheidend genug für ihre Anwendung. Nach Spannungsrückgängen laufen sie ohne Automatik nicht wieder an. Für Vollastanlauf sind sie auch unter Verwendung von asynchronen Anlaufwicklungen normaler Auslegung nicht geeignet. Zur Vermeidung des Außertrittfallens darf die angetriebene Maschine nur möglichst gleichmäßige und nie übernormale Momente erfordern. Gleichstrommotoren mit mindestens aushilfsweiser Speisung aus Batterien werden heute in Kraftwerken gegenüber früheren Zeiten nur in sehr geringem Umfang noch angewendet. Ihr heutiges Anwendungsgebiet beschränkt sich auf wenige Verstellmotoren von Reglern oder sonstige kleinere, aber sehr wichtige Antriebe als Reserve für die dem normalen Betrieb dienenden Kurzschlußmotoren (z. B. Gleichstrom-Reserveantrieb für Ölpumpen für hydrauliche Kesselregelung). Aber auch da sind sie zum großen Teil ersetzbar, wenn man für diese und weitere Zwecke ein Drehstromnetz zwar verhältnismäßig kleiner Leistung, aber höchster Sicherheit schafft, wie weiter unten im Abschn. L 5, S. 189, noch erläutert werden wird.

Nach den obengenannten Gesichtspunkten wird sich bei jedem einzelnen Projekt der benötigte Motorenpark zusammenstellen lassen. Es sei aber auch noch auf den nächsten Abschnitt und die Ausführungen unter G verwiesen, wo auf spezielle Verwendungszwecke eingegangen wird. Als Beispiel für die Ausrüstung eines gesamten Kraftwerkes mit Motoren sei auf die Zahlentafel 3 verwiesen. Dort sind alle für das Kraftwerk Thalheim benötigten Motoren zusammengestellt. Infolge der besonderen Verhältnisse während des Krieges und mit Rücksicht auf die im benachbarten Kraftwerk Bitterfeld vorhandenen Motoren wurde der Motorenpark von Thalheim leider nicht in einer einheitlichen Bauform, nämlich mit oberflächengekühlten, geschlossenen Motoren ausgeführt. In die Tafel wurde aber wahlweise noch aufgenommen, wie man ohne die soeben erwähnten Einschränkungen den Motorenpark hätte einheitlich zusammenstellen können. Außer den vorerwähnten Gesichtspunkten für die Auswahl von Motoren darf bei Kraftwerken nicht außer acht gelassen werden, daß an gewissen Stellen die Raumtemperatur anomal hoch ist. Nach den Listenangaben für Motoren ist in Übereinstimmung mit dem VDE-Vorschriftenwerk die Raumtemperatur nicht höher als 35° C zulässig, und die in den Listen enthaltenen Leistungen

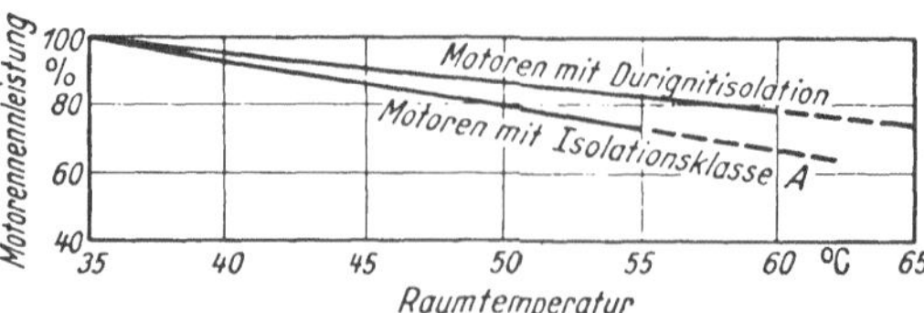


Abb. 9. Belastung von Drehstromkurzschlußläufer-Motoren (Type R und OR SSW) in Abhängigkeit von der Raumtemperatur.

sind nur unter dieser Voraussetzung zu verstehen. Liegt die Raumtemperatur höher, so müssen die Motoren geringer belastet werden. Den Zusammenhang zwischen Raumtemperatur und zulässiger Belastbarkeit zeigt Abb. 9 für ein Beispiel von SSW-Motoren der Type R und OR. Eine andere Möglichkeit ist die, die Motoren durch Frischluft von außen zu belüften. Wenn aber die Außenluft stark verschmutzt ist, ist Luftfilterung erforderlich. Diese erfordert besondere Aufmerksamkeit während des Betriebes. Gelegentlich wird auch Wasser zur Rückkühlung der im Umlauf befindlichen Luft verwendet. Eine solche Kühlungsart ist allerdings nur für größere Motoren wirtschaftlich ausführbar (Speisepumpenmotoren, ferner vgl. Abb. 17).

## 3. Beispiele für die wichtigsten Motoren- und Regelantriebe.
### a) Gegenmomente von Kraftwerksantrieben.

Alle Motoren müssen auch hinsichtlich ihres Anlaufes ausreichend ausgelegt sein. Dazu gehört die Kenntnis des Momentenverlaufes beim Anlauf der angetriebenen Maschinen. In Abb. 10 sind die Gegenmomente einiger im Kraftwerkseigenbedarf häufig vorkommender Arbeitsmaschinen enthalten. Damit ein Motor überhaupt anlaufen kann, muß sein Moment in jedem Augenblick größer

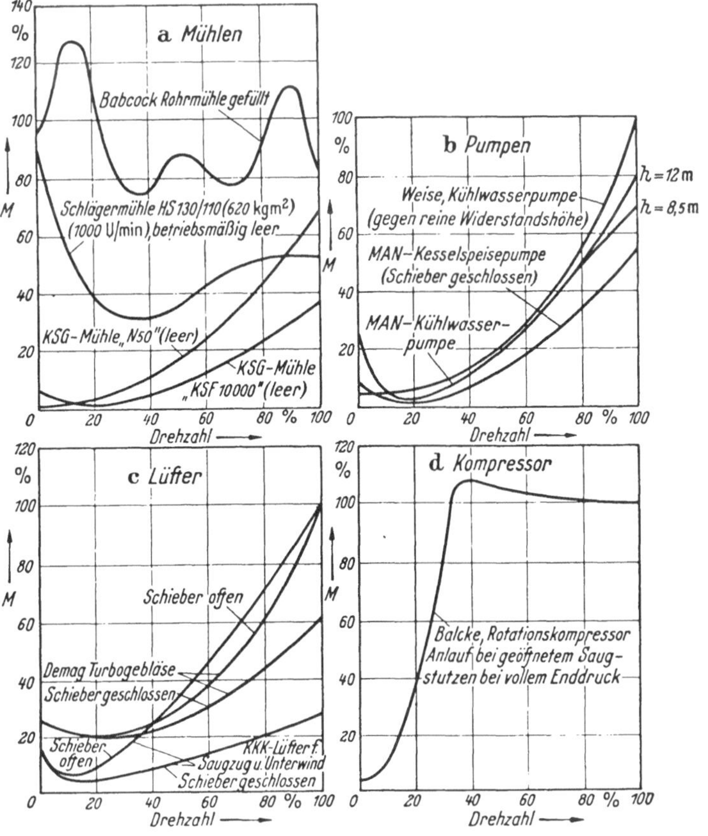


Abb. 10. Gegenmomente einiger in Kraftwerken vorkommender Arbeitsmaschinen (nach STROHMEIER SSW).

als das Gegenmoment sein. Die Größe des Überschusses bedingt die Anlaufzeit. Ihre Ermittlung im einzelnen und für alle Motorenarten geht über den Rahmen dieser Ausführungen hinaus, wird jedoch im nächsten Abschnitt für Kurzschlußmotoren in einfachster Form geschildert werden. Gelegentlich sind von den Antriebsmotoren beim Anlaufen verhältnismäßig große Schwungmassen der angetriebenen Arbeitsmaschinen zu beschleunigen. In solchen Fällen muß gleichfalls die Anlaufzeit bei der Projektierung ermittelt werden, um unzulässige Erwärmungen des Motors zu vermeiden und den Motorschutz richtig auslegen zu können. Die nachstehende Zahlentafel 4 gibt einen Anhalt über die Schwungmomente der in Kraftwerken am häufigsten vorkommenden Hilfsantriebe. Sie sind, um eine Vergleichsbasis zu haben, auf 1 kW Betriebsleistung und 1000 U/min bezogen.

Zahlentafel 4.

*Schwungmomente von in Kraftwerken häufig vorkommenden Arbeitsmaschinen.*

Kohlemühlen der KSG   . . . .  bis etwa 23  kgm²/kW  bz.  auf 1000 U/min
Brecher. . . . . . . . . . .  ,,    ,,   10  kgm²/kW  ,,    ,,   1000 U/min
Krämermühlen  . . . . . . . . .  ,,    ,,    7  kgm²/kW  ,,    ,,   1000 U/min
Saugzuglüfter  . . . . . . . . .  ,,    ,,    4  kgm²/kW  ,,    ,,   1000 U/min
Schnellfiltergebläse. . . . . . .  ,,    ,,    3  kgm²/kW  ,,    ,,   1000 U/min
Loesche- und Hammermühlen . .  ,,    ,,    3  kgm²/kW  ,,    ,,   1000 U/min
Mühlengebläse  . . . . . . . .  ,,    ,,   2,5 kgm²/kW  ,,    ,,   1000 U/min
Unterwind  . . . . . . . . . . .  ,,    ,,   1,5 kgm²/kW  ,,    ,,   1000 U/min
Kühlwasserpumpen, Rohrmühlen .  ,,    ,,    1  kgm²/kW  ,,    ,,   1000 U/min
Kesselspeisepumpen  . . . . . . .  praktisch 0

## b) Drehstrom-Asynchronmotoren.

Abb. 11 zeigt für die meist verwendeten Drehstrom-Kurzschlußmotoren Kennlinien für Ströme und Momente für die beiden Varianten Stromdämpfungs- und

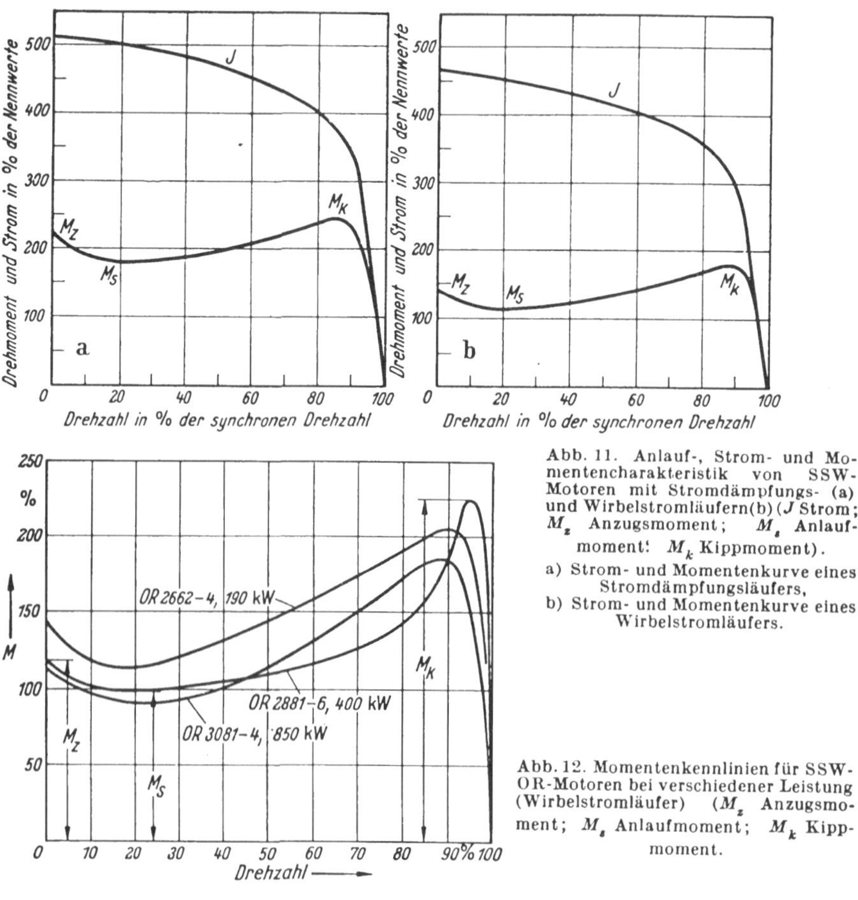



Abb. 11. Anlauf-, Strom- und Momentencharakteristik von SSW-Motoren mit Stromdämpfungs- (a) und Wirbelstromläufern (b) ($J$ Strom; $M_z$ Anzugsmoment; $M_s$ Anlaufmoment; $M_k$ Kippmoment).
a) Strom- und Momentenkurve eines Stromdämpfungsläufers,
b) Strom- und Momentenkurve eines Wirbelstromläufers.

Abb. 12. Momentenkennlinien für SSW-OR-Motoren bei verschiedener Leistung (Wirbelstromläufer) ($M_z$ Anzugsmoment; $M_s$ Anlaufmoment; $M_k$ Kippmoment.

Wirbelstromläufer für SSW-Motoren der Type R und OR als Beispiel. Diese Kennlinien sind konstruktionsabhängig. Wie sich das auswirkt, zeigt Abb. 12 für Motoren verschiedener Leistung. Mit Motoren dieser Art lassen sich die meisten vorkommenden Antriebe ausrüsten. Abb. 13 zeigt die Strom- und Momentenkurve für listenmäßige Sonderausführungen von Läufer- und zum Teil auch Ständerwicklungen (SSW-Motoren der Type R und OR). Derartige Sonderausführungen sollen nur da angewendet werden, wo die Verwendung der normalen Stromdämpfungs- und Wirbelstromläufermotoren nicht möglich ist. Die in dieser Abbildung gezeigten Kennlinien gelten für Doppelstabläufer für Schweranlauf (SDS-Läufer). Diese sind für direktes Einschalten bei großem Anzugsmoment und großen Einschaltströmen zu verwenden. Das zweite Diagramm gilt für Doppelstabläufer mit Hubcharakteristik (HSD-Läufer). Diese Motoren sind für direktes Schalten mit kleinem Einschaltstrom und großem Anzugsmoment ausgelegt. Schließlich enthält das dritte Diagramm die Kennlinien für Pumpendoppelstabläufer (PDS-Läufer). Sie zeichnen sich durch kleine Einschaltströme und Anzugsmomente aus und sind für direktes Einschalten von Maschinen mit quadratisch ansteigenden Drehmomenten, also für Kreiselpumpen und Lüfter geeignet. Bei der Auswahl der Läuferarten für die verschiedenen Antriebe achte man darauf, daß möglichst während des gesamten Anlaufs ein gleichmäßiges Beschleunigungsmoment vorhanden ist. Wo sanfter Anlauf nötig ist, z. B. bei Getrieben zwischen Motor und Arbeitsmaschine, soll das Anzugsmoment (Beschleunigungsmoment beim Zuschalten) nicht zu groß sein. Die hier gezeigten Beispiele entsprechen zwar den Listenangaben nur einer Firma, sollten aber grundsätzlich zeigen,

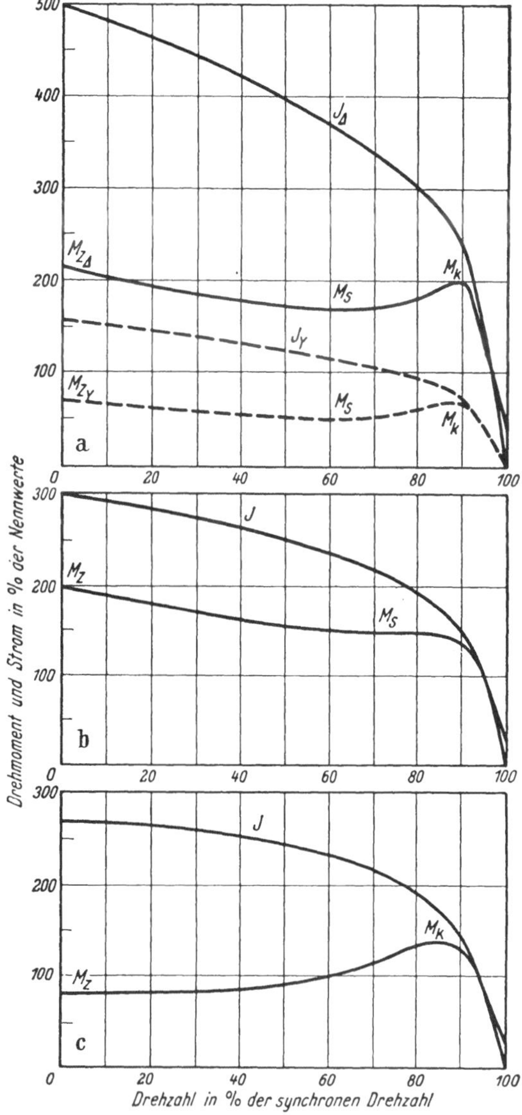



Abb. 13. Schaulinien für Drehmoment und Strom in Abhängigkeit von der Drehzahl (SSW).

$J$ Strom; $M_z$ Anzugsmoment; $M_s$ Anlaufmoment; $M_k$ Kippmoment; $J_n$ Nennstrom; $M_n$ Nennmoment; $J_z$ Anzugsstrom.

a) Doppelstabläufer für Schweranlauf (SDS-Läufer).
$M_{z\Delta} = 2 \div 2,5\ M_n$, $J_{z\Delta} = 4,8 \div 5,5\ J_n$ bei direktem Einschalten, $M_{z\gamma} = 0,6 \div 0,75\ M_n$, $J_{z\gamma} = 1,5 \div 1,7\ J_n$ in Sternschaltung bei Stern-Dreieck-Anlassen.

b) Doppelstabläufer mit Hubcharakteristik (HSD-Läufer).
$M_z = 2\ M_n$, $J_z = 3 \div 3,3\ J_n$ bei direktem Einschalten.

c) Pumpendoppelstabläufer (PDS-Läufer).
$M_z = 0,8\ M_n$, $J_z = 2,7 \div 3\ J_n$.

welche Möglichkeiten der Auswahl bestehen. Für die praktische Anwendung sei aber auch auf die Listen anderer Firmen verwiesen.

Wir sahen im vorhergehenden Abschnitt, daß es einige Kraftwerksantriebe gibt, die infolge hoher zu beschleunigender Schwungmassen oder großer Gegenmomente zu langen Anlaufzeiten und damit zu großen Erwärmungen des Läufers und Ständers führen können, wollte man die Nennleistung des Motors an die Dauerbetriebsleistung der angetriebenen Maschinen genau anpassen. Muß man also die Motorleistung nur mit Rücksicht auf die Anlaufverhältnisse größer wählen, als es der Betriebsleistung entspricht, oder müssen Spezialläufer oder Sonderisolation verwendet werden, so hat man es mit schwierigen Anlaufbedingungen zu tun. Auch das geforderte Anfahrprogramm muß beachtet werden, z. B. mehrmaliges Anlassen hintereinander. Für solche schwierigen Anlaufsbedingungen stehen nach den obigen Ausführungen Wirbelstrom- und Spezialläufer zur Verfügung.

Der projektierende Ingenieur hat nur selten alle Daten eines Motors zur Verfügung, die für eine genaue Auslegung des Antriebes erforderlich sind. Wenn also in Grenzfällen die Mitwirkung des Motorenwerkes nicht zu umgehen, ja besonders zu empfehlen ist, so ist es für den projektierenden Ingenieur aber doch wichtig, zu erkennen, wo solche Grenzfälle vorliegen und wo er ohne zeitraubende Rückfrage mit den ihm (aus den Listen) zur Verfügung stehenden Angaben selbst in der Lage ist, die Motorenauswahl zu treffen. Im folgenden wird ein für den projektierenden Ingenieur ausreichendes Verfahren (nach STROHMEYER, SSW) für die Auswahl von Drehstrom-Asynchronmotoren erläutert:

Eine Arbeitsmaschine, z. B. ein Lüfter, möge einen Momentenverlauf nach Abb. 14 haben. Für leeres Hochlaufen gilt der Kurvenzug $a$—$b$. Wird die Maschine belastet, z. B. durch Öffnen von Klappen, so ändert sich das Moment im Bereich $b$—$c$ und erreicht die Betriebslast $N_B$ bzw. das Betriebsmoment $M_B$ bei $c$. Dieser Wert wird meistens vom Lieferanten der Arbeitsmaschine als Betriebsleistung $N_B$ angegeben, wobei die Beziehung gilt:

$$M_B = 975 \frac{N_B}{n} \ [\text{mkg}] \qquad N_B \ [\text{kW}] \qquad n \ [\text{U/min}].$$

Das Betriebsmoment entspricht 100% in der Kurve 14, womit der Momentenmaßstab gegeben ist. Das Motor-Nennmoment muß größer oder mindestens gleich dem Betriebsmoment sein. Die Anlaufzeit (bei konstanter Spannung) ist ein ungefähres Maß für die Erwärmung während des Anlaufes. Für geschlossene SSW-Motoren mit Oberflächenkühlung der Type OR sind Anlaufzeiten bis zu etwa 20 sec und für offene der Type R bis etwa 15 sec bei Raumtemperaturen bis 35° C noch als ungefährlich anzusehen und gestatten ein Einschalten bei betriebswarmem Zustand. Für unsere diesbezüglichen Betrachtungen genügt es, für die Berechnung der Anlaufzeit $t_A$ [sec] das mittlere Beschleunigungsmoment $M_\beta$ [mkg] einzusetzen.

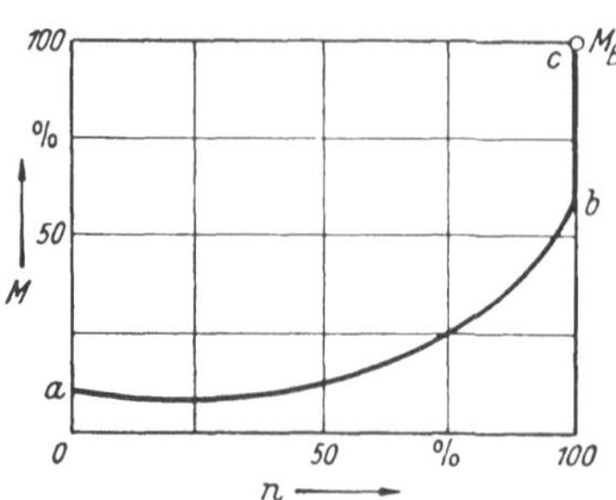


Abb. 14. Momentenkennlinie eines Lüfters.

$$t_A = \frac{1}{375} \frac{G D^2 n}{M_\beta} \ [\text{sec}] \qquad n \ [\text{U/min}] \text{ Nenndrehzahl.}$$

Dabei ist

$$G D^2_{n \ \text{Motor}} = G D^2_{n \ \text{Arb.Masch.}} \left(\frac{n_{\text{Arb.-Masch.}}}{n_{\text{Motor}}}\right)^2 [\text{kgm}^2]$$

die Summe aller mit der Motorwelle gekuppelten Schwungmomente in kgm², bezogen auf die Motordrehzahl.

Unter Berücksichtigung der für den jeweils behandelten Anwendungsfall am besten geeigneten Läuferart wählt man nun eine Motorengröße aus, deren Momente in jedem Augenblick des Anlaufs die Gegenmomente der Antriebsmaschine übersteigen, und ermittelt aus den Momentenkennlinien das mittlere Beschleunigungsmoment, wie es im weiter unten stehenden Beispiel und Abb. 15 erläutert ist. Mit diesem Wert wird nach obiger Formel die Anlaufzeit ermittelt. Ist sie größer, als oben für die verschiedenen Motorentypen als zulässig angegeben, so muß ein größeres Motorenmodell gewählt werden. Die Läuferwicklungs-Endtemperatur darf während des Anlaufs bis etwa 250° C ansteigen. Bei der Untersuchung des Falles „Zuschalten bei betriebswarmem Zustand" z. B. setzt sie sich aus der Raumtemperatur, der Läuferwicklungserwärmung bei Betriebsleistung im Dauerbetrieb und der Läuferwicklungserwärmung beim Anlauf zusammen. Nach Messungen darf man mit einer Läuferwicklungserwärmung bei Dauerbetrieb mit Nennlast von etwa 50 bis 70° C, im Mittel also mit etwa 60° C rechnen. Somit darf die Läuferwicklungserwärmung während des Anlaufs bei normaler Raumtemperatur von 35° C, ferner bei einer Betriebsleistung gleich Nennleistung und der Forderung nach einmaligem Zuschalten bei betriebswarmem Zustand etwa 250 − 60 − 35 = 155° C betragen. Arbeitsmaschinen mit großen Schwungmassen, d. h. mit langen Auslaufzeiten (von mehreren Minuten), lassen infolge der Abkühlung während des Auslaufs noch höhere Anlauferwärmungen zu. Ähnlich läßt sich die zulässige Läuferwicklungserwärmung während des Anlaufs auch für die Forderung des mehrmaligen Zuschaltens aus kaltem Zustand festlegen. Die Läuferwicklungserwärmung während des Anlaufs kann also einer Kontrolle, ob der nach der zulässigen Anlaufzeit ermittelte Motor ausreichend ist, dienen.

Die im Läufer entstehenden Verluste $V_L$ setzen sich aus dem Arbeitsinhalt der bewegten Massen und der zur Überwindung der Gegenmomente benötigten Arbeit zusammen. Ihr Umsatz in Wärme bestimmt die Läufererwärmung. Es gilt dabei

$$V_L = \frac{1}{730}\, GD^2 \cdot \left(1 + \frac{M_{gegen}}{M_\beta}\right) n^2 \;[\text{Ws}].$$

$GD^2\,[\text{kgm}^2] =$ Schwungmoment aller mit der Motorwelle gekuppelten Massen, bezogen auf Motordrehzahl,

$n\,[\text{U/min}] =$ Nenndrehzahl des Motors,

$M_{gegen}\,[\text{mkg}] =$ mittleres Gegenmoment,

$M_\beta\,[\text{mkg}] =$ mittleres Beschleunigungsmoment.

Nimmt man an, daß die gesamten Läuferverluste $V_L$ in der Anlaufwicklung gespeichert werden, so ergibt sich eine „äußerste Erwärmung" $t'$ zu:

$$t' = \frac{V_L}{cG}\;[^\circ\text{C}].$$

Dabei sind:

$c\left[\dfrac{\text{Ws}}{^\circ\text{C kg}}\right] =$ spezifische Wärme; für Kupfer, Messing und Bronze ist $c \approx 380 \left[\dfrac{\text{Ws}}{^\circ\text{C kg}}\right]$,

$G\,[\text{kg}] =$ Gewicht der Anlaufwicklung.

Bei Wirbelstromläufern ist das Gewicht der Anlaufwicklung gleich dem Läuferwicklungsgewicht zu setzen, bei Doppelstabläufern mit genügender Genauigkeit gleich dem Gewicht des Anlaufkäfigs. Der Betriebskäfig bleibt außer Anrechnung, jedoch sind immer die zugehörigen Kurzschlußringe mit einzusetzen. Da diese Werte in den Listen meistens nicht enthalten sind, ist Rückfrage beim Lieferwerk erforderlich.

Die oben angegebene äußerste Erwärmung $t'$ wird aber wegen der doch immer vorhandenen Ableitung der Wärme zum Läufereisen usw. nie erreicht. Mit größter Annäherung kann man aber bei Anlaufzeiten von 10 bis 20 sec für die tatsächlich auftretende Läufererwärmung $t$ beim Anlauf setzen:

$$t \approx 0{,}5 \cdot t' \ [\text{sec}].$$

Speziell für die Milderung von schweren Anlaufverhältnissen gibt es besondere Anlaufkupplungen, die beim Anlauf bis zu 100% Schlupf haben und somit gestatten, kleinere Motoren als bei starrer Kupplung zu verwenden. Als Beispiel sei hier die „PULVIS-Kupplung" genannt. Ferner sei auf die Ausführungen unter C 3 g, S. 37 ff., verwiesen, wo das Verhalten von VOITH-SINCLAIR-Turbokupplungen sowie auch der PULVIS-Kupplung erläutert ist.

*Beispiel.*

Es ist der Motor zum Antrieb einer KSG-Mühle zu ermitteln:

a) Gegeben:

    Mühlentype N 50

| | |
|---|---|
| Rohbraunkohlendurchsatz. . . . . . . | 25 t/h |
| Betriebsleistung . . . . . . . . . . . | 220 kW |
| Drehzahl . . . . . . . . . . . . . . | 1000 U/min |
| Spannung. . . . . . . . . . . . . . | 6000 V |
| Schutzart . . . . . . . . . . . . . . | P 33 |
| Bauform . . . . . . . . . . . . . . | B 3 |
| Raumtemperatur . . . . . . . . . . | 40° C |
| Schwungmoment. . . . . . . . . . . | 4000 kgm² |

    Gegenmomentenverlauf nach Abb. 15 für Leerlauf der Mühle.

Wegen des großen Schwungmomentes vermahlt die Mühle bei Wegbleiben der Spannung, also beim Auslauf, noch sicher die im Mahlraum vorhandene Kohle. Beim Wiederanlauf ist der Motor deshalb nur für Leeranlauf der Mühle zu bemessen. Anders ist es bei den Rohrmühlen, Krämermühlen, LOESCHE-Mühlen usw., die wegen der kleineren Schwungmassen schon nach wenigen Sekunden bei Wegbleiben der Spannung stillstehen, für die also der Motor so zu bemessen ist, daß er die Mühle einschließlich der im Betrieb normal anfallenden Kohlenmenge hochzieht. Ist eine Mühle überfüllt oder wird die Mühle durch sperrige Teile blockiert, dann ist diese vor Wiederzuschalten oder nach dem ersten erfolglosen Zuschalten von Hand zu entleeren.

    Anfahrprogramm . . .    1× Zuschalten aus betriebswarmem Zustand
    Kupplung . . . . . .    starr

*b) Läuferwahl.*

Mit Rücksicht auf das große Schwungmoment, etwa $4000 : 220 = 18$ kgm², bezogen auf 1 kW Betriebsleistung und 1000 U/min, und einen Gegenmomentenverlauf nach Lüftercharakteristik kommt entweder ein etwa 100% überdimensionierter Wirbelstromläufer mit Isolation der Klasse A oder ein nur wenig überdimensionierter Wirbelstromläufer mit Isolation mindestens nach Klasse B oder ein Dreikäfigläufer in Frage. Es sei ein Motor der erstgenannten Ausführung gewählt.

*c) Anlaufzeit.*

Um die gleiche Rechnung nicht dreimal durchführen zu müssen, sei vorausgeschickt, daß der der Betriebsleistung nächst größere, listenmäßige Motor für 230 kW eine Anlaufzeit von 40 sec ergibt; ebenso liegt auch das nächste Modell für 300 kW noch über der zulässigen Anlaufzeit. Erst der 400 kW-Motor (OR 2881-6) ergibt, wie die Rechnung zeigt, zulässige Werte.

Nun ist unter Berücksichtigung des in der Liste angegebenen Anzugmomentes für den OR 2881-6 bzw. unter Zugrundelegung der in Abb. 12 angegebenen Kurve der Momentenverlauf des Motors zu zeichnen. Die Fläche zwischen Motormomentenkurve und Gegenmomentenverlauf stellt das beim Anlauf wirksame Beschleunigungs- oder Überschußmoment dar. Dieses ergibt sich, zunächst in mm, aus Abb. 15.

$$M_\beta = (48 + 45 + 45 + 45 + 45{,}5 + 46{,}5 + 48{,}5 + 51{,}5 + 57 + 78{,}5) : 10 = 51 \text{ mm}.$$

Der Momentenmaßstab liegt fest, denn es ist:

$$100\% = 25 \text{ mm} = 218 \text{ mkg},$$

1 mm entspricht einem Moment von $\dfrac{218}{25}$ mkg.

Somit ist das Beschleunigungsmoment in mkg:

$$M_\beta = 51 \cdot \frac{218}{25} = 445 \text{ mkg}.$$

Das zu beschleunigende Gesamtschwungmoment ist:

$$GD^2 \text{ Mühle} = 4000 \text{ kgm}^2$$
$$GD^2 \text{ Motor} = 145 \text{ „}$$
$$GD^2 \text{ Kupplg.} = \underline{\phantom{00}20 \text{ „}}$$
$$GD^2 = 4165 \text{ kgm}^2$$

Die Anlaufzeit $t_A = \dfrac{1}{375} \cdot \dfrac{GD^2 \, n}{M_\beta}$

$$= \frac{1}{375} \cdot \frac{4165 \cdot 985}{445} = 24{,}5 \text{ sec}.$$

Die Nachprüfung im Werk ergab trotz der 24,5 sec Anlaufzeit die Verwendbarkeit dieses Motors. Im Betrieb zeigte es sich, daß der Motor je nach den Schieberstellungen in den Luftkanälen in 22,5 bis 23,5 sec hochlief.

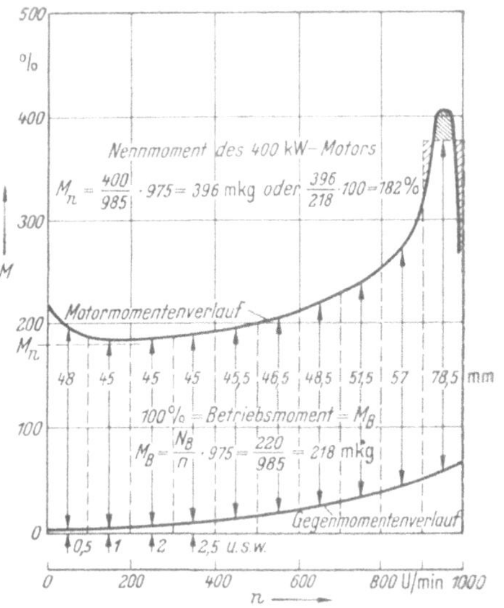


Abb. 15. Ermittlung des mittleren Beschleunigungsmomentes $M_\beta$ und des mittleren Gegenmomentes $M_{gegen}$ für das Beispiel des Antriebes einer KSG-Mühle N 50.
(Maßstab 1 : 2 verkleinert!)

*d) Läuferwicklungserwärmung.*

Die während eines Anlaufs im Läufer erzeugte Wärmemenge errechnet sich nach:

$$V_L = \frac{1}{730} GD^2 \left(1 + \frac{M_{gegen}}{M_\beta}\right) n^2 \text{ [Ws]}.$$

Das mittlere Gegenmoment $M_{gegen}$ ergibt sich nach Abb. 15 mit:

$$M_{gegen} = (0{,}5 + 1 + 2 + 2{,}5 + 3{,}5 + 5 + 6{,}5 + 8{,}5 + 11{,}5 + 15) : 10 = 5{,}6 \text{ mm}$$

und mit Berücksichtigung des Momentenmaßstabes $= 5{,}6 \cdot \dfrac{218}{25} = 49 \text{ mkg}$.

Somit ist:

$$V_L = \frac{1}{730} \cdot 4165 \left(1 + \frac{49}{445}\right) 985^2 = 6\,150\,000 \text{ [Ws]}.$$

Die äußerste Läuferwicklungserwärmung während eines Anlaufs beträgt bei einem Läuferwicklungsgewicht von 82 kg:

$$t' = \frac{6\,150\,000}{380 \cdot 82} = 200° \text{ C}.$$

Die wirkliche Läuferwicklungserwärmung (Anlauferwärmung) beträgt in guter Näherung etwa die Hälfte der äußersten Erwärmung, also

$$t = 100° \text{ C}.$$

Die sich während des Anlaufs maximal einstellende Läuferwicklungstemperatur ergibt
sich aus:

$$40° \text{C Raumtemperatur} + 60° \text{C Dauerbetriebserwärmung}$$
$$\text{bei Nennleistung} + 100° \text{C Anlauferwärmung} = 200° \text{C}.$$

In vorliegendem Beispiel werden diese 200° C nicht erreicht, denn erstens liegt die Betriebs-
leistung bei nur etwa 50 bis 60% der Motornennleistung, und zweitens wird wegen der hohen
Auslaufzeit von fast 10 Minuten vor dem Wiederzuschalten eine Abkühlung stattfinden.
Auf jeden Fall wird die höchst zulässige Läuferwicklungstemperatur von 250° C bei der
Forderung „Einmal Zuschalten aus betriebswarmem Zustand" bestimmt nicht über-
schritten.

Wenn auch nach den obigen Ausführungen Drehstrom-Schleifringmotoren
nur noch recht selten verwendet werden, so sei hier doch der Vollständigkeit halber
auch auf ihr Verhalten hinsichtlich der Momente und Leistungen bei der Regelung
hingewiesen. Die Zahlentafel 5 gibt die hierbei interessierenden Zahlen.

Zahlentafel 5. *Drehmomente und Leistungen von SSW-Schleifringläufermotoren der Type R
und OR in Abhängigkeit von der Drehzahl.*

| Drehzahl . . . . . . . . . . . . . % | 100 | 90 | 80 | 70 | 60 | 50 | 40 |
|---|---|---|---|---|---|---|---|
| Drehmoment . . . . . . . . . . % | 100 | 96 | 91 | 85 | 80 | 72 | 62 |
| Leistung . . . . . . . . . . . . . % | 100 | 86 | 73 | 60 | 48 | 36 | 25 |

Anwendung von Schleifringmotoren laut Zahlentafel 2 üblich bei:

1. Hebezeugen in der Bekohlungsanlage von Steinkohlenkraftwerken,

2. Kränen im Maschinenhaus und sonstigen Räumen,

3. Regelmotoren bei Lüftern, doch ist dabei auf ausreichende Dimensionierung der Widerstände zu achten und auf geringen Verschleiß der Kontaktbahnen.

### c) Drehstrom-Kollektormotoren.

Drehstrom-Kollektormotoren für Regelzwecke gibt es in zahlreichen Ausführungsformen. Wenn hier aus dieser großen Zahl nur ein einziges Beispiel, der
Drehstrom-Reihenschluß-
motor, herausgegriffen wird,
so geschieht das deswegen,
weil die Schilderung aller
oder vieler Ausführungsar-
ten in Betrachtung der
heute selteneren Anwen-
dungshäufigkeit hier zu
weit führen würde. Außer-
dem schildern die meisten
einschlägigen Lehrbücher
ihr Verhalten recht aus-
führlich [19]. Abb. 16 zeigt
die Prinzipschaltung sowie
ein Diagramm mit der Mo-

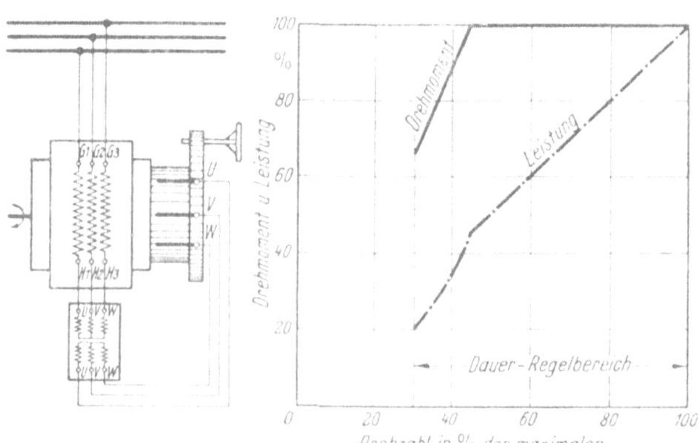


Abb. 16. Drehstrom-Reihenschlußmotor, Schaltung,
Drehmoment ———— und Leistung — · — · — (SSW).

menten- und Leistungskennlinie über der Drehzahl eines Drehstrom-Reihen-
schlußmotors, Abb. 17 zeigt ein Anwendungsbeispiel. In Abb. 96 ist der Leistungs-
verbrauch beim Betrieb eines Lüfters bei verschieden gewählten Antriebsmotoren
in Abhängigkeit von der Kesselleistung zu sehen. Der Drehstrom-Reihenschluß-

motor schneidet bei dieser Betrachtung am günstigsten ab. Der polumschaltbare
Motor und der Schleifringmotor bzw. der Kurzschlußmotor mit Flüssigkeitskupp-
lung folgen, überschneiden sich aber bei verschiedenen Kesselleistungen. Der Kurzschlußmotor mit Klappenregelung schneidet bei diesem Vergleich am schlech-
testen ab. Daß dieser Vergleich für die Entscheidung nicht allein maßgeblich ist,
wurde bereits im vorhergehenden Abschn. C 2 erläutert. Aus Abb. 97 ist gleichfalls ersichtlich, wie vorteilhaft sich die schon obenerwähnte Leitschaufelregelung
auswirkt. Besonders beachtlich ist diese in Verbindung mit polumschaltbaren
Motoren. Aus den obigen und an anderer Stelle dieses Buches gemachten Bemerkungen über Kollektormotoren darf nicht geschlossen werden, daß ihre

Abb. 17. Elektrischer Antrieb eines Saugzuglüfters
durch Drehstrom-Reihenschlußmotor 235 kW, 6 kV,
770/250 U/min mit Umlaufkühlung (SSW).

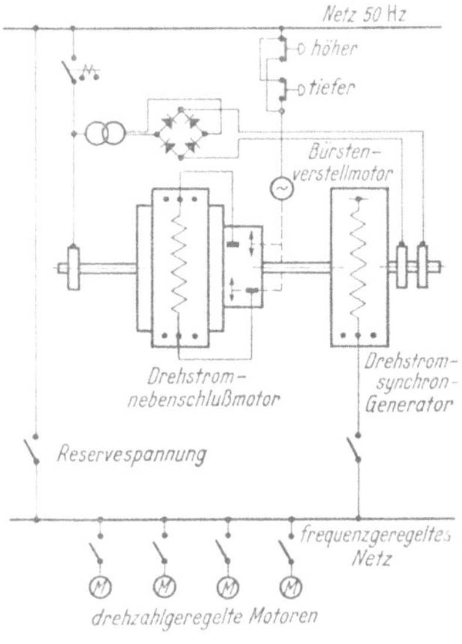


Abb. 18. Drehzahlregelung einer Gruppe von
Kurzschlußmotoren durch Frequenzregelung.

Anwendung generell überholt sei. Die erwähnten Beispiele widersprechen dem.
Da die jeweils vorliegenden Bedingungen immer ausschlaggebend sind, ist es bei
entsprechenden Voraussetzungen durchaus möglich, daß genügende Argumente
auch heute noch für die Anwendung solcher Motoren vorliegen können.

### d) Drehzahlregelung durch Frequenzänderung.

Ein Beispiel für die Drehzahlregelung der Antriebe von Kohlenzuteilern für
die Einzelmühlen eines oder mehrerer Kessel zeigt Abb. 18. Der Antrieb des Synchrongenerators zur Erzeugung der veränderlichen Frequenz ist bei diesem Beispiel ein Drehstrom-Nebenschlußmotor mit Läuferspeisung. Dieser erhält seine
Spannung aus einem Drehstromnetz konstanter Frequenz und wird durch Bürsten-
verschiebung in seiner Drehzahl geregelt. Die Bürstenverstelleinrichtung wird
durch einen Kurzschlußmotor angetrieben. Sein Rechts- oder Linkslauf wird

durch ein Druckknopfpaar bewirkt, das somit die „Höher"- oder „Tiefer"-Regelung des gesamten Aggregates betätigen läßt. Der „Frequenzgenerator" wird über einen Trockengleichrichter aus dem Drehstromnetz konstant erregt. Bei sehr tiefer Herabregelung ist die Erregung etwas zu erhöhen. Die Klemmenspannung des Frequenzgenerators wird den zu regelnden Kurzschlußmotoren zugeführt. Bei längerem Betrieb mit Nenndrehzahl dieser Motoren kann auf das Netz konstanter Frequenz umgeschaltet werden.

Anwendungsmöglichkeit laut Zahlentafel 2:
1. Kohlenzuteiler,
2. Kesselgebläse vgl. G 3, S. 142 und E 1 a S. 58.

### e) Drehzahlregelung mittels LEONARD-Steuerung.

Abb. 19 zeigt, wie mittels LEONARD-Steuerung derselbe Regelungsfall wie oben mit Frequenzregelung ausgeführt werden kann. Der Regeleingriff geschieht

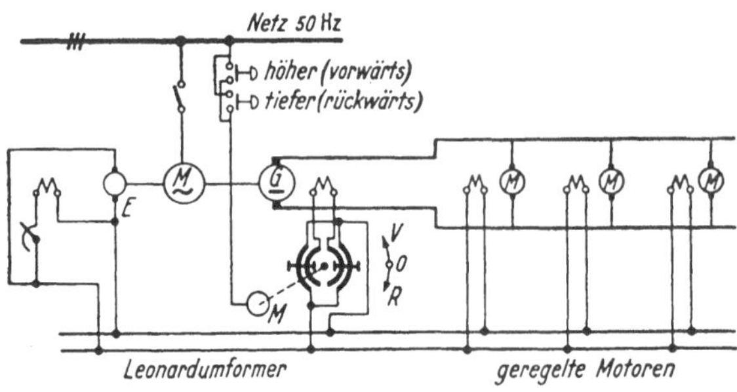


Abb. 19. LEONARD-Steuerung einer Gruppe von Motoren. Ist Drehzahlumkehr nicht nötig, so wird der Doppelnebenschlußregler des Gleichstromgenerators durch einen einfachen Nebenschlußregler ersetzt.

am Nebenschlußregler des LEONARD-Generators durch einen aus dem Drehstromnetz gespeisten SERVO-Motor. Der hauptsächliche Nachteil gegenüber der Frequenzregelung liegt darin, daß alle Maschinen bis auf den Antriebsmotor des LEONARD-Umformers Kollektoren mit ihren grundsätzlichen Nachteilen besitzen. Im vorhergehenden Beispiel war das Verhältnis gerade umgekehrt. Dies wirkt sich auch entscheidend im Preis aus. Die LEONARD-Steuerung ist dann überlegen, wenn Regelung bis zum Stillstand oder gar Drehrichtungsänderung verlangt wird. Anwendungsmöglichkeit laut Zahlentafel 2:

1. Fahrwerk für Bagger bei Tiefbunkern und Brückenverschiebung auf Steinkohlenlagerplätzen,
2. Staubförderung (Zentralmahlanlagen),
3. Kohlenzuteiler,
4. Wanderroste.

### f) Drehzahlregelung durch PIV-Getriebe.

Als Beispiel für Regelgetriebe, die in Kraftwerken einen größeren Anwendungsbereich gefunden haben, sei hier das stufenlos regelbare PIV-Getriebe genannt. In Kraftwerksbetrieben findet es Anwendung für Wanderrost-, Vorschubrost-, Zuteiler- und Beschickungsantriebe sowie auch eine Reihe von anderen Hilfsmaschinen. Seine Wirkungsweise ist etwa die folgende:

Die Wellen mit konstanter und geregelter Drehzahl sind über einen besonders ausgebildeten Gliederkettentrieb verbunden. Die Kette läuft (vgl. Abb. 20) zwischen je zwei konischen Scheiben, deren Abstand in der Weise variabel ist, daß bei Vergrößerung des Abstandes eines Scheibenpaares das andere seinen Abstand verringert. Bei höchster Drehzahl der geregelten Welle läuft die Gliederkette am äußeren Rand des Scheibenpaares der Antriebswelle und mit kleinstmöglichem Teilkreis auf der geregelten Welle. Wird nun der Abstand des Scheibenpaares auf der Antriebswelle vergrößert und der des Scheibenpaares auf der geregelten Welle vermindert, so nimmt die Drehzahl der geregelten Welle einen stetig kleiner werdenden Wert an, bis die Kette an den Scheiben der geregelten Welle den äußeren Scheibenrand erreicht hat und damit die niedrigste Drehzahl der geregelten Welle eingestellt ist. Infolge Riffelung der konischen Flächen auf den Scheiben ist das Getriebe

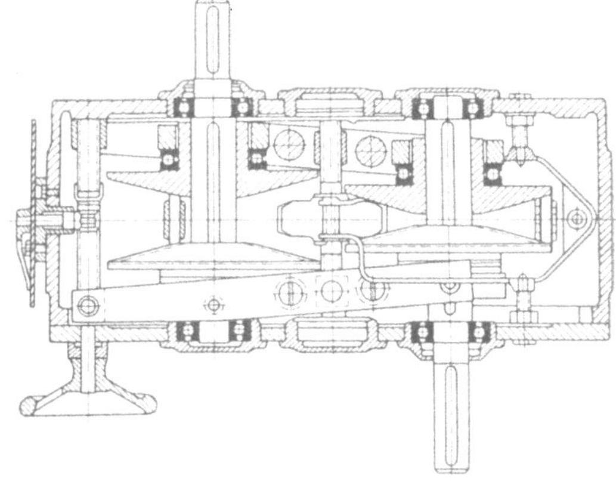

Abb. 20. Das stufenlose PIV-Getriebe. Innenansicht und Schnitt.

schlupffrei. Die Verstellung der Übersetzung geschieht durch eine Regelspindel, die von Hand oder elektrisch bewegt werden kann. Auch ein hydraulischer Regeleingriff ist möglich. Der Wirkungsgrad des Regelgetriebes allein liegt im größten Teil des Drehzahl- und Belastungsbereiches etwa bei 90% und fällt nur im unteren Teil des Bereiches etwas ab. Oft wird das PIV-Getriebe noch mit weiteren Getrieben konstanter Übersetzung in Reihe geschaltet. Ein Anwendungsbeispiel zeigt Abb. 21. Sollen mehrere PIV-Getriebe gleichmäßig geregelt werden, so kann dies durch mechanische Kupplung der Regelorgane geschehen, aber auch mittels elektrischer Welle, wie sie im Abschn. K für einen anderen Zweck gezeigt wird.

### g) Anlauf- und Regelkupplungen.

Wie schon oben im Abschn. C 3 b) erwähnt wurde, können bei schwer anlaufenden Antrieben die Anlaufverhältnisse wesentlich erleichtert werden, wenn man zwischen Motor und Arbeitsmaschine besondere Anlaufkupplungen einschaltet, die im ersten Augenblick einen möglichst 100%igen Schlupf haben und die Arbeitsmaschine erst allmählich mitnehmen, wobei sich der Schlupf bis auf 0 oder erträglich kleine Werte reduziert. Es kann nicht Aufgabe dieses Buches sein, alle dafür in Frage kommenden Konstruktionen zu erwähnen

Abb. 21. PIV-Wanderrostantrieb. Abtriebswelle stufenlos regelbar z. B. von 0,5 bis 0,3 U/min. Übertragbares Drehmoment $M_d = 900$ mkg. Gesamtwirkungsgrad etwa 75%.

a Antriebswelle für Entaschungsschnecken;
b PIV-Sicherheitskupplung mit Alarmglocke;
c Regelhandrad;
d Rostvorschubanzeiger;
e Variabel laufende Welle.

oder zu beschreiben, so daß diese Ausführungen auf einige Beispiele eingeschränkt werden müssen.

Ein Beispiel für eine Anlaufkupplung ist in der „PULVIS-Kupplung" gegeben. Abb. 22 zeigt schematisch ihren Aufbau, das Kupplungsgehäuse $B$ sei beispielsweise mit einer Mühle verbunden. Im Gehäuse ist ein Rad $A$ mit 2 Flügeln drehbar angeordnet und sitzt auf dem Wellenzapfen des Motors. Wie der Querschnitt durch die Kupplung (rechts) zeigt, ist die innere Wand des Kupplungsgehäuses mit einer Riffelung versehen. Das Flügelrad ist an

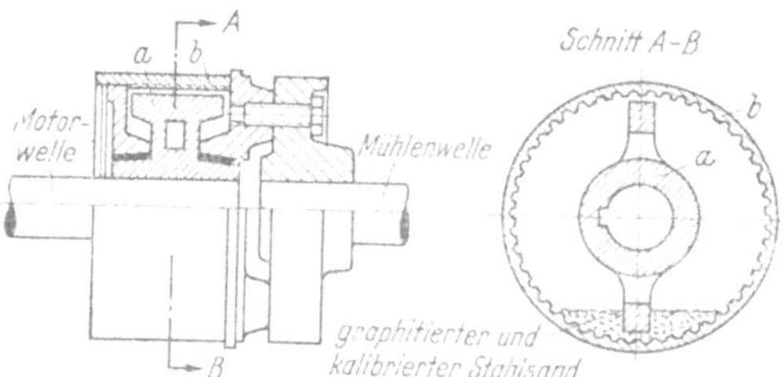


Abb. 22. Pulviskupplung. Schematische Darstellung.

sich frei drehbar im Gehäuse gelagert. Im Gehäuse befindet sich aber eine bestimmte Menge grafitierten und kalibrierten Stahlsandes. Beim Anlaufen wird dieser durch das Flügelrad herumgewirbelt, wobei zunächst das Gehäuse stehenbleibt. Jeder Flügel treibt nach einigen Umdrehungen etwa die Hälfte des Sandes vor sich her. Durch die sich entwickelnden Fliehkräfte wird er aber gegen die geriffelte Wand gedrückt und verwandelt sich so zu einer immer kompakter werdenden Masse, die zur Kraftübertragung zwischen Flügelrad und Gehäuse immer besser geeignet wird und das Gehäuse und damit die Antriebsmaschine mit stetig geringer werdendem Schlupf mitnimmt. Ist die Menge des Stahlsandes für die jeweilige Drehzahl richtig bemessen, so erfolgt die Beschleunigung bis zum Schlupf 0 und überträgt dabei das gewünschte Drehmoment. Sollte dieses aber durch irgendwelche Ereignisse in der Arbeitsmaschine übermäßig erhöht werden, dann tritt wieder ein Schlupf auf, weil die Stahlsandmenge etwas verschoben wird bzw. teilweise von dem Raum vor den Flügeln an diesen vorbei nach hinten abfließt. Die PULVIS-Kupplung ist also durch die Dosierung der Stahlsandmenge zur Begrenzung des übertragbaren Momentes geeignet. Die jeweilig nötige Menge des Stahlsandes wird durch Versuche eingestellt oder von der Lieferfirma angegeben.

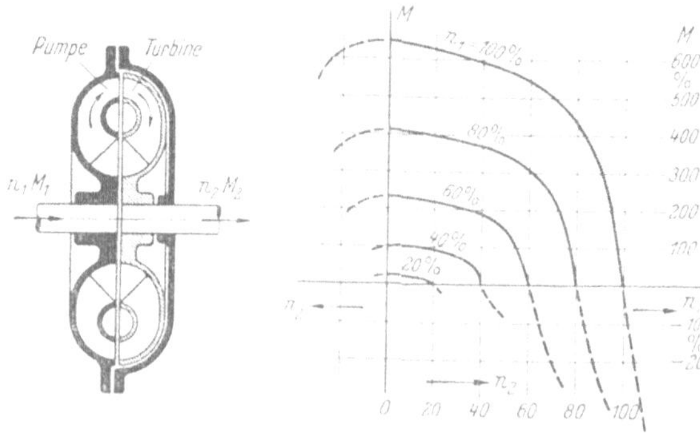


Abb. 23. Schema einer Strömungskupplung (VOITH).

$M_1$ Moment } der treibenden Welle;
$n_1$ Drehzahl

$M_2$ Moment } der getriebenen Welle.
$n_2$ Drehzahl

Nach mir zur Verfügung stehenden Unterlagen gibt es zur Zeit Kupplungsgrößen für die folgenden Übertragungsbereiche:

Bei 750 U/min von etwa 0,35—750 kW,
„ 1000 U/min „   „   0,35—600 kW,
„ 1500 U/min „   „   0,35—450 kW.

Wird das gewünschte Moment überschritten, so kann dies durch Geräusche oder durch eine elektrische Übertragung durch eine Glimmlampe bemerkbar gemacht werden. Für weitergehende Informationen sei auf die einschlägige Literatur verwiesen, z. B. [11a]. Der besondere Vorteil der PULVIS-Kupplung ist der, daß im normalen Betrieb kein Schlupf und damit auch kein Energieverlust vorhanden ist.

Strömungsgetriebe sind seit mehreren Jahrzehnten bekannt und in zahlreichen Ausführungen in Anwendung. Im folgenden sollen sie nur soweit beschrieben werden, wie es im Zusammenhang mit der Verwendung in Eigenbedarfsanlagen von Kraftwerken nötig erscheint. Für ein genaueres Studium sei auf die einschlägige Literatur verwiesen [18].

Flüssigkeitsgetriebe sind im Prinzip auf eine Anordnung Motor—Pumpe—Turbine—Arbeitsmaschine zur Umwandlung von Momenten bzw. Drehzahlen rückführbar. Vereinigt man die wesentlichen Teile einer solchen Anordnung zu einer Einheit, dann hat man es mit einem Strömungswandler zu tun, der ein feststehendes Gehäuse mit Leitrad und ein umlaufendes Pumpen- und Turbinenrad besitzt und die obengenannten Aufgaben erfüllt.

Die für den Eigenbedarf von Kraftwerken wichtigen Strömungskupplungen ergeben sich aus den soeben kurz beschriebenen Drehmomentwandlern dadurch, daß man das fest stehende Gehäuse mit den Leitschaufeln wegläßt und das Getriebe nach Abb. 23 so ausbildet, daß das vom Motor angetriebene Pumpenrad ($M_1 n_1$) die Pumpenschaufeln enthält und mit einer Schale das Turbinenrad ($M_2 n_2$) umschließt. Die vom Pumpenrad geförderte Flüssigkeit wird dem Turbinenrad zugeführt, treibt dieses an und fließt dem Pumpenrad wieder zu. Dieser geschlossene Flüssigkeitskreislauf ist, wie man leicht einsehen kann, nur möglich, wenn ein Schlupf zwischen beiden Rädern vorhanden ist. Wie eine solche Turbokupplung im Innern aussieht, zeigt Abb. 24. Links sieht man das Pumpenrad mit seinen Schaufeln und rechts das mit diesem im Betrieb festverschraubte Gehäuseteil, das das Turbinenrad (Mitte) umschließt. Da bei einer solchen Konstruktion ein fest stehender Teil, der Momentenunterschiede aufnehmen könnte, fehlt, sind die Momente der antreibenden und der getriebenen Welle gleich. Es gilt also

$$M_1 = M_2.$$

Außerdem gilt die Energiegleichung

$$M_1 n_1 = M_2 n_2 + \text{Verluste},$$

woraus sich der Wirkungsgrad

$$\eta = \frac{n_2}{n_1} \text{ ergibt.}$$

Abb. 24. Hauptteile einer VOITH-Turbokupplung.

Die auftretenden Verluste finden sich in der Erwärmung von Flüssigkeit und Kupplung wieder. Stellt man durch konstruktive Maßnahmen die Verhältnisse so ein, daß bei Nenndrehzahl $n_1 = 100\%$ das Nenndrehmoment bei einem geringen Schlupf von 2 bis 3% übertragen wird, so zeigt das in Abb. 23 auf der rechten Seite gezeigte Diagramm das Verhalten der Kupplung bei Änderung der Motordrehzahl ($n_1$). Ein genaueres Aufbauschema solcher Kupplungen ist in Abb. 25 zu sehen. Danach sitzt die eigentliche Turbokupplung auf dem Wellenzapfen der anzutreibenden Maschine. Zwischen ihr und dem Wellenzapfen des Motors ist eine elastische Kupplung vorhanden, die geringe Montage-Ungenauigkeiten aufzunehmen in der Lage ist. Für welchen Verwendungsbereich diese Kupplung verwendbar ist, zeigt die in Abb. 25 gleichfalls enthaltene Zahlentafel. Die gezeigte Kupplung ist nur ein Beispiel von mehreren ähnlichen Ausführungsformen. Kupplungen solcher Art verwendet man mit Vorteil zur Milderung des Anlaufs schwer anlaufender Maschinen (vgl. hierzu die Ausführungen im Abschn. C 3 a und b und das dort behandelte Beispiel). Welche Eigenschaft die Kupplung in dieser Beziehung hat, ist aus Abb. 26 zu ersehen. Hier ist in dem Diagramm ein Vergleich gezogen worden zwischen der Verwendung einer Turbo- und einer normalen starren Kupplung. Hat man eine Turbokupplung, so ist die Flüssigkeit in ihr beim Stillstand noch nicht zentral-symmetrisch wie bei normalem Lauf verteilt, so daß beim Anfahren sich zuerst das mit dem Gehäuse verbundene Pumpenrad in Bewegung setzt, die Gesamtkupplung also einen 100%igen Schlupf hat. Der Motor hat zunächst also nur seine eigenen und die Schwungmassen der Kupplung zu beschleunigen und kann ziemlich unbelastet hochlaufen. Erst in dem Maße, wie sich die Flüssigkeit zentral-symmetrisch verteilt, wird das Turbinenrad mitgenommen. Diesen Effekt kann man noch verstärken, wie es auch aus Abb. 25 zu ersehen ist. Man hat in der Kupplung eine Kammer vorgesehen, in der sich bei Stillstand ein Teil der Flüssigkeit ansammelt. Wenn man durch Querschnittsbegrenzung dafür sorgt, daß die Flüssigkeit verzögert dem Arbeitskreislauf zuläuft, dann hat man damit eine Maßnahme zur Verfügung, die zur Einstellung eines bestimmten und erwünschten Verhaltens beim Anlaufen geeignet ist. In Abb. 26 hat man Verhältnisse geschildert, die es ermöglichen, daß die angetriebene Maschine praktisch etwa mit einem Moment von der Größe des Kippmomentes des Motors beschleunigt wird. In kurzer Zusammenfassung sind bei der Verwendung der beschriebenen Turbokupplung gegenüber den Verhältnissen bei starrer Kupplung folgende Vorteile vorhanden:

1. Der Kurzschlußläufermotor läuft unbelastet an. Die Einschaltstromspitze klingt schnell wieder ab.

2. Die Arbeitsmaschine wird etwa mit dem Kippmoment des Motors beschleunigt. Der Motor gibt dieses Moment bei ausreichender Kühlung und verminderter Stromaufnahme ab.

3. Das Anfahren ist auch bei schweren Anlaufverhältnissen mit relativ kleinen Motoren möglich, wenn man die Füllungsverzögerung der Turbokupplung ausnutzt.

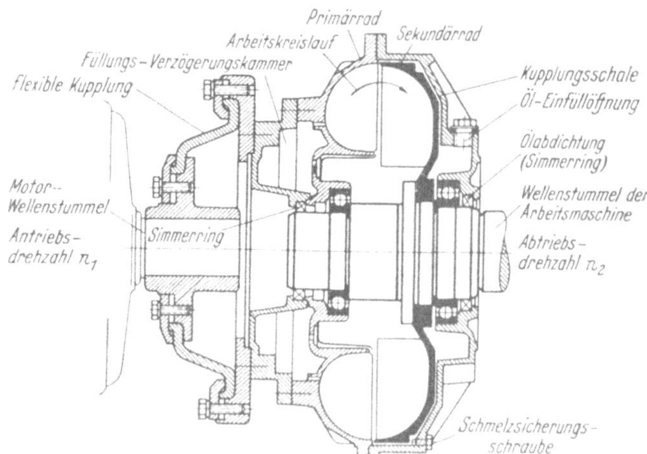



Leistungstafel

| Kupplungs-größe | Antriebsdrehzahl | | | | | |
| | $n = 750$ | | $n = 950$ | | $n = 1450$ | |
| | Übertragbare Leistung $N$ in PS | | | | | |
| | min | max | min | max | min | max |
| 316 | 1 | 2 | 2 | 4 | 7 | 14 |
| 366 | 2 | 4 | 4 | 8 | 15 | 28 |
| 422 | 4 | 8 | 8 | 16 | 29 | 57 |
| 487 | 8 | 16 | 16 | 32 | 58 | 116 |
| 562 | 16 | 32 | 33 | 66 | 117 | 239 |
| 650 | 33 | 66 | 67 | 139 | 240 | 499 |
| 750 | 67 | 139 | 140 | 280 | 500 | 1000 |
| 866 | 140 | 180 | 281 | 560 | 1000 | 2000 |

Abb. 25. Voith-Turbokupplung To 1 mit Periflexkupplung einschließlich Leistungstafel.

4. Der Anlauf erfolgt sanft, da zwischen Motor und angetriebener Maschine kein mechanischer Kraftschluß vorhanden ist und die Mitnahme selbsttätig mit der Entwicklung der Massenkräfte der Flüssigkeit erfolgt.

5. Die Kupplung kann nur ein begrenztes Moment übertragen (vgl. Abb. 23). Dies ist durch die Ölmenge, die zur Füllung benutzt wird, genau einstellbar.

6. Stöße, die von der Arbeitsmaschine kommen können, werden durch den vorhandenen Schlupf erheblich gemildert.

7. Bei Blockierung der Arbeitsmaschine läuft der Motor so lange weiter, bis er infolge des dann auftretenden Überlastungsstromes durch den Motorschutzschalter abgeschaltet wird.

8. Gegen dauernde Überlastungen kann die Kupplung dadurch geschützt werden, daß man eine Schmelzsicherung vorsieht. Diese besteht darin, daß das Gehäuse durch eine Schraube verschlossen ist, die etwa bei 200° C schmilzt. Tritt dies ein, so entleert sich das Gehäuse, und Motor und Arbeitsmaschine sind dadurch entkuppelt.

Als Nachteil ist der Schlupf anzusehen, der mit einer dauernden Leistungsverminderung verbunden ist, aber gegenüber den Vorteilen in Kauf genommen werden kann. Die durch den Schlupf bedingte Erwärmung der Kupplung wird meist durch die natürliche Luftbewegung am Gehäuse abgeführt. In Kraftwerken werden derartige Kupplungen mit Vorteil bei schwer anlaufenden Arbeitsmaschinen, wie Kohlemühlen usw., verwendet. Ein Beispiel zeigt Abb. 27. Hier wird ein Becherwerk für den Kohlentransport durch einen

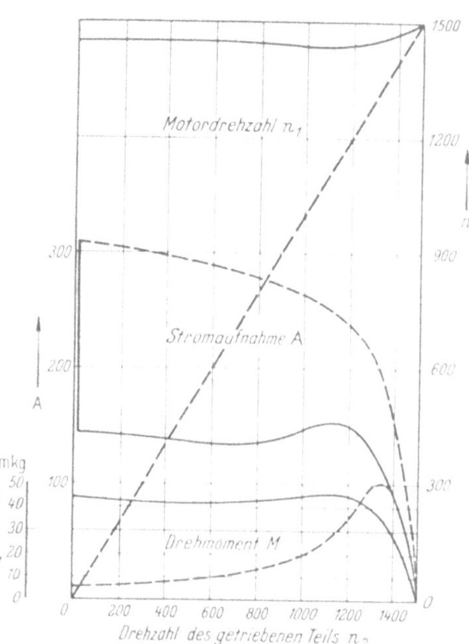



Abb. 26. Drehmoment, Stromaufnahme und Motordrehzahl bei einem Rundstab-Kurzschlußläufermotor beim Anfahren einer Arbeitsmaschine. Vergleich zwischen starrer Kupplung (– – –) und Turbokupplung (———).

Kurzschlußläufermotor über eine VOITH-SINCLAIR-Turbokupplung und ein Zahnradgetriebe angetrieben. Die Turbokupplung ist beiderseits flexibel gegen Motor und Getriebewelle abgestützt, so daß kleine Wellenverlagerungen aufgenommen werden können. Der Motor läuft unbelastet an, nimmt das Getriebe und das Becherwerk sanft und stoßfrei mit, auch im belasteten Zustand. Das Drehmoment ist durch die Ölfüllung der Kupplung auf einen gewünschten Wert begrenzt. Beim Stillsetzen wird das Becherwerk durch eine auf der Kupplung aufgesetzte Bremse festgehalten.

Aus den bisherigen Ausführungen ist zu folgern, daß diese Turbokupplung auch durch relativ einfache Hilfsmittel als Regelorgan für die Drehzahl auszubilden ist. Wir haben gesehen, daß die Füllung der Kupplung mit Öl maßgeblich für den Schlupf bzw. für die Drehzahl des Turbinenrades bei konstanter Motordrehzahl ist. Abb. 28 zeigt den schema-

Abb. 27. Antrieb eines Becherwerkes für den Kohlentransport durch einen Kurzschlußmotor über eine VOITH-SINCLAIR-Turbokupplung Type 487 Tv 1—2.

tischen Aufbau solcher Regelkupplungen. Da mit der Vergrößerung des Schlupfes bzw. mit der Herabregelung der Drehzahl gemäß der Beziehung $\eta = n_2/n_1$ für den Wirkungsgrad steigende Verluste abzuführen sind, kann es leicht möglich sein, daß allein durch Luftkühlung des Gehäuses die Wärme nicht abführbar ist und dadurch eine Rückkühlung des Öles außerhalb der Kupplung beispielsweise durch Kühlwasser erforderlich ist. Dies wird in Abb. 28 gezeigt. Die Regelung des Schlupfes wird hier durch ein von außen einstellbares Schöpfrohr vorgenommen, dessen Arbeitsweise folgendermaßen ist:

Im äußeren Teil des Gehäuses ist eine durch die Zentrifugalkraft am Umfang gleichmäßig verteilte Ölmenge vorhanden. In sie taucht mehr oder weniger tief das Schöpfrohr ein und befördert somit über den Ölkühler eine regelbare Ölmenge in den Arbeitskreislauf, den es auch wieder verläßt. Der Ölumlauf kann aber auch mit anderen Mitteln, deren Schilderung hier zu weit führen würde, geregelt werden, z. B. mittels einer Hochbehälterverdrängungssteuerung oder durch eine regelbare Ölumlaufpumpe.

Bei Arbeitsmaschinen mit etwa gleichbleibenden Momenten bei allen Drehzahlen treten nach den obigen Ausführungen sehr erhebliche Verluste bei Herabregelung der Drehzahl ein. Diese Regelungsart ist also gegenüber anderen Regelantrieben in diesem Falle im Nachteil. Es sei denn, die Regelung ist nur zum Anlauf bzw. zur Beschleunigung schwerer Massen nötig. Bei allen Arbeitsmaschinen aber, die bei niedrigen Drehzahlen wesentlich geringere Momente entwickeln als bei maximalen Drehzahlen, ist die Turbo-Regelkupplung mit großem Vorteil anwendbar. Hierzu gehören vor allem Maschinen mit Pumpen- und Lüftercharakteristik. Abb. 96 zeigt für solche Fälle einen Vergleich mit anderen Regelantrieben. Sie zeigt die Überlegenheit der Turbokupplung gegenüber Drosselregelung mit Kurzschlußläufermotoren mit einer oder zwei Drehzahlen. Der Verbrauch von Drehstrom-Kollektor-

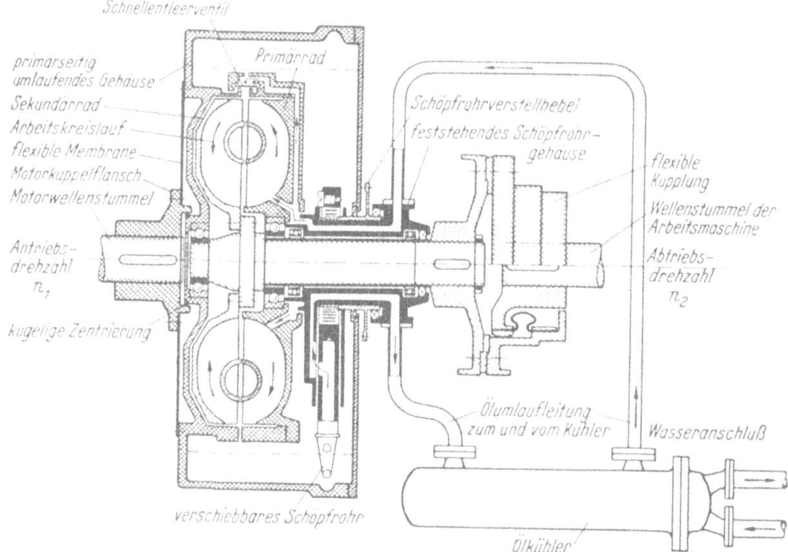


Abb. 28. VOITH-Turbo-Regelkupplung.
Bauart Sdm mit Antriebsmembrane einschl.
Leistungstafel.

Die Turbokupplung wird in ihrer Größe
normalerweise so festgelegt, daß das Nor-
maldrehmoment bei 2 bis 3% Schlupf
übertragen wird.

Abb. 29. VOITH-SINCLAIR-Turbokupplung mit
Hochbehälter-Verdrängersteuerung für gleichzeitige Regelung von 4 Frischluftventilatoren.

Leistungstafel.

| Kupplungs-größe | Antriebsdrehzahl | | | | | |
|---|---|---|---|---|---|---|
| | $n = 750$ U/min | | $n = 950$ U/min | | $n = 1450$ U/min | |
| | Übertragbare Leistung $N$ in PS | | | | | |
| | min | max | min | max | min | max |
| 384 | 2,5 | 4 | 5 | 8 | 19 | 30 |
| 422 | 4 | 6,5 | 8 | 13 | 30 | 48 |
| 464 | 6,5 | 11 | 13 | 22 | 48 | 78 |
| 510 | 11 | 17 | 22 | 34 | 78 | 125 |
| 562 | 17 | 28 | 34 | 56 | 125 | 200 |
| 620 | 28 | 45 | 56 | 90 | 200 | 330 |
| 682 | 45 | 73 | 90 | 146 | 330 | 530 |
| 750 | 73 | 118 | 146 | 236 | 530 | 860 |
| 826 | 118 | 190 | 236 | 380 | 860 | 1400 |
| 910 | 190 | 310 | 380 | 620 | 1400 | 2200 |

motoren ist zwar etwas niedriger, dafür ist die
Turbokupplung im Betriebe aber vorteilhafter.
Die Turbo-Regelkupplung hat ähnlich wie die
zuerst beschriebene Turbokupplung eine Reihe
von Vorteilen, die kurz zusammengefaßt sind:

1. Unbelastetes Anlaufen des Kurzschlußläufermotors.

2. Belastung erst nach erfolgtem Hochlaufen
des Motors durch Einrücken des Schöpfrohres
oder Ingangsetzen des Ölumlaufes auf andere
Art, wobei Beschleunigungsmomente etwa von
der Größe des Kippmomentes des antreibenden
Motors ausnutzbar sind.

3. Die Kraftübertragung kann bei durch-
laufendem Motor durch Abschalten des Ölumlaufes unterbrochen werden.

4. Geringe Abnutzung, da ein Kraftschluß zwischen Motor und Arbeitsmaschine nur
durch die Ölströmung entsteht.

5. Regelung der Beschleunigung durch frei wählbare Regelgeschwindigkeit des Ölumlaufes.

6. Dämpfung von Stößen.

Schließlich seien einige Anwendungsbeispiele für Turbo-Regelkupplungen erläutert. Abb. 29 zeigt die Anwendung der Turbokupplung für den Antrieb von Frischluftgebläsen. Der Ölumlauf wird über einen Hochbehälter gesteuert. Abb. 30 zeigt gleichfalls den Antrieb

Abb. 30.

Abb. 31.

Abb. 30. Antrieb eines Unterwindgebläses durch Kurzschlußläufermotor über eine Voith-Turbo-Regelkupplung Type 750 Sdm bei 260 kW 940 U/min.

Abb. 31. Antrieb eines Balcke-Kühlturmlüfters mittels Kurzschlußläufermotor über Turbo-Regelkupplung Type 562 s bei einer Leistung von 150 kW bei 1450 U/min.

Abb. 32. Voith-Sinclair-Turbo-Regelkupplung zur selbständigen Drehzahlregelung einer Kesselspeisepumpe bei schwankender Fördermenge und gleichbleibendem Druck (75 kW, 2950 U/min).

eines Unterwindgebläses mittels einer Turbokupplung Type 750 Sdm und einer Leistungsübertragung von 260 kW bei 940 U/min. Die Drehzahlregelung erfolgt automatisch durch die Kesselregelungsanlage. Hierbei wird das Schöpfrohr durch den Servo-Motor eines Askania-Reglers bewegt. Abb. 31 zeigt den Antrieb eines Balcke-Kühlturmlüfters durch einen Kurzschlußläufer über eine Turbo-Regelkupplung Type 562 S bei einer Leistung von 150 kW bei 1450 U/min. Hier ist die Turbo-Regelkupplung sehr vorteilhaft beim Anfahren der großen Schwungmasse, die mit dem großen und langsamlaufenden Lüfter eines Kühlturmes verbunden ist. Auch die während des Betriebes erforderliche Regelung ist gegenüber anderen Regelantrieben hier als günstig anzusehen. Schließlich zeigt Abb. 32 eine Turbo-Regelkupplung zur Regelung des Antriebes einer Kesselspeisepumpe bei wechselnder Speisewassermenge. Die Regelung erfolgt selbsttätig durch Beeinflussung der umlaufenden Ölmenge in der Kupplung, abhängig vom Druck des Kesselspeisewassers.

Abb. 32.

## 4. Motorschutz und Spannungsrückgangsauslösung.

Bei Niederspannung ist die Verwendung von Motorenschutzschaltern allgemein üblich. Sie enthalten meistens 3 Kurzschlußschnellauslöser, die bei geringen Kurzschlußströmen die Kurzschlußabschaltung einleiten können. Bei Kurzschlußströmen über dem Abschaltvermögen der Motorschutzschalter übernehmen Sicherungen den Kurzschlußschutz. Dies gilt vor allen Dingen bei kleineren Nennstromstärken der Motorschutzschalter. Diese können meistens nicht für genügend hohe Abschaltleistung unter Wahrung der Wirtschaftlichkeit ausgelegt werden. Der Überlastungsschutz wird von thermischen Überstromauslösern, meist Bimetallauslösern, übernommen. Bei ungeerdetem Nullpunkt genügen 2 solche Auslöser, bei geerdetem Nullpunkt der Transformatoren im Vierleitersystem werden 3 verwendet.

Bei Hochspannungsmotoren wird eine Kombination von magnetischen Schnellauslösern (meistens auf etwa den zehnfachen Nennstrom eingestellt) für die Kurzschlußauslösung und thermischen Auslösern, wiederum meistens Bimetallauslösern, im Sekundärkreis von Stromwandlern verwendet. Diese Kombination von Schutzrelais bringt dann den Hochspannungsschalter zur Auslösung. Dazu wird meistens eine Gleichstromhilfsspannung verwendet. Die einfachste Schaltung zeigt etwa Abb. 33. Sie ist anwendbar, wenn die Anlaufstromkurve des Motors unterhalb der Kennlinien *3* oder *4* nach Abb. 34 bleibt. Diese zeigt beispielsweise für die AEG-Ausführung der Bimetallauslöser die Auslösekennlinien. Ferner ist dabei vorausgesetzt, daß die sekundären Kurzschlußströme nicht allzu groß werden. Aus diesem Grunde verwendet man fast allgemein Schaltungen nach Abb. 35, jedoch nur in Sonderfällen mit Zusatzbürde auf der Sekundärseite der Streuwandler. Diese Wandler bewahren die Heizwicklungen der thermischen Auslöser vor Verbrennung bei hohen Kurzschlußstromstärken. Abb. 36 zeigt, wie durch den Einfluß der Streuwandler allein die Auslösekurven gehoben werden. Abb. 37 zeigt den dazu zusätzlichen Einfluß einer Zusatzbürde von 0,2 $\Omega$. Dadurch werden die Auslösekennlinien weiter gehoben. Bei schwierigen Anläufen, d. h. bei langen Anlaufzeiten, ist man genötigt, diese Schaltung zu verwenden. Ein Beispiel möge dies etwa erläutern:

Ein Mühlenmotor mit 6fachem Anlaufstrom habe beispielsweise eine Anlaufzeit von 13 bis 17 sec, je nachdem, ob die Mühle leer oder noch zum Teil durch Kohlenrückstände gefüllt ist. Bei Schaltung nach Abb. 33 und Kennlinien nach Abb. 34 würde bei der Kennlinie *3* bereits eine Anlaufzeit von 5,5 sec genügen, um unter der anschließenden Nachheizwirkung des auf den Normalstrom abgesunkenen Anlaufstromes das Relais zum Abschalten zu bringen. Beim Einschalten des Motors aus betriebswarmem Zustand des Bimetallauslösers würde der Motor schon nach 1 sec Anlaufzeit abgeschaltet werden. Durch Einschaltung nur des Streuwandlers nach Abb. 35 würde die Anlaufzeit unter sonst gleichen Voraussetzungen auf 22 bzw. 9 sec steigen (Abb. 36). Aber erst die Verwendung der Zusatzbürde (Abb. 35 und 37) trägt den vorausgesetzten Verhältnissen Rechnung. Bei 6fachem Anlaufstrom löst das Relais auch beim Einschalten aus betriebswarmem Zustand unter der Wirkung der Nachheizung aus, wenn die Anlaufzeit größer als 18 sec ist. Käme der Motor dieses Beispiels infolge einer Blockierung nicht zum Hochlaufen, so würde das Relais nach Kennlinie *1* (Abb. 37) erst nach 70 sec und nach Kennlinie *3* nach 35 sec auslösen. Dabei bestünde aber schon eine Gefahr für den Bestand der Motorwicklung. Das thermische Relais schützt also nicht gegen Schäden bei verhindertem Anlaufen. Dagegen ist als Schutz eine weitere Einrichtung zu verwenden, die etwa folgendermaßen wirkt:

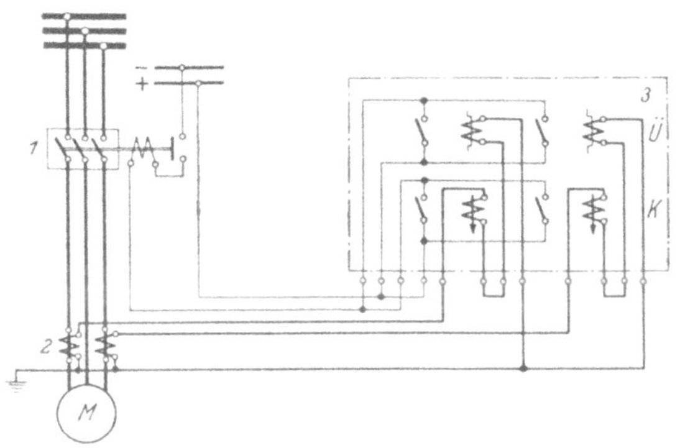

Abb. 33. Motorschutz mit sekundär angeschlossenen magnetischen Schnellauslösern und thermischen Überstromauslösern. (Überlastglieder für $4 \div 8$ A und $2,5 \div 5$ A.)

$U$ Überlastglieder, Bimetallrelais;      $K$ Kurzschlußglieder, magnet. Schnellauslöser.

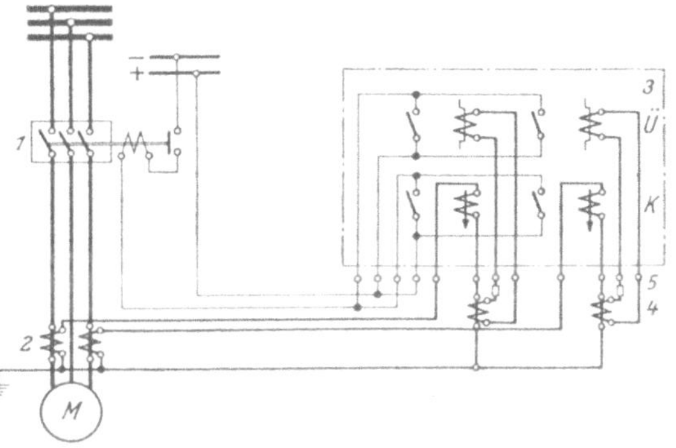

Abb. 35. Motorschutz mit sekundär angeschlossenen magnetischen Schnellauslösern und durch Streuwandler geschützte thermische Überstromauslöser (mit und ohne Zusatzbürde). (Überlastglieder für $4 \div 8$ A und $2,5 \div 5$ A.)

$U$ Überlastglieder;      $K$ Kurzschlußglieder;
$1$ Hauptschalter;      $2$ Stromwandler;
$4$ Streuwandler;      $5$ Zusatzbürden;

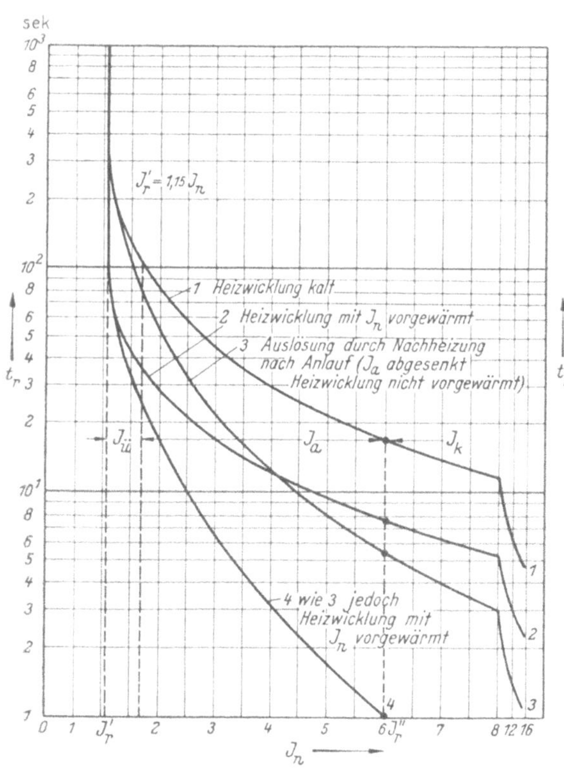


Abb. 34. Auslösekurven thermischer Auslöser nach Schaltung 33 (AEG).

$J_n$ Motornennstrom;      $J_a$ Anlaufstrombereich;
$J_k$ Kurzschlußstrombereich;      $J_ü$ Überlaststrombereich;
$J'_r$ Auslösestrom bei Überlast;      $J''_r$ Auslösestrom bei Kurzschluß;
$t_r$ Auslösezeit bei Überlast und Anlaufgrenzzeit.

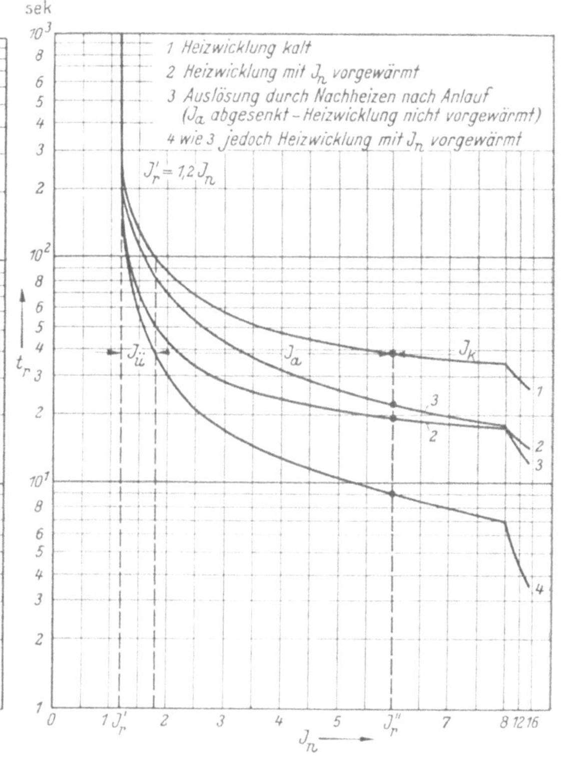


Abb. 36. Auslösekurven thermischer Auslöser nach Schaltung 35 mit Streuwandlern und ohne Zusatzbürde (AEG).

$J_n$ Motornennstrom;      $J_a$ Anlaufstrombereich;
$J_k$ Kurzschlußstrombereich;      $J_ü$ Überlaststrombereich;
$J'_r$ Auslösestrom bei Überlast;      $J''_r$ Auslösestrom bei Kurzschluß;
$t_r$ Auslösezeit bei Überlast und Anlaufgrenzzeit.

Man läßt von der Motorwelle eine Kontakteinrichtung in der Weise betätigen, daß entweder ein mit der Welle drehbarer Naturmagnet eine Kontakteinrichtung mitnimmt, wenn die Motorwelle eine gewisse Drehzahl erreicht hat, oder aber man läßt durch Induktionswirkung eines drehbar gelagerten Naturmagneten auf die Welle ab einer bestimmten Drehzahl des Motors den Naturmagneten gleichfalls eine Kontakteinrichtung schalten. Bei Antrieben, die eine Anlaufbehinderung gelegentlich erwarten lassen, kann man diese „Anlaufwächter", die es in verschiedenen erprobten Konstruktionen gibt, in der Weise einsetzen, daß man durch sie die Erregung eines beim Einschal-

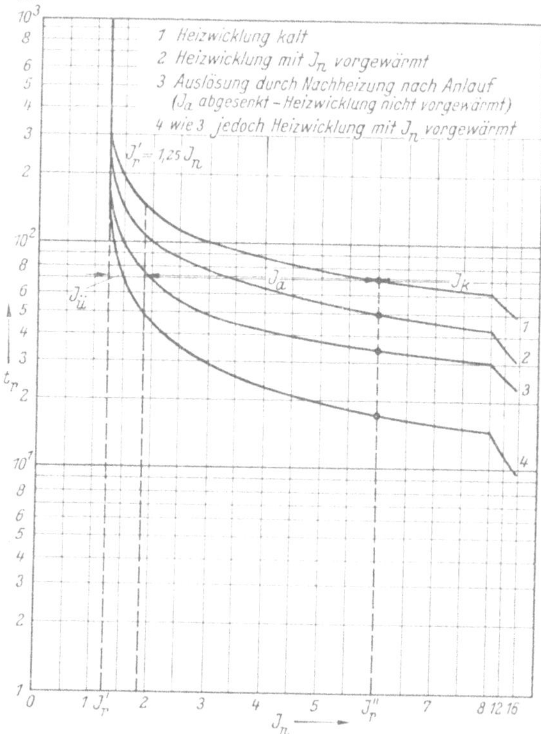



Abb. 37. Auslösekurven thermischer Auslöser nach Abb. 35 mit Streuwandlern und Zusatzbürden von 0,2 Ω (AEG).

$J_n$ Motornennstrom;

$J_a$ Anlaufstrombereich;

$J_k$ Kurzschlußstrombereich;

$J_ü$ Überstrombereich;

$J_r'$ Auslösestrom bei Überlast;

$J_r''$ Auslösestrom bei Kurzschluß;

$t_r$ Auslösezeit bei Überlast und Anlaufgrenzzeit.

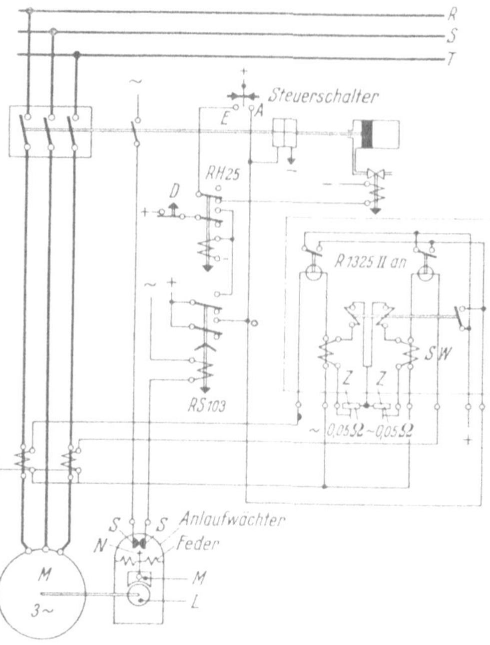



ten in Gang kommenden Zeitrelais bei geglücktem Anlauf unterbrechen läßt. Glückt der Anlauf nicht, so schaltet das Zeitrelais nach einer passend eingestellten Zeit den Antriebsmotor wieder vom Netz ab. Aber auch wiederholte Einschaltversuche in dieser Art bei blockiertem Motor sind für seine Wicklungen äußerst schädlich. Eine Schaltung, die die beiden zuletzt genannten Gefahren bei Blockierung nicht zum Anlaufen kommender Motoren und wiederholte Einschaltversuche verhindert, zeigt Abb. 38. Beim Einschalten des Hauptschalters läuft das Zeitrelais RS 103 an, kommt aber nur zum Schließen seiner Kontakte, wenn der Anlaufwächter seine Kontakte während der eingestellten Zeit nicht öffnet, d. h., wenn der Motor nicht hochläuft. Ist dies der Fall, dann

Abb. 38. Motorschutz durch Bimetall-Sekundärrelais mit Streuwandlern und Zusatzbürden, magnetischen Schnellauslösern, 'Anlaufwächter und Wiedereinschaltsperre (SSW).

*SW* Streuwandler;            *Z* Zusatzbürde;
*RS 103* Motorzeitrelais;      *RH 25* Hilfsrelais.

schließt also das Zeitrelais seine Kontakte und schaltet den Hauptschalter ab. Gleichzeitig wird aber das Hilfsrelais RH 25 erregt, es zieht an und hält sich selbst. Ein anderer Kontakt dieses Relais unterbricht aber die Leitung zum Einschalten des Hauptschalters. Erst ein Betätigen des Druckknopfes $D$ bringt das Hilfsrelais zum Abfallen. Verschließt man den Druckknopf, so muß das Bedienungspersonal erst beispielsweise den Schichtelektriker heranrufen, der den Schlüssel hat und der eine Räumung der blockierten Arbeitsmaschine abwartet, ehe er die Blockierung des Schalters aufhebt.

Die hier geschilderten, recht weitgehenden Schutzeinrichtungen kommen nur selten und dann bei schwer anlaufenden Antrieben, wie Kohlemühlen, zur Anwendung. Bei der weitaus größten Anzahl der motorischen Antriebe genügen thermische Auslöser, wie sie am Anfang der obigen Ausführungen geschildert wurden.

Wie schon an anderer Stelle erwähnt wurde, ist es üblich, solche Motoren, die möglichst in Betrieb bleiben müssen, um die Leistung des Kraftwerkes zu halten, ohne Spannungsrückgangsauslöser zu verwenden. Andere Motoren, deren Ausfall sich nicht sofort auf die Leistung des Kraftwerkes auswirkt, können Spannungsrückgangsauslöser erhalten. Darüber sind einige Angaben bereits in der Zahlentafel 2 gemacht worden. Es gibt aber eine Reihe von Antriebsmotoren, z. B. für Kesselgebläse, die bei kurzzeitigen Spannungsabsenkungen in Betrieb bleiben sollen. Bei langzeitigen Spannungsabsenkungen müssen einige Antriebe aber mit Rücksicht auf möglicherweise vorhandene Gefahren abgeschaltet werden. Im Zusammenhang mit automatischen Umschalteinrichtungen zur weiteren Sicherung der Eigenbedarfsversorgung empfiehlt es sich, falls man solche Voraussetzungen berücksichtigen muß, eine entsprechend verzögerte Spannungsrückgangsauslösung anzuwenden. Man muß dann verklinkte Schalter verwenden und bei Spannungsrückgang Arbeitskontakte entsprechender Relais verzögert wirken lassen. Schütze haben durchwegs unverzögerte Auslösung bei Spannungsabsenkungen unter etwa 60% der Nennspannung. Sie sind also für verzögerte Spannungsrückgangsauslösung nicht einsetzbar. Abgesehen von seltenen Sonderfällen, genügt es für alle in Kraftwerken vorkommenden Antriebe, die Spannungsrückgangsauslösung etwa auf 3 bis 5 sec einzustellen, evtl. verwendet man auch Spannungsrückgangsrelais, die je nach dem Grad der Spannungsabsenkung verschieden schnell schalten. Wie noch später im Abschn. F gezeigt werden wird, ist es im allgemeinen durchaus möglich, nach Spannungsabsenkungen mittels automatischer Umschalteinrichtungen innerhalb von 2 bis 3 sec überall wieder Spannung zuzuführen und die Motoren wieder hochlaufen zu lassen, wo dies erforderlich ist. Auch die in dieser Hinsicht schwierigsten Kesselantriebe vertragen Spannungsunterbrechungen bis zu etwa 3 sec. Viele Kessel vertragen aber längere Pausen, so daß man die Spannungsrückgangsauslösung auch anders einstellen kann, als oben angedeutet wurde. Es empfiehlt sich, dieser Frage bei jedem einzelnen Projekt eine besondere Aufmerksamkeit zuzuwenden, da es sicher am einfachsten ist, wenn kleine Spannungsabsenkungen den praktischen Betrieb überhaupt nicht beeinflussen. Oft ist zwar das Wiedereinschalten abgefallener Schütze von Hand durchaus erträglich, wobei die Frage noch meistens offenbleibt, ob das Betriebspersonal so schnell von Hand eingreifen kann, daß eine Störung der Produktion nicht eintritt. Soweit es irgend möglich ist, soll man also versuchen, ohne Spannungsrückgangsauslösung auszukommen.

# D. Auswahl der Spannungen.

Für den Eigenbedarf von Kraftwerken kommen nach dem heutigen Stand der Technik nur die Spannungen 10 kV und 6 kV für die Hochspannungsverteilung und 500 V und 380 V für die Niederspannungsverteilung in Frage. In früheren Zeiten wurden gelegentlich noch die Spannung von 3 kV verwendet[1] sowie einige heute nicht mehr in den Richtlinien des VDE enthaltene Spannungen, wie z. B. 5 kV. Für die Verwendung nicht genormter Spannungen besteht gar kein Anreiz mehr, weil es jeweils ähnliche genormte Spannungen gibt und weil außerdem alle Schaltgeräte nur noch für genormte Reihenspannungen erhältlich sind. Bei nicht genormten, d. h. in der Regel niedrigeren Spannungen ist beispielsweise auch die Schaltleistung erheblich geringer, so daß die Geräte nicht voll ausnutzbar sind. Nur bei Erweiterungen sind also nichtgenormte Spannungen diskutabel. Die Spannung von 3 kV beispielsweise führt zwar zu etwas kleineren Anschaffungspreisen der Motoren, dafür ist man aber genötigt, alle Schaltgeräte für die Reihe 10 auszulegen, wenn man nicht auf völlig veraltete Apparaturen zurückgreifen will. Im folgenden sollen daher nur die eingangs erwähnten genormten Spannungen noch weiter Berücksichtigung finden. Alle vorerwähnten Spannungen beziehen sich auf Drehstrom von 50 Per/s.

Die Spannung von 10 kV hat nur dann einen Sinn, wenn die der Hauptgeneratoren auch 10 kV beträgt und außerdem im gesamten Kraftwerk praktisch keine Motoren vorhanden sind, die mit Hochspannung betrieben werden müssen (vgl. Abb. 46). Handelt es sich beispielsweise um einen Sonderfall, wo durch große Motoren nur etwa Speisepumpen mit Leistungen über etwa 300 bis 400 kW elektrisch zu versorgen sind, dann können für diesen Zweck 10 kV-Motoren verwendet werden (vgl. z. B. Abb. 56). Die untere Grenze für die Verwendung einer Spannung von 10 kV für Motoren liegt etwa bei 300 kW. Liegen solche Sonderfälle, wie oben erwähnt, vor, dann ist es jedenfalls empfehlenswert, die Anschaffungskosten verschiedener Wahlprojekte zu ermitteln, wie es beispielsweise im Ergebnis die Zahlentafel 6 zeigt. Es handelte sich dabei um ein Werk mit 4 Maschinen von je 45 MW und 8 Kesseln für eine Dampferzeugung von je 90 t/h. Wie die Tafel angibt, erfordern nur die 4 Kesselspeisepumpen mit je 1100 kW und die 4 Kühlwasserpumpen mit je 400 kW ganz eindeutig den Anschluß an Hochspannung. Die Motoren für die Kondensatpumpen mit 125 kW, die Saugzüge mit 120 kW, die Frischluftgebläse mit 110 kW und die Kohlenmühlen mit 80 kW können zum Teil ebenso gut, zum Teil sogar besser an 500 V angeschlossen werden. Die übrigen Motoren waren noch kleiner und damit eindeutig für den Betrieb mit Niederspannung geeignet. Die Zahlentafel 6 zeigt, daß man 3 Wahlvorschläge durchgerechnet hat:

---

[1] Die amerikanische Praxis verwendet auch heute noch die Spannung von 2,3 kV in Eigenbedarfsnetzen. Dies ist wahrscheinlich in erster Linie darauf zurückzuführen, daß diese dort genormt ist und eine weitere Verbreitung hat als jemals etwa 3 kV in Deutschland und daß vor allen Dingen Luftschalter für diesen Zweck am Markt sind, die auch genügende Abschaltleistungen besitzen [17] (vgl. Abb. 54). In Deutschland lief die Entwicklung wesentlich anders. Früher am Markt gewesene Schaltgeräte für 3 kV wurden kaum modernisiert oder in der Schaltleistung erheblich verbessert, so daß für Reihe 3 keine ausreichenden Geräte vorhanden sind.

Zahlentafel 6. *Wahl der Eigenbedarfsspannung (AEG).*
(Preisvergleich Preisbasis 1938.)

Beispiel für ein Kraftwerk mit 4 Turbinen zu je 45 MW und 8 staubgefeuerten Kesseln zu je 90 t/h maximaler Dauerleistung (vgl. Abb. 56).
Zusammenstellung der Motoren, die an Hochspannung gelegt werden können:

| | | |
|---|---|---|
| 4 Motoren für Kesselspeisepumpen . . . | je | 1100 kW |
| 4 Motoren für Kühlwasserpumpen .. . . | je | 400 kW |
| 4 Motoren für Kondensatpumpen . . . | je | 125 kW |
| 8 Motoren für Saugzug . . . . . . . . | je | 120 kW |
| 16 Motoren für Frischluftgebläse . . . . | je | 110 kW |
| 24 Motoren für Kohlemühlen . . . . . . | je | 80 kW |

| | Vorschlag 1 | Vorschlag 2 | Vorschlag 3 |
|---|---|---|---|
| Hochspannung . . . . kV | 10 | 6 | 6 |
| Niederspannung . . . V | 500 | 500 | 500 |
| An Hochspannung liegen Motoren für (alle übrigen 500 V): | Kesselspeisepumpen, Kühlwasserpumpen | Kesselspeisepumpen, Kühlwasserpumpen, Saugzüge und Kondensatpumpen | Kesselspeisepumpen, Kühlwasserpumpen, Saugzüge, Kondensatpumpen, Frischluft- und Mühlenmotoren |
| Speisung des Eigenbedarfs | nach Abb. 56 | wie Vorschlag 1, jedoch statt der 4 Drosseln in den Einspeisungen 4 Umspanner je 6000 kVA | wie Vorschlag 2 |

Kostenzusammenstellung in RM[1]

| | Vorschlag 1 | Vorschlag 2 | Vorschlag 3 |
|---|---|---|---|
| Speisung des Eigenbedarfs | 105000,— | 239000,— | 239000,— |
| Hochspannungsfelder, Reaktanzen und Umspanner . . . . . . . . | 254000,— | 242000,— | 280000,— |
| Kabel für Hoch- und Niederspannung . . . . | 28000,— | 23000,— | 14500,— |
| Gußgekapselte Verteilungen | 25000,— | 14000,— | — |
| Motoren . . . . . . . . | 368000,— | 362000,— | 387000,— |
| Speiseschalter für 500 V Verteilungen . . . . . | 3000,— | 3000,— | 1500,— |
| Gesamtkosten | 783000,— | 883000,— | 922000,— |

[1] In den Kosten nicht enthalten sind die Hochspannungs-Meß- und -Kuppelfelder, sowie die 500 V-380 V-Anlageteile, die in den betrachteten Fällen gleichbleiben.

1. Die Speisung des Eigenbedarfs geschieht über Drosseln von den 10 kV-Klemmen der Generatoren. Die Motoren für die Kesselspeisepumpen und Kühlwasserpumpen sind für 10 kV ausgelegt und sind an die 10 kV-Eigenbedarfsschaltanlage direkt angeschlossen. Alle übrigen Motoren werden mit 500 V betrieben.

2. Der Eigenbedarf wird über Transformatoren 10/6 von den Generatorklemmen abgenommen. Die Hochspannungsverteilung erfolgt mit 6 kV. An diese Spannung sind die Motoren für die Kesselspeisepumpen, Kühlwasserpumpen, Saugzuggebläse und die Kondensatpumpen angeschlossen.

3. Der Eigenbedarf wird in gleicher Weise wie bei 2 versorgt, nur werden zusätzlich auch die Motoren für die Frischluftgebläse und die Kohlenmühlen an 6 kV angeschlossen.

Die Zahlentafel 6 zeigt, daß der Wahlvorschlag 1 die niedrigsten Anschaffungskosten bedingt. Außerdem ergeben sich dabei geringere Transformatorenverluste.
Da bei diesem Projekt auf besonders geringe Anschaffungskosten Wert gelegt
wurde, wurde die Anlage nach Vorschlag 1 ausgeführt. Ihr Schaltbild zeigt
Abb. 56. Im Betrieb hat sich die Anlage auch bewährt. Trotzdem muß festgehalten werden, daß diese Anlage und ebenso diejenige nach Abb. 46 Sonderfälle darstellen, die selten vorkommen. Sie wurden aber hier doch erwähnt, um zu zeigen,
daß es einmal solche Fälle gibt und daß es auch empfehlenswert ist, ihre wirtschaftlichen Vorteile gegebenenfalls auszunutzen.

Bedingt es die Gesamtplanung des Kraftwerkes, daß zahlreiche Motoren
über 100 kW und unter etwa 300 bis 400 kW zur Verwendung kommen, dann
ist allein eine Spannung von 6 kV dafür vertretbar. Der Einheitlichkeit halber
wird man dann auch alle größeren Motoren für 6 kV und ebenfalls alle Transformatoren, die zur Speisung des Niederspannungsnetzes dienen, mit der Oberspannung 6 kV auslegen. Außerdem sei daran erinnert, daß die Lieferfirmen auch
für Leistungen über 300 bis 400 kW 6 kV-Motoren mehr empfehlen als 10 kV-
Motoren. Das geschah in den letzten Jahren vor allen Dingen auch mit Rücksicht
auf das zur Verfügung stehende Isoliermaterial, das selten in der früheren guten
Qualität vorhanden war. Wie schon oben angedeutet, liegt die Grenze in der Verwendung von Hoch- und Niederspannungsmotoren etwa bei einer Leistung von
100 kW. Von anderer Seite werden auch 160 kW als Grenze angegeben. Eine solche
Festlegung enthält eine höhere Sicherheit, da die Hochspannungswicklungen
kleinerer Motoren wegen des dünnen Drahtes im Betrieb empfindlicher sind.
Ausführbar sind jedoch 6 kV-Motoren bis herab zu 85 kW. Die Verwendung solcher Motoren ist aber unwirtschaftlich. In den letzten Jahren hat man 6 kV-
Motoren unterhalb von etwa 160 kW auch deswegen nicht gern verwendet, weil
der Mangel an guten Isolierstoffen bei diesen Leistungen der Motoren zu Bedenken
Anlaß gab.

Die Abb. 39 zeigt die Abhängigkeit der Preise von der Leistung der Motoren
einschließlich Schaltgeräten, Kabeln, gegebenenfalls Transformatoren zwischen
Hoch- und Niederspannung, für Spannungen von 380 V, 500 V und 6000 V. Die
oben gemachte Aussage über die Abgrenzung
von Hoch- und Niederspannungsmotoren
geht aus diesem Diagramm hervor. Das Diagramm zeigt jedoch lediglich die Tendenz
der Preise und ist ausreichend für die Abgrenzung der Verwendungsbereiche. Die absoluten Preise werden je nach Annahme
über die zu gehörigen Schaltgeräte, Verteilungsanlagen, Kabellängen usw. in jedem einzelnen Projekt etwas differieren. Für die
Aufstellung des Diagramms sind mittlere
Drehzahlen, Kabellängen usw. Voraussetzung.

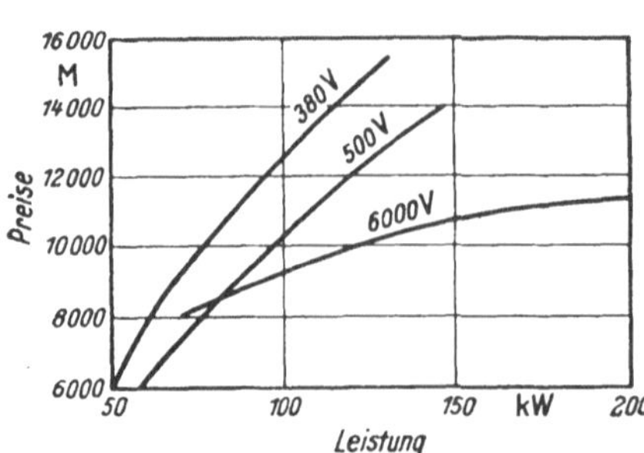


Abb. 39. Preise für Motoren einschl. Schaltern, Kabeln und erforderlichen Transformatoren in Abhängigkeit von der Motoren-
leistung bei 380, 500 und 6000 V.

Nach den obigen Ausführungen kommen für die Niederspannungsverteilung
Spannungen von 500 oder 380 V in Frage. In den meisten Kraftwerksprojekten
liegt die Mehrzahl und vor allem das Schwergewicht der Leistungen der Nieder-

spannungsmotoren zwischen 10 und 150 kW. Sehr viel kleinere Motoren sind oft nicht vorhanden, wenn man von solchen für Steuerzwecke absieht. Infolgedessen wird häufig, besonders in Kraftwerken der chemischen Industrie, der Schwerindustrie und des Braunkohlenbergbaues, die Niederspannung von 500 V verwendet. Dies ist einmal dadurch begründet, daß dort allgemein die Spannung 500 V weit verbreitet ist und daß zwischen Kraftwerk und übriger Fabrik die Austauschbarkeit von Motoren unter Umständen erwünscht ist und berücksichtigt werden sollte. Gerade umgekehrt liegen meistens die Verhältnisse in Kraftwerken der öffentlichen Versorgungsgesellschaften sowie verschiedener Industriewerke. Die Kosten für die Transformatoren sind in beiden Fällen ungefähr gleich. Allgemein ist die Frage der Verwendung von 500 oder 380 V nicht entschieden. Für die Verwendung von 500 V sprechen die folgenden Umstände:

Schaltmaterial und Kabel sind für 500 V in gleicher Ausführung zu verwenden wie für 380 V. Die übertragenen Leistungen sind also bei gleichem Querschnitt und 500 V im Verhältnis der Spannungen höher. Ist man jedoch bei Kabeln und Leitungen genötigt, auch den Spannungsabfall zu berücksichtigen, so gilt das quadratische Verhältnis. Bei der Kürze der Verbindungen braucht dieses jedoch meistens nicht berücksichtigt zu werden. Bei dem in Abb. 57 gezeigten Kraftwerksnetz hatte der Bauherr die Verwendung von 380 V besonders dringend gewünscht. In den langen Schleifleitungen des Kohlenplatzes hätten sich aber dabei unerträglich hohe Spannungsabfälle ergeben, so daß allein für den Kohlenplatz 500 V gewählt werden mußten. Andererseits ist bei gleicher Leistung der Speisepunkte (Transformatoren, Drosselspulen usw.) der Kurzschlußstrom bei 380 V im proportionalen Verhältnis ungünstiger. Dies macht, insbesondere bei der Versorgung großer Komplexe von Motoren, d. h. größerer Verteilungsleistungen, unter Umständen bei 380 V-Sicherungen und Schaltgeräte des nächsthöheren Nennabschaltstromes erforderlich. Diese Verhältnisse wirken sich im Anschaffungspreis aus und liegen ebenfalls den Kurven in Abb. 39 zugrunde. Gegen die Verwendung einer Spannung von 500 V wird häufig eingewendet, daß 500 V im Betrieb größere Gefahren mit sich bringen als 380 V und daß 380 V-Motoren gängiger bei den Lieferanten und somit leichter erhältlich sind. Beide Gründe sind m. E. nicht von erheblichem Gewicht, da doch die chemische Industrie, die Schwerindustrie und die Braunkohlengruben immer wieder 500 V wählen. Bei der Spannung von 380 V wird der Nullpunkt der Transformatoren geerdet und als Nulleiter mitgeführt, so daß grundsätzlich die Möglichkeit besteht, auch die Lichtversorgung von dem gleichen Netz aus zu betreiben. Eine Erdung der Transformatorensternpunkte und die Verwendung eines Nulleiters bei 500 V ist weder erwünscht noch nötig, da ein Lichtanschluß mindestens nicht üblich ist und die Gefahr bestünde, daß der Nulleiter eine zu hohe Spannung gegen Erde annehmen könnte. Nach meinen Erfahrungen sind in Kraftwerken die Erdungsverhältnisse meistens sehr gut, so daß auch sichere Schutzerden zur Verfügung stehen. Bei 500 V ist es zweckmäßig, gleichfalls wie bei 380 V Vierleiterkabel zu verwenden. Der vierte Leiter wird dann mit halbem Querschnitt zur Mitführung einer sicheren Erdung von Verteilungs- zu Verteilungsgruppe ohne Verbindung mit dem Transformatorensternpunkt verwendet. Ich habe aus diesem Grunde auch nicht bei 500 V den Vorteil besonders betont, daß dort Dreileiterkabel verwendbar und daß bei 380 V meistens Vierleiterkabel erforderlich sind.

Ein wesentlicher Gesichtspunkt für die Entscheidung zwischen 380 und 500 V ist auch der Materialaufwand, besonders in solchen Fällen, wo man frei von den obenerwähnten Rücksichten ist. Die Zahlentafel 7 zeigt für ein 300 MW-Kraftwerk einen Vergleich des Materialaufwandes. Bei den Transformatoren besteht

Zahlentafel 7. *Vergleich des Materialbedarfs der Eigenbedarfsanlage eines 300 MW-Kraftwerkes bei 380 und 500 Volt (AEG).*

| Anlageteil | 380 Volt | 500 Volt |
|---|---|---|
| 1. Eigenbedarfs-Transformatoren . . . . . . . . . . . . . . . | kein Unterschied | |
| 2. Eigenbedarfs-Motoren . . . . . . . . . . . . . . . . . . | kein Unterschied | |
| 3. Eigenbedarfskabel bis zu den gußgekapselten Gruppen „Kessel" und „allgemeiner Bedarf"                    Aluminiumgewicht | 3615 kg | 2350 kg |
| Motorenkabel von den Gußgruppen bis zu den Motoren                                      Aluminiumgewicht | 1370 kg | 976 kg |
| Aluminiumgewicht . . . . . . . . . . . . . . . . . . Summe | 4985 kg | 3315 kg |
| Aluminiumeinsparung . . . . . . . . . . . . . . . . . . . | | 1670 kg |
| Aluminiumeinsparung in Prozenten des Bedarfes bei 380 Volt . | | **rd. 33 %** |
| Bleibedarf für alle Kabel . . . . . . . . . . . . . . . . . | 5950 kg | 4500 kg |
| Bleiersparnis . . . . . . . . . . . . . . . . . . . . . . | | 1450 kg |
| Bleiersparnis in Prozenten des Bedarfes bei 380 Volt . . . . . | | **rd. 24 %** |
| 4. Gußgekapselte Verteilungen:<br>Gesamt-Nettogewicht . . . . . . . . . . . . . . . . . . . | 9250 kg | 7450 kg |
| Materialersparnis, vorwiegend Eisen, in Prozenten des Bedarfes bei 380 Volt . . . . . . . . . . . . . . . . . . . . . . | | 1800 kg<br>**rd. 20 %** |

in dieser Hinsicht praktisch kein Unterschied, wohl aber beim Kabelnetz und den gußgekapselten Verteilungen. Das Ergebnis der Untersuchungen laut Zahlentafel 7 ist folgendes:

Gegenüber der 380 V-Anlage spart man bei 500 V rd. 33 % an Leitungsaluminium und rd. 24 % an Blei für die Kabel und etwa 20 % vorwiegend an Eisen für die gußgekapselten Verteilungsanlagen. Die prozentuale Ersparnis für die betrachtete Anlage ist also immerhin beachtlich, obwohl die absoluten Zahlen im Verhältnis zum Materialaufwand für das gesamte Werk weniger ins Gewicht fallen. Parallel mit den Ersparnissen beim Materialaufwand gehen die Kosten. Für die in Zahlentafel 7 betrachteten Anlageteile ergeben sich für die gleiche Anlage bei 500 V für die Kabel eine Ersparnis von 28 % und für die Gußverteilungen von etwa 20 %.

Bei großen Kraftwerken lohnt sich eine Trennung der Lichtversorgung von der Kraftverteilungsanlage. Es besteht dabei kein Zweifel, daß nur ein Netz für 220/380 V in Frage kommt. Die Gleichspannung für Notlicht, Steuerung und Schutz wird bei großen Kraftwerken infolge der Weitläufigkeit der Anlageteile und den damit in Zusammenhang stehenden Spannungsabfällen heute fast ausschließlich mit 220 V gewählt. Für Meß- und Fernmeldezwecke braucht man in Kraftwerken zahlreiche verschiedene Hilfsspannungen, meistens Gleichspannungen, die man am besten aus Netzanschlußgeräten bezieht, die an ein möglichst sicheres Drehstromnetz angeschlossen sind (vgl. Abschn. L 5, S. 189). Schließlich wird für Reparaturzwecke in Kesseln und anderen sehr feuchten Anlageteilen noch eine Kleinwechselspannung gebraucht. Dafür sind 42 und 24 V gebräuchlich. Diese Spannungen leitet man am besten vom Lichtnetz durch örtliche Transformation ab. Man bringt die Kleinspannungstransformatoren entweder fest montiert in der Nähe der Kessel an oder verwendet über Steckdosen am Lichtnetz anschließbare transportable Kleintransformatoren. Die letztgenannte Ausführungsform ist billiger, da man weniger Transformatoren braucht, die aber robuster gebaut sein müssen als fest eingebaute. Andernfalls muß man bei transportablen Transformatoren mit stärkstem Verschleiß rechnen. Die Stecker für die Kleinspannung sollen mit Rücksicht auf Gefahren für das Personal nicht in die normalen Steckdosen für 220 V einführbar sein. Die Größe der Kleinspannungstransformatoren richtet sich nach der gewünschten Leistung der anzuschließenden Handlampen und transportablen Bohrmaschinen. Für mittlere Ansprüche sind Transformatoren für etwa 500 bis 1000 VA empfehlenswert, kleinere Einheiten werden oft durch Anschluß zu vieler Handlampen oder Bohrmaschinen überlastet, größere sind als ortsveränderliche Apparate zu unhandlich, kommen daher mehr für festen Einbau in Frage. Auf geringe Entfernungen zwischen Transformatoren und Verwendungsort der Lampen und Bohrmaschinen ist immer wegen des besonders großen Einflusses des Spannungsverlustes zu achten.

# E. Auslegung des Eigenbedarfsnetzes.

## 1. Stromquellen für die Eigenbedarfsversorgung.

Die für den Eigenbedarf erforderlichen Speisepunkte können in zahlreichen Varianten projektiert und ausgeführt werden. Man unterscheidet hauptsächlich folgende Möglichkeiten (vgl. Abb. 40):

1. Speisung durch Haus- oder Vorwärmmaschinen.

2. Bei Vorhandensein einer Hauptsammelschiene mit Spannungen von 6 oder 10 kV als Abzweig von der Hauptsammelschiene über Drosselspulen.

3. Bei Vorhandensein einer höheren Spannung als 10 kV an der Hauptsammelschiene und Blockschaltung von Hauptgeneratoren und Transformatoren.

a) Speisung von 10- bzw. 6 kV-Klemmen der Generatoren über Drosseln und Durchgangsregler.

b) Über besondere Eigenbedarfstransformatoren zwischen Hauptsammelschienen und Hochspannungsschienen im Eigenbedarfsnetz.

Außer den erwähnten sind noch andere Varianten denk- und ausführbar, die aber entweder weniger wichtig oder von den erwähnten nicht sehr verschieden sind, z. T. aber noch weiter unten behandelt werden.

### a) Hausmaschinen.

Zu der Variante 1 ist zu sagen, daß eine oder mehrere Hausmaschinen, wenn sie nicht etwa dieselbe Größenordnung der Leistung haben wie die Hauptmaschinen, im Wärmeschaltbild des Kraftwerkes schwer unterzubringen sind. Man hat solche Hausgeneratoren als Anzapfgegendruck- und Anzapfkondensationsmaschinen ausgeführt. Auch diese Variante bringt die Schwierigkeit, ein einfaches und sinnvolles Wärmeschaltbild zu entwerfen. Vielfach hat man daher die Verwendung spezieller Hausgeneratoren, vor allen Dingen bei neueren Projekten, aufgegeben. Handelt es sich um Kraftwerke, die wesentliche Mengen Dampf nach außen für Heiz- oder Fabrikationszwecke abgeben, so ist zwar die Ausführung eines Hausgenerators als Gegendruckmaschine grundsätzlich auch in wärmetechnischer Hinsicht möglich, doch kann der Hausgenerator allein zur Speisung eines Eigenbedarfsnetzes nur schwer herangezogen werden, weil die Frequenzhaltung nicht einfach einzurichten und aus diesem Grunde eine Verbindung mit der Hauptsammelschiene erforderlich ist.

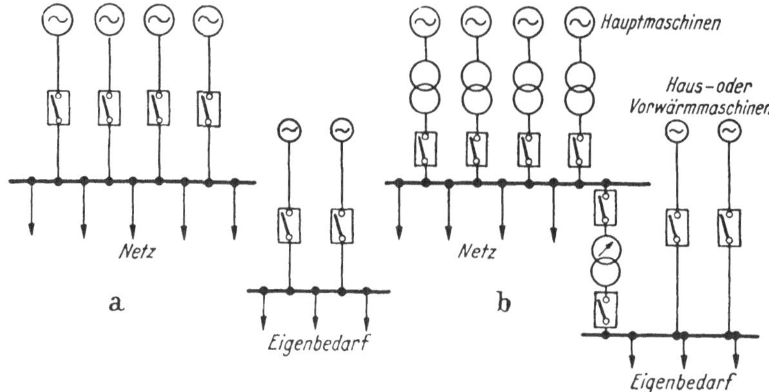



*Varianten 1a und 1b.* Deckung des Eigenbedarfs aus Haus- oder Vorwärmmaschinen. Ist bei *1b* Maschinen- gleich Netzspannung, so ist die Haupt-. und Eigenbedarfsschiene über eine Kurzschluß-Begrenzungsdrosselspule verbunden.

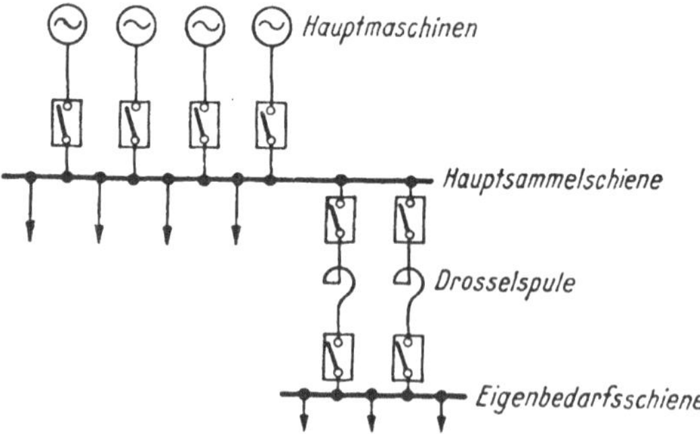



*Variante 2.* Deckung des Eigenbedarfs über Drosselspulen aus der Hauptsammelschiene.

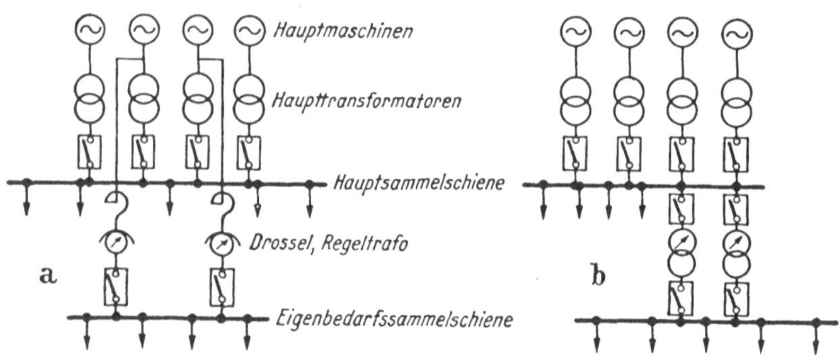



*Variante 3a.* Deckung des Eigenbedarfs von den Generatorklemmen.

*Variante 3b.* Deckung des Eigenbedarfs von der Hauptsammelschiene über Regeltransformatoren.

Abb. 40. Die wichtigsten Arten der Deckung des Eigenbedarfs.

Solche Gründe führten zur Wahl des Eigenbedarfsschaltbildes nach Abb. 41. Es handelt sich dabei um ein Kraftwerk, das 90 t/h Dampf mit 40 ata pro Halbwerk nach außen abgeben sollte. Eine so hohe Entnahmestelle bei den mit 70 ata

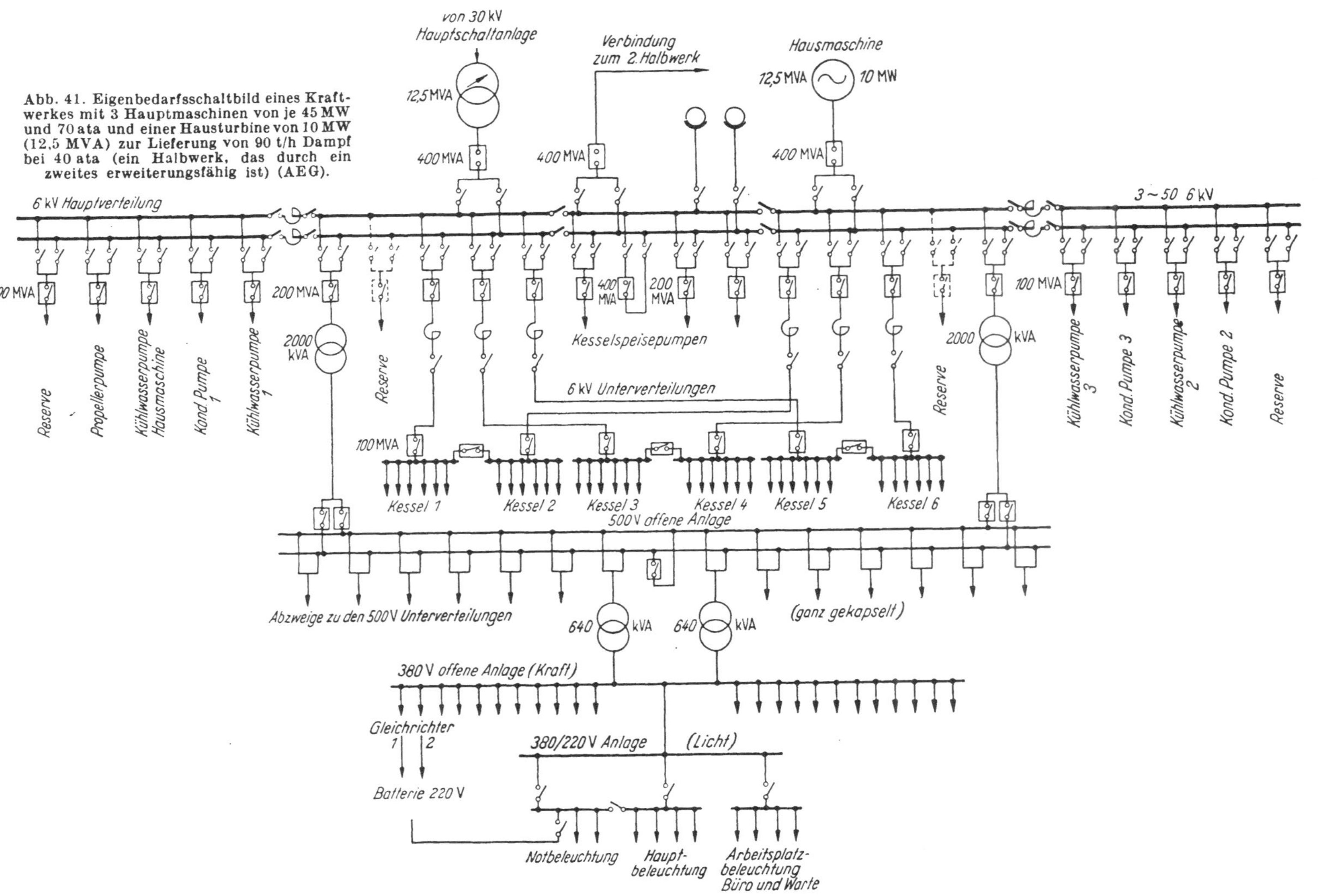


Abb. 41. Eigenbedarfsschaltbild eines Kraftwerkes mit 3 Hauptmaschinen von je 45 MW und 70 ata und einer Hausturbine von 10 MW (12,5 MVA) zur Lieferung von 90 t/h Dampf bei 40 ata (ein Halbwerk, das durch ein zweites erweiterungsfähig ist) (AEG).

betriebenen drei 45 MW-Hauptmaschinen eines Halbwerkes hätte eine konstruktiv unerwünschte Lösung ergeben. Da jedes Halbwerk 90 t/h 40 ata Dampf abgeben sollte, hätte man jede Hauptmaschine mit nur 30 t/h anzapfen müssen. Der Bauherr legte außerdem besonderen Wert auf die Aufstellung einer Hausmaschine. So ergab sich durch die Aufstellung der Hausmaschine mit einer Leistung von 10 MW (12,5 MVA), die den gesamten Gegendruckdampf lieferte, eine günstige Gesamtlösung. Die Abb. 41 zeigt nur das Schaltbild eines Halbwerkes, das durch einen gleichen zweiten Teil zu einer Gesamtanlage ausbaufähig ist. Da die Hausmaschine allein den gesamten Eigenbedarf nicht sicher genug decken kann, ist als zweite Eigenbedarfsquelle ein Haustransformator zwischen den 30 kV-Hauptsammelschienen und den Eigenbedarfs-Hauptsammelschienen vorgesehen worden. Er kann entweder direkt auf das Hausnetz oder auch mit einer Hauptmaschine gemeinsam in loser Kupplung (vgl. spätere Ausführungen) mit dem Hauptnetz betrieben werden. Durch Längsdrosseln in den Sammelschienen und Drosseln in den Zuleitungen zu den 6 kV-Unterverteilungen wird die Abschaltleistung in einem wesentlichen Teil des Eigenbedarfs-Hochspannungsnetzes auf 100 MVA herabgesetzt. Ungünstig in dieser Anlage ist die Wahl von 2000 kVA-Transformatoreneinheiten für die Speisung der 500 V-Sammelschiene. Die Beherrschung der Kurzschlußströme ist dabei sicherlich nicht einfach zu erreichen. Diese Dinge werden an anderer Stelle noch eingehender besprochen.

Eine Nebenvariante der Versorgung des Eigenbedarfs aus Hausgeneratoren bildet die gelegentlich vorgeschlagene und ausgeführte Möglichkeit, von der Welle der Hauptmaschinen besondere Eigenbedarfsgeneratoren mit anzutreiben. Eine solche Form wurde vornehmlich in solchen Fällen ausgeführt, wo Kessel und Maschinensatz jeweils einen geschlossenen Block bilden, auch hinsichtlich des Eigenbedarfs. Grundsätzlich ist eine solche Ausführungsform recht einleuchtend, im praktischen Betrieb ergeben sich aber einige Schwierigkeiten. Ein Überschalten des Eigenbedarfs von einem solchen Hausgenerator auf den Hauptgenerator ist beispielsweise ohne Laststöße praktisch unmöglich, weil der Lastwinkel beider Generatoren nur dann übereinstimmt, wenn sich die abgegebenen Leistungen in einem bestimmten, durch Konstruktion gegebenen Verhältnis aufteilen (vgl. hierzu [7]). Diese Art von Maschinensätzen hat auch den Nachteil einer recht großen Länge der gesamten Maschinenwelle. Titze [43] gibt als Beispiel einen 30 MW-Turbosatz für 3000 U/min an, der eine Länge von insgesamt 22,6 m hat, wovon die Turbine 10,8 m, der Hauptgenerator 6,7 m, der Hausgenerator 3,0 m und die beiden Erregermaschinen 2,4 m beanspruchen. Ohne Hausgenerator einschließlich Erregermaschine geht die Länge des Maschinensatzes auf 18,9 m zurück. Dies bedeutet, daß der Turbosatz mit Hausgenerator etwa 20% länger ist als ein normaler Turbosatz. Zur Erzielung eines ruhigen Laufes kann man dies kaum als vorteilhaft ansehen. Abb. 42 zeigt eine andere Anlage mit solchen Turbosätzen. Hier wird also der Hausgenerator und gleichzeitig auch seine Erregermaschine von der Hauptturbinenwelle angetrieben. Die Erregung für den Hauptgenerator wird einem Erregerumformer mit Haupt- und Hilfserregergenerator entnommen, um den Maschinensatz nicht noch länger werden zu lassen. Der Erregerumformer wird vom Hausgenerator gespeist, wie aus Abb. 43 ersichtlich ist, das das Prinzipschaltbild einer solchen Anlage wiedergibt. Dabei ist auf die

Unterteilung des Eigenbedarfs hinzuweisen, besonders aber auf die Verwendung von nur Einfachsammelschienen, da man eine solche Blockschaltung ja auch

Abb. 42. Turbosatz mit Haupt- und Hausgenerator auf einer Welle in einem Blockkraftwerk.

meistens mit Rücksicht auf sehr geringe Errichtungskosten vorsieht und sich auch die Erstellung sonstiger Reserven erspart, weil der ganze Block als Einheit betrachtet wird, der ausfallen darf und seine Reserve innerhalb der gesamten Netzleistung hat. Nach Abb. 43 kann aber auch Eigenbedarfsleistung von den Hauptgeneratorklemmen über Transformatoren 10/6 entnommen werden. Dieser Versorgungsweg wird auch beim Anfahren des Blockes benutzt. Erst wenn der Turbosatz angefahren ist, übernimmt der Hausgenerator seine Last.

Will man Maschinensätze dieser Art verwenden, so vergewissere man sich zwecks Vermeidung von Rückschlägen, ob bei Lastabwurf des Hauptgenerators die Turbinensteuerung so gut und zuverlässig arbeitet,

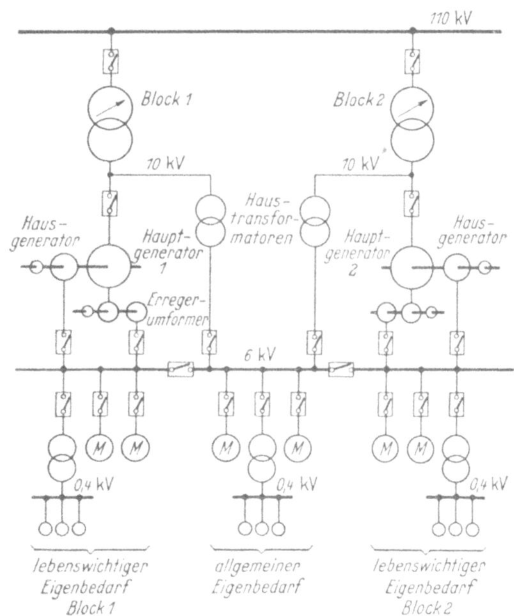


Abb. 43. Prinzipschaltbild des Eigenbedarfs für ein Blockkraftwerk mit an den Hauptmaschinen angebauten Hausgeneratoren (SSW).

daß nicht etwa die Schnellschlußdrehzahl überschritten wird und damit der Turbosatz mit dem Eigenbedarf außer Betrieb kommt. In dieser Hinsicht sei auf spätere Ausführungen anläßlich der Besprechung der Versorgung des Eigenbedarfs aus den Generatorklemmen verwiesen.

Aus den angedeuteten und anderen Gründen ist die Variante Haupt- und Eigenbedarfsgenerator auf einer Welle wohl wieder etwas in den Hintergrund getreten. Gegenüber anderen Möglichkeiten der Eigenbedarfsversorgung besitzt sie kaum besondere Vorteile, da man auch mit anderen Mitteln die Sicherheit der Eigenbedarfsversorgung ausreichend erhöhen kann.

Als weitere Variante der Speisung wenigstens von Teilen des Eigenbedarfsnetzes aus Hausgeneratoren ist der Vorschlag zu werten, für alle Zwecke der Kesselregelung frequenzgeregelte und dampfangetriebene Hausgeneratoren zu verwenden. Diese Ausführungsform ist an sich auch zunächst bestechend, weil man an einen solchen Hausgenerator elektrisch angetriebene Kesselspeisepumpen, Unterwind- und Saugzugventilatoren, ferner die Rostbeschickung bzw. Kohlenzuteiler anschließen kann. Diesen Projekten liegt die Ansicht zugrunde, daß durch Frequenzregelung des Hausgenerators alle für die Kesselregelung erforderlichen Antriebe im gleichen Sinne herauf- und heruntergeregelt werden können. Das Verhältnis zwischen Frequenz und beispielsweise Förderleistung der Kesselspeisepumpen geht nach einer etwa kubischen Kennlinie. Andererseits würde beim Kohlenzuteiler oder bei der Rostbeschickung das Verhältnis zwischen Frequenz und Kesselleistung nicht nach der gleichen Kennlinie möglich sein, wie das bei Speisepumpen der Fall ist. Auch die geförderten Gasmengen bei Unterwind- und Saugzugventilatoren würden nach einer anderen Kennlinie in Abhängigkeit der Frequenz verlaufen als beispielsweise bei Kesselspeisepumpen. Man müßte also außer der Frequenzregelung. die für alle Motoren gleich ist, noch zusätzlich eine Nachregelung mit anderen Einrichtungen vorsehen. Erst dann könnte man erreichen, daß die Kesselleistung einen eindeutigen Verlauf in Abhängigkeit der Frequenz annimmt, ohne daß die Bilanz des Kessels als solche während des Regelvorganges sich verschiebt. Man sieht also, daß auch eine derartige Regelung bei der praktischen Ausführung doch nicht ganz so einfach ist, wie es zuerst aussieht, so daß eine allgemeine Empfehlung zur Ausführung dieser Variante nicht gegeben ist (vgl. auch C 2, S. 21, C 3 d, S. 35, und G 3, S. 142). Allen Hausgeneratoren, die getrennt von den übrigen Generatoren bzw. von dem vom Kraftwerk zu speisenden Netz arbeiten sollen, und das ist wohl eine Voraussetzung, die meistens gemacht wird, hängt der Nachteil an, daß sie beim Einschalten größerer Motoren und bei allen sonstigen Laststößen im Niederspannungsnetz leicht Spannungszusammenbrüche erleiden. Es sind Ausführungsbeispiele bekannt, wo man ursprünglich Hausgeneratoren zur getrennten Speisung von Eigenbedarfsnetzen projektiert hat und diese dann aus den vorerwähnten Gründen mit den Hauptgeneratoren oder mit den gespeisten Netzen parallel betreiben mußte. Zur Einschränkung der genannten Nachteile kann man den Generatoren von Hausmaschinen eine schneller wirkende Erregung durch Haupt- und Hilfserregermaschinen geben. Solche Einrichtungen arbeiten mit bedeutendem Überschuß an Erregerspannung und kleineren Zeitkonstanten und verhindern so allzu große Spannungsabsenkungen beim Zuschalten großer Motoren, natürlich auch nur in bestimmten Grenzen. Aus den soeben erwähnten Gründen dürfte die Verwendung von Hausgeneratoren, insbesondere von kleineren (vgl. Abb. 98), heute nur noch einen äußerst geringen Bereich haben [41]. Eine sichere Versorgung ist heute, wie schon mehrfach erwähnt wurde, auch auf andere Weise möglich.

## b) Speisung aus der Hauptsammelschiene über Drosseln.

Zu der Variante 2, der Speisung der Eigenbedarfssammelschiene von einer Hauptsammelschiene, die mit 6 oder 10 kV betrieben wird, ist zu sagen, daß sie gut verwendbar ist und bei richtiger Unterteilung und richtiger Wahl der Drosseln auf der Eigenbedarfs-Hochspannungssammelschiene so niedrige Kurzschlußabschaltleistungen sich erzielen lassen, daß man meistens mit Schaltern etwa einer maximalen Abschaltleistung von 200 MVA im Hochspannungsnetz des Eigenbedarfs auskommen kann. Es ist aber unbedingt erforderlich, die gesamte Eigenbedarfsleistung gegebenenfalls so zu unterteilen, daß ausführbare Drosseln verwendet werden können. Praktisch sollte man anstreben, Drosselspulen mit Stromstärken von nicht mehr als 600 A und Kurzschlußspannungen von nicht über etwa 7 % zu verwenden. Diese Grenze ist aber nicht sehr scharf, nicht allzu große Abweichungen sind ohne weiteres möglich. Gegebenenfalls ist das Eigenbedarfshochspannungsnetz in mehr als 2 getrennt gefahrene Gruppen zu unterteilen. Weniger als 2 Eigenbedarfsgruppen im praktischen Betrieb zu verwenden, ist nicht ratsam wegen der dann meist zu geringen Sicherheit bei Störungen. Es sei hier noch auf den Abschn. F besonders verwiesen.

Eine Abart der Variante 2 besteht darin, daß man zur Deckung des Eigenbedarfs eine Hauptmaschine auf die gleiche Sammelschiene schaltet wie die Eigenbedarfsversorgung. Zwischen dieser Sammelschiene und einer anderen, die die Leistung der übrigen Generatoren aufnimmt, wird ein Kuppelschalter eingeschaltet, der bei Netzkurzschlüssen schnell auslöst (lose Kupplung). Die Sicherheit des Eigenbedarfs hat dann einen höheren Grad. Dieses Prinzip der losen Kupplung läßt sich mannigfaltig variieren, und zwar mit den meisten in Abb. 40 aufgezeigten Hauptvarianten. Alle oder einen Teil der zahlreichen und zum Teil sogar mit gutem Erfolg angewandten Möglichkeiten aufzuzeigen ist wohl nicht erforderlich.

Abb. 44 zeigt die Schaltung eines Großkraftwerkes mit einer Maschinen- und Hauptsammelschienen-Spannung von 6 kV, wie es z. B. für industrielle Zwecke in Frage kommt, wo im Netz der Fabrik zahlreiche Motoren mit der gleichen Spannung anzutreiben sind. Eine besondere Hausmaschine ist nicht vorhanden. Zur Deckung des Eigenbedarfs werden beliebige Hauptmaschinen herangezogen und auf die gleiche Hauptsammelschiene geschaltet wie der Eigenbedarf (C 1 und C 2). Das Kraftwerk ist in zwei Halbwerke unterteilt, und somit ist auch das Eigenbedarfsnetz in zwei gleichen Teilen ausgeführt. Beide Teile werden durch je eine Hauptmaschine gespeist. Bei Netzkurzschlüssen längerer Dauer und tiefer Spannungsabsenkung schalten die Kupplungen $K$ sehr schnell ab, so daß der Eigenbedarf ohne Störung weiterlaufen kann. Wird dabei der den Eigenbedarf speisende Generator sehr stark entlastet, so ist auf besonders gutes Funktionieren der Turbinensteuerung zu achten. Diese Dinge werden später noch eingehender besprochen. Es läßt sich aber bei Schaltungen, wie sie Abb. 44 zeigt, oft leicht einrichten, daß die schnell schaltenden Kupplungen im Normalbetrieb wenig belastet sind, so daß auch beim Auftrennen keine großen Laständerungen eintreten. Das gezeigte Bild ist ferner ein Beispiel für ein Werk, wo die Einhaltung einer Kurzschlußabschaltleistung von nicht mehr als 200 MVA auf der Eigenbedarfs-Sammelschiene Schwierigkeiten macht. Die Eigenbedarfs-Sammelschiene hat daher hier im ungünstigsten Falle eine Abschaltleistung von 300 MVA.

Deswegen sind nur die größeren Motoren an die Eigenbedarfs-Hauptsammel-schiene angeschlossen, die kleineren Hochspannungsmotoren erhalten ihre Spannung über weitere Drosseln, die die Abschaltleistung auf 100 MVA her-absetzen.

Als weiteres Beispiel für die Eigenbedarfsversorgung eines Kraftwerkes sei auf Abb. 45 verwiesen. Hier handelt es sich um ein großes Industriewerk, das die benötigte Energie nur zum Teil in einem eigenen Kraftwerk erzeugt und im übrigen durch ein Netz einer öffentlichen Versorgungsgesellschaft gespeist wird. Der

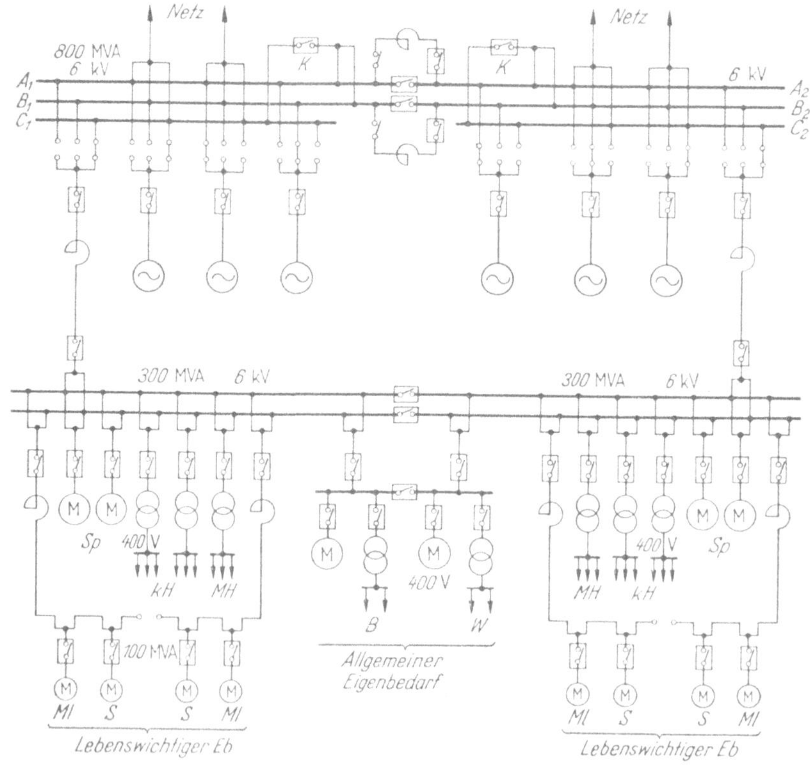


Abb. 44. Prinzipschaltbild eines Großkraftwerkes mit Hauptsammelschienenspannung von 6 kV. Eigenbedarfsversorgung durch lose mit dem Hauptnetz gekuppelte Hauptgeneratoren.

*K* Kupplung mit kurzer Auslösezeit; *KH* Kesselhaus; *MH* Maschinenhaus; *B* Bekohlung; *W* Wasserreinigung; *Sp* Speisepumpen; *S* Saugzug; *Ml* Mühlen.

Eigenbedarf des Kraftwerkes wird normalerweise über Drosselspulen den Kraft-werks-Hauptsammelschienen entnommen. Zwischen der Kraftwerks-Haupt-sammelschiene und der Sammelschiene des Umspannwerkes für den Fremd-strombezug wird ein normal eingeschalteter Schalter $S\,1$ schnell abgeschaltet, wenn er Überstrom führt, also ein Kurzschluß im Kraftwerks- oder Fremd-stromnetz vorkommt. Andererseits werden bei Spannungsrückgang auf den Eigen-bedarfs-Sammelschienen nach Trennung von der Kraftwerkssammelschiene ent-weder der Schalter $S\,2$ oder $S\,3$ oder beide verzögert eingeschaltet, so daß das Fremdstromnetz automatisch den Eigenbedarf übernimmt.

### c) Speisung von den Generatorklemmen.

Zu der Variante 3a ist zu sagen, daß sich diese bei zahlreichen Projekten und ausgeführten Anlagen (vgl. z. B. Abb. 46) mehr und mehr durchgesetzt hat. In diesem Zusammenhang sei auf die Arbeit von KAISSLING und ROGGENDORF [12] hingewiesen. Das dort als Bild 11 gezeigte Diagramm sei hier als Abb. 47 wiederholt. In diesem Diagramm wird bei Blockschaltung von Generatoren und Haupttransformatoren und beim Anschluß des Eigenbedarfsnetzes an die Generatorklemmen über Drosselspulen in Abhängigkeit der Größe der Hauptmaschinen

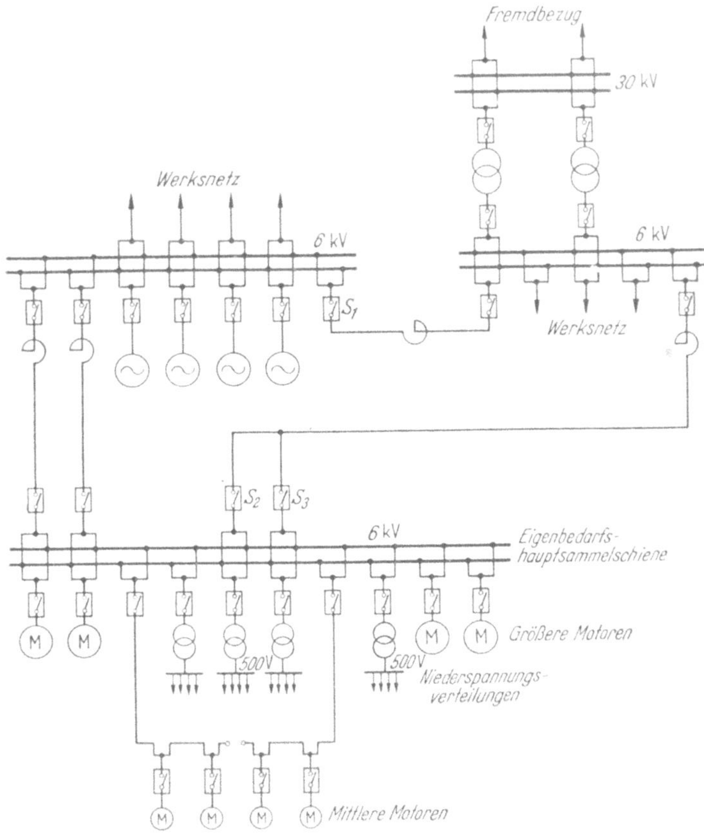


Abb. 45. Eigenbedarfsversorgung eines Industriekraftwerkes. Sicherung durch Fremdstrom.

die Kurzschlußspannung der Drosselspulen bei verschiedenen Stromstärken bzw. bei verschiedenen (Teil-) Leistungen des Eigenbedarfs gezeigt. Es ist dabei weiter vorausgesetzt, daß bei Kupplung zweier solcher Eigenbedarfs-Speisepunkte die Kurzschluß-Abschaltleistung in dem Bereich des Eigenbedarfsnetzes nicht höher als 200 MVA wird.

Verwendet man 3 Trennschalter, und zwar vom Verzweigungspunkt aus gesehen einen in Richtung auf die Drossel im Eigenbedarf, einen weiteren in Richtung auf die Maschinenklemmen und einen dritten in Richtung auf die Unterspannungsklemmen des Haupttransformators, so sind drei Betriebszustände möglich (vgl. hierzu Abb. 48):

Auslegung des Eigenbedarfsnetzes.

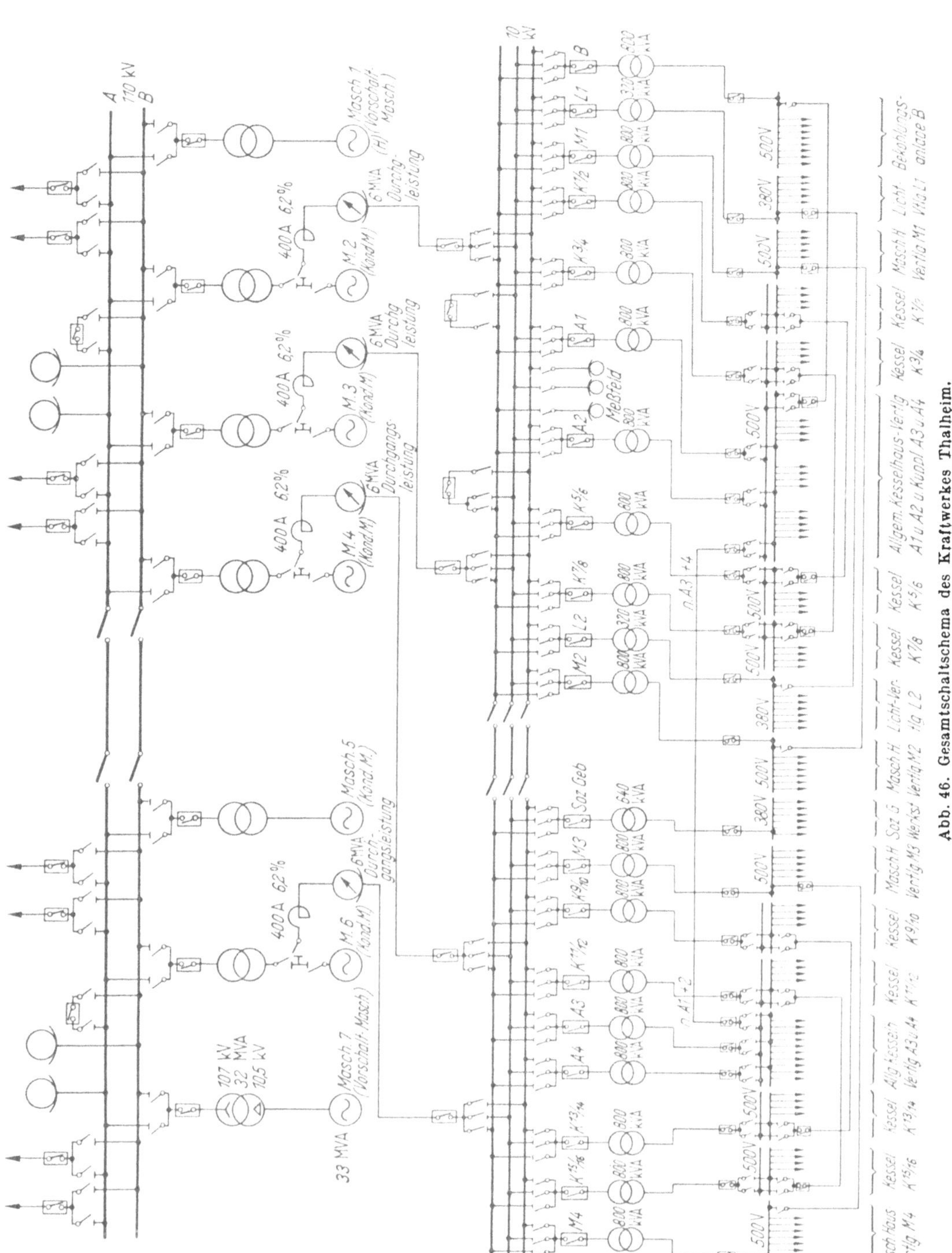

Abb. 46. Gesamtschaltschema des Kraftwerkes Thalheim.

a) daß der Generator den Eigenbedarf und gleichzeitig über den Haupttransformator die Sammelschiene speist,

b) daß beispielsweise beim Anfahren des ganzen Kraftwerkes ein Haupttransformator zur Fremdstromspeisung des Eigenbedarfs dient,

c) daß ein Generator für sich nach dem Eigenbedarfsnetz seine Leistung abgibt.

Die beiden letzten Möglichkeiten werden nur in Ausnahmefällen verwendet. Beim ersten Anfahren eines Kraftwerkes mit einer solchen Art der Eigenbedarfsversorgung werden die Trenner nach Abb. 48b gestellt und dann der Haupttransformator entweder von einem anderen Kraftwerk her hochgefahren oder direkt eingeschaltet, wenn eine solche Betriebsprüfung nicht notwendig sein sollte. Dann kann durch Schließen des Eigenbedarfsschalters das Eigenbedarfsnetz in

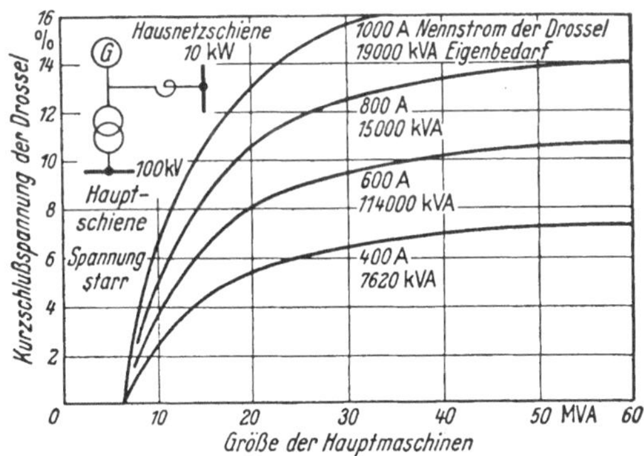


Abb. 47. Erforderliche Drosselung vor dem 10 kV-Hausnetz beim Anschluß an die Klemmen der Hauptmaschine, abhängig von der Größe der Hauptmaschine und der Größe des Eigenbedarfs (nach KAISSLING und ROGGENDORF [12]).
Kurzschlußspannung des Umspanners 10%. Die Kurzschlußabschaltleistung beträgt bei Kupplung zweier Maschinen 200 MVA hinter der Drossel. Die Stoßkurzschlußbeanspruchung bleibt in mäßigen Grenzen, wenn der Widerstand der Drossel größer ist als derjenige der Maschine und des Umspanners.

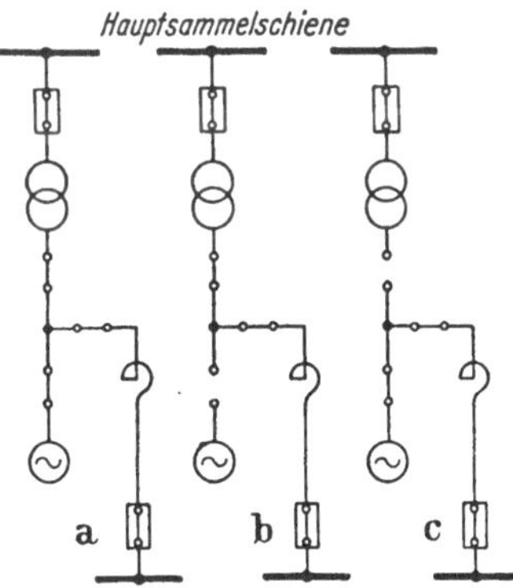


Abb. 48. Eigenbedarfsversorgung von den Klemmen der Hauptgeneratoren bei Blockschaltung.
a) Normale Betriebsschaltung.
b) Speisung des Eigenbedarfs aus der Hauptsammelschiene.
c) Hauptgenerator als Hausmaschine.

Betrieb genommen werden. Ist eine andere Maschine später betriebsbereit und nach genügender Prüfung aufs Netz geschaltet, so kann von ihren Klemmen eine zweite Eigenbedarfsschiene unter Spannung gesetzt werden. Über einen Kuppelschalter werden beide Eigenbedarfsschienen parallel geschaltet. Die Eigenbedarfsabzweige werden schließlich auf die zweite Schiene umgelegt, wodurch der zuerst der Speisung dienende Transformator wieder außer Betrieb genommen werden kann. Es kann aber auch der Fall eintreten, daß über eine Baustromversorgung die Kesselanlage zuerst in Betrieb genommen werden kann und daß eine Maschine mit geringer Belastungsfähigkeit betriebsbereit wird. Dann stellt man eine Schaltung nach Abb. 48c her, erregt die Maschine und kann dann den Eigenbedarf wie oben in größerem Umfang in Betrieb nehmen. Ist schließlich dadurch die Leistungsfähigkeit des Kraftwerkes größer geworden und ist auch eine zweite Maschine betriebsbereit geworden, so wird von dieser aus eine zweite Eigenbedarfsschiene unter Spannung genommen, beide Schienen parallel geschaltet und die Last umgelegt. Danach wird die zuerst in Betrieb genommene Maschine entregt und ihre Blockschaltung nach Abb. 48a hergestellt. Anschließend kann auch diese

Maschine voll in Betrieb gehen. Ähnliche Schalthandlungen können auch erforderlich werden, z. B. nach Netzzusammenbrüchen oder zur Vornahme von Versuchen. Niemals aber besteht unter den obigen Voraussetzungen eine dringende Notwendigkeit, zwischen Generatorklemmen, Haupttransformatoren und Eigenbedarfsdrosseln an Stelle von 3 Trennschaltern ganz oder teilweise Leistungsschalter zu verwenden. In zahlreichen Diskussionen vor der Inbetriebnahme des Kraftwerkes Thalheim wurde diese Frage mit vielem Hin und Wider aufgeworfen. Der praktische Betrieb kam aber gut ohne Leistungsschalter aus.

Die Spannung auf der Hauptsammelschiene bzw. in dem zu speisenden Verteilungsnetz wird mit der Maschine ausgeregelt. Die an das Kraftwerk angeschlossenen Verbraucher sind je nach der Lastverteilung mehr oder minder weit ent-

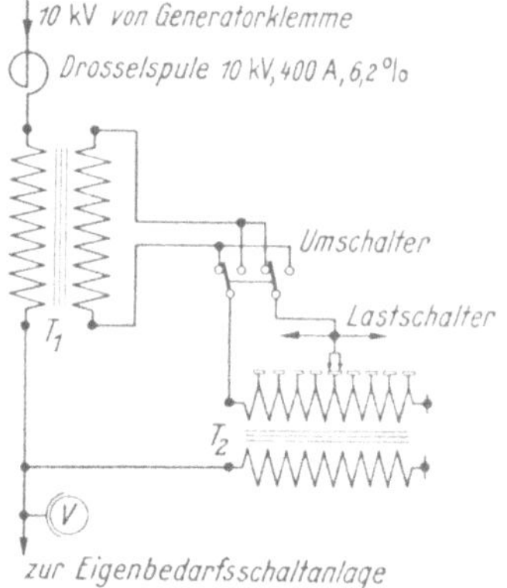


Abb. 49. Regeltransformator für den Eigenbedarf (Prinzipschaltbild).
Typenbezeichnung: DOEL 400/20, DOE 400/20;
Durchgangsleistung des Aggregates: 6000 KVA;
Übersetzungsverhältnis: $\dfrac{10,5 \pm 6\%}{10,5}\left[\dfrac{\mathrm{KV}}{\mathrm{KV}}\right]$.
Stufenzahl: 17, d. h. 0 Stufe und je 8 +-und —-Stufen; Typenleistung der Transformatoren $T_1$ und $T_2$ je etwa 400 KVA.
Kurzschlußspannung: $\epsilon_0 = 0{,}168$ bis $0{,}217\%$.

Abb. 50. Regeltransformator für den Eigenbedarf (Ansicht 49).

fernt, so daß die Hauptkraftswerks-Sammelschiene innerhalb des Regelbereiches der Maschinen verschiedene Spannungen annehmen kann. Da das Eigenbedarfsnetz aber eine möglichst gleichbleibende Spannung haben soll, die auch von dem Zustand des vom Kraftwerk versorgten Netzes unabhängig sein muß, so ist es meistens empfehlenswert, hinter der Drossel im Eigenbedarfsabzweig einen Spannungsregler vorzusehen, der in der Lage ist, die Spannung im Eigenbedarfsnetz konstant zu halten. Der Spannungsregler muß eine Durchgangsleistung haben, die der Größe des Eigenbedarfs entspricht bzw. der Durchgangsleistung der Drossel. Außerdem ist der Regelbereich etwa in der gleichen Größe erforderlich wie beim Generator. Als Spannungsregler kann man Spartransformatoren verwenden mit Lastschaltern oder auch Sekundärregler mit Lastschaltern. Eine geeignete Ausführung eines solchen Reglers ist aus Abb. 49 und 50 beispielsweise zu ersehen. Stimmt die Klemmenspannung der Generatoren nicht mit der gewünschten Eigenbedarfsspannung überein, ist z. B. das Verhältnis 10/6 [kV/kV] vorhanden, so kann man Drossel und Durchgangsregler durch einen Transformator mit getrennten Wicklungen und Lastschalter ersetzen. Der Anschaffungspreis und die Verluste sind dann meistens gegenüber der Variante 3b, der Speisung des Eigenbedarfs über Regeltrafos aus den Hauptsammelschienen, noch günstiger, weil die Eigenbedarfsleistung nicht zweimal transformiert und der Eigenbedarfstransformator nur für niedrigere Oberspannung ausgelegt zu werden braucht und kein Leistungsschalter auf der Oberspannungsseite benötigt wird (vgl. auch die noch später besprochene Abb. 55).

Wählt man eine Eigenbedarfsspeisung von den Generatorklemmen, so muß der heute im Rahmen des gesamten Generatorschutzes immer verwendete Differentialschutz zwischen den Stromwandlern im Sternpunkt des Generators, den Wandlern auf der Oberspannungsseite des Haupttransformators und den Wandlern am Leistungsschalter für den Eigenbedarf wirksam werden. Im Wirkungsbereich liegen also auch die Eigenbedarfsdrossel und der Durchgangsregler bzw. der Eigenbedarfstransformator mit getrennten Wicklungen. Das Gestellschlußrelais sollte man nicht auf Auslösung wirken lassen, sondern nur auf Meldung, wenn die Generatorklemmen mit dem Eigenbedarfs-Hochspannungsnetz galvanisch zusammenhängen. Ist durch einen Transformator mit getrennten Wicklungen das Eigenbedarfsnetz von den Generatorenklemmen getrennt, so ist eine Wirkung des Relais auf Auslösung vorzuziehen. Der Hauptschalter wird bei äußerem Kurzschluß im Versorgungsnetz am besten durch einen vom Sternpunkt aus messenden Distanzschutz ausgelöst, der Eigenbedarfsschalter durch ein unabhängiges Überstromzeitrelais, wenn der Fehler im Eigenbedarfsnetz liegt. Bei der soeben besprochenen Art der Eigenbedarfsspeisung ergibt sich im Betrieb oft die Notwendigkeit, mindestens einen Teil der Eigenbedarfsleistung von einer Maschine auf eine andere umzulegen. Jahrelange Erfahrungen haben ergeben, daß dies selbst dann möglich ist, wenn beide Maschinen getrennte Teile des Versorgungsnetzes speisen. Man hat nur nötig, auf der Eigenbedarfsseite parallel zu schalten. Dies geschah im Kraftwerk Thalheim mittels einer automatischen Synchronisiervorrichtung Fabrikat SSW in kürzester Zeit und ohne Schwierigkeiten. Selbstverständlich stellt eine solche Verbindung manchmal eine nur sehr elastische Kupplung zwischen großen Netzen dar. Bei genügender Aufmerksamkeit des Schaltpersonals während der nur kurzen Zeit der Umlegung des Eigenbedarfs hat das nie zu Nachteilen geführt. Meistens sind aber beide Maschinen ohnehin auf der Hauptsammelschiene parallel, so daß das gewöhnliche Umlegen noch einfacher ist. Hat man eine automatische Umschalteinrichtung nach Abschn. F zur Verfügung, so kann man diese auch für solche Umlegungen benützen. Bedenken vielfacher Art gegen die hier behandelte Schaltung sind also durch die praktischen Erfahrungen widerlegt.

Wie unsere Erfahrungen im Kraftwerk Thalheim gezeigt haben, ist es nützlich, sich auch darüber Gedanken zu machen, wie sich die Turbosätze verhalten, wenn im äußersten Falle bei Netz- oder Sammelschienen-Kurzschlüssen plötzlich die gesamte ins Netz gelieferte Last abgeworfen wird. Hat also in einem solchen Falle der Hauptschalter ausgelöst, dann soll doch der Eigenbedarf möglichst unverändert weiterlaufen. Dazu ist Voraussetzung, daß die Regelventile der Turbinen schließen bis auf einen Wert, der der Eigenbedarfslast entspricht. Die Maschinen laufen aber in Grundlast-Kraftwerken oft ohne Änderung mit Volllast so lange, bis z. B. eine Kondensatorreinigung ein Stillsetzen erforderlich macht.

Es sind durchaus Bedenken verständlich, die dahin gehen, daß die Regelorgane der Turbinen dann durch das lange Verweilen in unveränderter Stellung nicht genügend schnell funktionieren. Im Kraftwerk Thalheim hat man, zumal es als Grundlastwerk für Benutzungsdauern von mindestens 7000 Jahresstunden ausgelegt war und später so betrieben wurde, deswegen abhängig vom Fall des Hauptschalters durch einen Elektromagneten einen mechanischen Impuls auf die Turbinensteuerung gegeben. Dieser Impuls bewirkte, daß die Steuerung in Bewegung geriet und also zusätzlich zu ihrem normalen Wirken durch den Magnet veranlaßt wurde, eine Ventilstellung einzunehmen, die der Weiterversorgung des Eigenbedarfs entsprach. Wir haben in Thalheim durch Versuche und oszillographische Aufnahmen der Ventilbewegungen, Dampfdrücke an verschiedenen Stellen und der Drehzahl in Abhängigkeit von der Zeit diese Einrichtung kontrolliert. Sie funktionierte zwar programmäßig, es stellte sich aber heraus, daß die Ventile zum Teil sogar völlig schlossen und doch die Schnellschluß-drehzahl überschritten wurde, wodurch der Turbosatz außer Betrieb ging. Ein Teilergebnis dieser Versuche ist in Abb. 51 enthalten. Die Kondensationsmaschinen von Thalheim waren bei 15,8 und 1,4 atü angezapft (vgl. auch Abb. 5). Die Versuche hatten, wie noch im einzelnen gezeigt werden wird, die Notwendigkeit ergeben, mindestens in der höchsten Anzapfleitung ein Ventil vorzusehen, das in Abhängigkeit vom Fall des Hauptschalters, d. h. bei Lastabwurf, durch elektrische

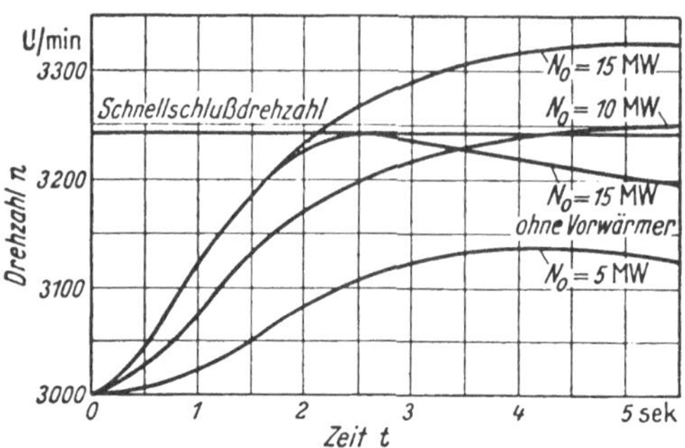


Abb. 51.
Entlastungsversuche eines 33 MVA-Turbosatzes.
Lastabwurf zur Zeit $t_0 = 0$ sec von $N_0$ auf $N_1 = 1,2$ MW, Drehzahl $n$ in Abhängigkeit von der Zeit $t$ bei verschiedenen Vorbelastungen $N_0$.

Übertragung sofort schließt. Aus dem in Abb. 51 vorhandenen Diagramm ist ersichtlich, daß, wenn zur Zeit $t_0 = 0$ sec die Last von 5, 10 oder 15 MW auf die am Eigenbedarfsnetz vorhandene, besonders niedrig eingestellte Restlast von 1,2 MW durch Abschalten des 110 kV-Schalters zurückgeht, die Drehzahlen im Verlauf der Zeit ansteigen. In einzelnen Fällen, und zwar bei Anfangslasten $N_0$ von etwas unter 10 MW, nimmt die Turbine nach Abschalten der Last eine Grenzdrehzahl an, die ungefähr auf der eingestellten Schnellschlußdrehzahl liegt, und sinkt dann anschließend wieder ab. Die Einlaßventile, deren Bewegungen dabei gleichzeitig untersucht wurden, schlossen auch, so daß der Grund für das Ansteigen der Drehzahlen in den Dampfmengen zu suchen ist, die noch innerhalb der Turbine bzw. in dem bei 15 atü angeschlossenen Speisewasservorwärmer vorhanden sind. Die dem Vorwärmer zugeleiteten Dampfmengen sowie auch die darin gespeicherten Kondensatmengen sind lastabhängig. Schließen beim Lastabwurf die Einströmventile der Turbinen, dann dehnt sich das Vakuum vom Kondensator in Richtung auf die Einlaßventile und damit auch auf die Vorwärmer aus, so daß im Vorwärmer eine Rückverdampfung stattfinden muß. Dieser Dampf bewirkt also gleichfalls eine Drehzahlerhöhung. Wegen der Abhängigkeit von der Vorbelastung wird also die Schnellschlußdrehzahl bei kleinen Lasten nicht erreicht und bei Lasten über etwa 9 bis 10 MW überschritten. Der Schnellschluß kommt dann zur Wirkung, ohne daß das Ansteigen der Drehzahlen dadurch noch verhindert werden könnte. Dies ist vor allen Dingen deswegen bedenklich, weil die Turbinen meistens mit Vollast, jedenfalls aber fast ausnahmslos mit Leistungen über 10 MW in Betrieb waren. Wird die Last abgeworfen durch Abschalten des 110 kV-Schalters (z. B. durch eine Störung im 110 kV-Netz), dann soll trotzdem der Eigenbedarf weiter versorgt werden. Das Ansprechen des Schnellschlusses ist also denkbar unerwünscht. Besonders zu beachten ist in diesem Zusammenhang aber die Gefahr, die in der Annahme zu hoher Drehzahlen liegt. Die ersten Versuche wurden mit im Betrieb befindlichem Vorwärmer unternommen, und zwar bis zu Vorbelastungen $N_0 = 15$ MW. Dieser Versuch wurde dann wiederholt mit geschlossenem Ventil zwischen Anzapfstelle und Vorwärmer. Das Ergebnis ist gleichfalls in Abb. 51 enthalten und zeigt, daß die Schnellschlußdrehzahl dann gerade noch erreicht wird. Zu bemerken ist noch, daß bei den Versuchen die Schnellschlußdrehzahl mit 8 % über Nenndrehzahl eingestellt war. Dieser Wert ist ohne Zweifel etwas niedrig und wurde nur mit Rücksicht auf die Gefahren, die mit derartigen Versuchen leicht verknüpft sein können, ausgewählt. Die Abbildung zeigt jedoch eindeutig den Erfolg, wenn man bei Lastabwurf das vorbezeichnete Ventil zwischen 15 atü Anzapfstelle und Vorwärmer schließt. Daß derartige Drehzahlsteigerungen meines Wissens nicht auch an anderen Stellen beobachtet wurden, liegt wohl hauptsächlich daran, daß in Thalheim Anzapfstellen mit dem verhältnismäßig hohen Druck von 15 atü bei einem Einströmdruck von 22 atü gewählt wurden. Nach Einrichtung der elektrisch betätigten und sehr schnell schließenden Ventile am Vorwärmer haben sich weiter im Betrieb keine nachteiligen Drehzahlsteigerungen mehr ergeben. Bei Lastabwürfen z. B. bis zu Leistungen von 80 MW durch Sammelschienenkurzschlüsse und die seinerzeit häufigen Netzstörungen durch Kriegseinwirkungen hat sich im weiteren Verlauf des Betriebes gezeigt, daß regelmäßig der Eigenbedarf störungslos weiterlief.

Das in den obigen Ausführungen geschilderte Schaltbild 46 hat eine Reihe von Voraussetzungen, die nicht allgemein gegeben sind. Aus der Fülle der Möglichkeiten seien daher im folgenden zwei ähnliche Schaltungen herausgegriffen, die etwas andere Forderungen berücksichtigen. In Abb. 52 und 53 werden Prinzipschaltbilder sehr großer Kraftwerke in Blockschaltung gezeigt. Jeder Block hat eine Leistung von 100 MW, seine Eigenbedarfsleistung beträgt etwa 9 MW und wird von den 10 kV-Klemmen der Hauptgeneratoren abgenommen. Im Gegensatz zu den obigen Ausführungen ist bei Abb. 53 ein Leistungsschalter zwischen Generatorklemmen und Verzweigungspunkt Richtung Eigenbedarf und Haupttransformator eingebaut.

Wie an anderer Stelle besprochen wird, ist eine Spannung von 10 kV für die Eigenbedarfsversorgung mit Rücksicht auf den Anschluß großer Motoren selten erwünscht. Deswegen ist bei beiden Schaltungen zwischen den Maschinenklemmen und der Eigenbedarfsverteilung je ein Transformator mit einem Übersetzungsverhältnis 10/6 [kV/kV] eingefügt. Diese Transformatoren versorgen im Normalbetrieb im wesentlichen den gesamten Eigenbedarf des Blockes. Außerdem ist aber noch bei der Schaltung nach Abb. 52 ein Fremdanschluß an ein 30 kV-Netz bzw. Kraftwerk und bei Abb. 53 ein 6 kV-Fremdanschluß vorhanden. Die Aufteilung des Eigenbedarfs in dieser Weise soll aber hier nicht im einzelnen besprochen werden, es soll vielmehr darauf hingewiesen werden, daß zwischen den

fremd gespeisten Eigenbedarfsschienen und den Eigenbedarfsschienen der einzelnen Blocks Querverbindungen bestehen. Ob man diese Querverbindungen bei
Störungsfällen von Hand zuschalten soll oder ob man entsprechend den Ausführungen im Abschn. F einen höheren Sicherheitsgrad der Eigenversorgung

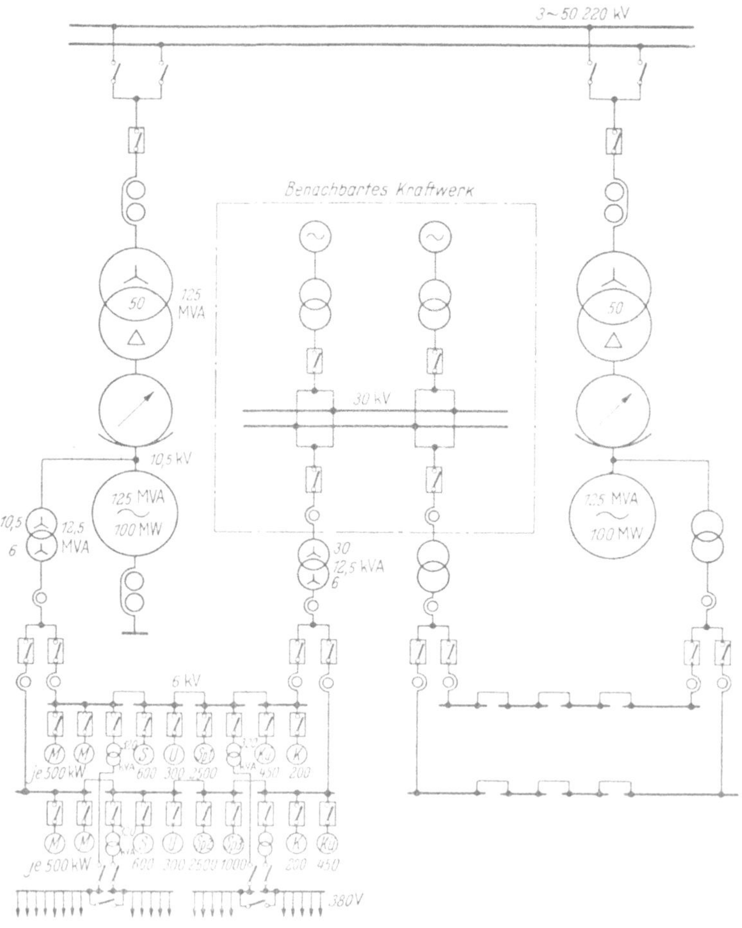


Abb. 52. Prinzipschaltbild eines Blockkraftwerkes mit 2 Blöcken zu je 100 MW, Speisung des Eigen-
bedarfs von den Maschinenklemmen und durch Fremdanschluß (30 kV).
*M* Mühlen; *S* Saugzug; *U* Unterwind; *Sp* Speisepumpen; *Kü* Kühlwasserpumpen; *K* Kondensatpumpen.
An Niederspannung angeschlossen: Kohlenzuteiler, Entaschung, Kompressoren, Bekohlung, Elektrofilter usw.

durch automatische Umschaltung erreichen will, möge offen bleiben. Dieser Hinweis wurde aber gemacht, weil von dieser Voraussetzung aus sich verschiedene
Möglichkeiten der Auslegung der Transformatoren und Schalter ergeben. Die
Umschaltung auf der Oberspannungsseite der Eigenbedarfstransformatoren ist
möglich und bedingt besonders niedrige Aufwendungen. Ebenso muß entsprechend den jeweils vorhandenen Gegebenheiten entschieden werden, ob und
in welchem Umfang der Fremdanschluß zur dauernden Übernahme eines
Teiles des allgemeinen Eigenbedarfs geeignet ist und ob z. B. eine automatische
Umschaltung des Eigenbedarfs eines oder gar mehrerer Blocks auf den Fremd-

anschluß erträglich ist. Das Anfahren eines Blockes nach Abb. 52 kann durch
Speisung von dem vorhandenen 30 kV-Kraftwerk geschehen. Nach Hochlaufen
und Einschalten des Maschinensatzes kann der Eigenbedarf vom eigenen Generator übernommen werden. Man hat dadurch keinen Leistungsschalter zwischen
den Generatorklemmen, Haupttransformator und Haustransformator nötig.

Die Abb. 53 trägt dem Wunsche Rechnung, jeden Block für sich durch Speisung aus dem 220 kV-Netz anfahren zu können. Dazu wird bei offenen 10 kV-
Schaltern an den Generatorklemmen der 220 kV-Schalter eingelegt und anschlie-

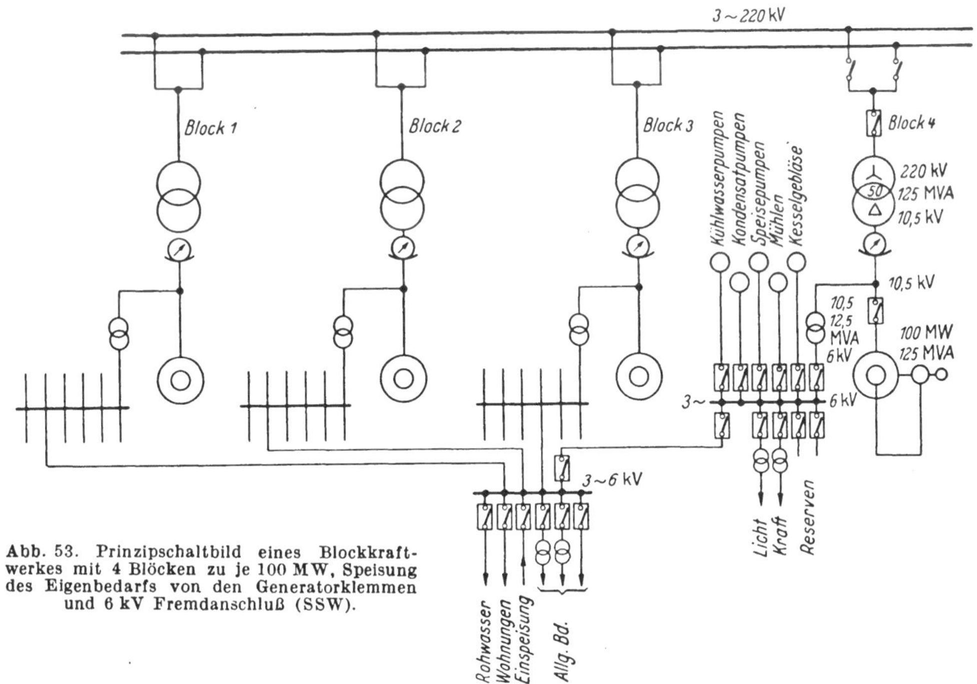


Abb. 53. Prinzipschaltbild eines Blockkraftwerkes mit 4 Blöcken zu je 100 MW, Speisung
des Eigenbedarfs von den Generatorklemmen
und 6 kV Fremdanschluß (SSW).

ßend der Eigenbedarf durch Schließen des 6 kV-Schalters eingeschaltet. Ist dann
nach einiger Zeit die Kesselanlage betriebsbereit, so kann der Turbosatz angefahren werden und nach Synchronisierung und Zuschaltung der 10 kV-Leistungs-
schalter an den Generatorklemmen der Normalbetrieb aufgenommen werden.
Die Kurzschlußabschaltung kann den 220 kV- bzw. den 6 kV-Schaltern überlassen
werden. Die 10 kV-Schalter brauchen also nicht notwendigerweise zum Abschalten
von Kurzschlüssen geeignet zu sein, brauchen also bei Mindestanforderungen
nur die Eigenschaft von Leistungstrennschaltern zu haben. Dies kann für ihre
Auslegung angenehm sein, da am Einbauort mit großen Abschaltleistungen zu
rechnen ist. Die Ausbildung des Eigenbedarfsnetzes ist in Abb. 52 und 53 nur
andeutungsweise angegeben. Einiges darüber soll noch später bei der Behandlung
der Eigenbedarfsnetze gesagt werden. Schließlich sei aber an Hand beider Bilder
noch auf folgendes hingewiesen.

Die Ausbildung 3phasiger Transformatoren in der Größenordnung von
125 MVA und einem Übersetzungsverhältnis von 10/220 [kV/kV] mit Lastschaltern
ist aus wirtschaftlichen Gründen und wegen des schwierigen Transports nicht

günstig. Die Aufteilung in 1 phasige Sätze ist teurer und auf Grund der bisherigen deutschen Entwicklung für diese Größen noch nicht erforderlich. Andererseits hat ein normal ausgelegter Generator einen Regelbereich der Spannung von etwa $\pm 5\%$ und äußerstens $\pm 7\%$. Dies allein ist für die Regelung der Spannung in einem 220 kV-Netz oft nicht ausreichend, so daß die Verwendung eines zusätzlichen Regeltransformators empfehlenswert ist, wie er in Abb. 52 und 53 enthalten ist. Als Alternative käme ein größeres Generatorenmodell mit größerem Regelbereich in Betracht. Wirtschaftliche und konstruktive Gründe haben bei einigen kürzlich projektierten Anlagen aber für die erstere Lösung gesprochen. Infolge der bei 10 kV und den angegebenen Leistungen sehr starken Ströme, die bei direkter Regelung zu schalten wären, legt man solche Regler besser für eine indirekte Regelung aus, wie sie prinzipiell aus Abb. 49 zu ersehen ist. Bei solchen Schaltungen erübrigt sich unter Umständen eine Regelung des Eigenbedarfstransformators für 10/6 [kV/kV].

Wir haben bei der Diskussion des Schaltbildes 46 gesehen, daß bei Speisung des Eigenbedarfs aus den Generatorklemmen darauf zu achten ist, daß die Turbinensteuerung bei Lastabwurf besondere Bedingungen hinsichtlich einer sicheren Versorgung des Eigenbedarfs zu erfüllen hat. Dort handelte es sich um Kondensationsmaschinen mit Eintrittsdrücken von 23 at, bei Anlagen nach Abb. 52 und 53 aber um Höchstdruck-Einwellenturbosätze. Die Bedingungen sind also hier viel schwerer zu erfüllen, und zwar aus folgenden Gründen:

Das zwischen den Einlaßventilen und dem ersten Schaufelrad eingeschlossene Dampfvolumen hat bei Höchstdruck einen viel größeren Energiegehalt, so daß die Gefahr einer Steigerung der Drehzahl über die Schnellschlußdrehzahl größer ist als bei Mitteldruckturbinen. Die seitliche Anordnung der Einlaßventile, die betriebliche Vorteile hat, ist in diesem Zusammenhang aber bedenklich und hat Nachteile gegenüber aufgebauten Ventilen. Genügt aber letztgenannte Ventilanordnung und die damit erzielte Verkleinerung des Dampfvolumens noch nicht, um den Turbosatz nach Lastabwurf bis auf die Eigenbedarfsleistung im Betrieb zu halten, so sind weitergehende Maßnahmen in Erwägung zu ziehen. Ist der Turbosatz für Zwischenüberhitzung ausgelegt, so kann ein Ventil, das der Zwischenüberhitzung nachgeschaltet ist, bei Lastabwurf vorübergehend geschlossen werden. Der Impuls dazu kann bei einer geringfügigen Drehzahlüberhöhung von beispielsweise etwa 3% gegeben werden. Er kann aber zusätzlich auch vom Fall des Hauptschalters ausgelöst werden, so daß eine Wirkung schon eher eintritt. In den Leitungen von der Zwischenüberhitzung müssen dann aber Überdruckventile vorgesehen werden. Der im Hochdruckzylinder des Turbosatzes eingeschlossene Dampf wirkt dann auf die Turbine bremsend. Ein Schließen der für die Speisewasservorwärmung vorhandenen Anzapfungen kann ebenso, wie schon erläutert wurde, nützlich sein. Ist keine Zwischenüberhitzung vorgesehen, so läßt sich gegebenenfalls mit ähnlicher Wirkung, wie oben erwähnt, ein Ventil zwischen Hoch- und Mitteldruckzylinder der Turbine schließen. Es kann nicht Aufgabe dieser Ausführungen sein, die hier geschilderten Probleme erschöpfend zu behandeln. Dies ist mehr eine Aufgabe der Turbinenkonstruktion. Es kommt auch hier nicht so sehr darauf an, ob im einzelnen Fall die hier erwähnten Maßnahmen nötig oder richtig sind, vielmehr ist es Zweck dieser Ausführungen, zu zeigen, aus welchen Gründen der Erfolg der hier angegebenen Schaltungen in Frage gestellt werden könnte.

In Ergänzung der obigen Ausführungen sei noch auf Abb. 54 hingewiesen. Dieses für die amerikanische Praxis als typisch bezeichnete Schaltbild enthält

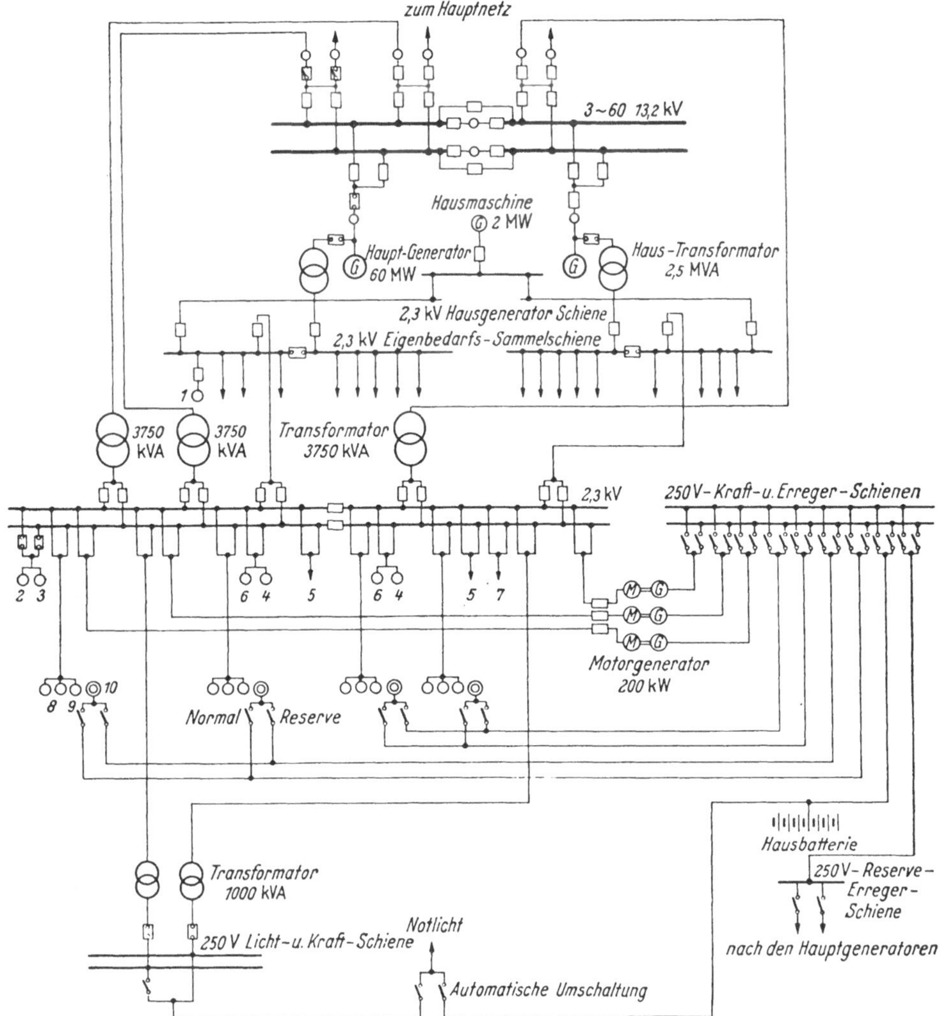


Abb. 54. Typische Schaltung des Eigenbedarfs. (Amerikanische Praxis nach Knowlton [17].)
*1* Eigenbedarfsantriebe für Turbinen- und Kesselhaus; *2* Feuerlöschpumpen; *3* Prüfpumpe; *4* Kühlwasserpumpe; *5* Bekohlung; *6* Luftkompressor; *7* Prüffeld; *8* Kesselantriebe; *9* Unterwind und Saugzugmotoren; *10* Feuerungsantriebe.

eine Eigenbedarfsanordnung, die eine Kombination der Varianten 1, 3a und 3b (nach Abb. 40) darstellt. Der damit erreichte Sicherheitsgrad ist als sehr hoch anzusetzen. Die mit den einzelnen Varianten verbundenen Merkmale sind in den obigen Ausführungen schon genügend besprochen worden, so daß eine eingehendere Besprechung des Schaltbildes 54 nur zu nicht nötigen Wiederholungen führen würde.

Abb. 55 zeigt das halbe Netz eines 300 MW-Werkes mit 2 Vorschaltmaschinen zu je 25 MW und 2 Kondensationsmaschinen zu je 50 MW pro Halbwerk. Man hat hier eine Kombination der Varianten 3a und 3b gewählt, die mindestens gleiche, m. E. sogar höhere Sicherheit der Eigenbedarfsversorgung wie bei dem später besprochenen Werk nach Abb. 57 bewirkt, doch erheblich geringere Anschaffungskosten bedingt. Die Spannung der 64 MVA-Generatoren wählt man am günstigsten zu 10 kV. Bei 6 kV sind die Wicklungen schwerer ausführbar, und die Wicklungsköpfe und die Ableitungsschienen zum Transformator unterliegen höheren Kurzschlußbeanspruchungen. Für die Speisung der Hochspannungsmotoren im Eigenbedarf kommt 6 kV besser in Frage. Deshalb sind hier zwischen den Generatorklemmen und den Eigenbedarfssammelschienen Transformatoren 10/6 [kV/kV] gewählt worden. Aus schon besprochenen Gründen sind sie als Regeltransformatoren ausgeführt. Die sonstigen Merkmale dieser Schaltung sind schon anderen Ortes beschrieben worden.

Abb. 56 zeigt ein Schaltbild eines Kraftwerkes mit einer Sammelschienenspannung von 10 kV, wofür auch die Speisung des Eigenbedarfs von den Generatorenklemmen über Drosseln abgenommen wurde in Kombination mit einer Verbindung zwischen Hauptsammelschiene mit der Eigenbedarfsschiene gleichfalls über eine Drossel. Man hatte bei der Planung folgende Kostengegenüberstellung gemacht:

1. Versorgung durch 2 Verbindungen für je volle Leistung von der Hauptschaltanlage aus . . . . . . . . . . . . . . . . . . . . . . . . . . . . . . . . . . . . 100%
2. Versorgung über eine Verbindung zur Hauptschaltanlage und eine Verbindung zur Hilfsschiene von den Generatorklemmen für je die volle Leistung . . . . . 88%
3. Versorgung über 3 Verbindungen für je die halbe Leistung von der Hauptschaltanlage aus — unterteilte Eigenbedarfsschiene . . . . . . . . . . . . . . . 110%
4. Versorgung über eine Verbindung zur Hauptschaltanlage, je eine Verbindung zu 2 Generatoren, jede Verbindung für halbe Leistung — unterteilte Sammelschienen. 74%
5. Versorgung über eine Verbindung zur Hauptschaltanlage, je eine Verbindung zu 3 Generatoren, je für die halbe Leistung — unterteilte Sammelschienen. . . . 93%

Die Spannung der Haupt- und Eigenbedarfsschaltanlage entsprach dabei der Spannung der Generatoren. Die Wahlvorschläge 1 bis 4 sind in ihrer Sicherheit etwa gleich. Der Vorschlag 5 ist höher zu bewerten. Da er immer noch billiger war als 1 und 3 und nur unwesentlich teurer als 2, wurde er für die Ausführung gewählt. Alle übrigen Kennzeichen dieser Anlage wurden schon an anderer Stelle erörtert.

In Abwandlung der Variante, die Generatorenklemmen als Eigenbedarfsquelle zu benutzen, ist oft vorgeschlagen worden, den Haupttransformator mit einer dritten Wicklung zu versehen und diese als Eigenbedarfsquelle zu verwenden. Die Spannungswahl ist dann völlig unabhängig von der Generatorspannung, im übrigen würden für eine solche Schaltung ähnliche Voraussetzungen gelten, wie sie oben erläutert wurden. Aus wirtschaftlichen Gründen wurde die oben genannte Lösung meines Wissens bisher aber nicht gewählt.

### d) Speisung aus der Hauptsammelschiene über Transformatoren.

Zur oben erwähnten Variante 3b (Abb. 40) ist zu sagen, daß eine Speisung des Eigenbedarfsnetzes bei höheren Spannungen als 10 kV über besondere Transformatoren zwischen der Hauptsammelschiene des Kraftwerkes und der Eigenbedarfsschiene ausführbar ist und oft angewendet wird. Man muß dabei jedoch

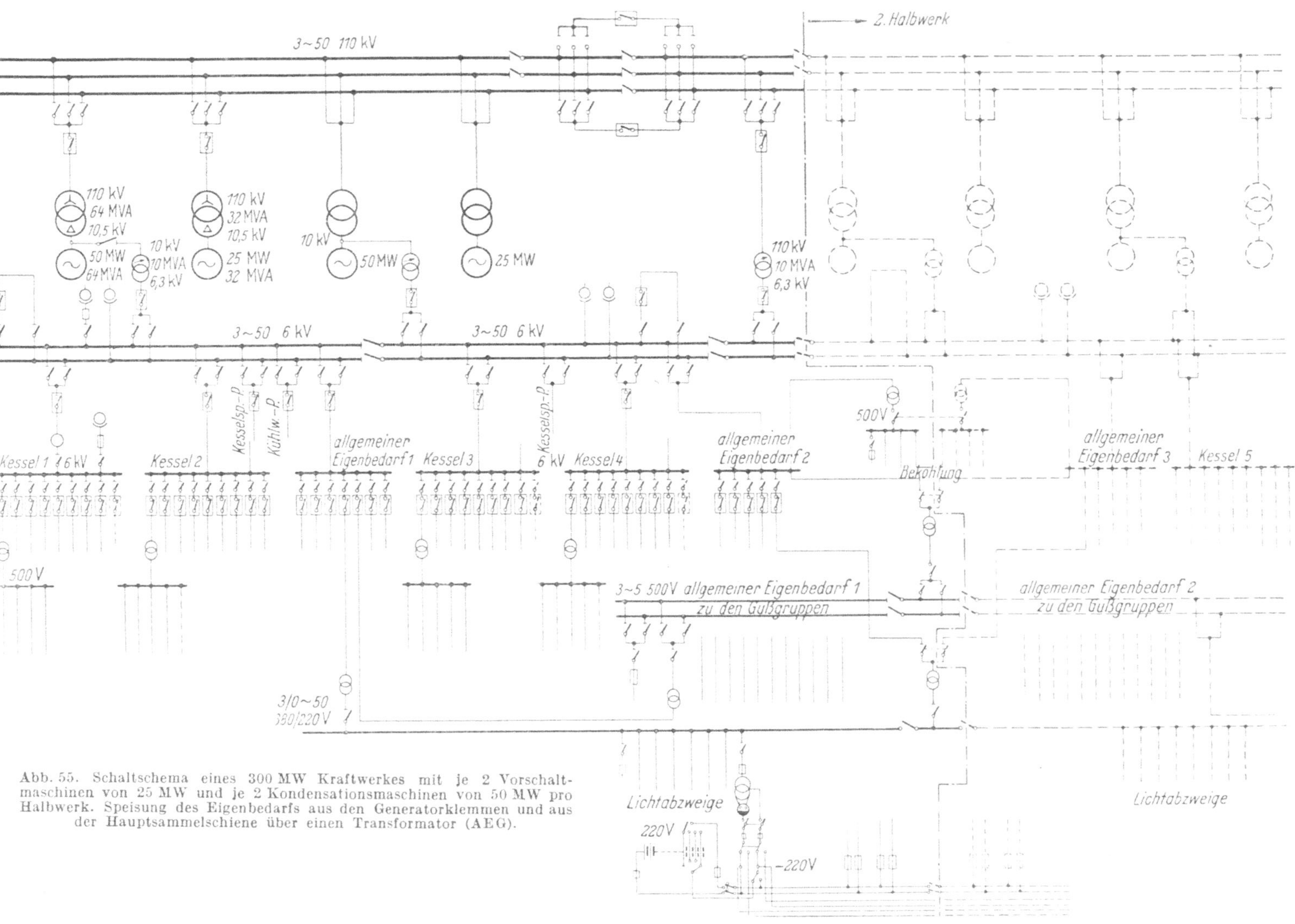


Abb. 55. Schaltschema eines 300 MW Kraftwerkes mit je 2 Vorschaltmaschinen von 25 MW und je 2 Kondensationsmaschinen von 50 MW pro Halbwerk. Speisung des Eigenbedarfs aus den Generatorklemmen und aus der Hauptsammelschiene über einen Transformator (AEG).

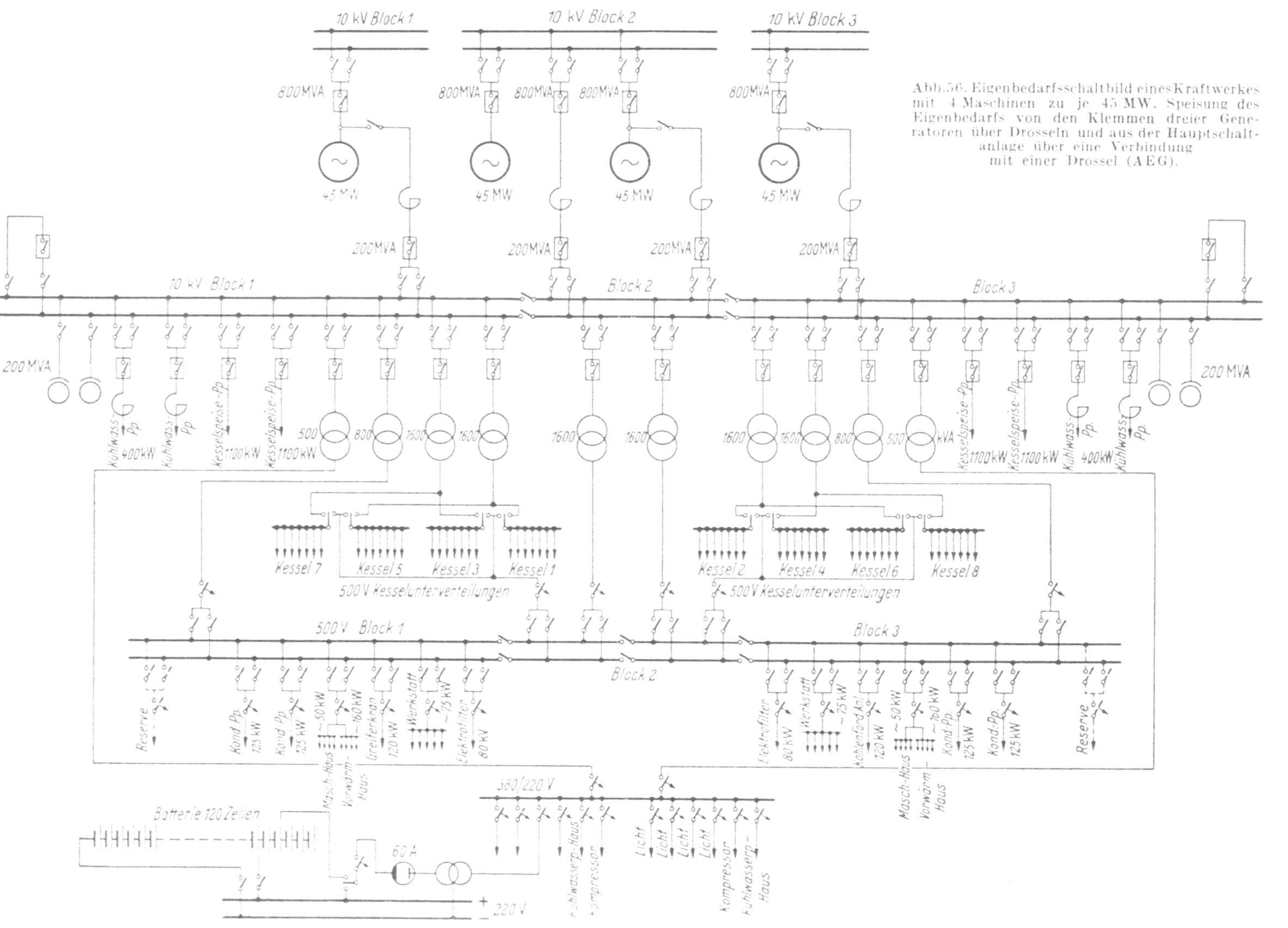

Abb. 56. Eigenbedarfsschaltbild eines Kraftwerkes mit 4 Maschinen zu je 45 MW. Speisung des Eigenbedarfs von den Klemmen dreier Generatoren über Drosseln und aus der Hauptschaltanlage über eine Verbindung mit einer Drossel (AEG).

beachten, daß zur Erzielung eines sicheren Betriebes mindestens 2 derartige Transformatoren in jedem Kraftwerk vorhanden sein müssen einschließlich der gesamten dazu erforderlichen Schalteinrichtung auf der Ober- und Unterspannungsseite. Das soeben und zum Teil noch im folgenden Gesagte gilt mit geringerer Bedeutung, wenn man Kombinationen der Variante 3b mit anderen, z. B. mit 3a, wie es oft geschieht, verwendet. Nachteilig gegenüber der vorerwähnten Variante 3a ist, daß die Eigenbedarfsleistung zweimal transformiert werden muß, einmal vom Generator nach der Hauptsammelschiene und das zweite Mal von dieser nach der Eigenbedarfssammelschiene. Es treten damit doppelte Leistungsverluste auf, und andererseits muß die entsprechende Transformatorenleistung unter Umständen zweimal installiert werden. Die Betriebs- und Anschaffungskosten sind also erheblich höher als bei der Speisung von den Generatorenklemmen aus. Dies tritt besonders dann in Erscheinung, wenn die Hauptsammelschiene eine Spannung von mehr als etwa 30 kV, z. B. von 110 kV, hat. In diesem Falle werden auch gelegentlich die Transformatoren 110/6 [kV/kV] überdimensioniert werden müssen, wenn der Eigenbedarf unter etwa 10 MVA liegt, weil Transformatoren mit kleineren Leistungen schlecht ausführbar sind. In den meisten Fällen wird also die Variante 3a die betrieblich und wirtschaftlich günstigere sein. Bei der Wahl der Variante 3b muß die für das Eigenbedarfsnetz erforderliche Spannungsregelung durch den Transformator erfolgen, der zwischen Hauptsammelschiene und Eigenbedarfsnetz liegt.

Abb. 57 zeigt ein Beispiel für die Eigenbedarfsversorgung durch Haustransformatoren aus der Hauptsammelschiene. Die hauptsächlichsten Merkmale dieser Art der Versorgung wurden schon besprochen. Wieweit durch Umschaltautomatiken die Sicherheit der Versorgung noch erhöht werden kann, hängt von der Anwendung solcher Automatiken in den Querverbindungen des Schaltbildes ab und ist den Erfordernissen der einzelnen Antriebe anzupassen.

Abb. 58 zeigt ein Industriekraftwerk, das gemeinsam mit einem weiteren und einem Fremdstromanschluß ein großes Werk versorgt. Hier wird der Eigenbedarf im wesentlichen aus der 30 kV-Hauptsammelschiene über Transformatoren versorgt. Da die Hauptsammelschiene nur für 30 kV ausgelegt ist, wäre die Variante 3a nicht von sehr großem Vorteil gegenüber der gewählten Ausführung. Die 6 kV-Eigenbedarfs-Hauptsammelschiene ist als Doppelsammelschiene vorgesehen. Ein Teil der Anlage ist von den eigenen Hauptsammelschienen gespeist und der andere vom zweiten Kraftwerk. Die kleine Hausmaschine ist eine reine Gegendruckmaschine, die nur einen Teil des Eigenbedarfs decken kann und so immer mit den Hauptmaschinen parallel fährt. Beide im Werk vorhandenen Kraftwerke sichern sich also den Eigenbedarf gegenseitig. Außerdem ist die Eigenbedarfssammelschiene mit als Stützpunkt für wichtige Verbraucher im Werk gedacht. Die Abschaltleistung auf dieser Schiene ist deswegen auch nicht auf 200 MVA zu begrenzen und beträgt 400 MVA. Die 6 kV-Unterverteilungen, die gleichfalls Doppelsammelschienen haben, sind ebenso durch das andere Kraftwerk gesichert. Ihre Abschaltleistung ist aber durch Drosseln auf 100 MVA begrenzt. Der gesamte Eigenbedarf ist also in 2 Gruppen unterteilt, auch bei großen Störungen kann maximal nur der halbe Eigenbedarf ausfallen. Das Kraftwerk kann somit mit verhältnismäßig großer Sicherheit fahren, da eine Umschaltung des gestörten Teiles des Eigenbedarfs kurzfristig möglich ist.

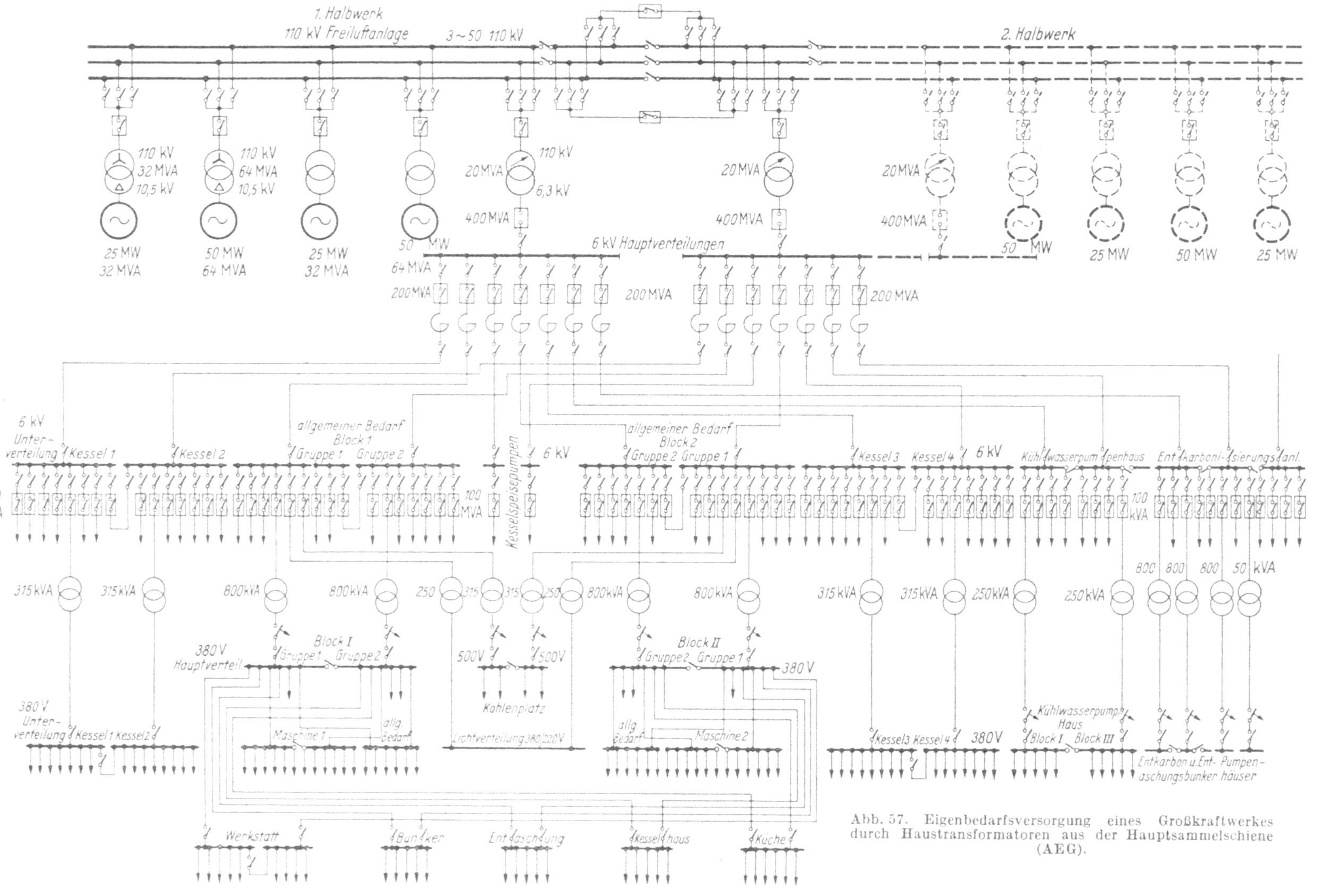

Abb. 57. Eigenbedarfsversorgung eines Großkraftwerkes durch Haustransformatoren aus der Hauptsammelschiene (AEG).

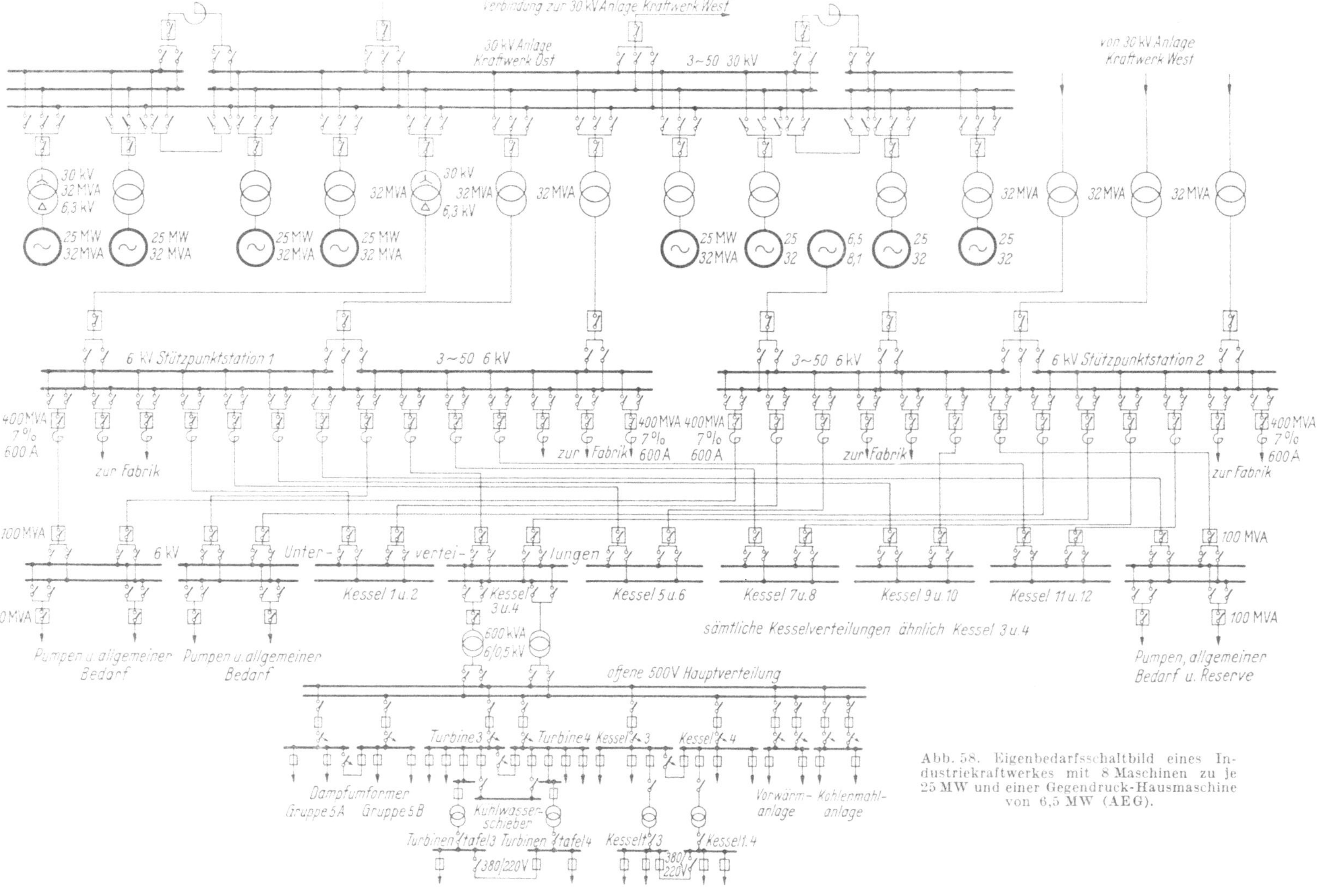


Abb. 58. Eigenbedarfsschaltbild eines Industriekraftwerkes mit 8 Maschinen zu je 25 MW und einer Gegendruck-Hausmaschine von 6,5 MW (AEG).

### e) Zusammenfassung.

Betrachtet man abschließend und zusammenfassend die in Abb. 40 gezeigten und soeben besprochenen Varianten der Eigenbedarfsdeckung aus verschiedenen Quellen, so ist zu sagen, daß die Speisung durch Haus- oder Vorwärmmaschinen nur angewandt werden sollte, wenn sehr wichtige und überzeugende wärmewirtschaftliche Gründe dafür sprechen. Alle anderen Varianten dürften billiger in der Anschaffung sein und einfachere und klarere elektrische und Wärmeschaltbilder ergeben. Gerade aber der letztgenannte Umstand ist für den Betrieb äußerst wichtig, weil die Bedienung einfacher wird und so geringerer Anlaß zu Bedienungsfehlern vorhanden ist, was sich besonders in der schnellen Behebung von Störungen vorteilhaft auswirkt. Man hat vor allen Dingen in früheren Zeiten eine ganz erhebliche Abneigung dagegen gehabt, die Eigenbedarfsnetze mit dem Versorgungsnetz gekuppelt zu betreiben. Früher bestanden diese Bedenken zu einigem Recht, heute aber, nachdem die Relaistechnik ganz erhebliche Fortschritte gemacht hat, wie es in der Einleitung schon erwähnt wurde und es also eine erfüllbare Forderung ist, Störungen und Fehler im Netz in äußerst geringen Zeiten zu klären und selektiv aus dem Netz herauszutrennen, wird eine Netzstörung meistens im Eigenbedarf kaum noch merkbar. Kurzzeitige Spannungsabsenkungen, nach denen die wichtigsten Eigenbedarfsmotoren im Betrieb bleiben und nach einem gewissen Drehzahlverlust schnell wieder auf volle Drehzahlen kommen, ohne daß das Personal einzugreifen braucht, sind keine Gefahrenmomente für die Eigenbedarfsversorgung. Bei tieferen Absenkungen der Spannung fallen allenfalls nicht lebenswichtige Antriebe des Eigenbedarfs heraus und können nach der Störung vom Personal ohne Gefährdung der Fortführung des Betriebes beliebig wieder zugeschaltet werden. Bei kritischer Betrachtung der Betriebsbedingungen soll man aber auf alle Fälle Motoren mit Spannungsrückgangsauslösung mit dem Ziel einer möglichst ruhigen Betriebsführung so weit wie möglich vermeiden. Bei richtiger Auslegung aller in Frage kommenden Elemente der elektrischen Ausrüstung ist also ein genügend sicherer Betrieb gegeben. Der so oft wegen der Zunahme der Kurzschlußbeanspruchungen beklagte Anstieg der Netzleistungen und die immer größer gewordene Vermaschung haben im obigen Sinne also doch auch gewisse Vorteile gebracht, da, abgesehen von der Fehlerstelle selbst, nicht so starke und langdauernde Spannungsabsenkung wie früher in kleineren Netzen vorkommen. Fremdspannungen sind natürlich dadurch auch beispielsweise zum Anfahren viel häufiger verfügbar als früher. Alle diese Momente machen heute also die Dispositionen im Eigenbedarf leichter. Es wurde schließlich mit Absicht vermieden, auf die ungeheuer große Anzahl von Kombinationsschaltungen zwischen den hier gezeigten hauptsächlichen Varianten der Eigenbedarfsversorgung in vollem Umfang einzugehen. Das soll in einzelnen Fällen kein Werturteil über solche Kombinationen sein. Natürlich mischen sich dabei die für die einzelnen Varianten aufgezeigten Vor- und Nachteile.

Zur Kombination der genannten Varianten ist aber abschließend zu sagen, daß damit Gesamtvorteile erreicht werden können, die eine einzige Art der Eigenbedarfsversorgung unter Umständen gar nicht erzielen läßt. Deswegen ist die Kombination solcher Varianten oft ausgeführt worden. Beispiele dafür sind oben erwähnt worden. In besonders hohem Maße sind Vorteile verschiedener Varianten bei einer Anlage nach Abb. 54 ausgeschöpft worden, allerdings auch unter größeren Aufwendungen.

## 2. Hochspannungsnetz.

Die im vorhergehenden Abschnitt geschilderten Hauptspeisepunkte für die Eigenbedarfsversorgung speisen eine oder mehrere Hauptschaltanlagen im Eigenbedarfsversorgungsnetz. Grundsätzlich hat sich wohl weitgehend der Standpunkt durchgesetzt, daß mindestens zwei getrennt betriebene Eigenbedarfsnetze in jedem Kraftwerk vorhanden sein müssen. Eine Parallelschaltung außerhalb der eigentlichen Eigenbedarfsnetze soll dabei zulässig sein. Dieser Grundsatz ist wohl auf die folgenden tieferen Gründe rückführbar. Abgesehen von Blockkraftwerken, die oben schon mitbehandelt wurden und die hier auch noch besonders besprochen werden sollen, hat man bei der Errichtung von Kraftwerken doch meistens die Forderung zu stellen, daß die erzeugte Leistung in definierter Höhe und auch zeitlichem Verlauf dargeboten werden muß. Zur Erfüllung dieser Aufgabe installiert man auch höhere Leistungen bei allen Anlageteilen, als sie im Programm für die Lieferung der Energie gefordert werden. Beispielsweise werden mehr Kessel errichtet, als es der programmgemäßen Dampferzeugung entspricht. Das gleiche gilt für Maschinensätze und auch die übrigen Einrichtungen, wie Kesselspeisepumpen usw. Für jeweils mehrere Aggregate, die gemeinsam eine Teilaufgabe zu erfüllen haben, wird bei Mindestansprüchen jeweils ein zusätzliches Aggregat als Reserve aufgestellt, bei höheren Ansprüchen oder größerer Anzahl von Paralleleinrichtungen auch mehrere Reserveeinheiten. Was man als Einheit dabei ansieht, ist zwar nicht genau und allgemein definiert. Es gibt aber für einige Teile der Kraftwerksausrüstung solche gewohnheitsgemäß als Einheit angesehene Apparate und Maschinen. Dazu gehören Kessel, die mit ihren Feuerungsantrieben und Gebläsen eine Einheit darstellen. Die Speisepumpen dienen in der Regel mehreren Kesseln und bilden somit Einheiten für sich. Schließlich wird meistens ein Turbosatz mit allem Zubehör, wie Kondensationsantrieben, als Einheit im obigen Sinne angesehen. Wenn man es bei der Planung berücksichtigt, daß z. B. ein Turbosatz ausfallen darf, weil man einen vollständigen Reservesatz aufgestellt hat, so ist es nicht unbedingt nötig, etwa einigen Bestandteilen eines solchen Turbosatzes noch eine zusätzliche Reserve zu geben. Es ist deswegen wohl auch kaum vorgekommen, daß man einem Turbosatz etwa 2 Kühlwasserpumpen für die volle Leistung zugeordnet hat, um beim Ausfall einer Einheit sie durch die Reserveeinheit ersetzen zu können. Ebenso ist an einem Kessel wohl kaum eine doppelte Ausrüstung von Gebläsen vorgesehen worden. Eine Unterteilung beispielsweise des Frischluftgebläses in zwei gleiche Einheiten mit je halber Leistung, die der Kessel benötigt, ist hier nicht gemeint. Eine Einheit, bestehend beispielsweise aus einem Turbosatz oder einem Kessel, braucht aber zum Antrieb Motoren oder Hilfsturbinen. Wir haben an anderer Stelle gesehen, daß letztgenannte Antriebsart heute nur noch für wenige einzelne Antriebe in Frage kommt. Für den weitaus größten Teil der Eigenbedarfsenergie kommt also das Eigenbedarfsnetz als Quelle in Frage. Es ist daher naheliegend, bei der Einrichtung der obengenannten Reserven auch für die Eigenbedarfsdeckung und Verteilung Reserven vorzusehen. Es genügt also nicht, wie oben schon besprochen wurde, mehrere Eigenbedarfsquellen zur Verfügung zu stellen, auch das Netz in sich muß seine Reserven erhalten. Die Aufwendungen hierfür sind mit den übrigen Reserveinstallationen im gesamten Kraftwerk sorgfältig zu koordinieren. Lücken, die dabei offenbleiben, sind später nur schwer zu schließen. Ist in einem Kraftwerk z. B. nur ein Eigenbedarfsnetz in Betrieb, so ist bei Störungen in der Nähe seines Speisepunktes damit zu rechnen, daß alle Eigenbedarfsstromverbraucher mit gestört werden. Die Aufwendungen für Reserveaggregate würden dabei in ihrem Erfolg in Frage gestellt sein. Ist aber das Netz in 2 oder mehrere Gruppen aufgeteilt, dann ist dementsprechend der Ausfall auch kleiner. Gemessen an den Anschaffungskosten für Reserveturbosätze und Reservekessel kostet die Auftrennung eines großen Eigenbedarfsnetzes in 2 oder mehrere unabhängig betriebene Gruppen fast nichts, zumal ja schon oben festgestellt wurde, daß mehrere Eigenbedarfsquellen allgemein üblich sind und für unerläßlich angesehen werden. Gelegentlich muß man aber auch eine solche Unterteilung wählen, um Schalter niedrigerer Abschaltleistung verwenden zu können, und dann ergeben sich durch die Netzaufteilung wesentliche Einsparungen.

Jedes Eigenbedarfsnetz bzw. jede getrennt gefahrene Netzgruppe braucht aber in sich noch Reserven, die darin bestehen, daß bei Ausfall eines Schalters, einer Sammelschiene oder Teilen davon nach möglichst einfacher Umschalthandlung der Betrieb wieder hergestellt werden kann, ehe der gestörte Teil repariert ist. Mittel dafür sind die Installationen mehrerer Sammelschienen, Speiseschalter, Speiseleitungen usw. Wie man dieses Ziel in guter Koordinierung mit den übrigen Fragen der Reserveinstallation auf verschiedenste Weise erreichen kann, soll an Hand der schon im vorhergehenden Abschnitt gezeigten Schaltbilder, soweit wie erforderlich, besprochen werden. Da bezüglich der Einrichtung von Reserven bei Blockkraftwerken oft von anderen Gesichtspunkten ausgegangen wird, werden solche Anlagen gesondert betrachtet werden. Das folgende gilt also in erster Linie bzw. teilweise auch ausschließlich für die Kraftwerke der meistens üblichen Art.

### a) Haupteigenbedarfs-Schaltanlagen.

Die Hauptschaltanlagen für die Eigenbedarfsversorgung werden zweckmäßig im Rahmen der Gesamtplanung an einer solchen Stelle errichtet, die im oder unmittelbar neben dem Schwerpunkt der elektrischen Eigenbedarfslast liegt. Dies wird meistens in unmittelbarer Nähe oder im Kesselhaus der Fall sein. Größere Kraftwerke werden oft in zwei oder mehreren Abschnitten gebaut, wodurch manchmal beinahe zwei oder mehrere räumlich zusammenhängende, aber nahezu voneinander unabhängige Einzelkraftwerke entstehen, die nur einige Teile, wie etwa die Warte, das Maschinenhaus, die Wasseraufbereitung, Bekohlung und ähnliche Anlageteile gemeinsam haben. Ferner hat man gelegentlich zwei oder mehrere größere Komplexe von Kesseln bzw. Kesselhäusern. In solchen Fällen kann man mit Vorteil die Aufteilung des Eigenbedarfs entsprechend der Aufteilung der Kesselhäuser bzw. der Anlageteile wählen. Jedes Kesselhaus bildet dann mit dem zugehörigen Eigenbedarfssystem eine Einheit, wobei es aber zweckmäßig sein kann, Querkupplungen zwischen den Eigenbedarfsanlagen der verschiedenen Kesselhäuser vorzusehen, um gegebenenfalls eine gegenseitige Aushilfe zu ermöglichen. Eine Einheit von Kesselhaus- und Eigenbedarfsversorgung in diesem Sinne wird man aber auch gern so aufbauen, daß dort jeweils zwei verschiedene Eigenbedarfsnetze im Betrieb möglich sind und den Regelfall der Versorgung darstellen. Da auch die Verschmutzung von Innenraumanlagen oft berücksichtigt

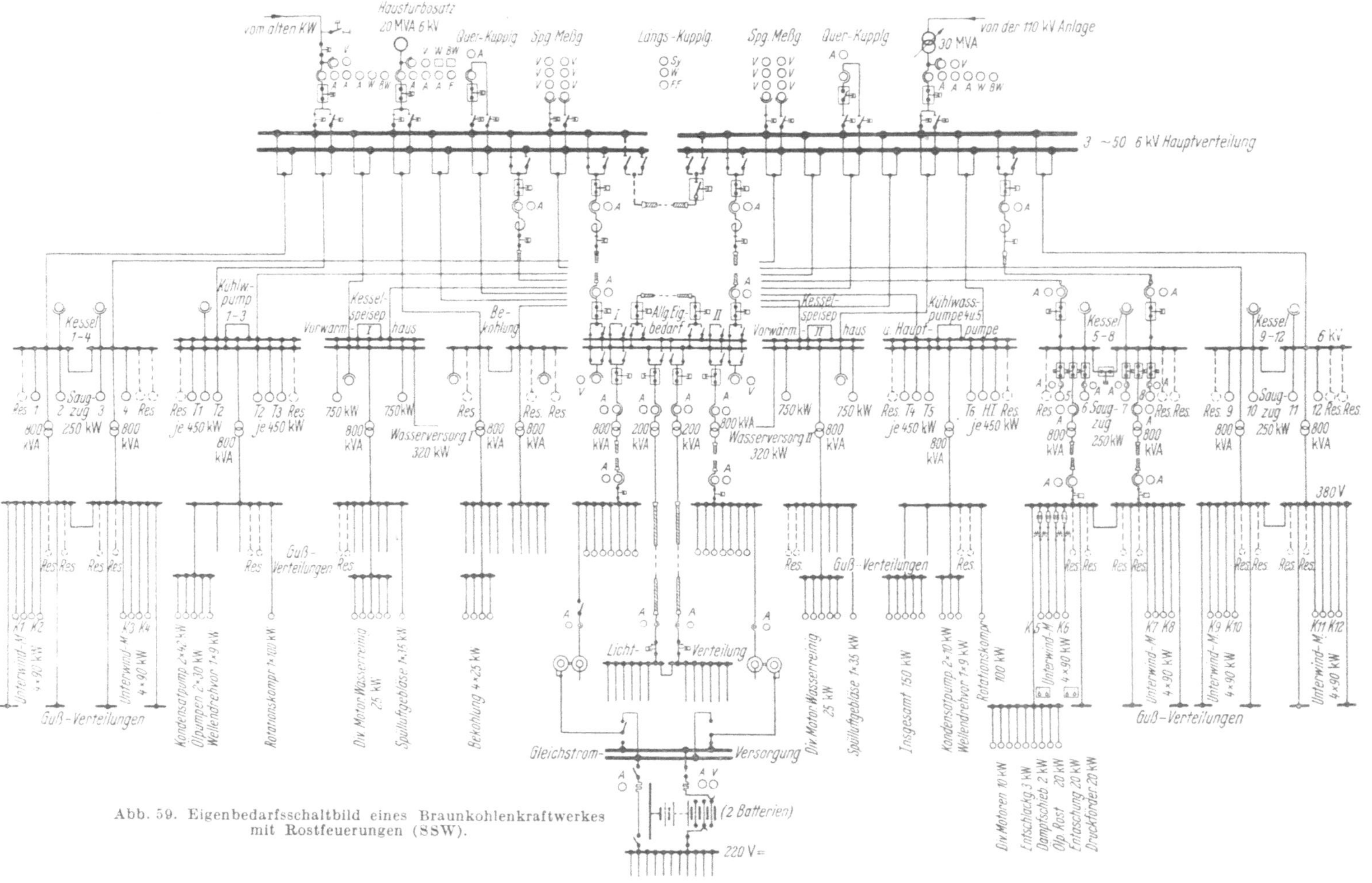

Abb. 59. Eigenbedarfsschaltbild eines Braunkohlenkraftwerkes mit Rostfeuerungen (SSW).

werden muß, weil Kraftwerke mit ihrem Ausstoß von Flugasche und gleichzeitigem Vorhandensein von Kühlturmschwaden, besonders aber in der Nachbarschaft von Industriewerken zu den Verschmutzungsbetrieben gehören, empfieht es sich also, jeweils 2 Betriebssammelschienen für die Eigenbedarfshauptverteilung vorzusehen und eine dritte, die für Reinigungsarbeiten zugänglich ist, so daß der Betrieb ohne Aufgeben der doppelten Speisung ohne Unterbrechung durchlaufen kann. Eine Anlage dieser Art zeigt Abb. 46. Wenn also anscheinend die Dreifachsammelschiene die zunächst naheliegende Lösung darstellt, so soll doch nicht übersehen werden, daß es genügend Möglichkeiten gibt, ein Doppelnetzsystem auch bei weniger als 3 Sammelschienen auszuführen. Man kann beispielsweise einer Anlage mit Doppelsammelschienensystem eine oder mehrere Längstrennungen geben, wobei als Minimum eine Sammelschiene eine Längstrennung haben muß. Beispiele für Anlagen mit Doppelsammelschienen in der Hauptschaltanlage des Eigenbedarfsnetzes zeigen die Abb. 41, 44, 45, 54, 55, 56, 58 und 59. Alle diese Schaltbilder haben Längstrennung der Sammelschienen bis auf die Anlage nach Abb. 45, die aber ohnehin eine Sonderstellung einnimmt, da sie nicht eindeutig für 2 verschiedene Netze im Eigenbedarf vorgesehen ist und nur durch die Sammelschienenanordnung und die Speiseleitungen Reserven in sich birgt, die bei Ausfall einzelner Teile schnell einsetzbar sind. Die Anlage nach Abb. 58 hat auch keine Längstrennung in den Hauptschaltanlagen des Eigenbedarfs. Hier sind aber mit Rücksicht auf die oben schon erläuterte Betriebsweise auch keine solchen Schalter nötig. Es handelt sich um zwei 6 kV-Schaltanlagen, die von 2 voneinander weitgehend unabhängigen Quellen gespeist werden, nämlich von der Hauptsammelschiene des eigenen Kraftwerkes und von einem anderen Kraftwerk. Jede dieser Schaltanlagen kann einen, wenn auch eingeschränkten, Dreifachsammelschienenbetrieb ermöglichen. In jeder Schaltanlage ist eine Sammelschiene durchgehend und wird normal von einem Transformator gespeist. Die beiden anderen Sammelschienenhälften jeder Anlage haben wieder ihre Speisung für sich. Alle an dieser Anlage liegenden Verbraucher haben die Auswahl unter zwei verschiedenen speisenden Transformatoren. Auch ist die Möglichkeit der Außerbetriebnahme irgendeines Teiles jeder Anlage weitgehend ohne Störung des Betriebes gegeben, da auch noch jede Unterverteilung wieder Anschluß an beide Haupteigenbedarfs-Schaltanlagen hat. Diese Schaltung hat also einen hohen Grad der Sicherheit in sich.

Bei nicht allen Anlagen mit Längsunterteilung der Sammelschienen sind Leistungsschalter im Zuge der Sammelschienen vorhanden, so z. B. nicht bei Abb. 41, 55 und 56. Gegenüber den Anlagen nach Abb. 44, 54 und 59, die Leistungsschalter im Zuge der Sammelschienen haben, ist das Schalten bei Netzänderungen und Störungen etwas erschwert, aber immerhin möglich, wenn auch unter vorübergehender Preisgabe des Betriebes mit 2 Netzen. Diese Schaltungen sind bei der zweiten Gruppe von Schaltbildern mit Leistungsschaltern leichter und schneller durchführbar. Die Anlagen sind aber auch besser gegen Schaltfehler zu schützen.

Ein einziges von allen schon gezeigten Eigenbedarfsschaltbildern, Abb. 57, hat Einfachsammelschienen in der Haupteigenbedarfsanlage. Dies ist aber dadurch ermöglicht, daß zwei solche Anlagen vorhanden sind, die durch je einen Transformator aus der Hauptsammelschiene des Kraftwerkes gespeist werden. Ferner ist jede der Unterverteilungen wahlweise mit jeder der beiden Hauptverteilungsschaltanlagen des Eigenbedarfs in Verbindung. Der Grundsatz, im Normalfall 2 Netze zu betreiben, ist auch dort ausführbar. Er muß nur gelegentlich bei Reparaturen oder Überholungen zeitweise aufgegeben werden, es sei denn, daß beim Ausbau des zweiten Halbwerkes der dritte vorgesehene Transformator und seine Schaltanlage wieder mit jeder Unterverteilung verbunden wird, dann bestehen weitergehende Möglichkeiten.

Betrachtet man alle hier gezeigten Schaltbilder in Hinsicht auf die Einrichtung von Verriegelungen zur Vermeidung von Schaltfehlern, so ergibt sich, daß dies bei Abb. 46 und 58 am einfachsten durchführbar ist, doch ist bei diesen Schaltbildern auch der Aufwand etwas größer als vergleichsweise bei anderen.

In früheren Zeiten hat man auf eine Verriegelung oft verzichtet, oft schon deswegen, weil zuverlässige Verriegelungseinrichtungen nicht bekannt waren. Es ist dabei an elektrische Verriegelungseinrichtungen gedacht, die über Hilfskontakte an Trenn- und Leistungsschaltern funktionieren. Die Konstruktion solcher Hilfskontakte und vor allen Dingen ihre Schaltzeitpunkte haben zahlreiche Schwierigkeiten im praktischen Betrieb mit sich gebracht. So sind beispielsweise elektrische Verriegelungskontakte oft nicht in der Lage, eindeutig zurück

Abb. 60. Eigenbedarfsschaltanlage Reihe 10, Bedienungsfront geöffnet, mit eingebautem Schaltfehlerschutz, Relais und Meßinstrumenten.

zumelden, ob ein Trennmesser vollkommen oder nur teilweise eingelegt ist. Daraus sich ergebende Schwierigkeiten haben früher vielfach zur Ablehnung eines Verriegelungssystems überhaupt geführt. In dem letzten Jahrzehnt haben sich die Verhältnisse durch Einführung einer pneumatischen Verriegelung grundsätzlich geändert. Als besonders bemerkenswertes Beispiel sei auf die Ausführungsform der SSW hingewiesen. Die pneumatische Verriegelung verzichtet auf alle elektrischen Meldekontakte an den Trennschaltern und ersetzt diese durch ein pneumatisches Rückmeldesystem, das derart wirkt, daß die Kolben der druckluftangetriebenen Trennschalter erst bei Zurücklegung des gesamten Weges Druckluft-Rückmeldeleitungen freigeben, die ihrerseits durch kleine Hilfskolben die Rückmeldekontakte betätigen. Derartige Rückmeldeeinrichtungen werden zu sog. Steuerventilblöcken zusammengefaßt, die jederzeit auch im Betrieb zugänglich, an der Vorderseite der Bedienungsfronten von Schaltanlagen untergebracht werden (vgl. Abb. 60). Durch mechanische Elemente, die von den Rückmeldekolben angetrieben werden, kann jede erwünschte Verriegelung erzielt werden. Nur wenn der Aufbau der Schaltanlage selbst verwickelt ist,

ist auch die Verriegelung schwerer durchführbar. Erfahrungen über mindestens 1 Jahrzehnt haben die absolute Zuverlässigkeit dieser Verriegelungseinrichtungen erwiesen. Man muß sie allerdings klar planen und auch vor endgültiger Inbetriebnahme auf alle gewünschten Funktionen erproben, um Montagefehler auszumerzen. Die Verriegelungseinrichtungen wurden an dieser Stelle besonders erwähnt, da sie für die Eigenbedarfs-Hochspannungsschaltanlagen entsprechend deren Wichtigkeit heute ein wesentliches Glied für die Sicherung des gesamten Eigenbedarfs darstellen. Auch andere Verriegelungssysteme sind inzwischen verbessert worden.

Nach dieser Abschweifung muß also festgehalten werden, daß die für den Betrieb günstigste Lösung für den Aufbau der Haupthochspannungsanlage im Eigenbedarf von Kraftwerken eine Sammelschienenanordnung ist, die es gestattet, zwei oder mehrere Netze zu betreiben. Dies gilt auch für jeden Teil, wenn die Hauptschaltanlage des Eigenbedarfsnetzes aus mehreren z. B. auch räumlich getrennten Abteilungen besteht.

Aus wirtschaftlichen Gründen ist es empfehlenswert, die Schalter der Haupteigenbedarfsanlagen für eine Abschaltleistung von möglichst nicht über 200 MVA auszulegen. Durch die Größe der Eigenbedarfsleistung selbst wird die Verwendung leistungsfähigerer Schalter selten erforderlich, da man ein einfaches Mittel zur Begrenzung der Abschaltleistung darin hat, daß die Unterteilung der Eigenbedarfsleistung mit den Betriebserfordernissen auch größerer Kraftwerke vereinbar ist. Im vorhergehenden Abschnitt wurde bereits von dieser Voraussetzung ausgegangen. Dieser Grundsatz wurde bei den Anlagen nach Abb. 45, 46 und 56 völlig gewahrt, bei den Anlagen nach Abb. 41, 57 und 59 nur mit Einschränkungen. Bei den letztgenannten Anlagen werden die Schalter in den Zuleitungen in allen Fällen für größere Abschaltleistung als 200 MVA vorgesehen. Stellt man sich auf den Standpunkt, daß es zulässig ist, und zahlreiche Betriebserfahrungen scheinen dies zu bestätigen, dann können bei diesen Anlagen in den Abzweigen 200 MVASchalter verwendet werden, weil an diese Schalter über kurze blanke Leitungen direkt, also auch ohne Einschaltung von Wandlern Drosseln angeschlossen sind, die die Abschaltleistung auf geringere Werte herabsetzen. Ein Kurzschluß an diesen Schaltern selbst muß sowieso von den Zuleitungsschaltern abgeschaltet werden, und die Wahrscheinlichkeit von Kurzschlüssen zwischen Abzweigschalter und Drosseln ist gering. Will man ganz sicher gehen, daß die Abzweigschalter nicht durch Kurzschlüsse überbeansprucht werden, so kann man die Stromwandler, deren Strom die Relais anregen, auch hinter die Drosseln legen. Der Schutzbereich der Zuleitungsschalter wird damit größer, die Anlagekosten aber wesentlich geringer, ohne daß dies mit allzu großen Nachteilen verknüpft ist.

### b) Abzweige von der Haupteigenbedarfs-Schaltanlage.

An die Hauptschaltanlagen des Eigenbedarfs können als Abzweige einmal für Hochspannung ausgelegte Motoren sowie Transformatoren, die den Niederspannungseigenbedarf zu versorgen haben, angeschlossen werden. Sind Hochspannungsmotoren in größerer Anzahl vorhanden, so wird man diese in Gruppen zusammenfassen, wie sie für den Betrieb des Kraftwerkes zweckmäßig sind. Es lohnt sich auch nicht, alle diese Motoren direkt von der Eigenbedarfshauptschiene aus zu versorgen, sondern es ist oft empfehlenswert, Unterverteilungen oder sogenannte Ringkabel vorzusehen, die allerdings offen betrieben werden (vgl. Abb. 44 und 45). Im Normalfall des Betriebes wird ein solches Ringkabel auf der einen Seite an eine der Sammelschienen angeschlossen sein und das andere Ende an einer anderen. An verschiedenen Stellen des Ringkabels kann dann die Trennstelle gewählt werden. Es ist bei einer solchen Schaltung grundsätzlich möglich, jedes einzelne Stück des Ringkabels außer Betrieb zu nehmen, ohne den Betrieb der am Ringkabel angeschlossenen Motoren zu stören.

Die Hochspannungsunterverteilungen fassen oft die Motoren und evtl. auch Transformatoren zusammen, die der gemeinsamen Versorgung z. B. eines großen Kessels oder eines Kesselblocks dienen. Man kann sich dann meistens mit Einfachsammelschienen begnügen. Motoren von Arbeitsmaschinen, die der gegenseitigen Reserve dienen, sind aber möglichst an verschiedene Unterverteilungen anzuschließen und diese wieder an verschiedene Spannungsquellen des Eigenbedarfsnetzes. Sinngemäß Gleiches gilt auch für den Anschluß der Motoren an Ringkabel.

Da man nach den obigen Ausführungen von vornherein die Abschaltleistung im Eigenbedarfsnetz gering wählt, ist die Verwendung von Kurzschluß-Begrenzungsdrosseln in den Zuleitungen zu den Unterverteilungen und in den Ringkabeln zwar nicht immer nötig, doch oft empfehlenswert. Die Verwendung von 100 MVA-Schaltern kann bei größerer Anzahl der Schalter in Ringkabeln oder Unterverteilungen von ganz erheblichem Einfluß auf die Anschaffungskosten sein. Bei Speisung des Eigenbedarfs von den Hauptsammelschienen direkt oder über Regeltransformatoren ist es bei großen Leistungen unter Umständen nicht möglich, die Abschaltleistung auf der Eigenbedarfssammelschiene bei 200 MVA zu halten (vgl. Abb. 44, 58 usw.). Dann sind in den Abzweigen zu den Motorengruppen Drosseln besonders zweckmäßig. Große Motoren, wie z. B. für Kesselspeisepumpen, kann man aber auch dann direkt ohne Verwendung von Drosseln an die Hauptsammelschiene des Eigenbedarfs legen. Dies hat bei sehr großen Motoren auch Vorteile dadurch, daß bei ihrem Zuschalten die Spannung steifer bleibt, als wenn Drosseln vorgeschaltet wären.

Die Hochspannungsunterverteilungen erhalten meistens Einfachsammelschienen, die in vielen Fällen auch nur einfach gespeist werden. Ein solcher Aufbau ist unter etwa den folgenden Voraussetzungen möglich:

Einmal kann auf diese Art der allgemeine Eigenbedarf angeschlossen werden, der keine lebenswichtigen Verbraucher enthält, deren Ausfall auch nicht sofortigen oder direkten Einfluß auf die Kraftwerksleistung hat. Zweitens ist diese Art des Netzaufbaues möglich, falls die Unterverteilungen, wie schon oben angedeutet wurde, nur Verbraucher eines Kessels zusammenfassen (vgl. Abb. 55). Oft begnügt man sich aber für solche Zwecke nicht mit der soeben genannten Anschlußart. Man sieht als nächst höheren Grad der Sicherheit der Versorgung von Unterverteilungen die Kuppelung mit Nachbarunterverteilungen an (vgl. Abb. 41, 57, 59). Eine weitere Erhöhung des Sicherheitsgrades ist dadurch erreichbar, daß man auch den Unterverteilungen Doppelsammelschienen gibt und dann gleichzeitig zwei Speiseleitungen von verschiedenen Eigenbedarfsquellen über die Eigenbedarfs-Hauptverteilungen heranführt (vgl. hierzu Abb. 58). Es ist nun keinesfalls nötig, etwa alle Unterverteilungen mit gleichem Sicherheitsgrad auszustatten. Bei der Anlage nach Abb. 59 sind die Unterverteilungen zur Versorgung der Kühlwasserpumpen und Kesselspeisepumpen mit einem höheren Grad der Sicherheit versehen, während die Unterverteilungen für die Kesselantriebe den nächstniedrigeren Sicherheitsgrad besitzen. Für die richtige bzw. zweckmäßigste Lösung der hier behandelten Fragen ist eine besonders enge Zusammenarbeit der Ingenieure, die die Kessel- und Maschinenanlagen projektieren, mit den projektierenden Ingenieuren des Eigenbedarfs erforderlich.

Über die Dimensionierung der Transformatoren zur Erzeugung der erforderlichen Niederspannung wird noch später zu sprechen sein. An dieser Stelle muß nur noch erwähnt werden, daß es zweckmäßig ist, die Transformatoren gleichzeitig etwa im Lastschwerpunkt des Eigenbedarfs aufzustellen, und das ist nach den obigen Ausführungen meist auch die unmittelbare Nähe der Hochspannungsschaltanlagen. Eine Ausnahme davon bilden lediglich einige Hilfsbetriebe, wie z. B. die Bekohlung oder ein entfernter liegendes Pumpenhaus für die Wasserversorgung oder eine Station für die elektrische Speisung der Kohlenbahn und gegebenenfalls auch der Eigenbedarf benachbarter Gruben. Solche vom Kraftwerk entferntere Eigenbedarfsteile erhalten Abzweige von der Haupteigenbedarfs-Schaltanlage, wobei je nach der Wichtigkeit der zu versorgenden Betriebe 1 oder 2 Leitungswege vorzusehen sind. In manchen Fällen genügt es, in solchen entfernten Anlageteilen lediglich die Transformatoren unterzubringen und die zugehörigen Schalter in der Eigenbedarfs-Hauptschaltanlage zu belassen. In gewissen Fällen sind Reserveverbindungen über das Niederspannungsnetz wirtschaftlicher als die Aufstellung mehrerer Transformatoren. Sind Gruben am Eigenbedarfsnetz angeschlossen, so empfiehlt es sich dringend, zwischen Eigenbedarfssammelschienen und den Schaltanlagen des Grubenbetriebes Transformatoren mit getrennten Wicklungen vorzusehen auch dann, wenn es die Höhe der Übertragungsspannung nicht unbedingt erfordert. Man befreit dadurch den Kraftwerksbetrieb von den Einflüssen der in Grubenbetrieben häufigen Erdschlüsse.

### c) Netze für Blockkraftwerke.

Wie schon an anderer Stelle bemerkt wurde, sieht man bei Blockkraftwerken den gesamten Block aus Kesselanlagen und Turbosatz als eine Einheit an, die bei minimalen Anschaffungskosten zu errichten ist und die bei Störungen ausfallen darf, weil sie ihre Reserve im gesamten angeschlossenen Netz hat. Dementsprechend sind Aufwendungen für Reserven innerhalb des Blockes auf ein Minimum zu beschränken bzw. werden sie auch für nicht erforderlich gehalten. Diese Voraussetzungen wirken sich natürlich auch auf die Gestaltung des Eigenbedarfsnetzes aus. Abb. 43, ferner Abb. 52 und 53 geben die Netze solcher Werke nur andeutungsweise wieder, lassen aber erkennen, daß man dort generell Einfachsammelschienen gewählt hat, die allerdings sämtlich außer der normalen Speisung durch den angebauten Hausgenerator bzw. von den Klemmen des eigenen Turbosatzes noch einen weiteren Anschluß, und zwar an ein Fremdnetz oder eine zweite Eigenbedarfsquelle haben. Eine Schaltanlage in allen diesen Blockkraftwerken ist keinem Block besonders zugeteilt und versorgt den allgemeinen Eigenbedarf wie die Bekohlung usw. Diese Schaltanlage hat Fremdanschluß und Verbindungen zu den Schaltanlagen der einzelnen Blocks. Abb. 61 gibt eine genauere Aufteilung der zu jedem Block gehörigen Schaltanlagen als Beispiel. Ob jeder Block mit 2 Batterien auszurüsten ist oder aber das ganze Kraftwerk 2 Batterien erhalten soll, die von der oben erwähnten, für alle Blocks gemeinsamen Schaltanlage zu laden sind, muß als nicht so kritische Frage den Wünschen

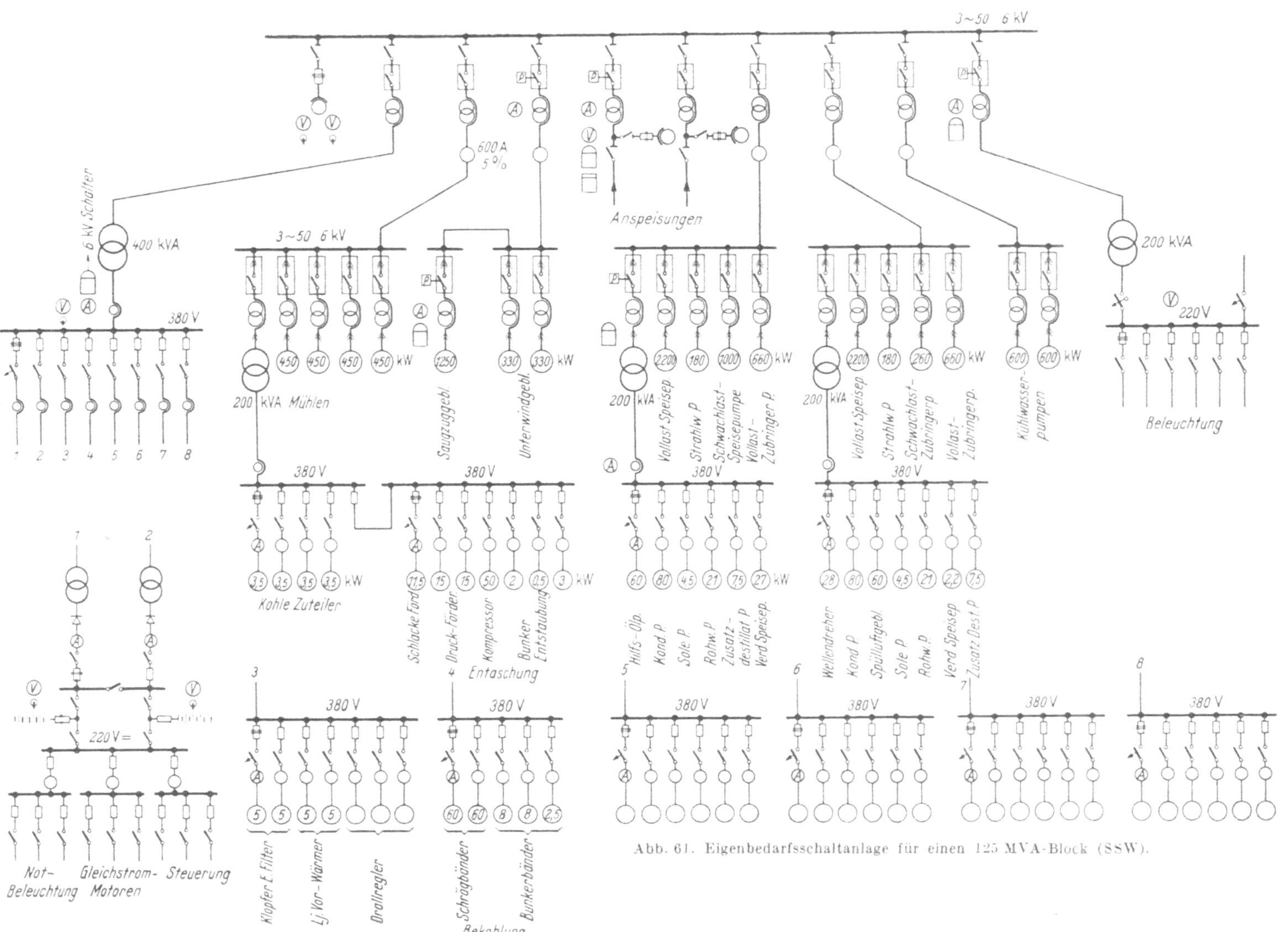


Abb. 61. Eigenbedarfsschaltanlage für einen 125 MVA-Block (SSW).

der in Frage kommenden projektierenden Ingenieure überlassen werden. Sonst aber enthält das Schaltbild alle wichtigen Einzelheiten solcher Ausführungsformen für Eigenbedarfsnetze.

### d) Bauart der Hochspannungs-Schaltanlagen[1].

Die Hochspannungs-Schaltanlagen des Eigenbedarfsnetzes werden in offener oder gekapselter Ausführung verwendet. Für die Hauptschaltanlagen des Eigenbedarfs überwiegt die Anwendung der offenen Bauweise (vgl. Abb. 62 und 63). Die Zellenwände werden dabei aus in Profileisen eingefügten Hartgipsplatten hergestellt. Diese Ausführungsform ist im Betrieb bestens bewährt und übersteht Kurzschlüsse und Brände recht gut und ist nach solchen Fällen leicht auszubessern. Ziemlich allgemein hat sich für solche Schaltanlagen auch die Lichtbogenschutzdecke eingeführt (Abb. 63),

Abb. 62. Eigenbedarfsschaltanlage Reihe 10, Bedienungsfront, Abschottung durch Querwände und Türen aus Spiegeldrahtglas.

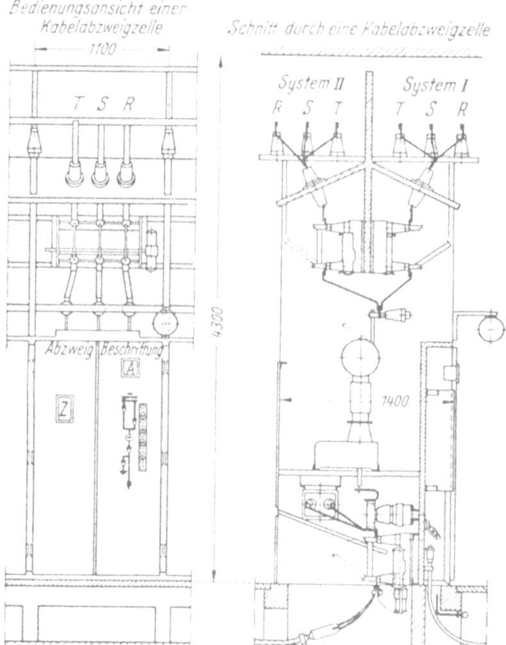


die nach zahlreichen Erfahrungen einen Kurzschlußlichtbogen auf die Zelle beschränkt, wo er entstanden ist, und ihn vor allem am Übergang auf die Sammelschienen hindert. Die Vorder- oder Bedienungsfront von Anlagen mit 2 oder 3 Sammelschienensystemen wird zur Aufnahme von Steuerorganen für die Schalter, Relais, Meßinstrumente und Klemmenleisten ausgebildet. Mit Rücksicht auf oft vorhandene Verschmutzungsgefahren ist ein Ein-

---

[1] Da hier nur eine allgemeine Übersicht gegeben werden kann, sei für ein eingehenderes Studium des Schaltanlagenbaus auf die einschlägige Literatur verwiesen, z. B. [46].

Abb. 63. Offene Schaltanlage mit Doppelsammelschienen und Leistungsschaltern von 200 MVA (Lichtbogenschutzdecke, Steuerschrank, Druckluftantrieb) (SSW).

bau dieser Geräte in einen Schrank empfehlenswert. Von der Rückseite solcher Schaltgerüste sind die Leistungsschalter zugänglich. Der Zellenabschluß sollte generell durch Gittertüren erfolgen. Einfache Leisten genügen zwar den Vorschriften, geben aber doch ohne entscheidend große Vorteile hinsichtlich der Baukosten eine geringere Sicherheit im Betrieb. Jeder Betriebsleiter mit langjährigen Erfahrungen in elektrischen Anlagen wird mir zweifellos beipflichten, daß Unfälle des Bedienungspersonals, vor allem solche mit tödlichem Ausgang, zu den bedauerlichsten Berufserfahrungen gehören und daß somit an den Sicherheitseinrichtungen für das Bedienungspersonal das Erforderliche unbedingt zu tun ist und nicht im kleinlichen Sinne gespart werden sollte. Zu diesen Fragen gehört auch das Schalten von Trennschaltern mittels Schaltstangen von Hand. In Schaltanlagen von Kraftwerken ist der Aufwand für Druckluftantrieb einschließlich einer guten Verriegelung oder wenigstens ein mechanischer Antrieb mit der Möglichkeit, von sicherer Stelle aus zu schalten, vertretbar.

Wandzellen sind bei offener Bauart der Schaltanlage nur bei Einfachsammelschienen üblich, deren Anwendung ist mehr bei den Hochspannungsunterverteilungen des Eigenbedarfs gegeben. Der Abschluß solcher Zellen erfolgt gleichfalls durch Gittertüren, neben denen meist schmale Schränke oder Tafeln zur Unterbringung von Bedienungsorganen der Schalter, Relais, Meßinstrumenten und Klemmenleisten vorhanden sind.

Bei der Behebung von Schäden durch Kurzschlüsse ist es ein wesentlicher Vorteil, wenn Meß- und Steuerleitungen innerhalb der Hochspannungszellen möglichst vermieden werden. Zur Verhinderung von Irrtümern sollen Beschriftungen von Hochspannungszellen nicht nur an den Türen, sondern auch gut sichtbar innerhalb der Zellen selbst angebracht sein. Die Anbringung von Glimmröhren auf den Hochspannungsschienen ist eine angenehme Erleichterung des Betriebes, da ihr Aufleuchten den Spannungszustand anzeigt und somit vor Berührung warnt. Nichtleuchtende Röhren sind allerdings kein absolut sicheres Zeichen für Spannungsfreiheit.

Unter der Voraussetzung, daß es sich um Schaltanlagen bis etwa zu einer Abschaltleistung von 200 MVA handelt, ist für die Aufstellung solcher Anlagen bei modernen Schaltgeräten nur ein Stockwerk erforderlich, wobei allenfalls die Kabeltrennschalter in einem niedrigen Kabelzwischengeschoß untergebracht werden.

Abb. 64. Stahlgekapselte Ringleitungsfelder Reihe 6, 200 MVA in Gruppenaufstellung als Eigenbedarfsanlage in einem Kraftwerk. (Werkbild Brown Boveri.)

Mehrgeschossige Schaltanlagen sind unter Umständen bei höheren Abschaltleistungen und mehr als 2 Sammelschienensystemen nötig. Diese Ausführungsart ist aber bei Eigenbedarfsanlagen seltener erforderlich.

Bei den gekapselten Ausführungsformen von Schaltanlagen handelt es sich um stahlgekapselte oder gußgekapselte Anlagen. Letztere werden häufig in der englischen und amerikanischen und in der deutschen Praxis gelegentlich und dann meistens für Einzelaufstellung als sogenannte „Ringkabelfelder" verwendet. Aus ihnen haben sich aber auch wieder stahlgekapselte Schalteinheiten entwickelt, die wesentliche Merkmale der gußgekapselten aufweisen (vgl. Abb. 64).

Der Vorteil aller gekapselten Schalteinheiten ist der geringere Raumbedarf sowohl hinsichtlich der Grundfläche als auch der Höhe der erforderlichen Räume. Auch sind sie in verhältnismäßig großem Umfang für Aufstellung direkt in den Betriebsräumen geeignet. Im Gegensatz zu den offenen Anlagen sind gekapselte Anlagen auch bei Doppelsammelschienen-Systemen als Wandzellen ausführbar.

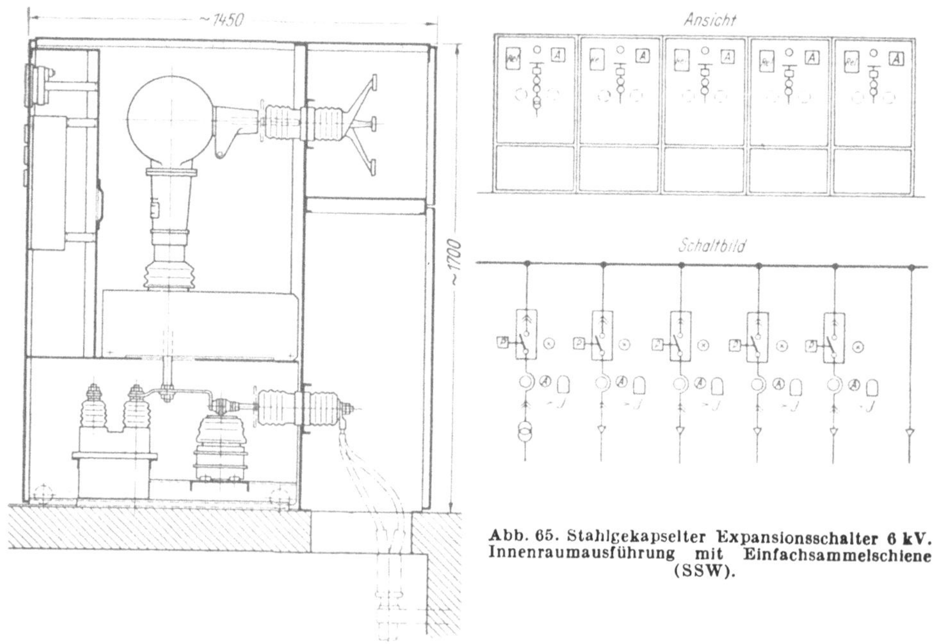

Abb. 65. Stahlgekapselter Expansionsschalter 6 kV. Innenraumausführung mit Einfachsammelschiene (SSW).

Stahlgekapselte Schaltanlagen werden selten mit größeren Abschaltleistungen als 200 MVA bei Reihe 10 gebaut. Sie werden für Einfach- und Doppelsammelschienen ausgeführt, können somit für fast alle Schaltanlagen des Eigenbedarfs verwendet werden (vgl. hierzu Abb. 65). In Eigenbedarfs-Hauptschaltanlagen werden sie zur Zeit aber noch verhältnismäßig selten angewendet, dagegen sind sie in Hochspannungs-Unterverteilungen, oft mit Aufstellung in den Betriebsräumen, häufiger zu finden. Der Leistungsschalter ist meist gemeinsam mit den Wandlern auf einem Fahrgestell aufgebaut und kann leicht und schnell aus den Schaltzellen herausgezogen werden. Die zu diesem Zweck erforderlichen Trennstellen ersetzen bei den meisten Konstruktionen, mindestens zum Teil, die sonst erforderlichen Trennschalter. Dieser Umstand ist neben anderen ein wesentlicher Grund für die Raumersparnis stahlgekapselter Anlagen. Als Vorteil ist die leichte Auswechselbarkeit der Schaltwagen gegeneinander oder gegen Reserveeinheiten zu nennen. Weitere Vorteile sind, daß die fertig montiert angelieferten Schalteinheiten am Verwendungsort nur aufgestellt und angeschlossen zu werden brauchen und daß die gesamte Anlage auch leicht umsetzbar ist. Die Montagezeit auf der Baustelle ist also sehr kurz. Gekapselte Anlagen brauchen zu ihrer Aufstellung nur ein Geschoß. Als Nachteil aller gekapselten Einheiten wird oft von seiten des Betriebspersonals die geringere Beobachtungsmöglichkeit während des Betriebes angeführt. Gegenüber den Vorteilen sollte man diesem Umstand aber nicht ein zu großes Gewicht zumessen. Eine allgemeine Entscheidung für offene oder gekapselte Schalteinheiten ist nicht gegeben. Örtliche Verhältnisse sind dafür immer mit zu berücksichtigen.

### 3. Niederspannungsnetz.

In manchen Fällen liegt der Schwerpunkt der elektrischen Eigenbedarfsleistung im Niederspannungsnetz, so daß sich große Transformatorenleistungen für die Umspannung von Hoch- auf Niederspannung ergeben. Oft ist dies aber gerade umgekehrt der Fall, nämlich dann, wenn der Anteil der Dampfantriebe klein ist oder es sich um ein Kraftwerk mit rein elektrischen Eigenbedarfsantrieben handelt. Als Beispiel sei hier auf Mittelwerte hingewiesen, die von mehreren großen ausgeführten Höchstdruck-Kondensationswerken stammen. Dort ergab es sich, daß etwa 80 % der gesamten installierten Eigenbedarfsleistung auf Hochspannungsmotoren und nur 20 % auf Niederspannungsmotoren entfielen. Davon ist wohl zu unterscheiden der Anteil an der Gesamtzahl der vorhandenen Motoren. Für die gleichen Verhältnisse ist zu erwähnen, daß im Mittel etwa 15 % der Motoren für Hochspannung und etwa 85 % für Niederspannung vorgesehen waren. Aber auch da ist die für die Umspannung von Hoch- auf Niederspannung nötige Transformatorenleistung nicht gering.

Während die Kurzschlußbegrenzung im Eigenbedarfs-Hochspannungsnetz nach den obigen Ausführungen meistens geringere Schwierigkeiten bietet, liegen die Verhältnisse im Niederspannungsnetz oft weniger günstig. Vielfach werden beispielsweise Transformatoren in der Größenordnung von rund 2000 kVA und mehr verwendet. Dabei ist die Begrenzung der Kurzschlußströme auf der Niederspannungsseite schon recht schwierig und erfordert den Einsatz der für diesen Zweck leistungsfähigsten Schaltgeräte und Sicherungen. Die Schaltanlagen nach Abb. 41 und 56 weisen diesbezügliche Mängel auf. Man sollte vermeiden, daß größere Kurzschlußströme als etwa 40 $kA_e$ im Niederspannungsnetz auftreten können. Dabei kann man bei den Niederspannungsverteilungsanlagen schon nicht mehr die meist üblichen gußgekapselten Ausführungen verwenden. Diese sind geeignet für maximale Kurzschlußströme in der Größenordnung von 20 bis 30 $kA_e$. Bei 380 V erreicht man die angegebenen Werte schon bei kleineren Leistungen. Aus diesem Grunde sind die folgenden Konsequenzen bei dieser Spannung wichtiger als bei 500 V, aber auch dabei dürfen sie nicht außer acht gelassen werden. Von diesen Gegebenheiten ausgehend, ist es zweckmäßig, die Größe der Transformatoren auf etwa 800 bis 1000 kVA zu begrenzen. Auch dabei ist es meistens möglich, zusammengehörige Niederspannungsmotoren aus einem Transformator zu versorgen. Es dürfte z. B. oft gelingen, einen Kesselblock aus einem derartigen in der Leistung begrenzten Transformator zu versorgen, ebenso auch einen etwa zusammengehörigen Teil des Maschinenhauses, Pumpenhauses usw. (vgl. Abb. 46, 59, 66, 67). Der Aufwand an Transformatoren ist bei einer solchen Projektierung zwar etwas größer als bei der Wahl größerer Transformatoren-

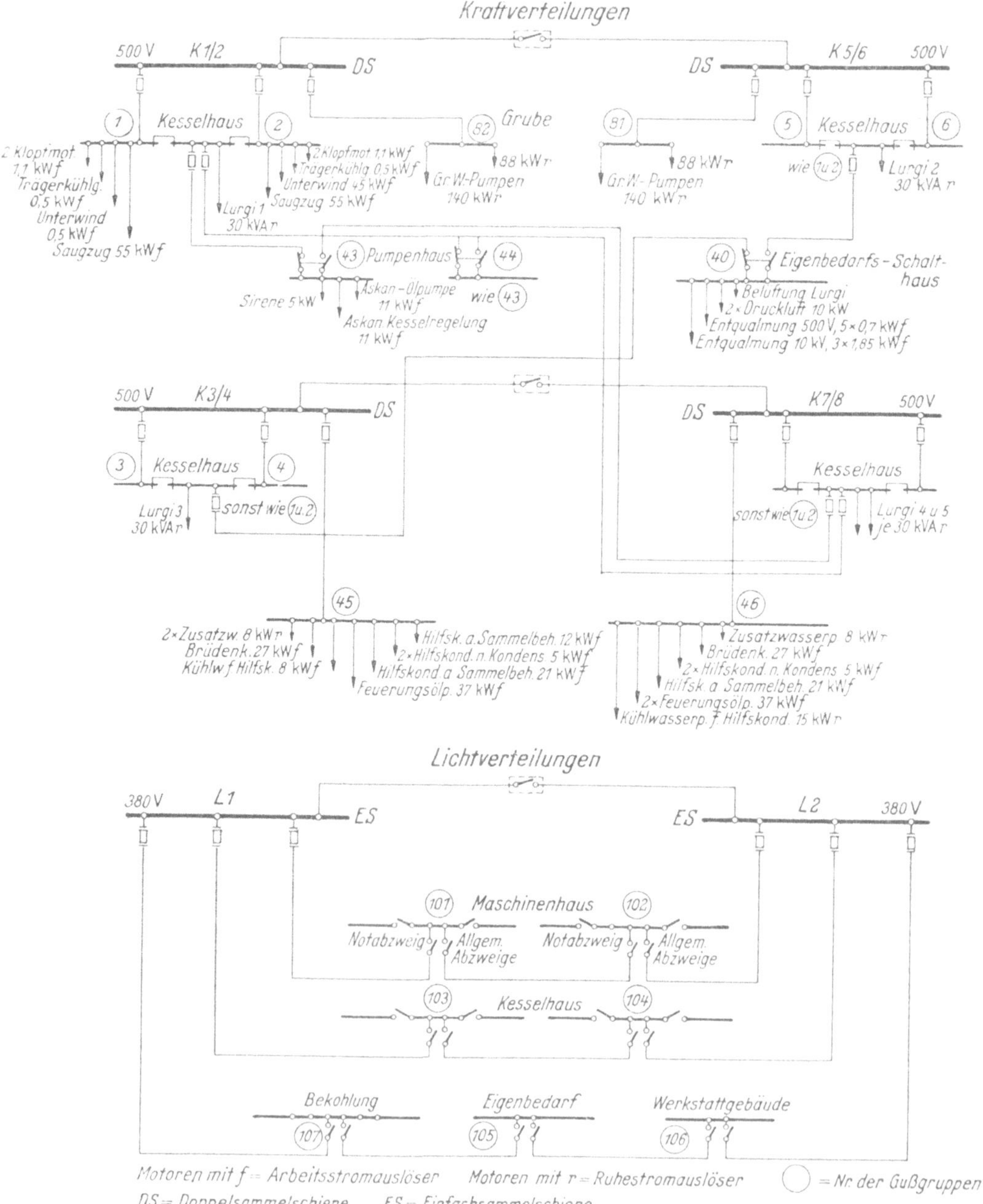


Abb. 66. Niederspannungsnetz (Thalheim I), Kesselhausverteilung 500 V, Lichtnetz 220/380 V.
(Vgl. hierzu Abb. 46.)

einheiten. Dieser Nachteil wird aber mehr oder weniger aufgewogen durch die Aufwendungen für die Niederspannungsanlage und vor allen Dingen durch die geringeren Schwierigkeiten im Betriebe. Geht man beim Niederspannungsmaterial allzusehr an die Grenze der garantierten Kurzschlußfestigkeit, so sind die Zerstörungen bei Kurzschlüssen immer sehr unangenehm für den Betrieb und bringen

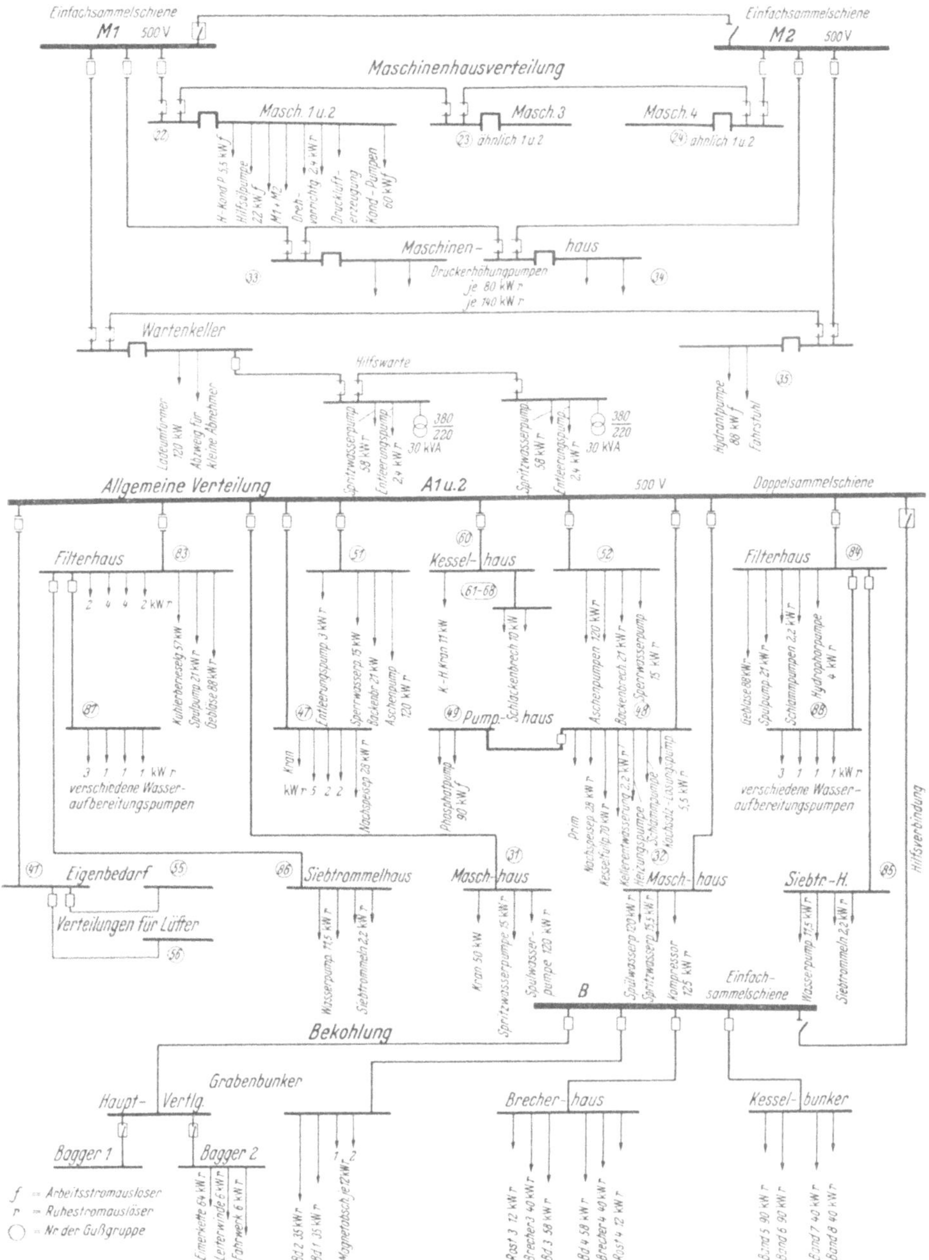

Abb. 67. Niederspannungsnetz (Thalheim I), Maschinenhaus-, allgemeine Verteilung und Netz für Bekohlung.
(Vgl. hierzu Abb. 46.)

unliebsame Verzögerungen bei der Wiederinbetriebnahme. Wir haben am Beispiel des Kraftwerkes Thalheim diesen Grundsatz durchgeführt und sind mit den Betriebsergebnissen außerordentlich zufrieden gewesen.

Die Hauptniederspannungs-Schaltanlagen, also diejenigen, die von den Transformatoren direkt gespeist werden, sind als offene, stahlgekapselte und seltener als gußgekapselte Schaltanlagen ausführbar. Man hat früher die offenen Schaltanlagen oft in ähnlicher Form gebaut wie die offenen Hochspannungs-Schaltanlagen. Man wird dazu auch leicht veranlaßt, wenn man große Einheiten von Transformatoren wählt, weil die für die großen Stromstärken schweren Schienenpakete und Schaltgeräte und ebenso die hohen Kurzschlußströme auch ein starkes

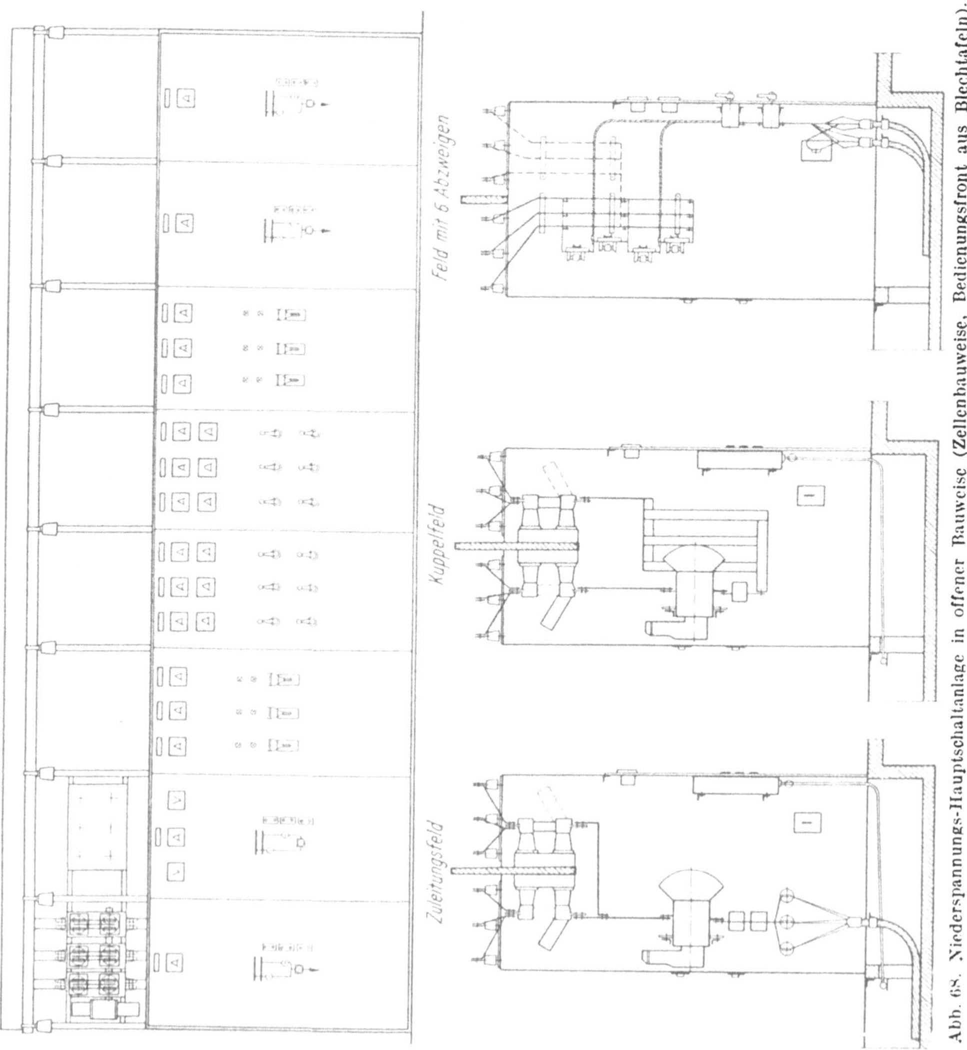



Abb. 68. Niederspannungs-Hauptschaltanlage in offener Bauweise (Zellenbauweise, Bedienungsfront aus Blechtafeln).

Gerüst erfordern. Daß eine solche Projektierung ungünstig ist, wurde schon besprochen. Wählt man aber Transformatoren von etwa 800 oder 1000 kVA, so sind die Stromstärken im Betriebs- und Kurzschlußfall erträglich, die Schaltgeräte entsprechend leichter, so daß man auch leichtere Gerüste wählen kann. Beispielsweise sei dabei auf Abb. 68 hingewiesen. Im übrigen gilt für offene Schaltanlagen für Niederspannung sinngemäß ähnliches, wie eben für die offenen Hochspannungsanlagen gesagt wurde. Lichtbogenschutzdecken werden selten angewendet. Neben

Gerüsten aus Hartgips sind solche aus Stahlblech vielfach zu finden. Oft aber begnügt man sich auch mit einfachen Gerüsten aus Profileisen (vgl. Abb. 69).

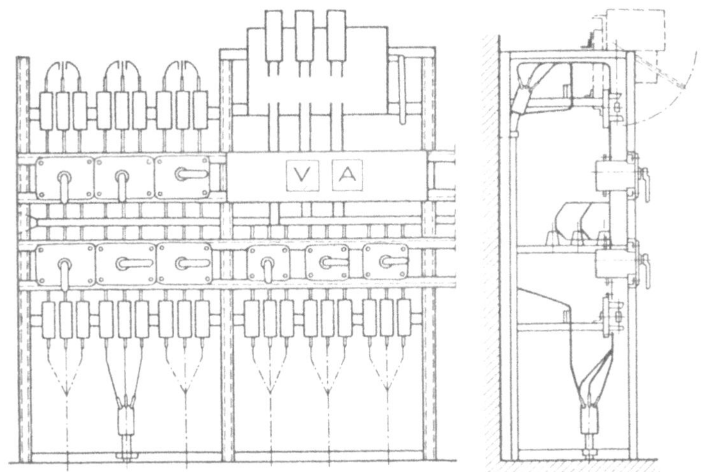

Abb. 69. Niederspannungsschaltanlage, offene Gerüstbauweise (SSW).

Die stahlgekapselte Ausführung von Niederspannungs-Hauptverteilungs-anlagen ist nicht im vergleichsweise ähnlichen Umfang eingeführt wie die stahl-gekapselten Hochspannungs-Schaltanlagen. Stahlgekapselte Niederspannungs-

Abb. 70. Niederspannungs-Hauptschaltanlage in stahlgekapselter Ausführung
(Vorderansicht, Druckluftantrieb) (SSW).

anlagen für die Hauptniederspannungs-Verteilungen haben aber ähnliche Vor-teile wie die entsprechenden Hochspannungsanlagen und werden sich vermut-lich in der Praxis weiter ausdehnen. Solche Anlagen zeigen die Abb. 70, 71 und 72. Die amerikanische Kraftwerkstechnik macht von stahlgekapselten Niederspannungsanlagen mit Luftschaltern einen viel größeren Gebrauch als die deutsche. Im übrigen sei aber auf die Besprechung der stahlgekapselten Hochspannungs-felder verwiesen.

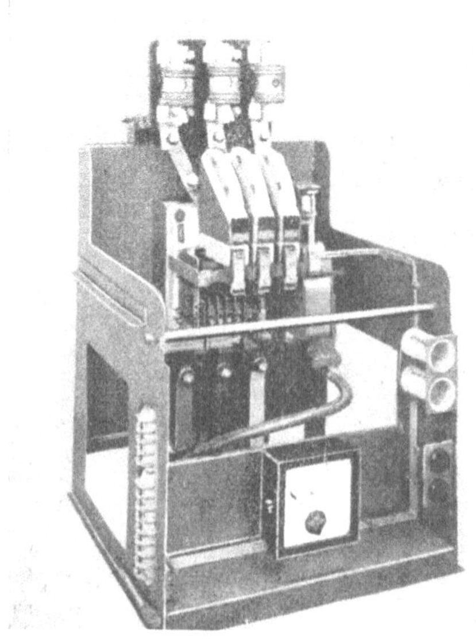

Abb. 71. Niederspannungsschaltanlage in stahlgekapselter Ausführung. Teilansicht mit geöffneter Tür und hervorgezogener Schalteinheit für Handbetätigung (SSW).

Gußgekapselte Anlagen für die Hauptniederspannungs-Anlagen sind seltener im Gebrauch. Dies ist dadurch begründet, daß die großen Leistungsschalter für die Zuleitungen von den Transformatoren wohl in Gußkapselung ausführbar, aber doch recht schwerfällig sind und auch die Sammelschienenkästen nur schwer für die erforderlichen Stromstärken ausgelegt werden können. Die Einführung von mehreren Parallelkabeln größeren Querschnitts in Gußverteilungen ist auch nicht immer einfach durchführbar.

Von der Niederspannungs-Schaltanlage, die jedem Transformator zugeordnet ist, versorgt man einzelne gußgekapselte Verteilungsanlagen, die der Speisung zusammengehöriger Antriebe dienen. Gußgekapselte Schaltanlagen haben sich in Kraftwerken für die Unterverteilung als die brauchbarste Konstruktion durchgesetzt, weil sie mechanisch und gegen Feuchtigkeit sehr widerstandsfähig, platzsparend und deswegen überall leicht unterzubringen sind. Mit Vorteil stellt man sie in Nischen, Kabelkanälen (vgl. Abb. 73) und ähnlichen, für andere Zwecke kaum verwendbaren Plätzen auf, wo sie zwar genügend zugänglich, aber ungünstigen Einflüssen weitgehend entzogen sind. Das soll aber nicht heißen, daß sie nicht auch da, wo es erwünscht oder notwendig ist, mitten im Betrieb und auch zuweilen im Freien unterzubringen wären.

Abb. 72. Ausziehbare Schalteinheit für stahlgekapselte Niederspannungsschaltanlage nach Abb. 79. Druckluftantrieb (SSW).

Es ist ein heute weitgehend anerkannter Grundsatz, das Lichtnetz vom Kraft-netz getrennt einzurichten und für die gesamte Lichtversorgung eines Kraftwerkes beispielsweise 2 Transformatoren vorzusehen, die sich gegenseitig in Störungsfällen aushelfen können, während der Normalbetrieb mit etwa halb belasteten Transformatoren vor sich geht (vgl. Abb. 66). Für Kraft- und Lichtzwecke eignet sich im Niederspannungsnetz besonders das offen gefahrene Ringsystem bzw. Strahlensystem. Maschennetze haben hier kein geeignetes Anwendungsgebiet, vor allem deswegen, weil die Energiedichte in der gesamten Grundfläche von Kraftwerken zu schwankend ist. Für den Netzaufbau und die Zusammenfassung von Verbrauchern zu Unterverteilungen gelten sinngemäß dieselben Voraussetzungen wie beim Aufbau des Hochspannungsnetzes. Deswegen genügt hier der Hinweis auf die Ausführungen unter E 2 b, S. 84 und die Schaltbilder nach Abb. 46, 59, 61, 66 und 67.

Im Gegensatz zu Hochspannungsnetzen, wo Sicherungen einen geringeren Anwendungsbereich, meistens für untergeordnete Zwecke,

Abb. 73. Gußgekapselte Niederspannungs-Schaltanlage mit ferngesteuerten Motorschutzschaltern für 500 V, in einer Nische eines Kabelkanals aufgestellt.

wie Absicherung von Spannungswandlern und nur selten in Verbindung mit Leistungstrennschaltern für den Anschluß von Motoren haben, ist der Einsatz von Sicherungen in Niederspannungsnetzen weitgehend verbreitet. Leistungsschalter werden in Niederspannungsnetzen als Hauptschalter hinter dem Transformator verwendet, ferner für automatische Umschalteinrichtungen (vgl. Abschn. F) und schließlich als Motorschutzschalter. Fast ausnahmslos wird der gesamte Netzschutz Sicherungen überlassen. Bei ihrer Verwendung für diesen Zweck ergeben sich bedeutend kleinere Zeiten für die Abschaltung aller Kurzschlüsse im Netz. Die richtige Staffelung geschieht durch entsprechende Wahl ihrer Nennstromstärken. In Verbindung mit Motorschutzschaltern übernehmen sie oft den Kurzschlußschutz, während der Motorschutzschalter dem Überlastungsschutz dient. Der normale und meist übliche Aufbau eines Niederspannungs-Verteilungsnetzes im Eigenbedarf sieht also so aus, daß hinter dem Transformator ein Leistungsschalter für den Kurzschluß- und Überlastungsschutz folgt. Er schaltet vornehmlich bei Kurzschlüssen innerhalb der Hauptniederspannungs-Verteilungsanlagen ab. An dieser sind größere Motoren direkt über Leistungsschalter, die Kurzschluß- und Überlastungsschutz übernehmen, angeschlossen. Sind noch kleinere Motoren angeschlossen, so ist die schon erwähnte Kombination von Sicherungen und Motorschutzschaltern meistens die wirtschaftlichste. Die von der Hauptschaltanlage zur Speisung von Unterverteilungen ausgehenden Kabel erhalten in der Hauptverteilungsanlage Sicherungen und, falls erforderlich, auch Hebelschalter, um unter Last abschalten zu können. Leistungsschalter, die den Kurzschlußschutz übernehmen sollen, sind hier nicht nötig und würden nur zu unnötig großen Staffelzeiten führen. Von den Unterverteilungen zweigen meistens Motorenanschlüsse ab, wobei die Sicherungen immer in den Unterverteilungen unterzubringen sind und der Motorschutzschalter oft gleichfalls, in diesem Falle jedoch meistens ferngesteuert wird. Andernfalls ist der Motorschutzschalter in der Nähe des Motors untergebracht. Nur wenn an einem Abzweigkabel von einer Unterverteilung mehrere Motoren angeschlossen sind, ist das Kabel an der Unterverteilung abgesichert und jeder Motor über Sicherungen und Motorschutzschalter am Kabel angeschlossen.

Ähnlich ist der Aufbau von Lichtnetzen, nur mit dem Unterschied, daß Abzweige mit Motorschutzschaltern nicht vorhanden sind und in den letzten Unterverteilungen zur Speisung der einzelnen Lichtstromkreise heute häufig Kleinautomaten verwendet werden. Nach den obigen Ausführungen kann man als Grundsatz festhalten, daß sowohl das Niederspannungsnetz als auch das Hochspannungsnetz unterteilt betrieben werden kann und daß bezüglich der Niederspannungsverteilung jeder Transformator sein eigenes Versorgungsgebiet hat.

### 4. Räume für die Hauptschaltanlagen des Eigenbedarfs.

Bezüglich der baulichen Maßnahmen erscheint es zweckmäßig, Hoch- und Niederspannungs-Hauptschaltanlagen auch durch gegenseitige Abschottung zu sichern. Da auch bei der bestausgeführten Schaltanlage Störungen nicht vermeidbar sind, empfiehlt es sich, z. B. die Niederspannungsschaltanlagen für einen oder zwei Transformatoren, die nicht gerade zur Versorgung benachbarter Betriebsteile dienen sollen, feuersicher gegen die Nachbaranlagen zu schotten. Auch wenn man alle Transformatoren und die dazugehörigen Hauptniederspannungs-Anlagen in einer Reihe anordnet, sollte man nicht einen zusammenhängenden Niederspannungsraum schaffen, sondern den Gesamtraum durch feuersichere Trennwände unterteilen. Zur leichteren Bedienbarkeit allerdings sind Verbindungstüren aus Metall zwischen derartigen Schaltanlagen durchaus verwendbar und können auch genügend katastrophensicher ausgeführt werden. Verwendet man für die Hauptniederspannungs-Schaltanlagen statt offener Verteilungen (Abb. 68 und 69), für die das bisher Gesagte vornehmlich gilt, gekapselte Anlagen beispielsweise nach Abb. 70, dann ist durch diese Bauart selbst schon eine höhere Sicherheit gewährleistet. Eine der unangenehmsten Folgen von Störungen in Schaltanlagen ist die Verqualmung. Diese kann auch bei öllosen Anlagen sehr erheblich sein. Es empfiehlt sich daher, solche Schaltanlagengruppen bzw. deren Aufstellungsräume über Kanäle mit der Außenluft in Verbindung zu bringen und in den Kanälen Ventilatoren vorzusehen, die in kürzester Zeit die Entqualmung ermöglichen. Die Bedienung dieser Ventilatoren muß allerdings von einer solchen Stelle aus möglich sein, die auch bei starker Verqualmung zugänglich ist. Die Bedienungsorgane der Ventilatoren faßt man daher am besten an einer Stelle zusammen, die in der Nähe des Eingangs des betreffenden Schalthauses liegt. Vorräume oder Treppenhäuser sind die geeigneten Plätze für die Anbringung dieser Apparate. Das Verfahren der Abschottung, wie es soeben für Niederspannungsanlagen geschildert wurde, empfiehlt sich natürlich auch für die Anwendung bei Hochspannungsschaltanlagen (Abb. 62). Es ist empfehlenswert, eine größere Reihe von Schaltzellen durch Zwischenwände aus Spiegeldrahtglas zu unterteilen, die mit ebenso ausgeführten Verbindungstüren versehen sind. Schäden in Schaltanlagen sind meistens mit der Entwicklung einer Druckwelle verbunden. Die

Verbindungstüren legt man aus diesem Grunde vorteilhaft als Pendeltüren aus, so daß sich die erste Druckwelle ohne Zertrümmerung ausgleichen kann, während für die anschließend sich entwickelnde Verqualmung die Trennung dennoch gewährleistet ist. Hat man Ventilatoren zur Beseitigung der Verqualmung vorsehen und ist außerdem eine Warmluftheizung nötig, so ist es am günstigsten, die Eigenbedarfsschaltanlagen wie auch, allgemeiner gesprochen, alle sonstigen Schaltanlagen in Kraftwerken mit nicht zu öffnenden Fenstern zu versehen. Geeignet sind z. B. an Stelle von Fenstern auch Glasbausteine, die dem Tageslicht einen ausreichenden Zugang gestatten, die aber die Verschmutzung, wie sie bei offenen oder undichten Fenstern vorkommen kann, ausschließen. Die vorerwähnte Umluftheizung in erster Linie für Hochspannungsanlagen sollte so ausgelegt werden, daß auch bei den tiefsten Außentemperaturen niemals im Inneren der Schaltanlage Temperaturen unter etwa $+5^\circ$ C auftreten können. Dabei ist zu beachten, daß jeweils nur ein verhältnismäßig geringer Anteil der umgewälzten Luft zur Deckung der unvermeidbaren Verluste und zur Aufrechterhaltung einer brauchbaren Atmosphäre von außen über Filter angesaugt werden muß.

## 5. Auslegung von Transformatoren, Kabeln und Wandlern.

Über die Größe von Transformatoren für die Speisung der Niederspannungsnetze des Eigenbedarfs wurde schon oben einiges gesagt. Es wurde auf den Zusammenhang zwischen der Transformatorengröße und dem Leistungsbedarf der jeweils zu versorgenden Motorengruppe schon hingewiesen. Es empfiehlt sich, die Projektierung des Kraftwerkes so durchzuführen und den Eigenbedarf in solchen Gruppen zusammenzufassen, daß in einem Kraftwerk eine einzige einheitliche Transformatorentype zur Verwendung kommt. Bei der Auswahl der Transformatorenleistungen ist zu beachten, daß mindestens 2 Einheiten mit Rücksicht auf die Sicherheit der Versorgung zu wählen sind und daß aus schon an anderer Stelle des Buches besprochenen Gründen die Leistung der Transformatoren nicht höher als etwa 800 bis 1000 KVA betragen soll, wobei die Grenze bei 500 V-Anlagen naturgemäß etwas höher liegen kann als bei 380 V. Als Beispiel sei wieder auf das Kraftwerk Thalheim (Abb. 46) hingewiesen, wo für alle Zwecke der Kraftversorgung Transformatoren mit einer Leistung von 800 kVA verwendet wurden und wo es auch gelungen war, die Belastung der einzelnen Transformatoren so auszulegen, daß sie, von geringfügigen Differenzen abgesehen, gleichmäßig war. Ihre Kurzschlußspannung legt man mindestens so hoch, wie es ohne Modelländerung der listenmäßigen Typen möglich ist, z. B. 6 bis 7 % bei 800 kVA. Als günstigste Größen für Krafttransformatoren sind ziemlich weitgehend Leistungen von 800 oder 1000 kVA anerkannt. Für Lichttransformatoren sind Leistungen von 320 oder 400 kVA üblich. Bei Sekundärspannungen von 525 V (Leerlaufspannung) wählt man die Schaltgruppe A, für Sekundärspannungen von 231/400 V die Gruppe C 1 oder C 3 mit herausgeführtem Nullpunkt. Einheitliche Regeln für die Leistungen und Schaltgruppen, für die Transformatoren in den Speiseleitungen des Eigenbedarfs zwischen Generatorklemmen oder Hauptsammelschienen und Eigenbedarfs-Hochspannungsnetz sind nicht anzugeben, da sich die Auslegung dieser Transformatoren nach der der Haupttransformatoren zu richten hat. Man schützt diese Transformatoren durch einen Differentialschutz, während die Transformatoren für die Niederspannungserzeugung mit unabhängig verzögerten Überstromzeitrelais geschaltet werden. Luftkühlung der Transformatoren und BUCHHOLZ-Schutzrelais werden allgemein verwandt. Für die Auslegung der Transformatoren ist es ausreichend, einen $\cos\varphi$ von 0,75 für die Bestimmung der Scheinleistung aus der ermittelten Leistungsaufnahme der Motoren zugrunde zu legen.

Es bedarf vielleicht kaum noch des Hinweises, daß man Spannungsabsenkungen, die beim Einschalten der größten Motoren vorkommen, bei der Projektierung zu untersuchen hat. Eine Schilderung dafür geeigneter Verfahren würde hier zu weit führen. Wie wichtig es aber ist, Untersuchungen in dieser Richtung anzustellen, sei beispielsweise an Abb. 74 gezeigt. Dort wird für einen Teil eines Eigenbedarfsnetzes die Veränderung der Spannungen bei Leerlauf, Normalbetrieb und Zuschalten eines größeren Motors gezeigt.

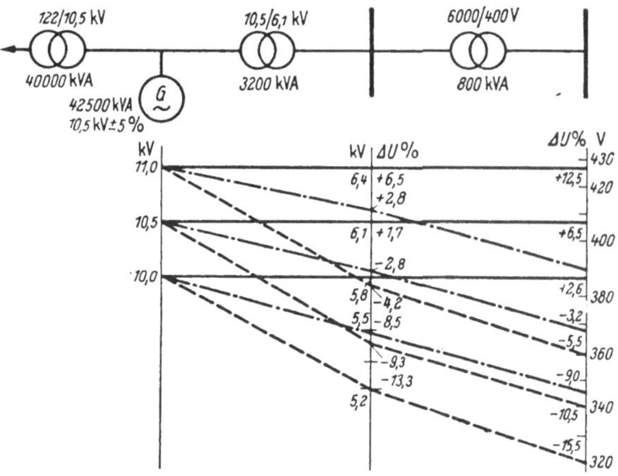


Abb. 74. Spannungsabfall in Umspannern bei Leerlauf (———), Normalbetrieb (— · — · —) und bei Anlauf eines Speisepumpenmotors (— — —) (SSW).

Für die Dimensionierung des Kabelnetzes im Eigenbedarf von Kraftwerken wendet man auch vorteilhaft die ganz allgemein bei Netzplanungen gültige Voraussetzung an, möglichst wenig verschiedene Kabelquerschnitte für den Bau des gesamten Werkes zu verwenden. Es hat m. E. keinen allzu großen Zweck, die einzelnen Kabel zu genau an die jeweils herrschende Belastung anzupassen. Eine so genaue Anpassung hat höchstens den Nachteil zur Folge, daß unnötiger Verschnitt entsteht, wodurch gewisse Mehraufwendungen entstehen, die durch die Beschränkung der Kabelquerschnitte auf wenige Größen z. T. wieder aufgewogen werden. Größere Querschnitte als $3 \cdot 240$ mm² für Dreileiterkabel bzw. $3 \cdot 240/120$ mm² für Vierleiterkabel sollte man unbedingt vermeiden, da bei der räumlichen Beschränkung in Kraftwerken selten die erforderlichen großen Krümmungshalbmesser noch größerer Kabelquerschnitte eingehalten werden können. Die Mindestquerschnitte sind nicht nach der Belastung, sondern nach der Kurzschlußbeanspruchung festzulegen.

Die Bemessung der Betriebsmittel im Eigenbedarf hinsichtlich der Kurzschlußbeanspruchung wurde schon oben gestreift. Die Rechnungen selbst sind nach der bekannten, in den VDE-Vorschriften niedergelegten Methode durchzuführen (VDE-Vorschriften, Jahrgang 41, Abschn. 0670). Ein genaueres Eingehen auf derartige Dinge würde über den Rahmen dieser Ausführungen hinausgehen, wird also hier als bekannt vorausgesetzt. Es sei aber hier nur kurz daran erinnert, daß bei Niederspannungs-Hauptschaltanlagen die Induktivität der blanken Sammelschienen auch schon bei verhältnismäßig kleinen Längen (5 bis 10 m) von erheblichem Einfluß ist und mit Vorteil bei der Auslegung dieser Anlagen benutzt werden sollte. Zwei Umspanner beispielsweise, die auf eine Sammelschiene speisen, sind am besten an beiden Enden anzuschließen. Dadurch ergibt sich ein optimal geringer Kurzschlußstrom für alle Abzweige.

Während es im Niederspannungsnetz meist ohne erhebliche Schwierigkeiten möglich ist, alle Stromwandler genügend kurzschlußfest auszulegen, da es sich vornehmlich um Stabstromwandler bzw. Schienenstromwandler handelt, kommt man aber auch bei niedrigerer Kurzschlußabschaltleistung bei Stromwandlern für Hochspannungsmotoren leicht in gewisse Schwierigkeiten, wenn die Nennstromstärke sehr gering ist. Aber auch da ist es möglich, genügend sicher zu projektieren, wenn man größere Nennstromstärken der Wandler und kleinere Ansprechstromstärken im Sekundärkreis verwendet. Eventuell benutzt man bei Motoren Sternpunktwandler, die den Kurzschlußbeanspruchungen entzogen sind. Alle sekundär am Stromwandler angeschlossenen Geräte, wie Relais, Meßinstrumente usw., können auf Grund des heutigen Standes der Technik genügend kurzschlußsicher ausgelegt werden, während früher es oft schwierig war, genügend kurzschlußfeste Geräte zu erhalten.

In den Speiseleitungen der Eigenbedarfs-Hauptsammelschienen werden gewöhnlich 3 Stromwandler mit Meß- und Relaiskernen verwendet. In diesen Leitungen interessieren als angezeigte Meßwerte: Strom, Spannung und Leistung, ferner sind Zähler für die Wirkleistung vorzusehen. In den Abzweigen von der Haupthochspannungsanlage des Eigenbedarfs und in den Unterverteilungen werden gewöhnlich nur 2 Wandler mit je einem Kern, der Meß- und Schutzzwecken gemeinsam dient, verwendet, da es auf sehr genaue Messungen nicht ankommt und der Schutz gewöhnlich aus Überstromzeitrelais besteht. Die Eigenschaften der Kerne kann man dann so festlegen, daß sie für Meß- und Relaiszwecke gleichzeitig brauchbar sind. Außerdem hat dieses Vorgehen den Vorteil einer leichteren Vereinheitlichung der in der Anlage insgesamt verwendeten Wandler. In den Abzweigen wird meistens nur der Strom gemessen und evtl. die Arbeit gezählt. In den Zuleitungen zu den Motoren werden Stromzeiger mit erweiterter, am Ende zusammengedrängter Skala bis maximal zum 15fachen Nennstrom verwandt. Die Sekundärstromstärke der Wandler beträgt fast ausnahmslos 5 Amp. Bei Spannungswandlern ist die ausschließliche Verwendung einer einzigen Type (meist Erdspannungswandler) für alle Zwecke empfehlenswert. Vorwiegend ist heute die Anwendung von porzellanisolierten Wandlern. Die Sekundärspannung ist heute ausschließlich mit 100 V gebräuchlich. In den Sammelschienen sieht man Spannungswandler und Spannungsmesser für die Erdschlußkontrolle vor, meist aber nur in der Hauptschaltanlage des Eigenbedarfs.

## 6. Kabelverlegung.

In einem großen Kraftwerk sind zur Verteilung allein der Eigenbedarfsenergie und zu Steuer- und Meßzwecken viele Kilometer Kabel zu verlegen. Ihrer sachgemäßen, übersichtlichen und sicheren Installation wird nicht immer die nötige Aufmerksamkeit gewidmet, und doch sind sie für einen störungsfreien Betrieb des Kraftwerkes ein notwendiges Glied innerhalb einer Kette von anderen wichtigen elektrischen Einrichtungen. Versäumnisse in dieser Richtung schon bei der ersten Planung von Kraftwerken sind später oft nicht mehr einzuholen. Bei geschickter Ausnutzung der baulichen Gegebenheiten lassen sich aber oft ohne besonders große Aufwendungen einwandfreie Kabelwege in Form von Kanälen, Steigeschächten usw. schaffen. Unter der elektrischen Warte, der Dampfwarte oder beispielsweise den Kesselbedienungstafeln und unter den Eigenbedarfs-

Schalthäusern häufen sich Kraft-, Steuer- und Meßkabel an. Hier ist besonders
auf genügenden Raum und leichte Montage der Kabel Rücksicht zu nehmen.
Die Hauptkabelwege lassen sich oft als begehbare Kanäle einrichten. In den Haupt-
richtungen, besonders des Maschinenhauses, sind dazu die Zwischenräume zwischen den Maschinen- und Gebäudefundamenten unter Normalflur ausnutzbar.
Abb. 75 und 76 zeigen die Übersicht über die Kanäle in einem Kraftwerk, wo man
diese Gegebenheiten leicht und ohne große Kosten ausgenutzt hat. In solchen
Kanälen lassen sich auch gut Gußverteilungen für das Niederspannungsnetz

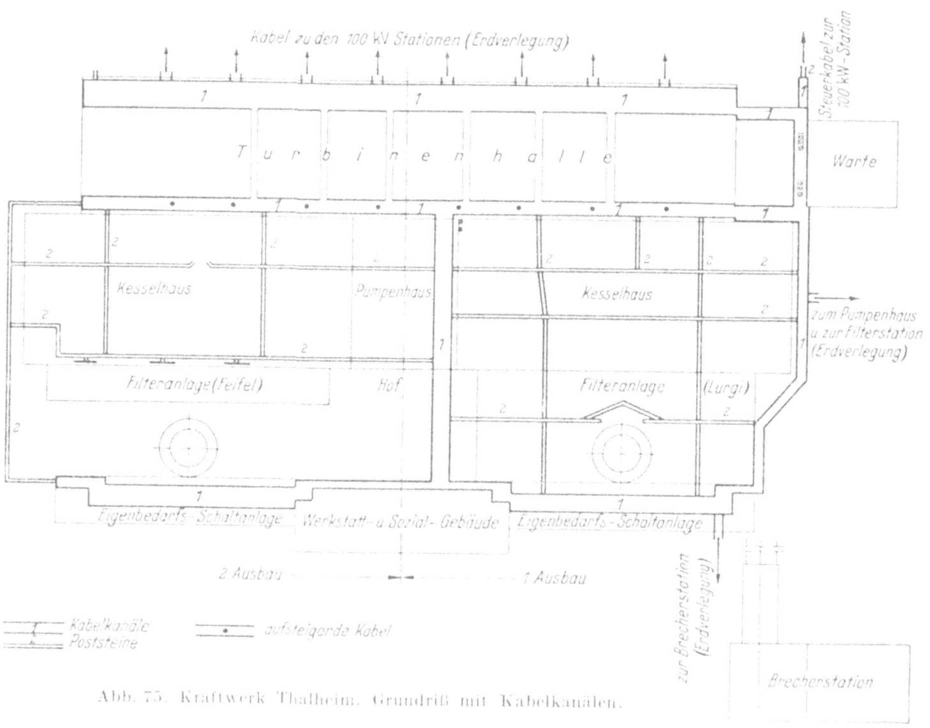

Abb. 75. Kraftwerk Thalheim. Grundriß mit Kabelkanälen.

unterbringen, einschließlich der fernsteuerbaren Niederspannungsschutzschalter
für die unmittelbar darüberliegenden Motoren (vgl. Abb. 73). Es ist nur ein Vorteil,
diese Einrichtungen aus den eigentlichen Betriebsräumen heraus zu verlegen, es
sei denn, daß dies nur mit größeren Kosten erreichbar wäre. Die Kabel sollen nie
Rohrleitungen für heißes Wasser und Dampf unmittelbar benachbart sein. Gemeinsame Kanäle für beide Zwecke sind möglichst zu vermeiden.

Für die Anordnung der Kabel in begehbaren Kanälen ist zu beachten, daß mit
Rücksicht auf Schäden und deren Ausbreitung die Kraftkabel auf den oberen
Etagen von Pritschen oder Registern anzuordnen sind, die Steuer- und Meßkabel
darunter. Zwischen beiden Kabelsorten sind gegebenenfalls feuerhemmende
Zwischenlagen aus Beton- oder Schieferasbestplatten einzulegen. Zur Ermöglichung einer guten Luftzirkulation sollen vor allem die Kraftkabel nicht auf
übereinander angeordneten Platten, sondern besser freitragend in Abständen von
etwa 500 mm auf Querauflagen verlegt werden. Auch ein gegenseitiger Abstand
etwa von Kabelstärke soll vorhanden sein. Die unterste Lage von Kabeln kann

auf dem Fußboden verlegt werden. Bei Kanälen außerhalb des Kraftwerkes, die
durch Regen- oder Sickerwasser erreicht werden können, ist freitragende Verlegung und Auflage auf im Abstand verlegte Ziegelsteine empfehlenswerter. Bei
Kanälen mit wenigen Kabeln werden diese direkt an den Wänden übereinander
und an den Decken befestigt. Bei sehr großen Anhäufungen von vollbelasteten
Kraftkabeln in längeren Kanälen ist gegebenenfalls eine Belüftung erforderlich.
Genügt dafür natürlicher Zug nicht, so sind Ventilatoren für einen ausreichenden
Luftwechsel vorzusehen. Kontrollgänge in begehbaren Kanälen sollen mindestens
eine Breite von 0,8 m und etwa eine Mindesthöhe von 2 m haben. Bei Richtungs-
änderungen von Kanälen sind die Ecken so zu brechen, daß die vorgeschriebenen

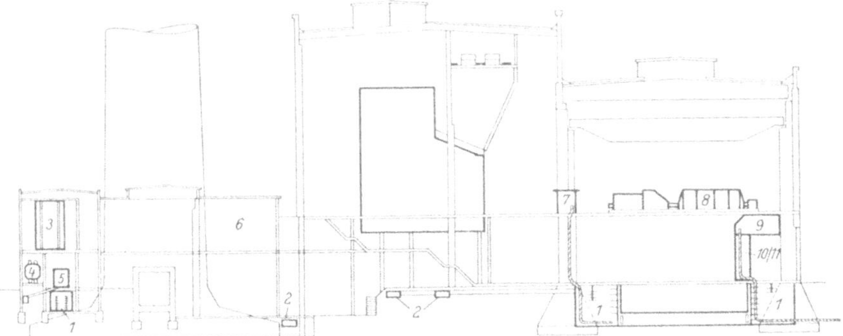

Abb. 76. Kraftwerk Thalheim. Querschnitt.

*1* Kabelkanäle; *2* Poststeine; *3* 10 KV-Schaltanlage; *4* Eigenbedarfstransformatoren; *5* 500 und 380 V-
Schaltanlage; *6* Elektrofilter; *7* Kessel- und Maschinenhaustafeln; *8* Generatoren; *9* Generatorböden mit
Generatorschutztafeln; *10/11* Regler- und Entregungszellen.

Krümmungshalbmesser der Kabel von etwa 15 facher Kabelstärke ausführbar
sind. Nicht begehbare, mit Platten abgedeckte Kabelkanäle verwendet man vorwiegend in Schaltanlagen. In anderen Räumen des Kraftwerkes, wo sie leicht
durch Wasser zugänglich sind, sind sie deswegen weniger erwünscht. An die Ent-
wässerung aller Kanäle ist zu denken. Oft genügen dafür Aussparungen im beto-
nierten Fußboden der Kanäle in regelmäßigen, nicht zu großen Abständen, wobei
Voraussetzung ist, daß das Wasser im Untergrund versickern kann. Diese Aussparungen sind durch Gitter abzudecken oder mit grobem Schotter auszufüllen.
Flache Rinnen mit einem Gefälle von etwa 1 : 100 führen das Wasser diesen Lö-
chern zu. Um bei Gefahren dem Personal, das sich in den Kanälen aufhalten kann,
einen sicheren Fluchtweg zu geben, sind Ausgänge mindestens an allen Enden
von begehbaren Kanälen anzuordnen, bei langen Kanälen auch oft genug unter-
wegs. Bei Ausgängen nach oben sind fest eingebaute Leitern vorzusehen. Solche
Öffnungen sind auch zum Einziehen der Kabel in reichlicher Anzahl anzuordnen.
Die Abdeckung dieser Öffnungen geschieht am einfachsten durch Riffelblech. Wo
das Eindringen von Wasser verhindert werden muß, ist ein Falz um die Öffnung zu
legen, in den ein Steg des Bleches eingreift. Bei Kreuzungen von Kanälen ist evtl.
die Höhe eines oder beider Kanäle zu verringern und die Breite zu vergrößern.
Auf allmählichen Übergang ist zu achten. In solchen Fällen sollen Kabelkanäle,
die sonst begehbar sind, wenigstens noch bekriechbar sein. Kabelwege mit geringer
Anzahl von Kabeln im untersten Flur und zum Teil auch außerhalb des Kraft-

werkes können bei geringen Aufwendungen leicht mit sogenannten Poststeinen angelegt werden. Das sind Betonsteine mit mehreren nebeneinanderliegenden Röhren, die in Massenfertigung hergestellt werden und deswegen relativ billig sind. Bei Aneinanderreihung solcher Poststeine entstehen beliebig lange Kanäle, die bei Kreuzungen oder Abzweigungen durch abdeckbare Schächte zu unterbrechen sind. Von dort aus kann man auch die Kabel leicht einziehen. Man verwende aber dazu Kabel ohne äußere Umhüllung mit asphaltierter Jute, weil sonst die Kabel in den Kanälen leicht festkleben könnten und dann nicht mehr auswechselbar sind. Es ist oft möglich, derartige Kabelsteine unmittelbar in den Estrich der verschiedenen Räume des Kraftwerkes einzubetten. Für sehr starke Kraftkabel ist diese Verlegungsart weniger geeignet.

Durchbrüche für elektrische Leitungen und Kabel in Wänden, Decken und Fundamenten werden bei guter Projektierung schon in möglichst großem Ausmaß und genügender Anzahl beim Bau vorgesehen. Dabei erzielte Ersparnisse durch Vermeidung von Stemmarbeiten können bedeutend sein. In gleichem Sinne vorteilhaft ist die Einbettung von Hohlschienen quer zum geplanten Leitungsweg in Decken und Wänden gleich bei der Betonierung. Die Montage von Leitungen und Kabeln ist dann sehr einfach und ohne Stemmarbeiten ausführbar, nur ist darauf zu achten, daß die Hohlschienen im richtigen Abstand voneinander vorgesehen werden. Weitere Ersparnisse sind durch Verwendung handelsüblicher Schellen und sonstigen Befestigungsmaterials (z. B. Klein-Schellen) für Kabel und Leitungen zu erzielen. Einzelherstellung von Befestigungsmaterial ist bei richtiger Planung überflüssig und würde die Montagezeit und die Kosten nur unnötig erhöhen. Eine gute Projektierung und reichliche Auslegung der Kabelwege im obigen Sinn hat auch den Vorteil, daß eine Kabelverlegung jederzeit auch nachträglich möglich ist.

## F. Sicherung des Eigenbedarfs durch Umschaltung.

Es wurde schon erwähnt, daß es sich als zweckmäßig herausgestellt hat, mindestens zwei getrennte Netze im Eigenbedarf zu betreiben, wobei nicht unbedingt erforderlich ist, daß diese beiden Netze asynchron gefahren werden, sondern wo nur Wert darauf gelegt werden muß, daß die Hauptspeisepunkte voneinander genügend unabhängig sind. Solche Netze kann man durch Umschalteinrichtungen gegenseitig sichern. Über die damit im Zusammenhang stehenden Fragen wurde schon in dem erwähnten Aufsatz von Kaissling und Roggendorf [12] Grundsätzliches ausgeführt. Man hat danach zu unterscheiden, ob es notwendig ist, für den Teil des Eigenbedarfs, der am sichersten zu versorgen ist, Umschalteinrichtungen auf der Hochspannungsseite vorzusehen, oder ob eine automatische Umschaltung auf der Niederspannungsseite genügt. Abb. 77 gibt ein Schema für die Umschaltbedingungen. Die Zuleitungen *1* und *2* kommen von zwei im obigen Sinne genügend voneinander unabhängigen Eigenbedarfsquellen und speisen die Sammelschienen *1* und *2*, von denen zwei Gruppen des Eigenbedarfs *EB 1* und *EB 2* versorgt werden. Wir nehmen an, daß die Spannung an der Schiene *2* verschwindet. Dies empfindet das verzögerte Spannungsrückgangsrelais $RVS_2$ und betätigt nach einer gewissen Zeit seine Kontakte. Danach erfolgt aber nur eine Wirkung, wenn das unverzögerte Spannungsrelais $RV_1$ erregt und somit sichergestellt ist, daß die Schiene *1* Spannung hat. Erst dann kann über $RVS_2$ ein Impuls für die Ausschaltung des Hauptschalters $S_2$ fließen. Ist dann $S_2$ herausgefallen, so kann gleichfalls, herrührend von $RV_1$, über $RVS\,2$ und $R\ddot{U}b_2$ ein „Ein-Impuls" für die Kupplung $K$ durchkommen, aber nur, wenn das unabhängig verzögerte Überstromrelais $R\ddot{U}b_2$ keinen Überstrom geführt hat, der direkt $S_2$ zum Ausschalten brachte. Sollte letzteres der Fall gewesen sein, so wird $R\ddot{U}b_2$ in seiner Auslösestellung mechanisch festgehalten und gibt somit den Impuls für das Einschalten von $K$ nicht weiter. Sollte $R\ddot{U}b_2$ aber nur vorübergehend erregt gewesen sein und die Auslösestellung nicht erreicht haben, dann muß der Überstrom irgendwo im Eigenbedarfsnetz $EB_2$ abgeschaltet worden sein. Die Sammelschiene *2* war dann jedenfalls nicht von einem Kurzschluß direkt betroffen, so daß $K$ bedenkenlos eingeschaltet werden darf und die Sammelschiene *1* ohne Gefahr für sich selbst die Last $EB_2$ übernehmen kann. Dieselben Bedingungen sind wechselweise, wenn also Sammelschiene *1* spannungslos wird, vorhanden. Es ist somit sichergestellt,

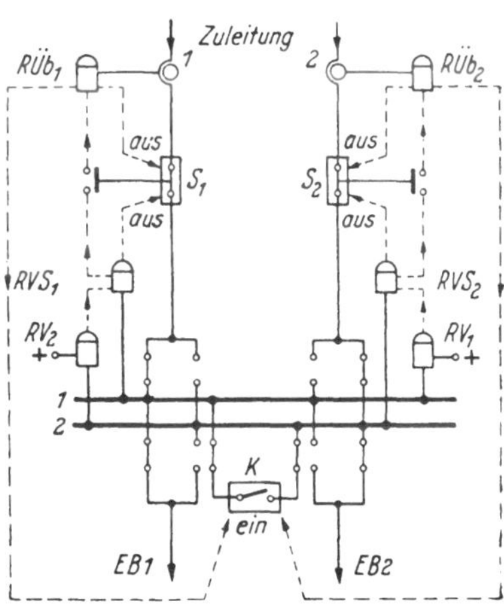


Abb. 77. Schema einer automatischen Umschaltung zwischen 2 Spannungsquellen.

1. daß keine Umschaltung erfolgt, wenn beide Sammelschienen einen Spannungsrückgang haben,

2. daß die Umschaltung nicht sofort, sondern verzögert eintritt,

3. daß die Umschaltung nur erfolgt, wenn ein Fehler im angeschlossenen Netz vorhanden war und nicht auf der betroffenen Schiene. Die Blockierung der Überstromrelais $R\ddot{U}b_1$ und $R\ddot{U}b_2$ zwingt das Personal, die Schaltanlage auf ihren Zustand zu untersuchen, da die Sperre nur von Hand aufgehoben werden kann.

Nach dieser allgemeinen Übersicht über die nötigen Bedingungen für das Umschalten wird im weiteren Verlauf der Auseinandersetzungen auf diese Fragen noch näher eingegangen werden.

Im Beispiel des Kraftwerkes Thalheim, wo keinerlei Hochspannungsmotoren vorhanden waren, genügten automatische Umschalteinrichtungen auf der Niederspannungsseite. Da die Verhältnisse bezüglich der Umschaltung von Hochspannungsmotoren ähnlich liegen wie bei Niederspannungsmotoren, können die grundlegenden Voraussetzungen dabei in der gleichen Weise berücksichtigt werden, wie das bei Niederspannungsmotoren der Fall ist. Bei Abb. 77 wurde die Frage daher offengelassen.

Über die praktische Ausführung von Umschalteinrichtungen und damit zusammenhängende Fragen habe ich vor einiger Zeit berichtet [32]. Wegen der Wichtigkeit dieser Ausführungen im Rahmen dieses Buches ist es zweckmäßig, das Wesentliche aus diesem Bericht hier einzufügen. Wenn die folgenden Ausführungen auch speziell für das ausgeführte Beispiel gelten, so sind doch bei der Beschreibung alle grundsätzlichen Richtlinien erwähnt. Das Übersichtsschaltbild des Kraftwerkes zeigt Abb. 46. Unter Berücksichtigung des schon oben erwähnten

Grundsatzes, daß für das Eigenbedarfsnetz mindestens 2 Speisepunkte in Betrieb sind und daß ferner die Transformatorenleistung so unterteilt wurde, daß jeweils ein Transformator für die Belange beispielsweise eines Kesselblockes dient, wurden Einheiten von je zwei solcher Transformatoren gebildet, die an verschiedenen Speisepunkten hängen und die sich bei Spannungsabfällen gegenseitig aushelfen. Hierzu sei auf die Abb. 66 und 67 verwiesen. Die dort gezeigten Netzteile werden also dadurch gesichert, daß sich beide Transformatoren gegenseitig aushelfen. Die Transformatoren sind dabei im Normalfall etwas mehr als halb belastet, und nach Umschaltung auf der Niederspannungsseite tritt bei dem noch in Betrieb befindlichen Transformator reichlich Vollast ein.

Von seiten des Kesselbetriebes wird meistens eine möglichst schnelle Umschaltung beispielsweise der Saugzug- und Unterwindmotoren verlangt. In Thalheim war das mit Rücksicht auf das Vorhandensein von 145 m hohen Schornsteinen und der Muldenrostfeuerung allerdings niemals in allzu scharfer Form gefordert worden. Sehr schnelle Umschaltzeiten, oft ohne genaue Angabe der speziellen Forderungen, werden aber bei Kesseln mit Mühlen- oder Staubfeuerung und kurzen Schloten verlangt. Eine unverzögerte Umschaltung ist wegen der nicht unverzögert vor sich gehenden Löschung des Lichtbogens und der Eigenzeiten der verwendeten Schaltgeräte nicht möglich. Die praktisch erreichbaren Eigenzeiten von Schützen und Selbstschaltern liegen doch immerhin in der Größenordnung von etwa 0,1 bis 0,25 sec. Die unverzögerte Umschaltung ist auch deswegen nicht möglich, weil die infolge ihres Eigenmomentes und desjenigen der angetriebenen, noch im Betrieb befindlichen, vom Netz zwar abgeschalteten Motoren wegen des nicht plötzlich verschwindenden Läufermagnetfeldes eine mehr oder minder lange Zeit noch Spannung führen. Wir haben durch Versuche festgestellt, daß die Abklingzeiten derartiger Spannungen sehr verschieden ausfallen können, je nachdem, ob es sich um einzelne Motoren oder um Motorengruppen handelt, die gleichzeitig abgeschaltet werden. Außerdem ist die Abklingzeit von der Größe, der Ausführung der Wicklung, vom Luftspalt und anderen konstruktiven Daten des Motors abhängig. Mit dem Stillstand eines Motors ist in jedem Fall die Spannung und die Frequenz auf den Wert Null gesunken. Infolge großer angeschlossener Schwungmomente lange auslaufende Motoren haben die Spannung und damit auch eine Frequenz schon vor dem Stillstand verloren. Ein Wiederzuschalten spannungsfreier, aber noch laufender Motoren ist mit wesentlich geringeren Anlaufausgleichsvorgängen des Stromes und der aufgenommenen Leistung verbunden. Eine möglichst frühe Wiederzuschaltung ist aus diesem Grunde erwünscht. Eine allzu schnelle Wiederzuschaltung würde die Gefahr von kurzschlußartigen Ausgleichsvorgängen mit sich bringen, da im allgemeinen nicht zu erwarten ist, daß die zugeschaltete Spannung und die am Motor oder der eben abgeschalteten Motorengruppe noch vorhandene Spannung hinsichtlich Phasenlage, Höhe und Frequenz übereinstimmen. Man muß also mit Rücksicht auf den Bestand der elektrischen Installationen die Umschaltung unbedingt so weit verzögern, daß sich aus den obengenannten Gründen keine nachteiligen Folgen ergeben. Mittlere Umschaltzeiten von 2 bis 3 sec sind ohne Gefahr möglich und genügen auch im Kraftwerksbetrieb. Jedenfalls sind mir keine Fälle bekannt, wo man nachweislich schneller umschalten müßte bwz. wo die Antriebe bei solchen Zeiten zum Erliegen kommen.

Abb. 78 zeigt nur ein Teilergebnis der seinerzeit angestellten Abschaltversuche. Das Verhalten von abgeschalteten Motoren kann schon aus dieser Abbildung entnommen werden und soll aber, soweit wie nötig, durch die Erfahrungen aus allen Versuchen ergänzt werden. Entsprechende Versuche von anderer Seite sind mir nicht bekannt. Es wäre aber im Interesse der Erhärtung der folgenden Schlüsse durchaus empfehlenswert, solche Versuche auch an anderer Stelle zu wiederholen[1]. Die aus den Abschaltversuchen gewonnenen Erkennt-

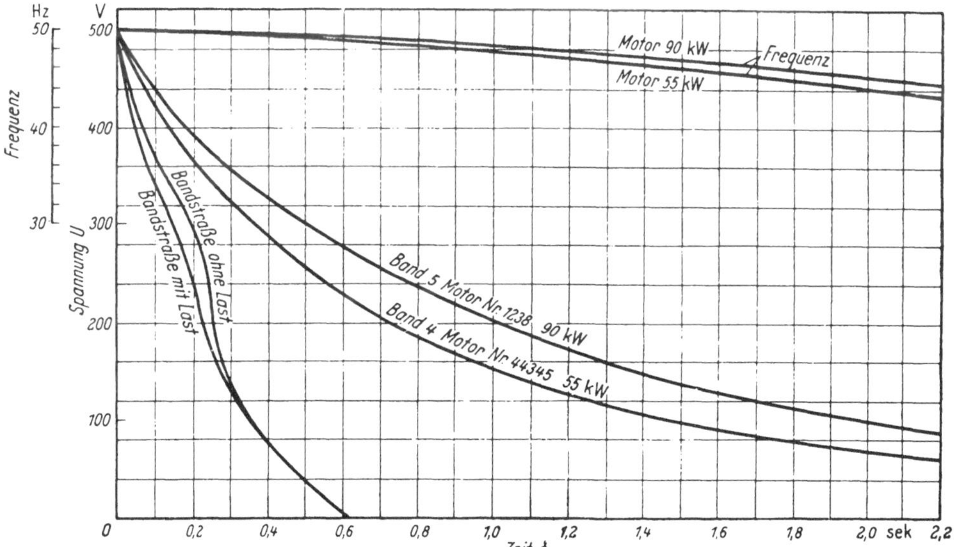


Abb. 78. Abschaltversuche mit Motoren einer Bekohlungsanlage, Abklingen von Spannungen und Frequenzen.

nisse sind für die Projektierung von Umschalteinrichtungen grundlegend, so daß sich eine übersichtliche und ausführliche Darstellung lohnt. Dazu kann folgendes gesagt werden:

1. Die Ursache des Vorhandenseins einer abklingenden Spannung an den abgeschalteten Motoren ist darin zu suchen, daß das Magnetfeld einen gewissen Energieinhalt auch noch nach dem Abschalten hat. Erst wenn diese Energie aufgezehrt ist, ist der abgeschaltete Motor spannungslos. Die zu vernichtende Energie ist an sich nicht groß. Wenn sie sich aber in einem sehr kurz verlaufenden Ausgleichsvorgang entladet, so können ihre Auswirkungen doch beachtlich sein.

2. Bei einem leer laufenden Motor, der nicht mit einer Arbeitsmaschine gekuppelt ist, muß die Abklingzeit der Spannung grundsätzlich am längsten sein, da die Energie nur durch innere Verluste des Motors aufgezehrt wird. Bei großen angeschlossenen Schwungmomenten und geringen Reibungsverlusten gilt ähnliches. Dies geht aus den recht langen Abklingzeiten der einzeln abgeschalteten 90- und 55 kW-Motoren nach Abb. 78 hervor. Das Umschalten leer laufender Motoren muß somit am längsten verzögert werden zwecks Verhinderung der Auswirkungen der Ausgleichsvorgänge beim Zuschalten der Reservespannung.

---

[1] Nach Abschluß des Manuskripts wurde mir eine amerikanische Veröffentlichung bekannt [45], die meine Beobachtungen im wesentlichen bestätigt, in den Folgerungen aber m. E. etwas zu zurückhaltend ist.

3. Motoren, die mit Arbeitsmaschinen gekuppelt sind, die leer laufen oder auch belastet sind, behalten ihre Spannung nur wesentlich kürzere Zeit. Auch dies zeigt die Abb. 78. Die abgeschalteten Bandstraßen enthalten ja die Motoren, die auch leer und entkuppelt abgeschaltet wurden. Die hier nicht gezeigten weiteren Abschaltversuche bestätigen dies. Die Abklingzeiten gehen dabei schon auf rund $^1/_3$ herunter. Jedoch ist dieser Wert etwas verschieden beim Rückgang der Spannung auf verschiedene Werte. Die Umschaltbedingungen werden also günstiger bei Motoren, die mit Arbeitsmaschinen gekuppelt sind. Sind die angetriebenen Maschinen belastet, dann sind die Abklingzeiten kürzer als bei leer laufenden Maschinen.

4. Beim Abschalten einer Gruppe von Motoren werden die Wiederzuschaltbedingungen günstiger als bei getrenntem Abschalten jedes Motors der Gruppe. Beim Abschalten einzelner Motoren würde jeder für sich seine Abklingkurve der Spannung haben. Sind aber auch nach dem Abschalten der Gruppe vom Netz die Motorenklemmen miteinander über den abgeschalteten Netzteil noch verbunden, so kann diese Motorengruppe zu jedem Zeitpunkt nur eine Spannung und diese nur eine Frequenz haben. Motoren, die für sich lange Abklingzeiten der Spannung hätten, weil ihre Energie nur langsam aufgezehrt werden kann, sind bei verbundenen Motorengruppen genötigt, Energie an solche Motoren abzugeben, die für sich das Magnetfeld schneller vernichten würden. Für schnelles Umschalten eines Eigenbedarfsteiles ist es also vorteilhafter, ganze Motorengruppen umzuschalten als einzelne Antriebe für sich. Man vergleiche hierzu auch Abb. 80. Die Spannung $U_3$ ist nach diesem Bild innerhalb von 1 sec völlig verschwunden. Sie ist die Spannung, die alle am Transformator $T_3$ angeschlossenen Motoren gemeinsam haben. Vergleicht man dieses Verhalten mit dem der einzeln abgeschalteten Motoren nach Abb. 78 und auch mit dem der dort gezeigten Abklingkurven der Bandstraße, so ist die obige Behauptung hinreichend bewiesen. Bei der Sicherung des Eigenbedarfs durch Umschaltung hat man Interesse, den gesamten gestörten Teil wenigstens des lebenswichtigen Eigenbedarfs so schnell wie möglich wieder in normalen Gang zu bringen und nicht einzelne Antriebe mit verschiedener Zeitdauer. Deshalb ist also Gruppenumschaltung besser und im Gesamteffekt schneller als Einzelumschaltung.

5. Die Zeitverzögerung braucht nicht so groß zu sein, daß die abgeschaltete Motorengruppe ihre magnetische Energie und damit die Spannung völlig verloren hat. Die zu vermeidenden unangenehmen Ausgleichsvorgänge sind am schädlichsten, wenn die Spannung der abgeschalteten Motoren nur wenig abgesunken ist. Sie werden aber m. E. schon erträglich, wenn die Spannung etwa auf $^2/_3$ des Nennwertes, in den gezeigten Beispielen also auf etwa 350 V abgesunken ist. Dies ist nach Abb. 80 nach etwa 0,1 sec ($U_3$) und nach Abb. 78 bei der abgeschalteten Bandstraße auch etwa nach einer gleichen Zeit geschehen, so daß bei diesen Beispielen eine genügende Verzögerungszeit schon durch die Eigenzeiten der an der Umschaltung beteiligten Schalter gegeben wäre. In anderen Fällen ist aber die Energie doch nicht ganz so schnell aufgezehrt. Daß so etwas vorkommen kann, wird noch weiter unten beispielsweise erwähnt. Um also sicher zu gehen, auch ohne jeden einzelnen Fall vorher eingehend zu studieren, darf man wohl etwa sagen, daß bei Gruppenumschaltung nach $^1/_2$ sec eine neue Spannung gefahrlos zugeschaltet werden darf. Dann wäre die Spannung an den Motoren

der Bandstraße nach Abb. 78 auf 40 V und bei den Motoren des Transformators $T_3$ nach Abb. 80 auf 50 V abgesunken. Die Wiederzuschaltung nach einer solchen Zeit ist bei den erwähnten Beispielen also absolut gefahrlos und dürfte es auch bei anderen Motorengruppen sein. Anschließend an das Wiederzuschalten vergeht noch eine gewisse Zeit, bis der dadurch hervorgerufene Ausgleichsvorgang abgeklungen ist. Im Beispiel nach Abb. 80 übernimmt der Transformator $T_4$ nach der Umschaltung die Last von $T_3$. Sein stationärer Strom $J_4$ muß nach der Umschaltung etwa doppelt so groß sein als vorher, da die Last an beiden Transformatoren etwa gleich groß ist. Dies ist von der Umschaltung aus gerechnet etwa nach 2 sec der Fall. Die umgeschalteten Motoren haben aber schon vor völligem Verschwinden des Wiedereinschaltausgleichsvorganges wieder nützliche Arbeit geleistet, so daß die auch an anderer Stelle des Buches zu findende Behauptung zutreffend ist, daß man sehr wohl in der Lage ist, innerhalb von 2 sec mindestens, jedoch sicherlich nach 3 sec, vom Eintreten einer Spannungsabsenkung aus gerechnet, die ein Umschalten notwendig macht, wieder den Normalbetrieb zu erreichen. Übertrieben hohe Forderungen nach extrem schneller Umschaltung können allerdings zu Rückschlägen führen. Als Beispiel hierfür sei folgender Fall aus der Praxis erwähnt:

Einem sehr wichtigen Pumpenmotor im Wasserwerk eines Kraftwerkes hatte man 2 Leistungsschalter gegeben. Normal war einer auf ein 6 kV-Netz geschaltet. Wenn dieses Netz eine geringe Spannungsabsenkung erlitt, schaltete der Schalter unverzögert aus und gab Einschaltbefehl auf den zweiten Schalter, der die Verbindung mit einem 6 kV-Reservenetz herstellte. Nach verhältnismäßig kurzer Betriebszeit erlitt die Motorwicklung einen Schaden und verbrannte. Der Schalter, der abgeschaltet hatte, erlitt eine Rückzündung und wurde gleichfalls zerstört. Bei Kenntnis der hier gemachten Angaben hätte man sich dies wohl ersparen können. Auch darf man nicht vergessen, daß ganz kurze Spannungsabsenkungen völlig unschädlich sind und keine Umschaltung erfordern. Auch deswegen ist eine verzögerte Umschaltung erwünscht.

Ferner wird man auch mit Vorteil dafür zu sorgen haben, daß bei gleichzeitiger Umschaltung mehrerer Gruppen die auf den gesunden Speisepunkt kommenden Stöße nicht gerade alle gleichzeitig eintreffen. Die bisherigen Ausführungen über die Umschaltautomatik lassen somit folgern, daß es unumgänglich notwendig ist, eine derartige Automatik abhängig von dem Wirken eines Spannungsrückgangsrelais zu machen, dessen Umschaltbefehl mit variabler Zeitverzögerung in Abhängigkeit von dem Grad der Spannungsabsenkung und der speziellen Einstellung des Relais erfolgt. Ein solches Relais ist beispielsweise das S.&H.-Relais $RVS_1$, das in der hier behandelten Umschaltautomatik verwendet wurde.

Die Umschaltautomatik ist nach Abb. 79 ausgeführt worden. Dieses Schaltbild zeigt, getrennt nach Hauptstrombild und Stromlaufbild, den Aufbau der Umschaltautomatik. Man mußte darauf Rücksicht nehmen, daß die Eigenbedarfsschalter von der Warte aus gesteuert werden müssen (vgl. Abb. 113). Infolgedessen ist der im Stromlaufbild enthaltene Schalter II vorhanden. Dieser Schalter hat 4 Stellungen, von denen die Stellung *1* die Steuerung von der Warte aus vorsieht, die Stellung *2* und *4* die Automatik außer Betrieb nimmt und gleichzeitig einen Ausschaltbefehl für den Kuppelschalter *K* erteilt. Die Stellung *3* ist für eingeschaltete Automatik ohne Steuerungsmöglichkeit von der Warte aus vorgesehen. Die Automatik kann also auch wirken, wenn die Warte bzw. die Kabelverbindungen zwischen Warte und Eigenbedarfshaus gestört sind. Die Relais der Automatik sind in den

Eigenbedarfsschalträumen untergebracht, d. h. nach dem Prinzip der räumlichen Zusammenfassung zusammengehöriger Apparate. Außer dem Schalter II ist noch ein Paketschalter in der Warte vorhanden (I), der das Außerbetriebnehmen der Automatik gestattet, womit gleichzeitig ein Ausschaltimpuls für den Kuppelschalter $K$ gegeben wird. Eine ganz ins einzelne gehende Beschreibung der Umschaltautomatik würde hier zu weit führen, das Bedienen soll daher nur an Hand des vorerwähnten Hauptstrom- und Stromlaufbildes im Prinzip erläutert werden. Aus diesen Bildern kann man entnehmen, daß die Kupplung $K$ eingeschaltet wird, wenn das unverzögert ansprechende Spannungsrelais $R_a$ oder $R_b$ angezogen hat (Zwischenrelais $R_{a_1}$ und $R_{b_1}$). Durch diese Abhängigkeit wird sichergestellt, daß eine Umschaltung nur erfolgt, wenn entweder nur die 500 V-Sammelschiene $a$ oder nur die Sammelschiene $b$ spannungslos geworden ist. Wenn beide spannungslos sind, dann unterbleibt eine Umschaltung. In der gleichen Abhängigkeit ist jedoch dafür gesorgt, daß eine Umschaltung auch nur dann erfolgt, wenn der 10 kV-Schalter $a_1$ und der 500 V-Schalter $a_2$ gleichzeitig abgeschaltet sind und somit dafür Sorge getragen ist, daß die 10 kV-Schiene $a$ nicht mehr über den Trafo und die Kupplung in Verbindung mit der 10 kV-Schiene $b$ gebracht werden kann, da beide Schienen asynchron sein können. Wenn aber der Trafo $a$ durch Abschalten des vorerwähnten 10 kV-Schalters $a_1$ und 500 V-Schalters $a_2$ aus dem Grunde abgeschaltet wurde, daß bei $a_2$ ein Überstrom die Abschaltung veranlaßt hat, dann hat das Überstromrelais $\ddot{U}_{a_2}$ angesprochen und den verklinkten Selbstschalter $S_a$ ausgelöst. Durch eine solche Auslösung wird der Einschaltimpuls für den Kuppelschalter blockiert und somit eine Umschaltung unterbunden, denn dann ist zu vermuten, daß die 500 V-Sammelschiene $a$ durch einen auf ihr vorhanden gewesenen Kurzschluß spannungslos geworden ist. Es hätte dann keinen Zweck, die gesunde Spannung $b$ auf die gestörte 500 V-Sammelschiene $a$ zu schalten. Die Einfügung des verklinkten Selbstschalters $S_a$ (und $S_b$) erzwingt das Aufsuchen der Eigenbedarfsschaltanlage, weil nur dort die Verklinkung wieder aufgehoben werden kann. Das Bedienungspersonal muß also nach Abschalten der 500 V-Anlage infolge Überstrom am Niederspannungsselbstschalter die betreffende Schaltanlage kontrollieren. Es versteht sich nach den obigen Ausführungen, daß der Schalter $a_1$ mindestens durch längere Zeiteinstellung am Relais $\ddot{U}_{a_1}$ später als $a_2$ fallen muß, wenn der Fehler auf der 500 V-Seite liegt. Die bisher geschilderten Abhängigkeiten sind hinsichtlich der Transformatoren $a$ und $b$ wechselweise wirksam. Die 500 V-Sammelschiene $a$ kann aber über die erwähnten Fälle hinaus noch spannungslos werden dadurch, daß das Buchholzschutzrelais $B_a$ einen Ausschaltbefehl auf den Schalter $a_1$ gibt. Das Ausschalten dieses Schalters hat die Mitnahme des Schalters $a_2$ zur Folge. Wenn beide Schalter, $a_1$ und $a_2$, ausgeschaltet sind, wird $K$ unter den oben gemachten Voraussetzungen eingeschaltet. Der Schalter $a_1$ kann ferner durch das eingangs erwähnte Relais $RV_a$ ($RVS_1$-Relais von S. & H.) abgeschaltet werden; der Schaltbefehl kommt jedoch nur durch, wenn z. B. $RV_a$ nach der eingestellten Zeit abgefallen, aber gleichzeitig sichergestellt ist, daß das unverzögerte Spannungsrelais $R_b$ über das Hilfsrelais $R_{b_1}$ einen Hilfskontakt $R_{b_1}$ geschlossen hält. Auch diese geschilderte Abhängigkeit hinsichtlich der Funktionen der Relais am Trafo $a$ sind wechselseitig beim Trafo $b$ vorhanden. Die letztgenannte Abhängigkeit garantiert gleichzeitig das Unterbleiben einer Umschaltung, wenn beide Spannungsrückgangsrelais $RV_a$ und $RV_b$ ansprechen sollten. Dies ist leicht möglich, wenn als Speisepunkte für den Eigenbedarf z. B. die Maschinen $M_2$ und $M_3$ dienen und diese 110 kV-seitig zusammenhängen. Eine solche Spannungsabsenkung würde von $RV_a$ und $RV_b$ empfunden werden, wenn beispielsweise ein starker Kurzschluß im 110 kV-Netz in der Nähe des Kraftwerkes sich ereignete. Es besteht in einem solchen Fall kein Anlaß für die Automatik, umzuschalten; die wichtigen Motoren machen die Spannungsabsenkung ohne Gefährdung des Betriebes und ohne abzuschalten mit, und der Kurzschluß wird aus dem Netz in Bruchteilen einer Sekunde selektiv ausgetrennt. In ähnlicher Weise, wie das Ansprechen des Buchholzschutzes $B_a$, wirkt sich auch das Ansprechen des Überstromrelais $\ddot{U}_{a_1}$ aus, das einen Kurzschlußstrom über den 10 kV-Schalter $a_1$ kontrolliert. Wenn nicht gleichzeitig $\ddot{U}_{a_2}$ auch einen Kurzschlußstrom feststellt und dann $a_2$ wegen der notwendig längeren Einstellung von $\ddot{U}_{a_1}$ zuerst zum Abschalten bringt, ist der Kurzschlußort von der 10 kV-Sammelschiene aus gesehen vor dem Niederspannungs-Stromwandler zu suchen, der $\ddot{U}_{a_2}$ anregt. Es ist daraus die Folge zu ziehen, daß diese Stromwandler zwischen den Niederspannungsklemmen des Transformators und dem zugehörigen Selbstschalter einzubauen sind. Die von Hand vornehmbaren Eingriffe sind ohne besondere Erläuterung aus dem Stromlaufbild ersichtlich.

Es interessiert in diesem Zusammenhang noch die Rückschaltung nach Ansprechen der Automatik und nach Beseitigung des Grundes für das Wegbleiben der Spannung an einem Transformator. Die Rückschaltung erfolgt, sofern am Schalter II die Stellung *1* vorhanden

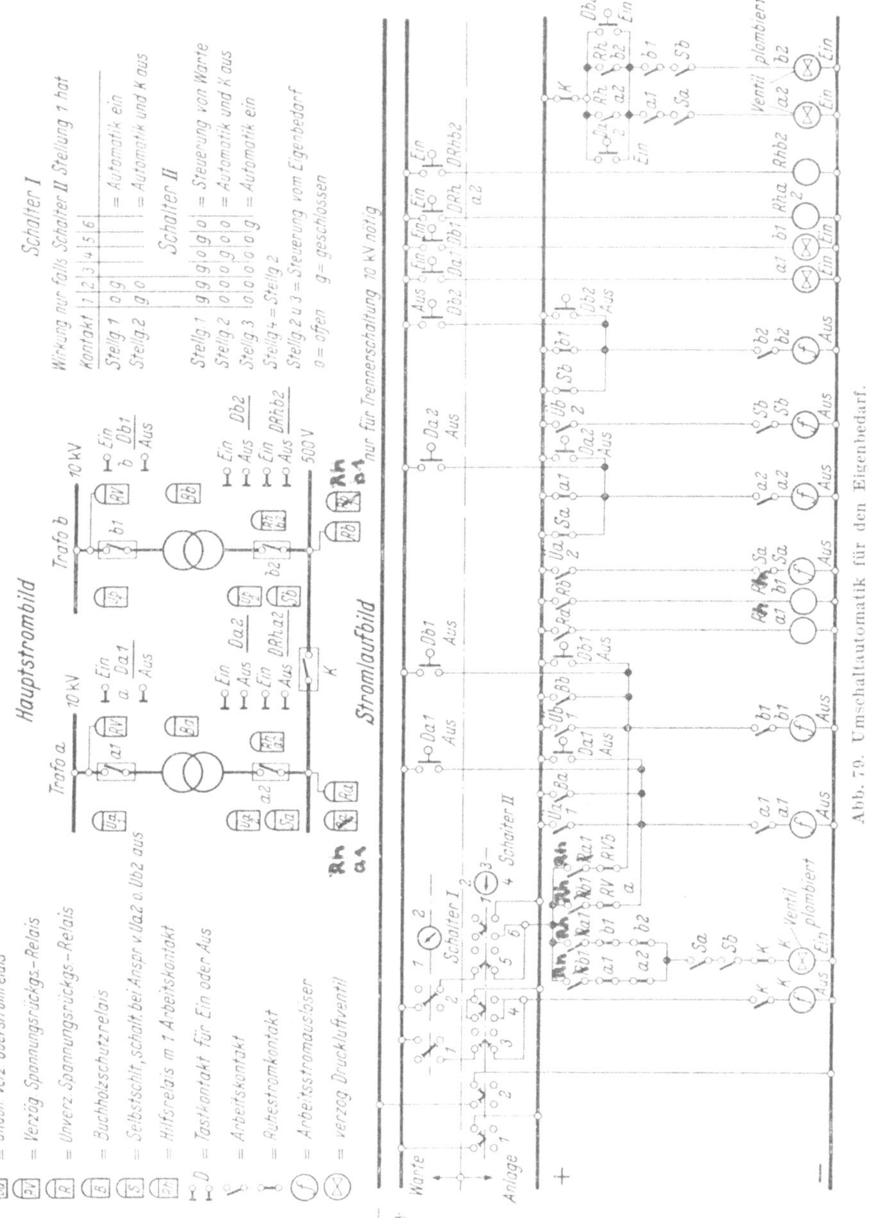

Abb. 79. Umschaltautomatik für den Eigenbedarf.

ist, d. h. also, sobald die Steuerung von der Warte aus vorgenommen wird, dadurch, daß der vorher beispielsweise herausgefallene Schalter $a_1$ wieder eingeschaltet wird. Man stellt dann an dem Meßinstrument in der Warte fest, ob die zugehörige Niederspannung wiedergekehrt ist. Ein Einschaltbefehl für den Niederspannungsschalter $a_2$ bleibt so lange erfolglos, wie der Kuppelschalter *K* eingeschaltet ist. Mit Rücksicht auf eine möglichst kurzzeitige

Unterbrechung, d. h., um den Betrieb möglichst nicht zu stören, wird beim Zurückschalten am besten das Wiedereinschaltkommando von $a_2$ erteilt und bei festgehaltenem Knebel des zugehörigen Steuerquittungsschalters der Schalter I in die Stellung *2* gebracht. Die Funktion der Automatik wird dadurch unterbrochen, aber $K$ erhält den Ausschaltbefehl, schaltet aus, und anschließend kommt der noch erteilte Befehl für das Einschalten von $a_2$ zur Wirkung. Nach Ausschalten der Kupplung $K$ wird so auch der Niederspannungsschalter $a_2$ eingeschaltet und somit der normale Versorgungszustand wiederhergestellt. Anschließend dreht man dann den Schalter I auf die Stellung *1* wieder zurück, wodurch auch die Automatik wieder betriebsbereit ist.

Sinngemäß das gleiche, jedoch durch Betätigung des Schalters II hat man zu tun, wenn der Betrieb ohne Warte geführt wird. Dann muß man beim Wiedereinschalten von der Eigenbedarfsschaltanlage aus den Einschaltbefehl für $a_2$ durch anhaltendes Drücken des Knopfes $D_{a_2}$ „Ein" und gleichzeitiges Drehen des Schalters II in die Stellung *2* oder *4* den Ausschaltbefehl für $K$ geben, wodurch dann anschließend $a_2$ eingeschaltet und der Normalzustand wiederhergestellt ist, wenn auch noch II nach *3* zurückgedreht ist. Auch diese Funktionen sind selbstverständlich für beide Transformatoren wechselseitig.

Die geschilderte Umschaltautomatik hat sich in mehrjährigem Betrieb ohne nennenswerte Schwierigkeiten bewährt. Sie wurde laufend durch willkürliches Wegnehmen der Spannung vor irgendeiner Sammelschiene kontrolliert. Es wurde also ihr richtiger Ablauf bei den einzelnen Abzweigen immer wieder festgestellt. Dabei im allgemeinen mögliche Mängel können allenfalls in der Verschmutzung von Hilfskontakten an den Schaltern bestehen. Diese Störungen sind aber selten, wenn man Kontakte bester Ausführung (evtl. versilberte) auswählt und gut kapselt. Im übrigen wurde die Automatik so aufgebaut, daß sie mit einem Minimum einfacher und robust gebauter Relais auskommt, was bei jeder Automatik, die zufriedenstellend arbeiten soll, eine der Grundvoraussetzungen ist.

Das Arbeiten der Automatik wurde aber auch außerdem noch durch Versuche überprüft, bei denen die interessierenden Spannungen und Ströme oszillographisch aufgezeichnet wurden und somit auch der zeitliche Verlauf der einzelnen Umschaltvorgänge verfolgt werden konnte. Zwei von derartigen Versuchen sollen im folgenden besprochen werden, und zwar zunächst der auf Abb. 80 dargestellte. Die Zeichnung gibt das Schaltbild des Versuches und erläutert auch die aufgezeichneten Spannungen und Ströme.

Der 10 kV-Schalter, der mit der Maschine $M_3$ zusammenhängt, wurde zur Zeit $t_0 = 0$ sec abgeschaltet. $U_3$ ist die am Trafo *3* bzw. den zugehörigen 500 V-Sammelschienen vorhandene, langsam abklingende Spannung. Die Kupplung $K$ schaltet nach 1,75 sec ein, worauf $U_3$ zunächst sehr steil, dann flacher wieder ansteigt bis zum Wiederhochlaufen der inzwischen in ihrer Drehzahl etwas abgefallenen Motoren. Die Speisespannung $U_{e_2}$ bekommt durch den Umschaltvorgang eine kleine Absenkung, während der zugehörige Strom $J_{e_2}$ im Umschaltmoment eine steile Spitze erhält, die erst nach vollständigem Wiederhochlaufen aller zugehörigen Motoren abgeklungen ist. Aus dem Verlauf des Stromes $J_{e_2}$ ist auch noch ersichtlich, daß ein in der Schaltskizze nicht mit aufgezeichneter und von $M_3$ gespeister anderer Transformator vorher umschaltet. Erst beim Umschalten des Trafos $T_3$ erfolgt ein weiterer steiler Anstieg des Stromes $J_{e_2}$. Der Strom $J_4$, der bis zur Zeit $t = 1,75$ sec nur zur Versorgung der an $T_4$ normal angeschlossenen Motoren dient, wird durch Einschalten der Kupplung durch den Strom verstärkt, der von den vorher durch $T_3$ gespeisten Motoren aufgenommen wird. Der Verlauf von $J_4$ bei Zeiten über 1,75 sec zeigt den typischen Verlauf eines übergelagerten Anlaufausgleichsvorganges. Das obenerwähnte, verzögerte Spannungsrelais $RVS_1$ gestattet die Einstellung von Verzögerungszeiten von 0,5 bis 5 sec, falls die Spannung plötzlich auf Null zurückgeht. Bei geringeren Absenkungen ergeben sich nach einer stetig verlaufenden Kurve längere Verzögerungszeiten. Aus Abb. 80 ersieht man, daß das obengenannte Relais nicht mit

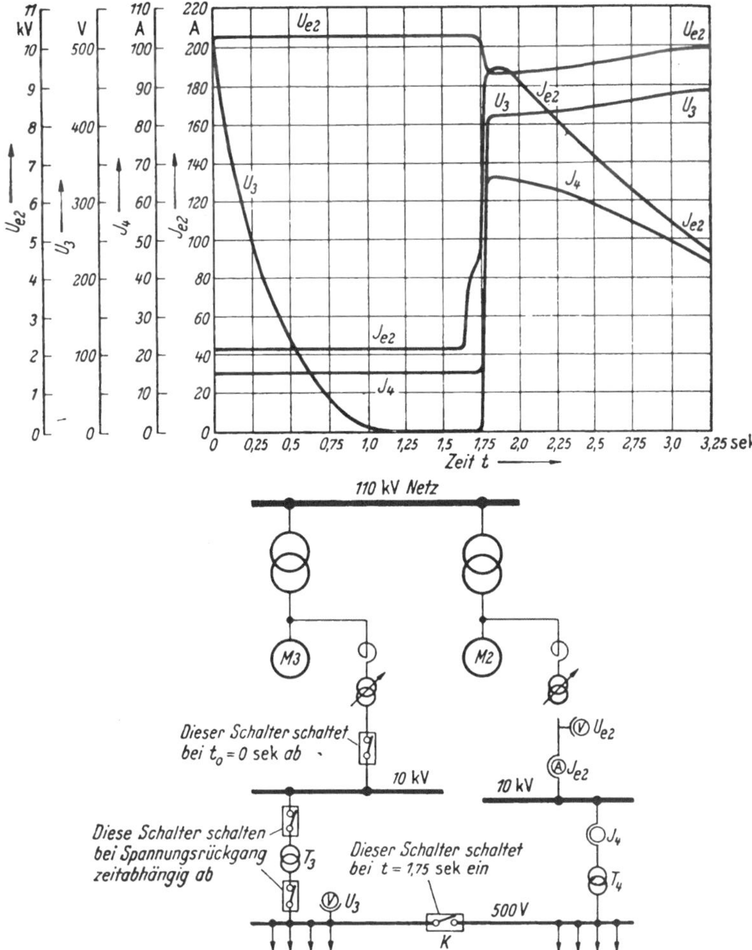


Abb. 80. Versuch mit Umschaltautomatik Thalheim.
Herabsetzung der Eigenbedarfsspannung durch Abschalten.

der kürzesten Zeit eingestellt war. Da von seiten des Kesselbetriebes extrem kurze Zeiten nicht gefordert werden müssen, und da es zweckmäßig ist, bei den verschiedenen, möglicherweise ungefähr zur gleichen Zeit in Funktion tretenden Automatiken die Umschaltstöße zeitlich auseinanderzuziehen, hat es keinen Zweck, alle Relais etwa auf das für den angeschlossenen Betrieb erträgliche Minimum oder Maximum einzustellen, sondern die Einstellung verschieden zu wählen.

Das zeitliche Aufeinanderfolgen der Umschaltungen mehrerer Gruppen ist aus Abb. 81 ersichtlich. Dort ist ein Versuch dargestellt, der ähnlich dem vorher beschriebenen durchgeführt wurde, nur daß die Spannung von der Maschine $M_3$ her nicht plötzlich abgeschaltet, sondern langsam durch Beeinflussung der Maschinenerregung herabgesetzt wurde. Den Verlauf der Spannung an der Maschine $M_3$ stellt die Kurve $U_{e_3}$ dar. Durch das Absinken von $U_{e3}$ lösen die an der zugehörigen 10 kV-Schiene angeschlossenen Transformatoren $T_1$, $T_2$ und $T_3$ durch Wirkung der zugehörigen $RVS_1$-Relais nacheinander aus. Dadurch schalten die entsprechenden Kupplungen nacheinander ein und erzeugen bei dem aus der Maschine $M_2$ stammenden Eigenbedarfsstrom $J_{e_2}$ zu Zeiten $t_1$, $t_2$ und $t_4$ erkennbare Stromstöße. Zuletzt schaltet die Kupplung zwischen $T_3$ und $T_4$ ein; dies macht sich im Strom $J_4$ durch eine abklingende Spitze bemerkbar in ähnlicher Weise wie bei dem vorher geschilderten Versuch. Die an der 500 V-Schiene von $T_3$ gemessene Spannung $U_3$ sinkt zunächst in gleicher Weise wie die zugehörige Oberspannung $U_{e_3}$ ab. Beim Abschalten des Transformators $3$ ($t_3$) klingt diese Spannung auf Null ab und wird kurz darauf durch Einschalten der Kupplung $K$ praktisch auf den Wert der benachbarten Spannung $U_4$ gebracht. Die Differenz zwischen $U_3$ und $U_4$ ist durch Spannungsabfall in den Verbindungskabeln erklärbar. Die Spannung $U_4$ erhält im Umschaltmoment eine kleine Absenkung und steigt infolge des nun von einem größeren

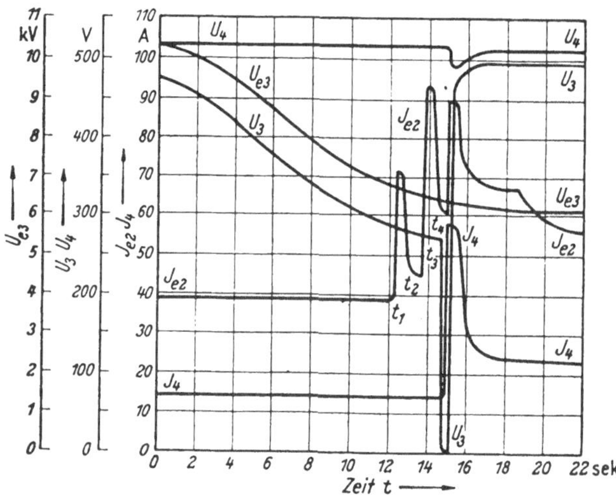

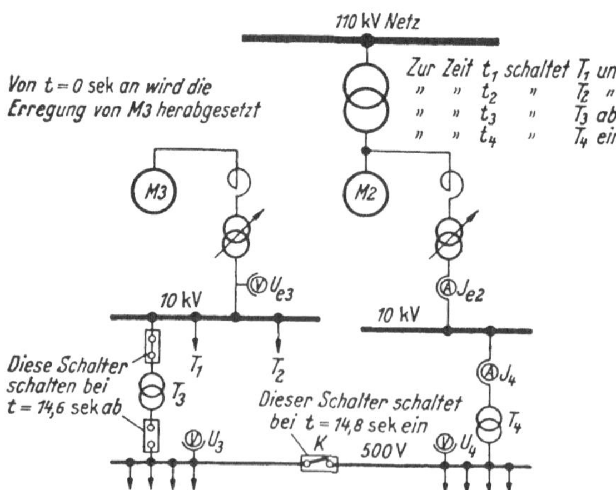



Abb. 81. Versuch mit Umschaltautomatik Thalheim. Langsame Herabsetzung der Eigenbedarfsspannung.

Strom bedingten größeren Spannungsabfalls nicht mehr ganz auf den vorhergehenden Wert an.

Die vorerwähnten Versuche und auch die immer wieder zur Kontrolle durchgeführten willkürlichen Umschaltungen haben das zufriedenstellende Arbeiten der Umschaltautomatik erwiesen. Da die grundlegenden Überlegungen zum Aufbau von Umschaltautomatiken in obigen Ausführungen enthalten sind, wird man, auch wenn die örtlichen Verhältnisse bei anderen Kraftwerksprojekten meistens anders liegen, die Automatiken an die jeweils gegebenen Voraussetzungen anpassen können. Auch dabei gibt es zahlreiche Variationsmöglichkeiten, die im allgemeinen nicht besprochen werden können, aber im Prinzip auch nichts Neues bringen. Auch wenn hier eine Umschaltautomatik für Niederspannung beschrieben wurde, so ist doch zu betonen, daß alle hauptsächlichen Überlegungen auch gültig sind, falls man Umschaltungen auf der Hochspannungsseite vornehmen müßte, um dort angeschlossene Hochspannungsmotoren in ähnlicher Weise zu sichern. Dabei ist von den gleichen Voraussetzungen auszugehen, auch hinsichtlich der Schnelligkeit einer Umschaltung unter Berücksichtigung der nötigen Verzögerungszeiten.

Die als Beispiel geschilderte Automatik sieht keine automatische Rückschaltung vor. Eine solche erscheint auch nicht als dringend erforderlich. Wichtig ist doch nur, daß bei Spannungsabsenkungen in einem Teilnetz dieses so schnell wie möglich wieder Spannung erhält, damit die angeschlossenen Motoren möglichst ohne großen Drehzahlabfall weiterlaufen können. Zur Wiederherstellung des normalen Zustandes der Schaltungen hat das Personal, nachdem die Störung vorbei ist, immer genügend Zeit. Auch war für uns der Gesichtspunkt maßgebend, Automatiken nur unter sparsamster Verwendung von Relais und Hilfskontakten zu bauen und sich von allem nicht unbedingt Nötigen frei zu halten, da damit auch die Anzahl der für Störungen verantwortlichen Einflüsse abnimmt.

Eine Voraussetzung für immer gutes Funktionieren von Umschaltautomatiken soll hier nicht vergessen werden. Sie besteht darin, daß das Schalt- und Reparaturpersonal über die Wirkungsweise von Relais und ihrer gegenseitigen Abhängigkeiten frühzeitig und bestens zu informieren ist. Dazu erscheint es mir als unerläßlich, von der ganzen Abhängigkeitsschaltung übersichtliche und vollständige Stromlaufbilder herstellen zu lassen. Abb. 79 enthält nur das grundsätzliche Stromlaufbild. Für die Betriebsüberwachung genügen solche schematischen Stromlaufbilder nicht. Die einzelnen Stromläufe müssen auch außer den Relaisspulen und -kontakten und den Hilfskontakten an den Schaltern und Steuerquittungsschaltern bzw. Druckknöpfen diejenigen Ziffern enthalten, die diese Spulenanschlüsse und Kontakte an den Geräten kennzeichnen. Zur Aufklärung des Nichtfunktionierens irgendeiner Abhängigkeit soll es der Untersuchende nicht nötig haben, z. B. erst festzustellen, welcher Hilfskontakt von mehreren an einem Leistungsschalter vorhandenen zu dem nicht richtig arbeitenden Stromlauf gehört. Ein solches lästiges Suchen erspart man sich, wenn die Ziffern der Hilfskontakte im betreffenden Stromlaufbild verzeichnet sind. Sinngemäß Gleiches gilt von den Nummern der Klemmen innerhalb der Klemmenleisten, deren Nummern selbst und den Nummern der benutzten Steuerkabel. Alle diese Dinge müssen also in einem für den Betrieb brauchbaren Stromlaufbild enthalten sein. Man darf kaum erwarten, daß irgendein Betrieb in der Lage ist, mit der Behebung von Störungen in verwickelten Abhängigkeitsschaltungen fertig zu werden, wenn man ihm nicht nach der Inbetriebsetzung und Prüfung gut revidierte Schaltbilder dieser Art zur Verfügung stellt. Ich selbst kenne aus eigener Praxis den Entwurf, die Montage, die Inbetriebsetzung und Betriebsführung zahlreicher, auch sehr umfangreicher Abhängigkeitsschaltungen und habe dadurch die Ansicht gewonnen, daß Gesamtschaltbilder, die die Starkstrom- und Steuerstromkreise gemischt enthalten und z. B. Relaisspulen und sämtliche dazugehörigen Kontakte räumlich zusammengefaßt zeigen (wie in tatsächlicher Ausführung), nicht dazu geeignet sind, einen Personenkreis zu informieren, der im Betrieb selbständig die Fehlerbeseitigung übernehmen soll. Dies spricht

nicht gegen die Notwendigkeit der üblichen Montageschaltbilder. Sie sind für die
Montage selbst unentbehrlich, aber weniger geeignet für die Fehlerbehebung
und die Erweckung von Verständnis für verwickelte Automatiken. Der Ingenieur,
der solche Anlagen in Betrieb nimmt und prüft, soll anschließend an Hand von
revidierten Hauptstrom- und Stromlaufbildern das dafür in Frage kommende
Betriebs- und Reparaturpersonal in das Arbeiten mit solchen Schaltbildern einführen. Für diesen Zweck vorgetäuschte Fehler dienen dazu, deren Aufsuchung
praktisch zu erläutern. Auch die leitenden Betriebsingenieure sollten sich ab und
zu die Mühe machen, solche Fehler in der Anlage vorzutäuschen und sich dadurch
überzeugen, daß das zuständige Personal diese Fehler auch selbständig zu finden
in der Lage ist. Man wird dabei meistens feststellen, daß dadurch das Interesse
wächst und die Anlage gut gewartet wird und auch gut funktioniert, wenn sie
es soll. Das speziell für Automatiken Gesagte gilt auch für andere schwierige Schaltungen, wie z. B. für den Generatorschutz. Hierfür ist es zweckmäßig, für die einzelnen Funktionen spezielle und im obigen Sinne ausführliche Stromlaufbilder
zu besitzen, z. B. etwa für die Funktion der Schwingungsentregung, des Differentialschutzes usw. Solche Schaltbilder sollen aber nicht nur im Schrank des
Betriebsleiters ruhen, sondern jederzeit dem gesamten zuständigen Personal zur
Verfügung stehen. Erst dann kann die vielfach anzutreffende Meinung verschwinden, daß verwickelte Schaltungen nichts taugen und für den „Praktiker" unbrauchbar sind. Ja, sogar der Praktiker wird an der Vervollkommnung und Ausmerzung
von manchmal vorhandenen Kinderkrankheiten oder sonstigen Nachteilen mit-
helfen, die sich im Betrieb herausstellen.

# G. Die elektrischen Einrichtungen
# in den verschiedenen Teilen des Kraftwerkes.

Es kann nicht Zweck der folgenden Ausführungen sein, auch nur andeutungsweise technologische Fragen der Dampf- und Stromerzeugungsanlagen hier zu
besprechen, auch wenn sie mit den Fragen der Eigenbedarfsversorgung in Zusammenhang stehen bzw. die Größe oder die Eigenbedarfsauslegung wesentlich
beeinflussen. Diese Dinge sind hier auf das unumgänglich Notwendige eingeschränkt worden. Zum Studium dieser Fragen muß daher auf die einschlägigen
Werke von z. B. MUSIL [27] und MÜNZINGER [26] sowie auf zahlreiche Spezial-
veröffentlichungen verwiesen werden.

## 1. Kohlenförderung.

Bei Brennstoff-Förderungsanlagen für Kraftwerke hat man grundsätzlich
zu unterscheiden zwischen solchen Anlagen, die Steinkohle oder Braunkohle als
Heizmaterial verwenden. Unterlagen über Förderanlagen bei anderem Heizmaterial, beispielsweise Öl, Gasen oder Torf, sind mir zur Zeit nicht zugänglich.
Sie spielen aber im Gesamtrahmen der Kraftwerksplanungen keine bedeutende
Rolle bzw. sind die für die Auslegung des Eigenbedarfs in diesem Zusammenhang
auftretenden Fragen nicht besonders verwickelt und sinngemäß ähnlich zu lösen
wie andere hier behandelte, so daß auf die spezielle Behandlung hier verzichtet
werden kann. Bei Steinkohle hat man es hauptsächlich mit Lagerung im Freien
zu tun (vgl. Abb. 3). Die Kohle wird über Verladebrücken mit Brückenfahrwerk,

Katze und Greifer befördert, wobei Hubmotoren auch mit Schleifringläufern ausgebildet werden. Für Greiferbetrieb kommt meistens ein 2-Motoren-Hubwerk mit 4-Seilgreifer in Frage. Gelegentlich sind auch Waggonkipper im Gebrauch. Die Ausbildung der elektrischen Einrichtungen für derartige Zwecke sind bekannt und stellen zu spezielle und weitführende Probleme dar, die im Rahmen dieser Ausführungen nicht besonders behandelt werden können. Es sei aber auf die bekannten Lehrbücher über diese Anwendungsgebiete der Elektrotechnik hingewiesen (z. B. [19]). Bei Braunkohlenförderung wird die Kohle in Bunkern gelagert. In diese wird die Kohle aus Spezialselbstentladewaggons entladen und durch Bagger- oder Räumgeräte Förderbändern zugeführt. Die Förderbänder führen die Kohle über Eisenabscheider einer Brecherstation zu, in der die größeren Stücke entweder zertrümmert oder ausgeschieden werden. Von da erfolgt die weitere Förderung bis auf die Kesselbunker gleichfalls durch Bänder. Von den Bändern wird die Kohle durch Abstreifer in die Kesselbunker geworfen. Die verschiedenen Abwandlungen der mechanischen Ausführung derartiger Geräte hier zu behandeln, würde über den Rahmen des Buches hinausgehen. Bezüglich der Versorgung des Eigenbedarfs ergeben sich dabei aber kaum Unterschiede. An Stelle von Förderbändern werden gelegentlich, vornehmlich bei kleineren Förderleistungen und bei Steinkohlenkraftwerken, auch Becherwerke verwendet (vgl. hierzu Abb. 27), oder aber es werden Seilbahnen von der Grube bis auf die Kesselbunker geführt, wobei man dann nur Kippeinrichtungen vorzusehen hat. Letztere Ausführungsform ist heute selten geworden. In den folgenden Ausführungen sollen entsprechend der Wichtigkeit nur die Bandanlagen weiter besprochen werden. Hat man andere Ausführungen der Kohlenförderung zu projektieren, dann können die im folgenden erwähnten Grundsätze darauf sinngemäß übertragen werden. Hinsichtlich der Wichtigkeit der elektrischen Antriebe von Kohlenförderanlagen in Kraftwerken kann allgemein gesagt werden, daß kurzzeitige Stromunterbrechungen für den Betrieb keinesfalls kritisch sind. In dem Zusammenhang muß die Speisung der Förderanlagen so vorgesehen werden, daß bei Ausfall eines wichtigen Gliedes in der Stromversorgung durch Umschalten von Hand auf eine vorhandene Reserveanlage der Betrieb wieder in Gang gebracht werden kann. Eine Automatik, die dies besorgt, ist nicht erforderlich. Die Motoren für den Antrieb der Förderanlagen können mit geringen Ausnahmen als Kurzschlußläufermotoren ausgeführt werden. Wegen der Größe der installierten Leistungen ist es im allgemeinen auch nicht erforderlich, Hochspannungsmotoren zu verwenden, wodurch eine einheitliche Planung des Gesamtstromversorgungsnetzes für eine Kohlenförderanlage wesentlich erleichtert wird. Im allgemeinen hat man es aber bei einer Bandförderanlage nicht mit einer einzigen, lückenlos aneinander anschließenden Bandstraße zu tun, sondern meistens mit 2 parallelen Bandstraßen, deren Einzelabschnitte in beliebiger Kombination auch über Kreuz gefahren werden können. Mit Rücksicht auf eine schnelle Wiederingangsetzung der Förderung ist es erforderlich, dafür zu sorgen, daß bei Stillstand eines Bandes vom vorhergehenden keine weiteren Kohlenmassen aufgetragen werden. Aus dieser Gegebenheit heraus besteht die Forderung einer gewissen Verriegelung der Anlagen hinsichtlich der einzuhaltenden Schaltfolge. Andererseits ist es notwendig, für Reparaturzwecke jedes Band für sich im Probebetrieb fahren zu lassen, ohne Rücksicht auf einen Zusammenhang mit den anderen Bändern. Diese wenigen Ausführungen zeigen schon, daß es zweckmäßig ist, von zentraler Stelle aus die Gesamtanlage überwachen zu können. Wie weit eine solche zentrale Steuer- oder Überwachungseinrichtung ausgebaut werden soll, unterliegt allerdings mehr subjektiven Anschauungen des einzelnen projektierenden Ingenieurs und den Wünschen der Betriebsleitungen. In den folgenden Ausführungen wird eine Förderanlage beschrieben, die sich im Betrieb gut bewährt hat. Alle Überlegungen, die bei der Projektierung wichtig sind, sollen im folgenden geschildert werden:

Die Kohle wird durch eine elektrische Bahn einem Grabenbunker zugeführt. Dieser Grabenbunker hat an seinen beiden Längsseiten die Stapelplätze für die Kohle. Von dort wird durch je ein Baggergerät die Kohle aufgenommen und auf das erste Förderband geschüttet und auf dem schon oben erwähnten Weg bis zu den Kesselbunkern geführt. Die Übersicht über die Anlage ist aus dem auf Abb. 82 dargestellten Leuchtschaltbild zu ersehen. Es handelt sich um eine Doppelförderanlage, bei der im Grabenbunker selbst, in der Brecherstation und unmittelbar vor den Bändern für die Beschickung der Kesselbunker ein Wechsel von einem Band auf das andere möglich ist. Das Umstellen dieser Schurren geschieht von Hand und wird nach der Leuchtschalttafel rückgemeldet. Die Leuchtschalttafel nach Abb. 82 ist in der Brecherstation aufgestellt. Von dort geht die normale Inbetriebsetzung der Förderanlage in der Weise vor sich, daß zunächst auf telefonische Anweisung die erwähnten Schurren in die richtige Lage gebracht

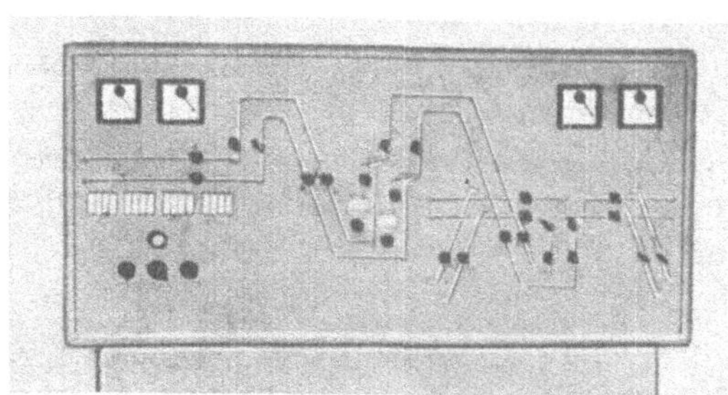

Abb. 82. Leuchtschalttafel der Kohleförderanlage (Kraftwerk Thalheim).

werden. Nach erfolgter Rückmeldung auf das Leuchtschaltbild wird von der zentralen Schaltstelle aus ein Hupensignal gegeben. Durch ein Zeitrelais wird dafür gesorgt, daß die gesamte Bandanlage nicht vor Ablauf von etwa 1,5 bis 2 min in Betrieb genommen werden kann. Dann erfolgt zunächst durch Betätigung der dazu vorhandenen Steuerschalter die Inbetriebnahme der Bänder unmittelbar über den Kesselbunkern. Wenn diese im Betrieb, d. h. die Schalter eingeschaltet sind, wird über Hilfskontakte an diesen es möglich, daß das nächstfolgende Band zwischen Brecherstation und Kesselbunkern gleichfalls durch Betätigung der dazugehörigen Steuerschalter in Betrieb genommen werden kann. In ähnlicher Abhängigkeit ist dann das Einschalten der Brecher sowie der folgenden Bänder möglich. Schließlich kann im Verlauf derselben Abhängigkeit der Hauptschalter der Baggergeräte eingelegt werden. Bei Ausfallen eines der Antriebsmotoren erfolgt über Hilfskontakte am zugehörigen Schalter die Abschaltung aller derjenigen Antriebe, die Kohle nach dem zuerst ausgefallenen Band fördern. Das Abschalten der nicht gestörten Antriebe erfolgt, von der Störungsstelle gesehen, in der Reihenfolge, wie die Antriebe bis zu den Baggergeräten im Grabenbunker räumlich hintereinander liegen. Die in Richtung auf die Kesselbunker von der Störungsstelle ablaufenden Antriebe laufen zunächst weiter und werden gegebenenfalls von Hand abgeschaltet. Die Motorschutzschalter bzw. Schütze für die einzelnen Antriebe sind in der Weise verriegelt, daß nach Abschaltung infolge Überstrom die Auslösungsorgane am Schalter bzw. Schütz selbst wieder zurückgestellt werden müssen, wodurch eine Revision des Antriebes und der Schalteinrichtungen erzwungen wird. Das normale Stillsetzen der Anlage vom Leuchtschaltbild aus erfolgt so, daß zunächst das Baggergerät und dann anschließend von dort aus die Bänder bis zum Kesselbunker abgeschaltet werden. Außerdem sind sowohl an der Leuchtschalttafel als auch über die gesamte Förderanlage verteilt Notabschalter vorgesehen, die die Abschaltung der gesamten Anlage möglich machen. Während der Notdruckknopf in der Leuchtwarte auch für die übliche Außerbetriebnahme benutzt wird, sind die über die Anlage verteilten Notauslöseschalter in erster Linie deswegen vorgesehen, um durch das Personal festgestellte Störungen in der Förderung sofort einzugrenzen und die Gesamtanlage jederzeit und ohne große Zeitverzögerung stillsetzen zu können. Der Betrieb vollzieht sich so, daß in den einzelnen Betriebsabschnitten Überwachungsmannschaften vorhanden sind, die bei Unregelmäßigkeiten in der Förderung in der vorher beschriebenen Weise eingreifen und auch für den ordnungsgemäßen Zustand der Förderanlage vor Inbetriebnahme der Anlage die notwendige Kontrolle ausüben können. Zur Verständigung der zentralen Betriebsleitung mit dem Überwachungspersonal ist eine Meldeanlage mit Glockensignalen vorhanden (außer dem Telefon). Neben dieser Bedienungsweise für die normale Kohlenförderung können noch folgende mehr für Reparatur- und Kontrollzwecke vorgesehene Schaltungen ausgeführt werden. Einmal kann durch Betätigen eines

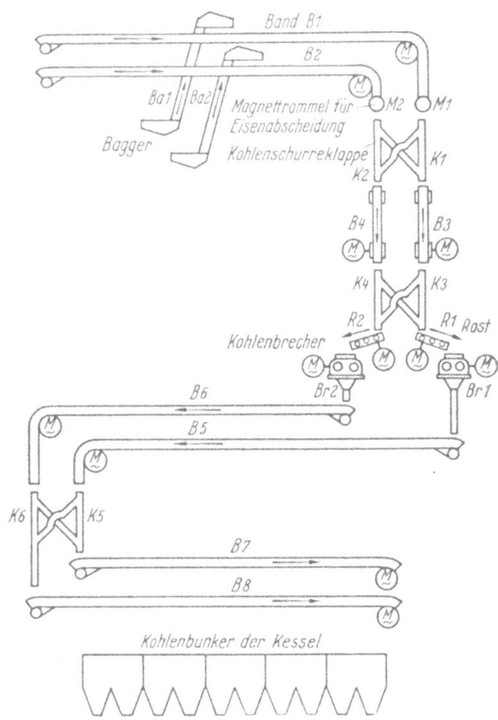


Abb. 83. Übersicht über die Anordnung der Motoren in der Bekohlungsanlage (Kraftwerk Thalheim).

Schalters am Leuchtschaltbild die gesamte Folgeschaltung außer Wirkung gesetzt werden. Nach Betätigung dieses Schalters ist es durch örtliche Hilfsschalter an den Bändern und sonstigen Betriebseinrichtungen möglich, die einzelnen Antriebe ohne Zwang einer Folgeschaltung durch Betätigen von Hilfsschaltern in Betrieb zu setzen bzw. auch wieder abzuschalten. Die Schaltorgane haben abziehbare Griffe, so daß sie im normalen Betrieb nicht unbefugt betätigt werden können. Auch eine Betätigung während der normalen Steuerung von der Tafel aus ist erfolglos, solange an der Leuchtwarte nicht der vorerwähnte Schalter umgelegt ist. Außerdem ist an dem Leuchtschaltbild folgende Einrichtung vorhanden: Die Betätigungsorgane für die einzelnen Antriebe der Förderanlage haben eine Schaltstellung „Einzelbetrieb". Wenn ein Schalter im Leuchtschaltbild auf dieser Stellung steht, dann ist es möglich, vornehmlich für Zwecke von Überholungen in der Nähe der zugehörigen Antriebe innerhalb der Anlage einen

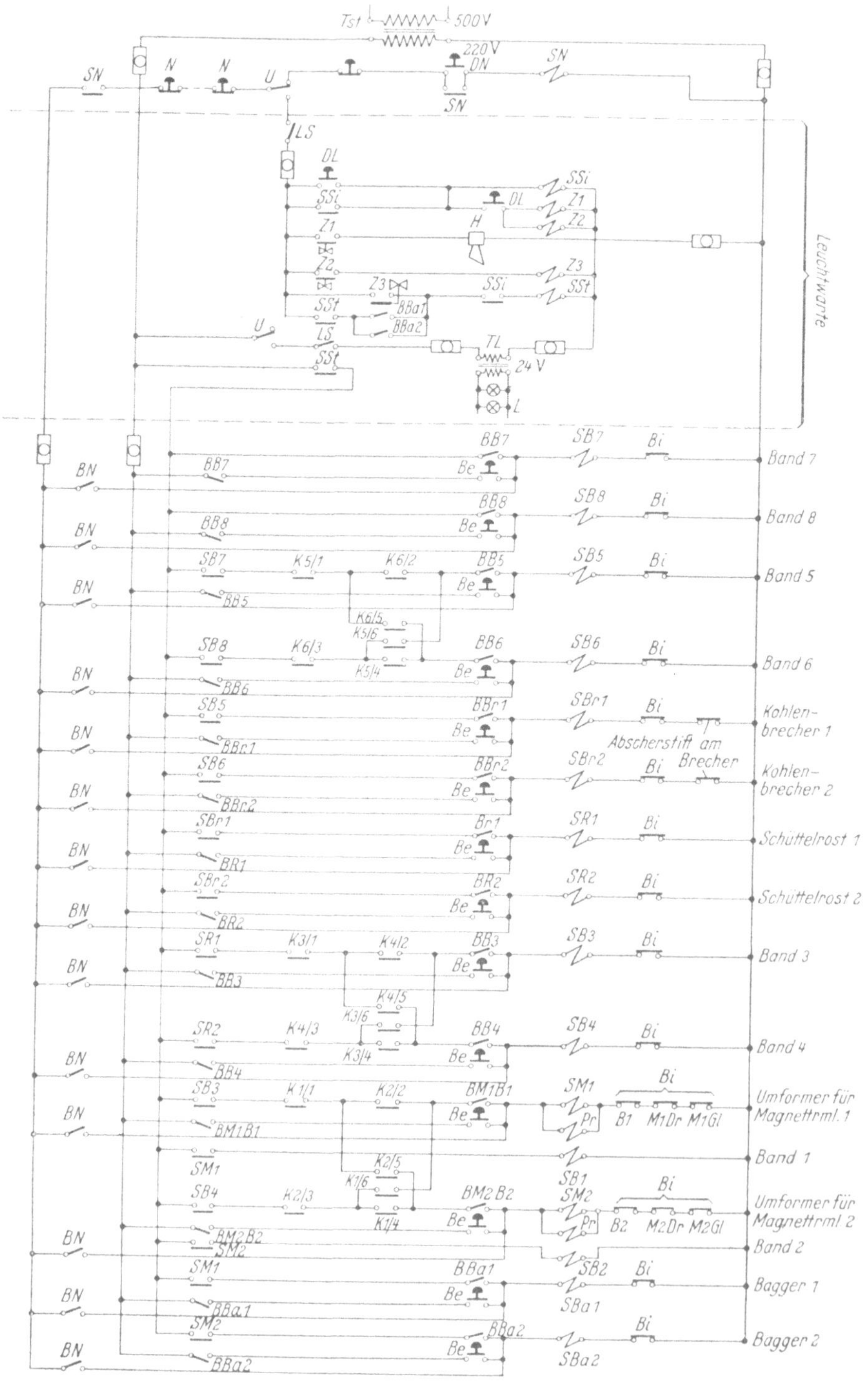

**Abb. 84.** Stromlaufbild der Bekohlungsanlage (Kraftwerk Thalheim, vgl. Abb. 82 und 83).

*Tst* Steuerstrom-Transformator; *TL* Transformator für Leuchtbild; *S* Schütz; *SSi* Sicherheitsschütz; *SSt* Steuerungsschütz; *SN* Notsteuerungsschütz; *DL* Druckknopf der Leuchtwarte; *DN* Druckknopf der Notsteuerung; *Z* Zeitrelais; *N* Nothalteknopf; *U* Umschalter von Leuchtwarte auf Notbetrieb; *LS* Leuchtbildschalter; *L* Leuchtbildlampen; *B* Betätigungsschalter; *Be* Betätigungsschalter für entriegelten Antrieb; *BN* Betätigungsschalter für Notbetrieb; *K* Klappenkontakt; *H* Hupe: *Bi* Bimetallrelais; *PR* Parallel-Relais für Leuchtsymbole.

Schwenktaster zu betätigen, der den betreffenden Antrieb so lange zum Laufen bringt, wie er in seiner Betriebsstellung festgehalten wird. Das Überholungspersonal hat also die Möglichkeit, ohne langwierige Einzelverständigung mit dem Bedienungsmann des Leuchtschaltbildes das ordnungsgemäße Funktionieren jedes einzelnen Antriebsteiles zu überwachen. Ohne Willen des Bedienungsmannes der Leuchtschalttafel ist dies nach den obigen Ausführungen jedoch nicht möglich. Es erübrigt sich, das zugehörige Schaltbild (Abb. 83 und 84) im einzelnen zu beschreiben. In den eben genannten Schaltbildern ist eine Übersicht über die Gesamtanlage und das Stromlaufbild für die Steuerung enthalten. Aus den Schaltbildern geht hervor, daß keine Signalisierung für Störungen in der Kohlenförderung, abgesehen vom Ausfall der Antriebe, vorhanden ist. Nach meinen Erfahrungen sind derartige Meldungen z. B. über das Reißen von Bändern usw. einmal schwer in zweckmäßiger Weise herzustellen, und zweitens würden diese Meldungen in der Regel zu spät kommen. Die Meldung durch das die Anlage dauernd kontrollierende Betriebspersonal scheint zweckmäßiger zu sein und auch schneller zu funktionieren.

Auf Grund meiner Erfahrungen erscheint es auch wichtig, für die Installation der elektrischen Anlagen in Kohlenförderanlagen auf folgendes hinzuweisen: Beim Reißen von Bändern oder auch sonstigen Unregelmäßigkeiten kann leicht ein Kohlenbrand entstehen, der sich bei trockener Kohle leicht und schnell ausdehnen kann. Bei schneller Wegförderung der Kohle ist es jedoch oft möglich, den Brand zu beseitigen. Dabei kann es aber vorkommen, daß bei unzweckmäßiger Installation, beispielsweise der Kabel, diese einen bleibenden Schaden erleiden. Infolgedessen sind in der beschriebenen Anlage die Kraft- und Steuerkabel im Fußboden der Förderanlagen in Postkanälen verlegt worden. Diese verhindern eine Beschädigung durch Feuer oder halten auch mechanische Einflüsse von den Kabeln genügend sicher fern. Die Kabel selbst sind zum Zwecke der Verlegung in gewissen Abständen durch Schächte zugänglich. Eine solche Verlegung erscheint jedenfalls sehr viel zweckmäßiger als die oft gewählte Anordnung der Kabel an den Dachkonstruktionen der Förderbrücken unmittelbar über den Kohlenförderbändern. Die Installation elektrischer Schaltgeräte geschieht am zweckmäßigsten durch Verwendung gußgekapselter Verteilungsanlagen. Diese Bauweise verhindert gleichfalls mechanische Beschädigung und auch Einfluß von Bränden in ziemlich weitgehendem Umfang. Wegen großer Verschmutzungsgefahr kommen für Kohlenförderanlagen ausschließlich geschlossene Motoren in Frage.

Der Bedarf an elektrischer Energie für die Kohlenförderung liegt nach ELLRICH[5] etwa in den Grenzen von 0,2 bis 1,25 kWh/t Kohle, im Mittel bei etwa 0,7 kWh/t Kohle. Dazu kommt bei Werken mit zentraler Mahlanlage für den Staubtransport bis zu den Kesseln noch ein zusätzlicher Aufwand von 2,5 bis 4 kWh/t Kohle.

Die Versorgung der Eisenabscheider mit Gleichstrom kann von den übrigen Gleichstromanlagen des Kraftwerkes getrennt erfolgen. Man stellt dafür am besten besondere Umformer oder Gleichrichter auf, die aus dem Drehstromnetz gespeist werden. Die Einfügung der Eisenabscheider in eine Folgeschaltung ist auf diese Weise leicht möglich. Noch einfacher ist die Verwendung von Naturmagneten aus den neuzeitlichen magnetischen Werkstoffen für diesen Zweck. Die Wartung ist dabei sehr gering, der Verschleiß nicht größer als bei Verwendung von Elektromagneten. Eventuell ist ein Nachmagnetisieren nach langjährigem Betrieb erforderlich.

## 2. Aufbereitung und Verbrennung der Kohle.

### a) Zentralmahlanlagen.

Zentralmahlanlagen erhalten dort den Vorzug, wo ein Übergreifen der veränderlichen Belastungen auf die Mahlung und Trocknung vermieden werden muß oder wo Kohle mit hohem Asche- oder stark schwankendem Wassergehalt zur Verwendung kommt. Sie bedingt erhöhte Anlagekosten, jedoch sind betriebliche Vorteile vorhanden wie: Unabhängigkeit der Mahlleistung von der Spitzenbelastung der Kessel, Verwendung großer Mahleinheiten mit gutem Wirkungsgrad und gleichmäßig guter Belastung, Unabhängigkeit des Kesselbetriebes von der Betriebsbereitschaft der Kohlenaufbereitung und weitgehende Regelfähigkeit der Kesselanlagen.

Der Antrieb von Mahlanlagen ist ausschließlich elektrisch (Kurzschlußläufer). Geschlossene Motoren mit Oberflächenkühlung sind hier erforderlich, um in den staubreichen Anlagen das Innere der Motoren vor weitgehender Verschmutzung zu bewahren. Abb. 85 zeigt eine Rohrmühle mit Antrieb einer zentralen

Abb. 85. Rohrmühle einer Zentralmahlanlage für Steinkohle.

Mahlanlage für Steinkohle. Bezüglich der Auslegung der Motoren vgl. Abschn. C 3 a u. b. Wegen meist vorhandener Staubbunkerung sind hier vorübergehende Betriebsunterbrechungen tragbar. Der Sicherheit des elektrischen Anschlusses braucht daher nicht die gleiche Aufmerksamkeit geschenkt zu werden wie dem lebenswichtigen Eigenbedarf. Die für die Mahlanlage zu installierende Leistung beträgt im Mittel etwa 2% der installierten Kraftwerksleistung. Der Arbeitsaufwand von Mahlanlagen beläuft sich bei Steinkohle auf durchschnittlich 21 bis 25 kWh/t Kohle und bei Braunkohle auf durchschnittlich 10 bis 15 kWh/t Kohle (ELLRICH [5]).

### b) Einzelmühlen.

Die Einzelmühle bringt im Gegensatz zur Zentralmahlanlage erhebliche Ersparnisse an Anlagekosten und betriebliche Vereinfachungen. Da starke Belastungsschwankungen das Einhalten einer gleichmäßigen Staubfeinheit, die die Vorbedingung für einen einwandfreien Feuerungsbetrieb ist, erschweren, ist die Einzelmühle vornehmlich in Grundlastwerken am Platze. Die Einzelmühle besitzt ebenfalls ausschließlich elektrischen Antrieb (Kurzschlußläufer) zum Teil direkt gekuppelt (vgl. Abb. 86), zum Teil mit dazwischen geschaltetem Keilriemenantrieb. (Letztere Art ist jedoch weniger häufig und für den Betrieb auch weniger erwünscht.) Der Sicherheit des Mühlenantriebes ist wegen des hier vorliegenden Falles von lebenswichtigem Eigenbedarf erhöhte Aufmerksamkeit zu schenken (zwei voneinander unabhängige Stromquellen). Bei reinem Mühlenantrieb sind nach langdauernden Störungen die Anfahrschwierigkeiten unter Umständen erheblich. Je nach der Sicherheit der vorhandenen elektrischen Netze können bei Kraftwerken, deren Kessel ausschließlich mit Einzelmühlen ausgerüstet sind, etwa die Hälfte der Mühlen einen Notdampfantrieb erhalten. Eine andere und meistens bessere Lösung ist beispielsweise eine Schaltung, bei der die Hilfsantriebe jedes Kessels je zur Hälfte an zwei verschiedenen Stromquellen angeschlossen sind. Diese Schaltung besitzt den Vorteil. daß bei Unterbrechung der Stromzufuhr das Feuer nie zum Erlöschen kommt. Auch durch automatische Umschaltein-richtungen kann die Sicherheit erhöht werden. Man ist damit in der Lage, innerhalb von etwa 2 bis 3 sec eine ausgefallene Spannung wieder heranzufüh-ren. Solche Zeiten für die Wiederherstellung der Span-nung und des normalen Be-triebes dürften bei allen Kessel-bauarten ausreichend sein, um ohne Störung den Betrieb durchlaufen zu lassen. Der Arbeitsaufwand für die Einzel-mühle liegt für Steinkohle etwa zwischen 15 bis 20 kWh/t Kohle und für Braunkohle etwa zwischen 5 bis 10 kWh/t

Abb. 86. Antrieb von KSG-Kohlenmühlen für Steinkohle durch geschlossene Drehstrommotoren mit Außenbelüftung.

Kohle, bei Krämermühlen zwischen 2,5 bis 6 kWh/t Kohle (ELLRICH [5]).

Die Antriebsmotoren der Mühlen sind reichlich zu bemessen. Einerseits treten durch große Kohlenstücke und Fremdkörper kurzzeitige Belastungsspitzen auf, andererseits können die Mühlen beim Übergang auf eine andere Belastungsstufe bis zur Einregelung der richtigen Primärluftmenge manchmal höher beansprucht werden. Für die Auslegung der Motoren, auch speziell von Mühlen, sei auf die Aus-führungen unter C 3 a und b verwiesen. Es kommen wegen der Verschmutzungs-gefahr ausschließlich geschlossene Motoren zur Verwendung.

Zum lebenswichtigen Eigenbedarf gehören auch die Brennstoffzuteilvorrich-tungen für Einzelmühlen und die Staubfördergebläse, Staubförderschnecken und Förderpumpen der Zentralmahlanlage. Der Antrieb ist elektrisch. Man ver-wendet entweder Kurzschlußläufer mit Regelgetrieben oder stufenlos regelbare Gleichstrommotoren unter Verwendung der LEONARD-Schaltung. Bekannt und gut geeignet ist auch für derartige Zwecke die Drehzahlregelung durch Frequenzänderung (vgl. Ausführungen unter C 3 d bis g). Auch die dafür ver-wendeten Motoren müssen in geschlossener Ausführung vorgesehen werden. Der Arbeitsaufwand von Zuteilvorrichtungen liegt bei 0,1 kWh/t Dampf. Für die Fördereinrichtung der Mahlanlagen liegt er bei 0,3 bis 0.5 kWh/t Dampf (ELLRICH [5]).

### c) Rostfeuerung und Entaschung.

Die Antriebe der Rostfeuerungen zählen zum lebenswichtigen Eigenbedarf. Ihr Arbeitsaufwand ist etwa der gleiche wie der von Zuteilvorrichtungen der Einzelmühlen. Der Wanderrost, als der typische Vertreter der Steinkohlenrost-feuerungen kann von Drehstrommotoren (Kurzschlußläufer) angetrieben werden, wobei die Rostgeschwindigkeit durch ein vielstufiges oder stetig regelbares Getriebe geregelt wird (vgl. z. B. Abb. 21), oder der Antrieb erfolgt durch Gleichstrom- oder Drehstromregelmotoren (vgl. Abb. 87) in den üblichen Schaltungen, ebenfalls in Verbindung mit einem mehrstufigen Rostgetriebe. Bei der Braunkohle ist der Muldenrost einer der wichtigsten, seine Antriebsart ist bekannt (hydraulisch betätigte Kolbenantriebe). Die erforderlichen Drucköllpumpen müssen sicheren Anschluß erhalten. Ähnliche Antriebs-arten sind auch bei anderen Rost-arten üblich. In allen Fällen werden heute geschlossene Motoren verwendet.

Abb. 87. Wanderrostantrieb durch Drehstrom-Neben-schlußmotoren 1,8 kW, 380 V, 2100 bis 700 U/min (SSW).

Die Sicherung der Ölversorgung kann auf verschiedene Arten erfolgen. Für den normalen Betrieb dient eine elektrisch betriebene Ölpumpe mit Anschluß an ein Drehstromnetz, das lebens-wichtigen Eigenbedarf zu speisen in der Lage ist. Abb. 88 zeigt eine einfache Umschalteinrichtung für diese und andere ähnliche Zwecke, die außer einer durch Drehstrom noch eine durch Gleichstrom angetriebene Pumpe zur Voraussetzung hat. Bei Wegbleiben oder Absinken der Drehspannung schaltet sich das Gleichstromaggregat selbsttätig ein. Gleichzeitig wird ein Signal gegeben, um das Bedienungspersonal von der Umschaltung in Kenntnis zu setzen. Eine willkürliche Inbetriebnahme des Gleichstromaggregates ist durch einen besonderen Schalter möglich. Eine höhere Sicherheit erreicht man aber, wenn man gleichfalls wie in Abb. 88 zur normalen Speisung ein Drehstrom-pumpenaggregat verwendet, dieses

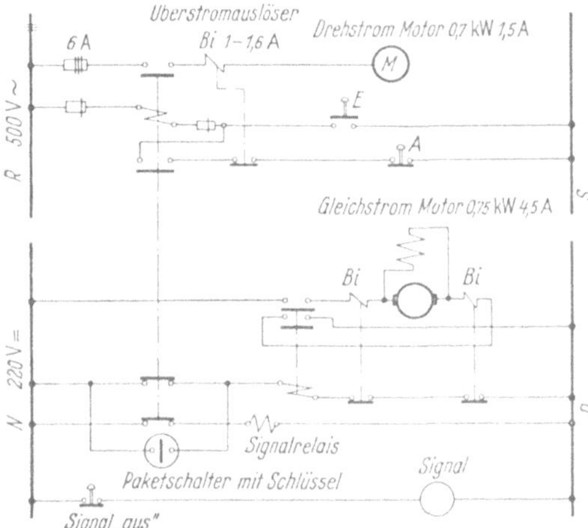


Abb. 88. Umschalteinrichtung Drehstrom–Gleichstrom für den Antrieb von Pumpen für die Ölversorgung von hydraulischen Rostantrieben, hydraulischen Steuerungen und hydraulisch geregelten Reduzierstationen (AEG).

aber durch einen verklinkten Motorschutzschalter schaltet, der keine Spannungsrückgangsauslösung besitzt. Das Reservegleichstrom-Pumpenaggregat oder ein weiteres Drehstromaggregat, das an ein besonders gesichertes Drehstromnetz (Steuerdrehstromnetz nach Abschnitt L 5, S. 189) angeschlossen ist, wird durch einen Druckschalter eingeschaltet, der bei absinkendem Druck wenig unter dem normalen Betriebsdruck des Öles anspricht. Dadurch werden auch Fehler der Betriebspumpe mit erfaßt, und geringe und kurzfristige Spannungsabsenkungen im Betriebsdrehstromnetz beunruhigen den Betrieb nicht. In ähnlicher Weise kann auch eine dampfangetriebene Reservepumpe eingeschaltet werden. Auf guten Wirkungsgrad des Dampfantriebes braucht dabei kein Wert gelegt zu werden, da er nur selten in Betrieb ist.

Rostfeuerungen benötigen besondere Entaschungseinrichtungen, wie beispielsweise Schlackenbrecher. Der Arbeitsbedarf beträgt rund 0,2 bis 0,4 kWh/t Dampf [5]. Der Eigenbedarf der Entaschung fällt mit unter den nicht

Abb. 89. Pumpenaggregat zur hydraulischen Förderung von Asche (90 kW, 500 V, 1475 U/min) (SSW).

lebenswichtigen Bedarf. Anschluß an eine Stromquelle ist daher als ausreichend anzusehen. Vgl. aber hierzu die Ausführungen unter C 2, S. 21. Abb. 89 zeigt ein Pumpenaggregat für die hydraulische Förderung von Asche. Sie zeigt einen geschlossenen, oberflächengekühlten Drehstrom-Kurzschlußläufermotor. Diese Art von Motoren ist auch für alle Antriebe von Entaschungsanlagen dringend empfehlenswert. Bei Naßentaschung ist zwar die Staubentwicklung geringer als bei beispielsweise der pneumatischen Förderung, doch wendet man auch da vorteilhafter geschlossene Motoren an als nur geschützte.

### d) Kesseltafel.

Von der Kesseltafel werden zweckmäßig die Antriebsmotoren der Mühlen, Roste, Zuteiler und Fördergebläse gesteuert, wobei Leistungsschreiber für die Mühlenmotoren und Drehzahlanzeigevorrichtungen für die Brennstoffzuteiler auf der Tafel vorzusehen sind. Der besseren Übersichtlichkeit halber sind die Meß- und Anzeigeinstrumente eines Kessels für den elektrischen und wärmetechnischen Teil auf einer gemeinsamen Instrumententafel unterzubringen. Es ist jedoch zweckmäßig, Flüssigkeiten und Druck führende Geräte von den elektrischen möglichst zu trennen und ferner zu verhüten, daß die Instrumentenschränke durch den im Kesselraum nie ganz zu vermeidenden Staub verschmutzt werden. Es ist angebracht, die Schränke unter einen geringen Luftüberdruck zu setzen.

Zahlentafel 8. *Anordnung der Betätigungen*

| Betätigung erfolgt von | Wanderrost- | | |
| --- | --- | --- | --- |
| | kleine Anlagen | | |
| | Tafel[2] | H. St. Fl. | örtlich |
| **Art der Betätigung.** | | | |
| *a) Motoren ein- und ausschalten[1].* | | | |
| 1 Saugzugmotor | | × | |
| 2 Frischluftventilatormotor | | × | |
| 3 Zweiluftventilatormotor | | × | |
| 4 Mühlenmotor | | | |
| 5 Kohlenzuteilermotor | | | |
| 6 Kohlenwaagenmotor | | × | |
| 7 LEONARD-Antriebsmotor | | × | |
| 8 Rostmotor | | × | |
| 9 Staubeinblaseventilatormotor | | | |
| 10 Staubzuteilermotor | | | |
| 11 Mühlenventilatormotor | | | |
| 12 Grießrücklaufschneckenmotor | | | |
| 13 Motor für Staubschleusen unter Staubzyklon | | | |
| 14 Motor für Staubverteilerschnecken | | | |
| 15 Sonstige Motoren für Kessel und Mahlanlage | | | |
| *b) Regulieren von Motoren.* | | | |
| 16 Saugzugmotordrehzahl | | × | |
| 17 Frischluftmotordrehzahl | | × | |
| 18 Kohlenzuteilermotordrehzahl (oder dessen Getriebe) | | | |
| 19 Staubzuteilermotordrehzahl (oder dessen Getriebe) | | | |
| *c) Einstellen von Klappen u. dgl.* | | | |
| 20 Zugregelklappe | × | | |
| 21 Frischlufthauptklappe | × | | |
| 22 Mühlenluftklappe | | | |
| 23 Einblaseluftklappe | | | |
| 24 Zweiluftklappen an den Brennern | | | |
| 25 Zweiluftklappen bei Rosten | | × | |
| 26 Zonenklappen bei Rosten | | × | |
| 27 Klappe für Mühlentemperatur | | | |
| 28 Sonstiger Klappen am Kessel | | | × |
| 29 Sonstiger Klappen in Mahlanlage | | | |
| 30 Dampftemperatur | | × | |
| 31 Speisewassermenge (bei Versagen des Reglers) | | × | |
| *d) Öffnen und Schließen von Schiebern.* | | | |
| 32 Heißdampfschieber | | × | |
| 33 Hauptspeiseschieber | | × | |
| 34 Zwischendampfschieber | | | |
| 35 Heißdampfanfahrschieber | | | × |
| 36 Sonstige Schieber und Ventile | | | × |
| *e) Verschiedenes.* | | | |
| 37 Druckknopfschalter für Motoren, Heißdampf- und Speisewasserschieber zum Außerbetriebnehmen bei Gefahr | | | |

[1] Bei diesen Anlagen sind die Motorschalter auf dem Heizerstandsflur gruppenweise zusammengefaßt. Daher ist „örtlich" identisch mit H.St.Fl.

[2] Diese Betätigung muß nicht immer unbedingt auf der Tafel, sondern kann unter Umständen auch an der anderen ×-Stelle sein.

[3] Diese Betätigungen sind an beiden, bzw. je nach ihrer Wichtigkeit, teils an der einen, teils an der anderen angekreuzten Stelle vorhanden.

*an Kesselanlagen an Hand von 3 Beispielen (AEG).*

| Kessel | | | Großer Kohlenstaub-Kessel | | | | | | |
|---|---|---|---|---|---|---|---|---|---|
| große Anlagen | | | Einblasemühlen | | | mit Rohrmühlen und Staubzwischenbunkerung | | | |
| Tafel[5] | H. St. Fl. | örtlich | Tafel[5] | H. St. Fl. | örtlich | Tafel[5] (Kessel) | Tafel[5] (Mühle) | H. St. Fl. | örtlich |
| × |  |  | × |  |  | × |  |  |  |
| × |  |  | × |  |  | × |  |  |  |
|  |  | × |  |  |  |  | × |  |  |
|  |  | × |  |  |  |  | × | × |  |
|  |  | × | (×)[2] | × | × | (×)[2] |  |  | × |
|  |  | × |  |  | × | (×)[2] |  |  | × |
|  |  | × |  |  |  | × |  |  | × |
|  |  |  |  |  |  | × | × |  | × |
|  |  |  |  |  |  |  |  |  | × |
|  |  |  |  |  |  |  |  |  | × |
|  |  | × | × | × | × | × |  |  | × |
| (×)[2] | × |  | × |  |  | × |  | × |  |
| (×)[2] | × |  | × |  |  | × |  |  |  |
|  | × |  | × |  |  | × |  |  |  |
| × |  |  | × |  |  | × |  |  |  |
| × |  |  | × |  |  | × |  | × |  |
|  |  |  | × |  |  | × | × |  |  |
|  | × |  | × |  | × | × | × |  | × |
|  | × |  |  | × |  |  | × |  | × |
|  |  | × | (×)[2] | × |  | (×)[2] | ×[3] |  |  |
| × |  |  |  | ×[3] | × |  |  |  | × |
| × |  |  |  |  |  |  |  |  |  |
| (×)[2] | × |  | × |  |  | × |  |  |  |
| × |  |  | × |  |  | × |  |  |  |
| × |  |  | × |  |  | × |  |  |  |
| (×)[2] | × |  | (×)[2] | × |  | (×)[2] |  | × |  |
|  | × |  | (×)[2] | × |  | (×)[2] |  | × |  |
|  | × |  |  | ×[3] | × |  |  | ×[3] | × |
| ×[4] |  |  | ×[4] |  |  | ×[4] |  |  |  |

[4] Diese Betätigungen sind in mehrfacher Zahl an verschiedenen Stellen unterzubringen; auch die elektrische Warte ist hierfür geeignet.

[5] Es bedeuten: „Tafel": Betätigung sitzt auf der Kesseltafel oder in ihrer unmittelbaren Nähe. „H.St.Fl.": Betätigung sitzt auf Heizerstandsflur heruntergezogen oder von dort aus möglich, so daß der Wärter nur einen horizontalen Weg hat. „Örtlich": Betätigung muß dort erfolgen, wo die betreffenden Klappen, Schieber usw. sitzen.

Ein Beispiel für eine Kesseltafel zeigt Abb. 90. Hier handelt es sich um eine Anlage, die noch im nächsten Abschnitt an Hand der Abb. 94 und 95 genauer besprochen wird. Die Bedienungsorgane und Instrumente sind auf der Abb. 90 selbst verzeichnet. Zur Hebung der Übersichtlichkeit wurde inmitten der Tafel ein Schema angebracht, wie es etwa auch in Abb. 94 zu sehen ist. Die auf der Tafel vorhandenen Bedienungsorgane und Meßinstrumente sind in diesem Schema gleichlautend beschriftet bzw. beziffert. Man hat solche Übersichtsbilder auch

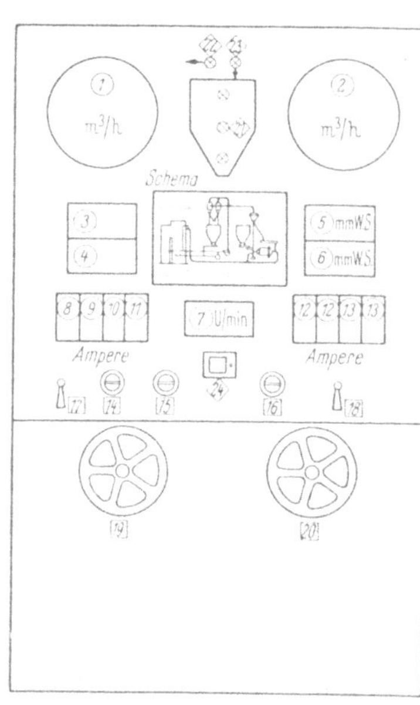

Abb. 90.
Mühlentafel für eine Rohrmühlenanlage
mit Staubzwischenbunkerung (AEG).
(Vgl. Abb. 94 und 95.)

**Luftmengen**
① m³/h Umluftluftmenge;
② m³/h Mühlenluftmenge.
**Temperaturen**
③ °C Luft vor Mühle;
④ °C Luft hinter Staubabscheider.
**Unterdrücke**
⑤ mm WS Druck vor Mühle;
⑥ mm WS Druck hinter Staubabscheider.
**Kohlenzuteilung**
⑦ U/min Drehzahl Kohlenzuteiler
**Stromaufnahme der Motoren**
⑧ A Kohlenzuteiler;
⑨ A Mühle;
⑩ A Mühlenventilator;
⑪ A Griesschnecke;
⑫ A Staubschleusen 1 u. 2;
⑬ A Staubverteilungsschnecken 1 u. 2.
**Steuerquittungsschalter**
⑭ Kohlezuteiler ein/aus;
⑮ Mühle ein/aus;
⑯ Mühlenventilator ein/aus.
**Elektrische bzw. hydraulische Verstellungen**
⑰ Mehr/Weniger Kohle;
⑱ Mehr/Weniger Einblaseluft.
**Mechanische Verstellungen**
⑲ Steigrohrklappe;
⑳ Mühlenluftklappe.
**Meldelampen**
㉑ Staubstand im Staubbunker 3 Lampen;
㉒ Staubumstellklappen „auf Nachbarbunker geschaltet";
㉓ Staubumstellklappen „auf eigenen Bunker geschaltet"
Signalrelais mit Hupe;
㉔ Staublufttemperatur hinter Mühlensichter.

als Leuchtbilder ausgeführt, die durch die Beleuchtung der Symbole den Schaltzustand anzeigen. Zwingend notwendig ist eine solche Ausführung nicht und muß den Wünschen des Erbauers überlassen werden. Eine allgemeine Beleuchtung eines dann transparent ausgeführten Schemas auf der Kesseltafel, wie soeben erwähnt wurde, von hinten ist leicht durchführbar und vergrößert die Übersichtlichkeit (vgl. hierzu auch Abb. 98). Die Betätigungsorgane für die Bedienung einer Kesselanlage in normalem Betrieb, beim Anheizen, Abfeuern und bei Störungen müssen so zusammengefaßt werden, daß das Bedienungspersonal möglichst keine großen Wege zwischen ihnen auszuführen hat. Die Bedienung vom Heizerflur ist etwa als Mindestforderung anzusehen. Besser ist die Zusammenfassung auf der Kesseltafel, wie wir es am obigen Beispiel etwa sahen. Für die Bedienung eines wesentlichen Teiles oder aller Organe auf der Kesseltafel ist je nach den sonstigen Voraussetzungen eine elektrische, hydraulische oder mechanische Fernsteuerung empfehlenswert. Gilt dies schon für Eingriff von Hand, dann um so mehr bei automatischer Kesselregelung, deren Apparate am einfachsten auf oder hinter der Kesseltafel unterzubringen sind. Für seltenere Eingriffe begnügt man sich unter Umständen mit örtlicher Betätigung. Am zweckmäßigsten ist es, wenn der Heizer bei allen Eingriffen nur horizontale Wege zurückzulegen hat. Man kann also etwa unterscheiden zwischen

Fernbetätigung auf der Kesseltafel oder in ihrer unmittelbaren Nähe (Tafel),
Fernbetätigung vom Heizerflur (H.St.Fl.),
örtliche Betätigung (örtlich).

Die Zahlentafel 8 zeigt für große und kleine Wanderrostkessel, einen großen Staubkessel mit Einblasemühlen und einen Staubkessel mit Rohrmühlen und Staubzwischenbunkerung die erforderlichen Betätigungen und ihre Anordnung als Beispiel.

Zahlentafel 9. *Instrumentierung eines Zwangdurchlaufkessels.*

| | Anzeigend | Registrierend |
|---|---|---|
| **Mühlen** | | |
| 1. Leistung 0 bis 80 kW . . . . . . . . . . . . . . . . . . . | | + |
| 2. Drehzahl für Kohlenzuteiler 0 bis 30 U/min . . . . . . . . . | + | |
| 3. Stellung der Luftklappen 0 bis 100 % . . . . . . . . . . | + | |
| 4. Mühlentemperaturen 0 bis 500° C rechts—links (Umschalter) . | + | |
| 5. Zug im Mühlenschacht —50 ± 0 + 10 mm WS <br>     im Mühlenmaul rechts   (umschaltbar) <br>     im Mühlenmaul links | + | |
| **Unterwind** | | |
| 6. Drehzahl 0 bis 1500 U/min . . . . . . . . . . . . . . . | + | |
| 7. Heißlufttemperatur 100 bis 350° C . . . . . . . . . . . . | + | |
| **Dampf- und Speisewasser** | | |
| 8. Kesseldruck 0 bis 200 kg/cm² . . . . . . . . . . . . . . | + | |
| 9. Dampfmenge 0 bis 60 t/h . . . . . . . . . . . . . . . . | + | + |
| 10. Heißdampftemperatur 300 bis 550° C . . . . . . . . . . . | + | + |
| 11. Speisewassermenge 0 bis 60 t/h . . . . . . . . . . . . | + | |
| 12. Speisewassertemperatur 0 bis 300° C . . . . . . . . . . . | + | |
| 13. Speisepumpendruck 0 bis 200 kg/cm² . . . . . . . . . . . | | + |
| **Rauchgase** | | |
| 14. Temperatur 20 bis 1000° C <br>     vor und hinter Überhitzer  umschaltbar . . . . . . . <br>     vor und hinter Luftvorwärmer | + | |
| 15. Zug im Feuerraum —10 ± 0 + 10 mm WS . . . . . . . . . | + | |
| 16. Zug am Kesselende 0 bis 150 mm WS . . . . . . . . . . . | + | |
| 17. $CO_2$-Kessel rechts 0 bis 20 % . . . . . . . . . . . . . | + | |
| 18. $CO_2$-Kessel links 0 bis 20 % . . . . . . . . . . . . . | + | |
| 19. $CO + H_2$ 0 bis 4 % . . . . . . . . . . . . . . . . . | + | |

Die Instrumentierung der Kesseltafeln unterliegt zahlreichen Ausführungsmöglichkeiten, und diese sind wieder hauptsächlich durch die Art des Kessels bestimmt. Allgemeine Richtlinien sind kaum anzugeben. Abb. 91 zeigt als Beispiel für einen Höchstdruck-Muldenrostkessel der Bauart SCHMIDT-HARTMANN die erforderlichen Meßstellen und eine Zusammenstellung der Meßwerte, die bei mittleren Ansprüchen in Frage kommen. Als weiteres Beispiel sei auf die Zahlentafel 9 hingewiesen. Dort ist die Instrumentierung eines Zwangdurchlaufkessels mit Mühlenfeuerung verzeichnet.

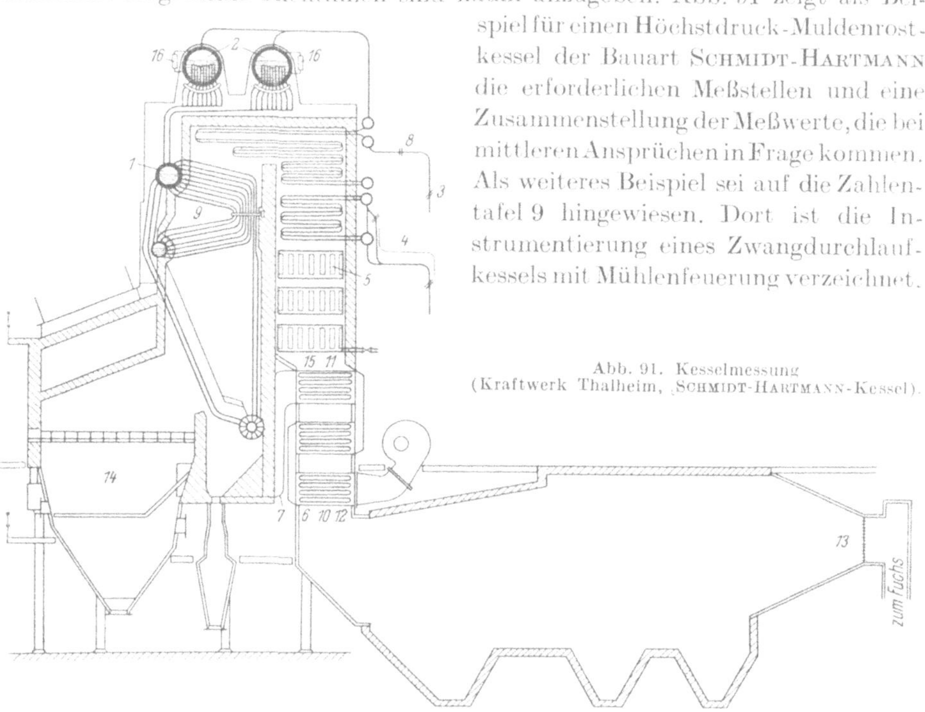


Abb. 91. Kesselmessung
(Kraftwerk Thalheim, SCHMIDT-HARTMANN-Kessel).

|  | Kesseltafel |
|---|---|
| *Dampfdrücke:* |  |
| *1* Primärdruck 0 bis 200 kg/cm². | anzeigend |
| *2* Sekundärdruck 0 bis 120 kg/cm² | anzeigend |
| *Temperaturen:* |  |
| *3* Heißdampf 300 bis 350° C | umschaltbar[1] rechts u. links |
| *4* Zwischenüberhitzer 100 bis 500° C | umschaltbar[2,3] rechts u. links |
| *5* Speisewasser 200 bis 350° C | umschaltbar[1] rechts u. links |
| *6* Rauchgas am Kesselende 100 bis 500° C rechts und links | umschaltbar[3] auf Pos. 4 |
| *7* Warmluft rechts und links | umschaltbar auf Pos. 4 |
| *8* Dampfmenge rechts und links zus. 0 bis 50 t | anzeigend |
| *Zug- und Druckmessungen:* |  |
| *9* Feuerraum-Druck | Askaniaregler u. anzeigend |
| *10* Rauchgaszug am Kesselende von Pos. 9 u. 10 Diff.-Messungen | Askaniaregler anzeigend |
| *11* Rauchgaszug vor Luftvorwärmer | umschaltbar auf ein Instrument 0 bis 100 mm |
| *12* Rauchgaszug hinter Luftvorwärmer | |
| *13* Rauchgaszug vor Saugzug | |
| *14* Warmluftdruck unter Rost 0 bis 20 mm | anzeigend |
| *Rauchgasanalysen:* |  |
| *15* CO₂ 0 bis 20% | registrierend |
| *15* CO + H₂ 0 bis 4% | anzeigend |
| *16* Wasserstand: Sekundärtrommel −20 ± 0 + 40 | anzeigend |

[1] Außerdem auf Speisebühne. [2] Außerdem registrierend auf Haupttafel. [3] Außerdem auf Zwischenspeisebühne.

## e) Automatik und Verriegelung bei Mühlenfeuerungen.

Folgende Abhängigkeitsschaltungen sind üblich:

Wird eine Mühle über das zulässige Maß hinaus belastet, so spricht ein in den Stromkreis der Mühle eingebautes Überstromzeitrelais, oder besser thermisches

Relais, an und schaltet den zur Mühle gehörenden Kohlenzuteiler ab. Das Wiedereinschalten des Zuteilers geschieht von Hand. Ein automatisches Außerbetriebsetzen des Zuteilers soll zweckmäßigerweise auch bei Auftreten eines Mühlenbrandes erfolgen. Der Impuls kann von einem in der Mühle eingebauten Thermoelement ausgelöst werden, das beim Überschreiten einer festgelegten Temperatur anspricht. Diese Vorrichtung erhält zweckmäßig jede Mühle gesondert, damit die Mühlen, bei denen ein ordnungsgemäßer Betriebszustand vorliegt, von der Abschaltung unberührt bleiben. Auch hier schaltet man den Zuteiler von Hand wieder ein. Es können Sicherheitsvorrichtungen für auftretenden Flammenabriß vorgesehen werden, wobei die Impulsauslösung auch von einem Thermoelement, das im Rauchgasstrom des Überhitzers eingebaut ist, vorgenommen wird. Die Schaltung kann so getroffen werden, daß nacheinander Zuteiler, Mühlen, Unterwind und, falls erforderlich, auch die Speisepumpen abgeschaltet werden, wobei praktisch der ganze Kessel stillgesetzt wird. Ähnliche Schaltungen können beispielsweise auch bei Über- bzw. Unterschreitung der Heißdampftemperatur oder bei Ausfall der Kesselspeisung vorgesehen werden, vor allem bei ferngesteuerten Kesselanlagen. In welchem Umfang solche Einrichtungen notwendig sind, kann an dieser Stelle nicht entschieden werden und hängt weitgehend von der Projektierung der Kesselanlagen selbst ab. Über den vorstehend angedeuteten Umfang hinaus sind Abhängigkeitsschaltungen für die Aufbereitung und Verbrennung der Kohlen nicht allgemein üblich. Zu weitgehende Abhängigkeitsschaltungen können unter Umständen dazu führen, daß das Personal seine Obliegenheiten weniger sorgfältig durchführt. Aber auch in vertretbarem Umfang eingeführte Automatiken setzen weitgehendes Verständnis aller Beteiligten voraus, das aber nur durch systematische Aufklärung im nötigen Umfang gefördert werden kann. Es genügt jedenfalls nicht, umfangreiche Bestellungen auf gut ausgedachte Abhängigkeitseinrichtungen zu erteilen. Der Besteller oder Betriebsleiter muß auch für geeignetes Bedienungspersonal sorgen, sonst schlagen Hoffnungen auf rationellen Betrieb usw. fehl. Manche in der Planung vorzügliche Anlage ist durch diese Gründe in der praktischen Benutzung gescheitert. Bei der Besichtigung einer umfangreichen Wärmewarte eines großen Kraftwerkes wurde mir von einem leitenden Ingenieur erzählt, daß „dies alles überflüssig wäre und nie benutzt würde". Mir scheint dort eine geistige Phasenverschiebung von Betriebsleitung und projektierendem Ingenieur vorgelegen zu haben. Jedenfalls sind solche Fehlinstallationen bedauerlich, aber bei verständnisvoller Zusammenarbeit aller Beteiligten wiederum vermeidbar.

Die oben gemachten grundsätzlichen Ausführungen sollen im folgenden durch einige Beispiele erweitert und erläutert werden. Die Abb. 92 zeigt ein Verriegelungsschema und einen Stromlaufplan für die Antriebsmotoren eines Staubkessels mit Schlägermühlen für eine Dampfleistung von 125 t/h. Die Kreise in dieser Abbildung bedeuten jeweils den Motorschalter der betreffenden Maschine, der bei seinem Ausschalten die nächste Maschine in Pfeilrichtung mit abschaltet. Die Verriegelung sorgt dafür, daß die Maschinen auch nur in der Pfeilrichtung nacheinander eingeschaltet werden können. Die Abbildung gilt für Kessel mit solchen Schlägermühlen, denen die Tragluft vom Frischluftgebläse zugedrückt wird und die daher nach Ausfall der Luftzufuhr nicht weiterlaufen dürfen. Bei Ausfall beider Luftventilatoren müssen demnach auch die Kohlenmühlen mit abgeschaltet werden, die ihrerseits die Kohlenzuteiler ausschalten, wobei der ganze Kessel außer Betrieb geht. Fällt nur ein Luftventilator aus, so ist ein Abschalten der Mühle nicht erforderlich, weil luftseitige Querverbindungen zwischen den Luftkanälen vorausgesetzt sein sollen, mit denen ein Teillastbetrieb durchführbar ist. Gegebenenfalls könnte man auch so verriegeln, daß ein ausfallender Frischluftventilator die zu ihm gehörige Mühle mit abschaltet. Bei Ausfall des Saugzuges werden nacheinander beide Frischluftventilatoren und alle Mühlen und Kohlen-

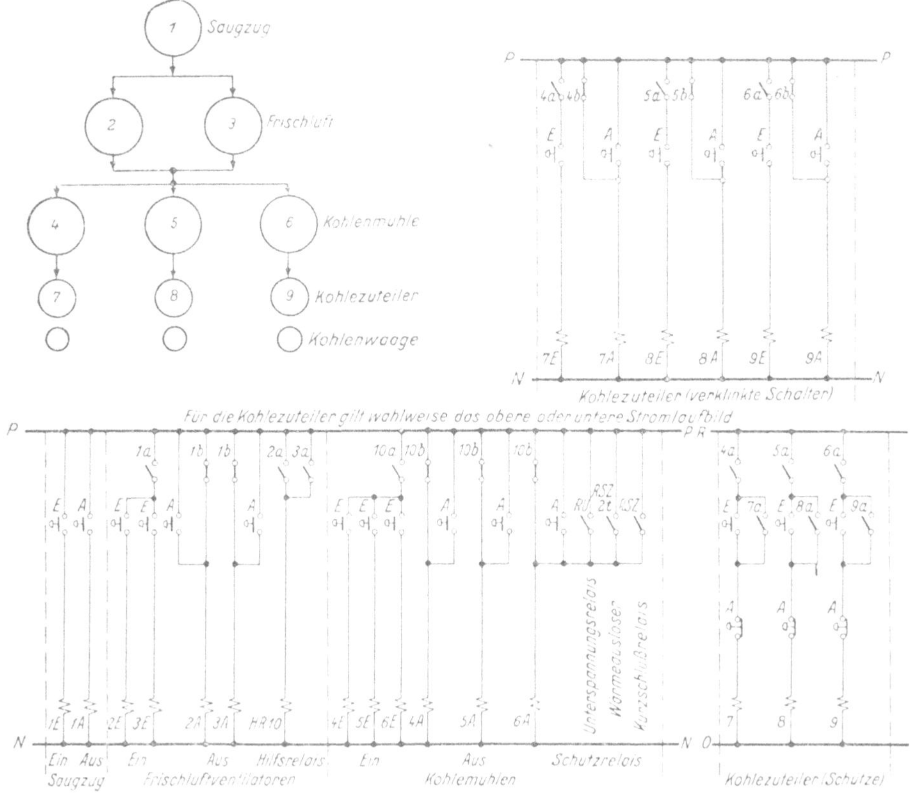

Abb. 92. Verriegelungsschema mit Stromlaufplan für die Antriebsmotoren eines 125 t/h-Staubkessels mit Schlägermühlen (AEG, mit Änderungen).

zuteiler abgeschaltet und der Kessel dadurch stillgesetzt. Die Anlage nach Abb. 92 ist folgendermaßen aufgebaut:

Die Kohle gelangt über Kohlenzuteiler *7, 8* und *9* zu den Kohlenmühlen *4, 5* und *6*. Dort wird die Kohle zu Staub verarbeitet und unter Beigabe von Frischluft durch die Ventilatoren *2* und *3* in die Feuerung geführt. Zur Erreichung des notwendigen Zuges ist der Saugzugventilator *1* vorhanden. Wenn der Saugzug ausfällt, werden die Frischluftgebläse, Mühlen und Kohlenzuteiler nacheinander abgeschaltet, damit im Kessel kein Überdruck entsteht und die Rauchgase nicht ins Kesselhaus gelangen. Wenn ein Frischluftgebläse ausfällt, bleiben die übrigen Anlagenteile weiter in Betrieb. Erst wenn beide ausfallen, müssen die Kohlenmühlen und Zuteiler außer Betrieb gehen. Ferner schaltet jede Kohlenmühle beim Stillstand den zugehörigen Kohlenzuteiler ab, um Überfüllungen der Mühle zu verhindern. In dem gewählten Beispiel haben Saugzug, Frischluftgebläse und Mühlen so große Antriebsleistungen, daß die Motoren für 6 kV geeignet sind. Für die Schaltung sind verklinkte Hochspannungsschalter vorhanden. Die Motoren der Kohlenzuteiler sind dagegen infolge ihrer kleinen Leistung für Anschluß an Niederspannung vorgesehen und werden über verklinkte Schalter oder Schaltschütze gesteuert. Beide Möglichkeiten sind im Stromlaufbild berücksichtigt worden. (Vgl. hierzu die Bemerkungen am Schluß dieses Abschnitts.)

Die Abhängigkeitsschaltung arbeitet in folgender Weise:

*1. Einschalten.* Zuerst wird das Saugzuggebläse eingeschaltet. Über den Arbeitskontakt an der Kontaktvorrichtung *1a* am Schalter des Saugzuges wird ein Einschaltkommando für die beiden Frischluftgebläse *2* und *3* ermöglicht. Zugleich wird der Ausschaltbefehl für die Leistungsschalter der Frischluftgebläse durch Öffnen der Ruhekontakte *1b* an den Kontakten des Leistungsschalters *1* aufgehoben, so daß jetzt auch die beiden Frischluftgebläse eingeschaltet werden können. Sobald eines dieser beiden Gebläse in Betrieb ist, wird über seinen Arbeitskontakt *2a* bzw. *3a* ein Hilfsrelais *10* erregt. Dieses ermöglicht über seinen Arbeitskontakt *10a* das Einschalten der 3 Mühlenmotoren *4, 5* und *6*. Gleichzeitig hebt es durch Öffnen der Ruhekontakte *10b* die entsprechenden Ausschaltbefehle auf. Jeder Mühlenschalter hat einen Arbeitskontakt *4a, 5a* und *6a*, der anschließend die Einschaltung der Kohlenzuteiler *7, 8* und *9* ermöglicht. Diese können also eingeschaltet werden, wenn die zugehörigen Mühlen laufen.

*2. Ausschalten.* Nach dem Schaltbild kann jeder einzelne Motor von Hand ausgeschaltet werden. Fällt eine Mühle aus, so unterbricht sie den Stromkreis der Haltespulen am Motorschutzschalter des zu ihr gehörenden Kohlenzuteilers bzw. gibt sie über Ruhekontakte Aus-Impulse auf die Auslösespulen, falls man verklinkte Schalter für die Zuteiler gewählt hat. Dadurch geht der Kohlenzuteiler ebenfalls außer Betrieb. Fällt nur ein Frischluftgebläse aus, so läuft der übrige Betrieb unverändert weiter. Gehen beide außer Betrieb, dann fällt das Hilfsrelais *10* ab und öffnet über *10a* die Einschaltstromkreise der Kohlenmühlenschalter und schließt zugleich über die Ruhekontakte *10b* den Stromkreis der Auslösemagneten, wodurch die Kohlenmühlen gleichzeitig abgeschaltet werden und anschließend auch die Kohlenzuteiler abschalten. Fällt der Saugzug aus, so werden beide Frischluftgebläse über die Ruhekontakte *1b* und ihre Ausschaltmagnete *2A* und *3A* zur Auslösung gebracht. Anschließend fällt auch das Hilfsrelais *10* ab und bringt die Kohlenmühlen und Kohlenzuteiler zum Stillstand.

*3. Ausschalten durch Überstrom und Unterspannung.* Bei den Kohlenmühlen ist noch angedeutet, wie Überstrom- und Unterspannungsrelais zur Wirkung kommen. Die entsprechenden Arbeitskontakte der thermischen bzw. Unterspannungsrelais werden parallel oder in Reihe zu den „Aus"-Druckknöpfen gelegt, die den Ausschaltbefehl auf die Auslösespulen geben bzw. die Schützspulen halten. Die Wirkungsweise ist dann dieselbe wie bei der soeben beschriebenen willkürlichen Ausschaltung.

Das soeben beschriebene Verriegelungsschema kann bei anderer Bauart der Mühlen und Tragluftversorgung der Mühlen variiert werden, um evtl. auch bei Ausfall beider Frischluftgebläse noch einen Teilbetrieb möglich zu machen. Dies kann z. B. dann geschehen, wenn die Mühlen eine gute Saugwirkung haben und mit Kaltluftanteil oder mit Rauchgasrücksaugung und Luft arbeiten (Krämermühlen). Die Verriegelung kann dann nach Abb. 93 ausgeführt werden. Diese Abbildung zeigt das Verriegelungsschema und Stromlaufplan für die Antriebsmotoren eines 125 t/h-Staubkessels mit Krämermühlen. Hier setzt nur der ausfallende Saugzug den ganzen Kessel außer Betrieb, während bei Ausfall auch beider Frischluftgebläse nur die Kohlenzuteiler von 2 Mühlen abgeschaltet werden. Die dritte Mühle bleibt in Betrieb und ermöglicht nach Umstellung ihrer Tragluft einen Notbetrieb mit Teillast. Es muß allerdings vorausgesetzt werden, daß man es mit einem gut zündenden Brennstoff zu tun hat, damit auch bei schwacher Belastung die Flamme nicht abreißt. Der Aufbau der in Abb. 93 gezeigten Anlage ist folgendermaßen:

Die Kohle gelangt über die Kohlenzuteiler *7, 8* und *9* zu den Kohlenmühlen *4, 5* und *6*. Dort wird die Kohle vermahlen und unter Beigabe von Frischluft von den Ventilatoren *2* und *3* in die Feuerung des Kessels geblasen. Der Saugzugventilator *1* sorgt für den notwendigen Zug. Fällt der Saugzug aus, so werden

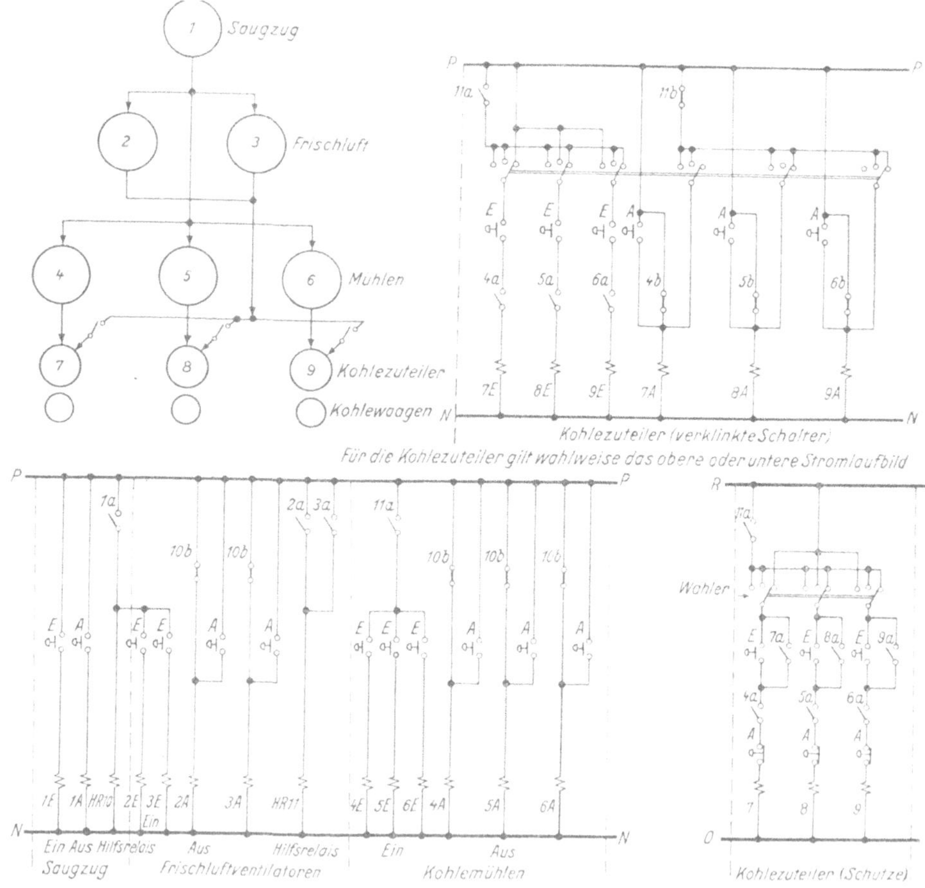

Abb. 93. **Verriegelungsschema mit Stromlaufplan für die Antriebsmotoren eines 125 t/h-Staubkessels mit Krämermühlen (AEG, mit Änderungen).**

gleichzeitig die Frischluftventilatoren und Kohlenmühlen und von diesen wieder die Kohlenzuteiler abgeschaltet, um zu verhindern, daß die Rauchgase durch Überdruck im Kessel ins Kesselhaus gelangen. Fällt nur ein Frischluftventilator aus, so bleibt die übrige Anlage weiter in Betrieb, weil die von einem Ventilator geförderte Luftmenge für einen Teillastbetrieb ausreicht. Bleiben beide Ventilatoren stehen, so werden 2 von den 3 vorhandenen Kohlenzuteilern stillgesetzt, weil die hier vorliegende Mühlenbauart infolge ihrer Saugwirkung auch einen Teillastbetrieb mit Kaltluftanteil oder mit Rauchgasrücksaugung und Luft möglich macht. Ein Paketschalter gestattet die Auswahl desjenigen Zuteilers, der in Betrieb bleiben soll. Jede Kohlenmühle schaltet beim Stillstand ihren zugehörigen Kohlenzuteiler zur Vermeidung von Überfüllungen ab. Wegen ihrer Größe erhalten alle Motoren für Saugzug, Frischluft und Mühlen Hochspannungsanschluß über einen verklinkten Leistungsschalter, der sowohl für das Aus- und Einschalten einen Impuls über die zugehörigen Auslöse- und Einschaltspulen benötigt. Die Motoren für die Kohlenzuteiler *7, 8* und *9* sind über Schaltschütze oder verklinkte Schalter ans Niederspannungsnetz angeschlossen. (Vgl. hierzu die am Schluß des Abschnitts gemachten Bemerkungen.) Die Wirkungsweise der in Abb. 93 gezeigten Anlage ist folgendermaßen:

*1. Einschalten.* Zuerst wird der Saugzug eingeschaltet. Über den Arbeitskontakt *1a* an seinem Leistungsschalter wird die Einschaltung der beiden Frischluftventilatoren *2* und *3* freigegeben. Über den gleichen Arbeitskontakt erhält das Hilfsrelais *10* Spannung und zieht an. Seine 5 Ruhekontakte *10b* heben den Ausschaltbefehl für die beiden Schalter der Frischluftventilatoren und die 3 Schalter für die Motoren der Kohlenmühlen auf. Werden anschließend die Motoren der Frischluftgebläse eingeschaltet, so wird über die Arbeitskontakte der zugehörigen Schalter *2a* oder *3a* das Hilfsrelais *11* erregt. Dieses gibt über seinen Arbeitskontakt *11a* die Einschaltung der Kohlenmühlen frei. Eines der Schaltschütze bzw. die Ein-Spule eines Schalters für die Kohlenzuteiler *7, 8* und *9* ist über einen Wahlschalter und den „Ein"-Druckknopf unmittelbar auf die Betriebsspannung zu schalten, die anderen beiden über einen Arbeitskontakt des Hilfsrelais *11*. Wenn die Mühlen eingeschaltet sind und damit die Arbeitskontakte ihrer Schalter *4a, 5a* und *6a* geschlossen sind, können die Kohlenzuteiler schließlich auch eingeschaltet werden.

*2. Ausschalten.* Die Ausschaltung soll in umgekehrter Reihenfolge: Kohlenzuteiler—Kohlenmühlen—Frischluftgebläse—Saugzuggebläse vor sich gehen. Es ist aber möglich, jeden einzelnen Motor für sich auszuschalten. Dabei schaltet jede Kohlenmühle ihren Kohlenzuteiler ab. Die Ausschaltung eines Frischluftventilators hat keine weiteren Wirkungen. Die Abschaltung beider Frischluftgebläse bewirkt über den Wählerschalter die Abschaltung von zwei Kohlenzuteilern. Der Ausfall des Saugzuges setzt die gesamte Anlage still.

*3. Ausschaltung bei Überstrom und Unterspannung.* Die Überstrom- und Unterspannungsauslöser liegen parallel oder in Reihe zu den „Aus"-Druckknöpfen, sind aber, um den Stromlaufplan nicht unnötig zu komplizieren, nicht eingezeichnet, haben aber die gleichen Wirkungen wie die von Hand betätigten Ausschaltorgane der einzelnen Motoren.

Wo Frischluftgebläse allein für die Versorgung mit Sekundärluft dienen, kann eine Verriegelung der Zuteiler gegen die Frischluftgebläse ganz fortfallen, da deren Ausfall nur zu einer von Hand einstellbaren reduzierten Kessellast zwingt, die von Fall zu Fall festgestellt werden muß. Nur der ausfallende Saugzug würde dann, wie in den vorhergehenden Beispielen gezeigt wurde, den ganzen Kessel außer Betrieb nehmen.

Schließlich sei als Beispiel ein 125 t/h-Kessel mit Rohrmühlen und Staubzwischenbunkerung genannt. Abb. 94 zeigt ein Übersichtsschema dieser Anlage, während die Abb. 95 das zugehörige Verriegelungsschema zeigt. Nach diesem Schema fallen mit der Abschaltung beider Frischluftventilatoren oder des Saugzuges alle wesentlichen Kesselmotoren sowie auch die Mahlanlage aus, und die Gesamtanlage geht außer Betrieb. Bei Ausfallen nur eines Frischluftgebläses und beim Vorhandensein einer luftseitigen Querverbindung kann durch Umstellen von Klappen ein Teillastbetrieb möglich gemacht werden. Sind die Staubverteilerschnecken zu den Nachbarkesseln in Betrieb, so werden sie mit in das Verriegelungsschema einbezogen, dadurch, daß sie die Staubschleusen unter den Staubabscheiderzyklonen und die Kohlenaufgabe der Mühlen beeinflussen. Man kann beim Ausfall der Verteilerschnecken durch Umstellen der Staubschleusen auf den eigenen Staubbunker die Mühle in Betrieb halten durch Wiedereinschalten von Kohlenzuteiler und Staubschleuse nach der Umstellung. Während der Umstellzeit nimmt der Staubabscheider den in der Mühle vorhandenen Staubrest auf.

Im einzelnen ist die Anlage nach Abb. 94 bzw. 95 folgendermaßen aufgebaut:

Aus dem Rohkohlenbunker gelangt die Kohle teils als Staub über den Sichter in den Staubabscheider oder, sofern es sich um gröbere Teile handelt, über den

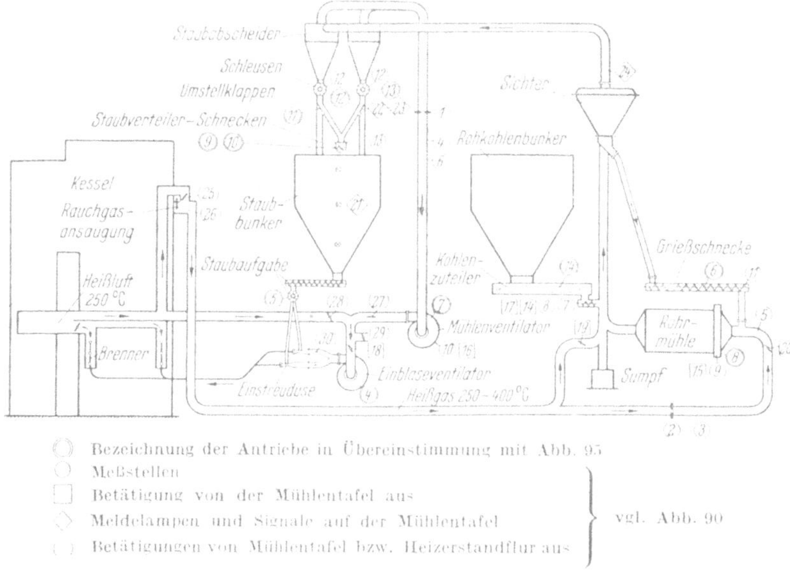



Abb. 94. Schema einer Kesselanlage mit Rohrmühle und Staubzwischenbunkerung
für zwei oder mehr Kessel (AEG).

*1—2* m³/h Luftmengen; *3—4* ° C Temperaturen; *5—6* mm WS Unterdrücke; *7* U/min Drehzahl; *8—13* A Stromaufnahme; *14—16* Steuerquittungsschalter ein/aus; *17—18* Steuerschalter mehr/weniger; *19—20* Mechanische Klappenbetätigung; *21—23* Meldelampen; *24* Signalrelais mit Hupe für Temperatur.

Sichter und die Grießschnecke *6* in die Rohrmühle *8*, wo auch die gröberen Teile zu Staub vermahlen werden. Dieser Teil der Kohle geht dann nochmals über den Sichter und schließlich auch in die Staubabscheider. Der Transport erfolgt durch die von dem Mühlenventilator *7* umgewälzte Gasmenge. Unter den Staubabscheidern befinden sich die Staubschleusen *12* und *13*. Je nach Stellung der Umstellklappen *11* geht der Staub entweder in den Staubbunker und von dort über die Staubaufgabe *5* und gemischt mit den Gasmengen, die von dem Einblasventilator *4* gefördert werden, durch die Düsen in den Kessel, oder aber sie werden über die Staubverteilungsschnecken *9* oder *10* den Nachbarkesseln zugeführt. Die beiden Gebläse *2* und *3* liefern die Frischluft. Die Rauchgase werden über den Saugzugventilator *1* abgeführt. Die Motoren für den Saugzug *1*, die Frischluftgebläse *2* und *3*, den Mühlenventilator *7* und die Mühle *8* sind an 6 kV angeschlossen und werden durch Leistungsschalter mittels Einschaltspulen *E* und Auslösespulen *A* geschaltet. Der Motor für den Einblaseventilator *4* wird durch einen Niederspannungsleistungsschalter in gleicher Weise betätigt. Die übrigen Motoren sind entweder über verklinkte Schalter oder über Schütze ans Niederspannungsnetz angeschlossen. Die Wirkungsweise ist folgende:

*1. Einschalten.* Zuerst muß der Saugzugmotor eingeschaltet werden. Der Arbeitskontakt *1a* seines Schalters ermöglicht das Einschalten der Frischluftgebläse *2* und *3*. Die Erregung der Ausschaltspulen von *2* und *3* wird dabei durch die beiden Ruhekontakte *1b* aufgehoben. Da ein Frischluftgebläse für Teillasten ausreicht, kann der Einblaseventilator *4* eingeschaltet werden, wenn wenigstens ein Schalter eines Frischluftgebläses geschlossen ist (Arbeitskontakte *2a* oder *3a*). Ist der Einblaseventilator in Betrieb, so hat sein Schalter auch seinen Arbeitskontakt *4a* geschlossen, womit das Hilfsrelais *HR 16* Spannung erhält und über seine Arbeitskontakte *16a* die Einschaltung der Staubzuteiler *5* ermöglicht. (Im Stromlaufbild ist nur ein Staubzuteiler von mehreren eingezeichnet.) Sobald auch die Griesschnecke eingeschaltet ist, spricht über den Arbeitskontakt *6a* das Hilfsrelais *HR 15* an. Dessen Arbeitskontakt *15a* ermöglicht das Einschalten des Mühlenventilators *7*. Unmittelbar vorher wird durch den Ruhekontakt *16b* das Aus-Kommando für *7* unterbrochen. Ist der Mühlenventilator *7* eingeschaltet, so kann auch die Mühle *8* in Betrieb gehen, weil der Arbeitskontakt *7a* geschlossen und der Ruhekontakt *7b* das Ausschaltkommando für *8* aufgehoben hat. Stehen die Umstellklappen so, daß die Staubschleusen auf den eigenen Staubbunker arbeiten, dann hat der Ruhekontakt *11b* geschlossen. Dadurch können die Staubschleusen *12* und *13* eingeschaltet werden und anschließend auch der Kohlenzuteiler *14*. Sind aber die Umstellklappen auf die Staubschnecken *9* und *10* geschaltet, so ist der Ruhekontakt *11b* offen. Wenn aber die Motoren der Staubschnecken *9* und *10* oder je nach Stellung des Entriegelungsschalters *17* einer von beiden eingeschaltet ist, können auch die Staubschleusen in Betrieb gehen und schließlich auch der Kohlenzuteiler *14*.

*2. Ausschalten.* Die Abschaltung beginnt beim Kohlenzuteiler, setzt sich einerseits nach den Staubschleusen und andererseits über Mühle, Griesschnecke, Mühlenventilator, Staubzuteiler, Einblaseventilator, Frischluftventilator und Saugzug fort. Jeder Motor kann für sich abgeschaltet werden. Je nach Lage im Verriegelungsschema nimmt er die in Pfeilrichtung liegenden Motoren mit heraus.

*3. Ausschalten durch Überstrom oder Unterspannung.* Jeder Motor kann durch Überstrom oder Unterspannungsauslösung abgeschaltet werden. Diese Auslösungen sind im Stromlaufbild nicht enthalten, liegen aber bei den verklinkten Schaltern parallel und bei den Schützen in Reihe mit den Ausschaltdruckknöpfen.

Auch dieses weitgehende Verriegelungsschema kann variiert werden je nach der Art der Versorgung von Mahlanlagen und Einblaseventilator mit Heißgas. Wird mit Rauchgasrücksaugung und Luftanteil gearbeitet, so kann es möglich sein, auch ohne Frischluftgebläse eine Zündflamme zu unterhalten, indem man den Einblaseventilator und eine Staubaufgabe weiterlaufen läßt. Die beiden ausfallenden Frischluftgebläse würden dann nicht den Einblaseventilator, sondern nur alle Staubaufgaben bis auf eine, die wählbar sein muß, sowie über den Mühlenventilator und die Mühle die Mahlanlage außer Betrieb nehmen. Der Einblaseventilator würde nach Umstellung von Klappen sowohl Tragluft für die eine im Betrieb verbleibende Staubaufgabe wie Zweitluft durch die nicht mit Staub beaufschlagten Tragluftleitungen liefern. Voraussetzung ist auch hier ein gut zündender Brennstoff. Der Einblaseventilator müßte bei einem solchen Schema gegen den Saugzug verriegelt sein, damit bei dessen Ausfall alle wesentlichen Kesselmotoren stillgesetzt werden.

Die soeben mit den Abb. 92 bis 95 besprochenen Beispiele enthalten wichtige Motoren, die wahlweise mit selbsthaltenden Schützen geschaltet werden. Spannungseinbrüche, auch kurzzeitige, bringen dann die Schütze zum Abfall. Eine Umschaltautomatik nach Abschn. F würde dann nicht zum vollen Erfolg führen. Will man also deren Vorteile vollkommen ausschöpfen, so sind die Schütze durch verklinkte Schalter zu ersetzen. Dies ist prinzipiell auch unter Beibehaltung der oben beschriebenen Folgeschaltungen möglich. Die dazugehörigen Stromlaufbilder sind in den Abb. 92, 93 und 95 wahlweise mit aufgenommen worden.

Bei der Ausführung von Verriegelungsschaltbildern der eben beschriebenen Art muß gegebenenfalls noch darauf geachtet werden, daß Ein- und Aus-Spulen von verklinkten

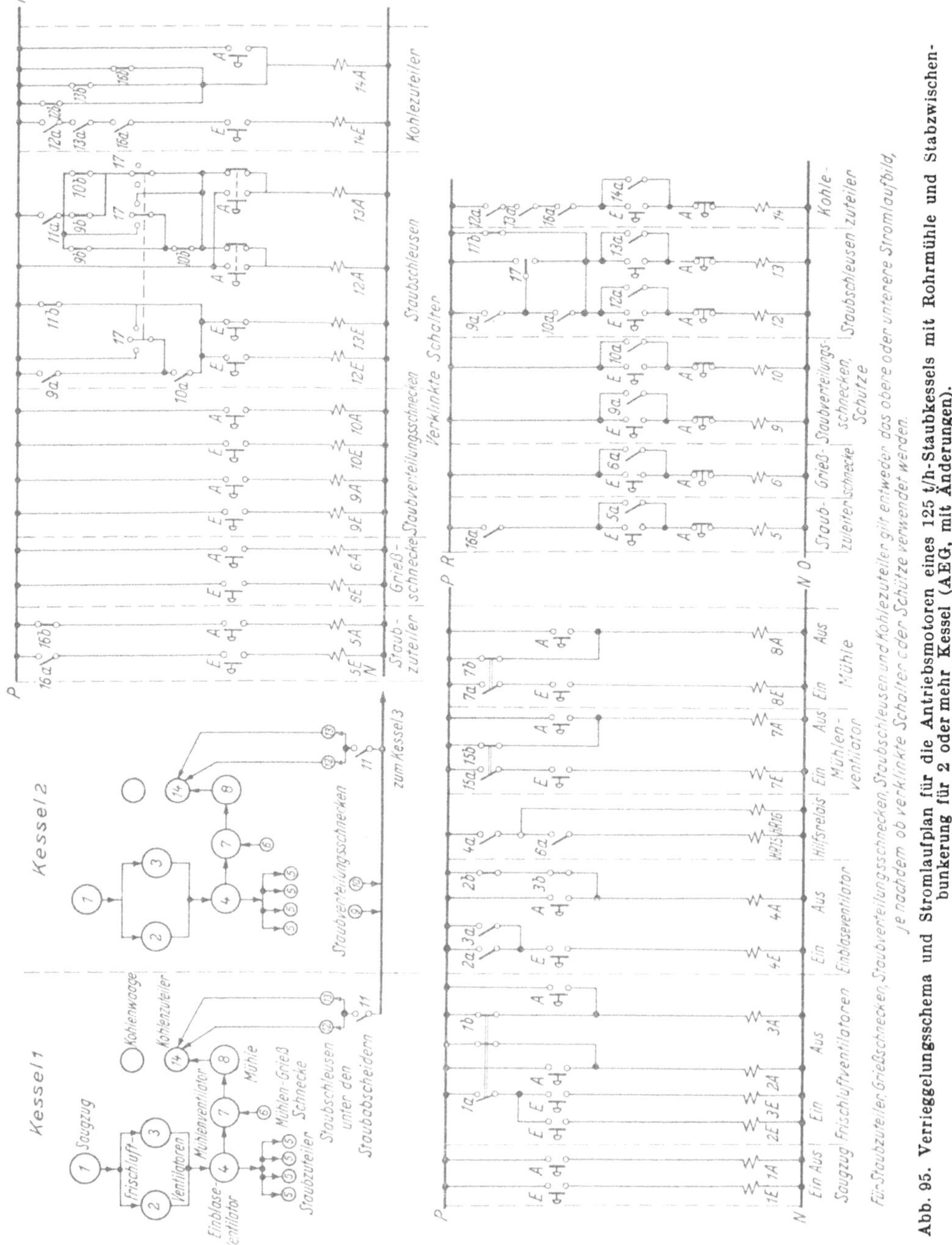

Abb. 95. Verriegelungsschema und Stromlaufplan für die Antriebsmotoren eines 125 t/h-Staubkessels mit Rohrmühle und Stabzwischenbunkerung für 2 oder mehr Kessel (AEG, mit Änderungen).

Schaltern unter Umständen nicht dafür ausgelegt sein können, daß sie dauernd Strom führen. Dadurch wäre auch ein dauernder Stromverbrauch in Kauf zu nehmen. Will oder muß man dies aus den obigen Gründen vermeiden, dann müssen die Stromkreise dieser

Spulen durch Hilfskontakte an den Schaltern nach Erzielung des gewünschten Erfolges wieder unterbrochen werden. Bei den Aus-Spulen ist dies meist durch Arbeitskontakte ohne weiteres möglich, da der einmal eingeleitete Ausschaltvorgang bei den meisten Schaltern auch von selbst und auch nach Aufhören des Aus-Impulses zu Ende geführt wird. Soll aber ein Ruhekontakt den Ein-Impuls unterbrechen, dann ist dafür Sorge zu tragen, daß die Schalter auch wirklich zum Einschalten kommen und nicht etwa nur tippen. Man erreicht dies je nach Konstruktion der Leistungsschalter entweder durch genügend verzögerte (spätausschaltende) Ruhekontakte oder z. B. auch durch verzögerte Druckluftventile. Diese Dinge wurden in die Stromlaufbilder nicht aufgenommen, um diese nicht unnötig zu komplizieren und weil die jeweilige Ausführungsform von der Konstruktion der Leistungsschalter abhängt. Die hier gemachte Bemerkung muß aber unbedingt berücksichtigt werden, um einwandfreie Schaltungen projektieren zu können. Auch die Frage der Spannungsrückgangsauslösung muß in diesem Zusammenhang sorgfältig geprüft werden. Unverzögerte Unterspannungsauslösung ist immer nachteiliger als etwas verzögerte, da dadurch der Betrieb wesentlich ruhiger wird.

## 3. Kesselgebläse.

Die Auslegung der Gebläse wird maßgeblich von folgenden Faktoren beeinflußt:

1. Von der Schornsteinhöhe (z. B. bei 35 m hohem Schornstein ist die Saugzugleistung für Kessel in der Größenordnung von 50 bis 80 t/h etwa 60 bis 70 kW größer als bei einem Schornstein von rund 150 m Höhe).

2. Von der Kesselbauart (Einzugkessel, Mehrzugkessel).

3. Von der Art der Feuerung.

4. Vom Betriebszustand des Kessels.

5. Von der Entstaubungseinrichtung. Der Saugzugmehrbedarf bei Elektrofiltern und Kesselleistungen von etwa 50 bis 80 t/h beträgt im Mittel etwa 10 kW. bei Zyklonen etwa 90 kW und bei Naßentstaubungen etwa 40 kW.

Allgemeine Angaben über den Leistungsbedarf sind daher kaum zu machen. Als Anhalt mögen die folgenden Zahlen gelten:

Bei Mitteldruckanlagen (15 bis 40 at) 1,6 bis 3 kWh/t Dampf bei höchster Dauerlast, bei Höchstdruckanlagen (80 bis 120 at), 2,6 bis 4 kWh/t Dampf bei höchster Dauerlast [5], [26], [27]. Für Saugzuggebläse wählt man fast nur elektrischen Antrieb. Nur bei größeren Leistungen, z. B. Zentralsaugzuganlagen, könnte man Dampfantrieb in Betracht ziehen. Als Motoren kommen hauptsächlich Kurzschlußläufermotoren in Frage mit direkter Kuppelung oder Zwischengeschaltetem Zahnradgetriebe und gelegentlich auch Keilriemenantrieb. Die Regelung der Förderleistung erfolgt hauptsächlich durch Leitschaufeln oder Verstellen der Rauchgasklappen. Drehzahlregelbare Motoren werden heute seltener und bei hohen Leistungen verwendet (vgl. Abb. 17, 96 und 97 und Abschn. C 3 c bis g). Für hohe Antriebszahlen ist eine Regelung durch hydraulische Kupplungen möglich, welche bei niedrigeren Drehzahlen unwirtschaftlich große Abmessungen annehmen. Bei kritischer und zusammenfassender Betrachtung der hier und im Abschn. C 3 c bis g gemachten Angaben darf man wohl behaupten, daß heute vielfach an Stelle von Klappen- die Leitschaufelregelung getreten ist. Mit ihr lassen sich Wirkungsgrade erzielen, die man früher nur mit Drehstromregelmotoren erreichen konnte. Da letztgenannte Antriebsart in Betrieb empfindlicher ist, scheidet sie heute bei Gegenüberstellungen, die alle Vor- und Nachteile werten, meistens aus. Die Regelung mittels Schleifringmotoren ist im Wirkungsgrade

gleichwertig mit der Regelung durch Flüssigkeitskupplungen (Abb. 96). Ist dieser
aber dadurch unterlegen, daß mit Rücksicht auf Spannungsabsenkungen besondere Vorkehrungen (automatische Anlaßeinrichtungen oder Wiederanfahren von
Hand) zu treffen sind, die der einfache Kurzschlußläufermotor in Verbindung
mit einer Flüssigkeitsregelkupplung nicht braucht. Bei Vergleichen zwischen
den Regelarten spielt schließlich auch der polumschaltbare Motor eine Rolle. Der
Vergleich wird wesentlich davon beeinflußt, bei welcher Drehzahl man den Dreh-
zahlsprung vorsieht bzw. in welchem
Bereich das Gebläse hauptsächlich
arbeiten soll. Wie gute Wirkungsgrade bei Anwendung von Leitschaufeln und polumschaltbaren Motoren
erreichbar sind, zeigt Abb. 97. Alle
diese Gesichtspunkte für die Auswahl der jeweils günstigsten Regelart
für Kesselgebläse müssen aber sorg-

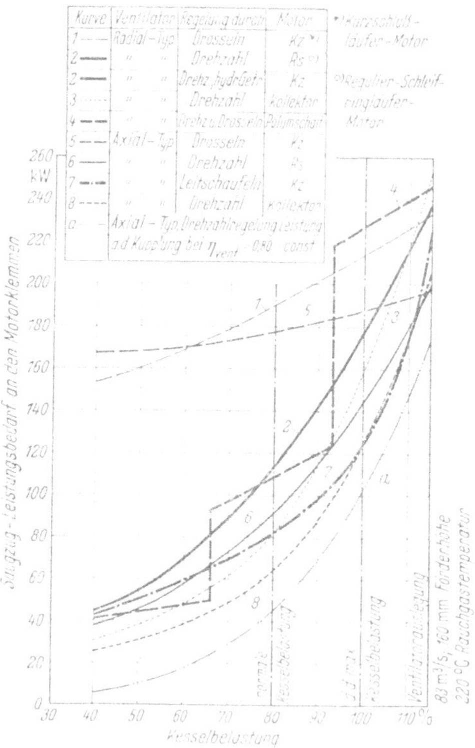

Abb. 96. Saugzugleistungsbedarf eines 100–125 t/h-Kessels
an den Motorklemmen bei verschiedenen Regelarten
und Antrieben. Kessel mit Steinkohlenstaubfeuerung,
Elektrofilter und 100 m hohem Schornstein (AEG).

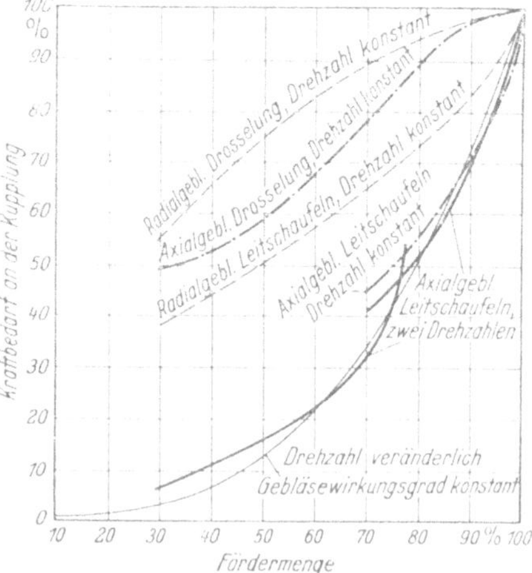

Abb. 97. Kraftbedarf von Radial- und Axial-
gebläsen bei verschiedenen Regelarten (Einfluß
verstellbarer Leitschaufeln)
nach MÜNZINGER [26].

fältig mit der Auswahl der Gebläse selbst koordiniert werden. Das Verhalten der
verschiedenen Gebläsearten kann hier nur andeutungsweise behandelt werden,
da diese Fragen mehr zur Projektierung der Kesselanlagen selbst gehören. Gegenüber radialen Gebläsen haben axiale Gebläse kleinere Abmessungen. Ihr Einbau
ist günstiger, ihr Wirkungsgrad höher und die Anschaffungs- und Betriebskosten
werden geringer. Der Nachteil normaler Axialgebläse ist beschränkter Förder-
druck und bei staubigen Gasen ein größerer Verschleiß wegen der höheren Um-
fangsgeschwindigkeit. Eine Sonderstellung nimmt das Schichtgebläse ein, ein
axiales Gleichdruckgebläse, das Wirkungsgrade etwa bis zu 80 % aufweist und
infolge seines geringen Platzbedarfes günstige Einbaumöglichkeiten besitzt. Es
kann für große Förderleistungen gebaut werden (im Kraftwerk Elbe für
165 m³/sec).

Als selten ausgeführtes Beispiel sei erwähnt, daß die Großkessel im Kraftwerk Böhlen dampfangetriebene Saugzüge haben, die meines Wissens zufriedenstellend arbeiten. Als vorteilhafte Kennzeichen der Anlage hatten sich dort bereits nach kurzer Betriebszeit folgende Punkte herausgestellt:

1. Hohe Überlastbarkeit,
2. Einfache stufenlose Regelung,
3. Große Betriebssicherheit.

Trotz der nicht vermeidbaren starken Verschmutzung durch Asche sind Beanstandungen an der Steuerung nicht aufgetreten. Auch die Zweitluftgebläse dieser Kessel haben Dampfantrieb erhalten. Eine allgemeine Empfehlung ist nicht gegeben, da die Einfügung in das Wärmeschaltbild Schwierigkeiten macht und schließlich heute Möglichkeiten gegeben sind, wie sie oben besprochen wurden und die früher nicht gegeben waren.

Die Saugzuggebläse gehören mit zu den wichtigsten Eigenbedarfsanlagen, ebenso die Unterwindgebläse (Erst- und Zweitluftgebläse). Oft sind die Unterwindgebläse noch wichtiger und müssen besonders sicheren Anschluß erhalten, da bei ihrem Ausfall die Kessel mit den heutigen modernen Feuerungen in der Leistung schnell zurückgehen. Bei Ausfall des Saugzuges gibt manche Bauart von Kesseln mit Hilfe des Unterwindes dagegen immer noch etwas Leistung ab. Bei den Unterwindgebläsen unterscheidet man auch radiale und axiale Gebläse. Ihre Regelung wird gleichfalls oft durch Steuerung der Unterwindklappen oder Leitschaufeln vorgenommen. Die oben für Saugzuggebläse gemachten Angaben über die Regelung gelten sinngemäß auch hier. Ausführungsbeispiele zeigen die Abb. 29 und 30.

An den Kesseln befinden sich je nach der Bauart weitere, weniger wichtige Gebläse, wie z. B. Flugkoksrückführungsgebläse bei Wanderrostfeuerungen und Gebläse für Trägerkühlung bei Kesseln der Bauart Schmidt-Hartmann. Bei der Dimensionierung der Antriebe für Gebläse bzw. Lüfter ist gegebenenfalls darauf Rücksicht zu nehmen, daß vor dem Ingangsetzen durch entsprechenden Zug die Läufer gelegentlich rückwärts laufen können, die Motoren haben also dann ein zusätzliches Anfangsgegenmoment zu überwinden.

Schließlich sei nochmals darauf hingewiesen, daß es sich bei der Dimensionierung und Auswahl der Antriebe für die Kesselgebläse niemals allein darum handeln kann, herauszurechnen, welcher Antrieb den besten Wirkungsgrad hat und welche Ersparnis an Stromkosten usw. man im Laufe der Zeit machen kann. Derartige Überlegungen sind sehr nützlich, sind aber niemals allein ausschlaggebend. In die Rechnungen lassen sich leider nicht alle Einflußgrößen einführen. Es ist z. B. unmöglich, festzustellen, welche Stillstandszeiten und Störungen und welche Verluste an Ausbeute des gesamten Kraftwerkes entstehen, wenn man Einrichtungen mit hohem Wirkungsgrad verwendet, der aber seinerseits durch erhöhte Komplizierung der Anlage erkauft ist. Es ist in einem gewissen Umfang davor zu warnen, allein von der Seite der nachrechenbaren Wirtschaftlichkeit auf die Gesamtwirtschaftlichkeit im praktischen Betrieb zu schließen.

Alle Kesselgebläse erhalten wegen Verschmutzungsgefahr am besten geschlossene, oberflächengekühlte Antriebsmotoren. Bei Motoren mit Kollektoren und großen Leistungen wird am besten Ringlaufkühlung mit Wasser verwendet (vgl. hierzu Abb. 17).

Eine besondere Art des Antriebes der Kesselgebläse wurde kürzlich von Fr. Marguerre und Fe. Marguerre angegeben [21]. Nach diesem Vorschlag wird zum Antrieb der Hauptkesselgebläse eine Serienturbine verwendet. Diese ist in die Dampfleitung vom Kessel zur

Turbine eingeschaltet und hat ein einziges einfaches Aktionsrad und ist ungesteuert. Je nach Last der nachgeschalteten Hauptmaschine ändern sich ihre Leistungen und Drehzahlen, und zwar im selben Maße, wie es bei der Veränderung der Last für den Antrieb der Hauptkesselgebläse notwendig ist. Die Gebläse können direkt von der Serienturbine angetrieben werden. Eine Übertragung der Energie der Serienturbine mittels Drehstromgenerator und Motoren bei variabler Frequenz auf die Lüfter ist gleichfalls möglich, kann aber nur unter gewisser Komplizierung auf andere Kesselantriebe mit ausgedehnt werden, da diese ein anderes Drehzahl-Lastverhältnis haben. In der obengenannten Arbeit ist die Wirtschaftlichkeit eines solchen Antriebes nachgewiesen. Kritisch scheint jedoch die Auslegung der Stopfbuchse für die Serienturbine zu sein. Die Ergebnisse eines langjährigen praktischen Betriebes sind mit besonderem Interesse zu erwarten.

## 4. Kesselspeisung.

Der Antrieb der Kesselspeisepumpen durch Dampf ist wegen der hohen Leistung oft wirtschaftlich, auch bei hohen Benutzungsdauern. Bei Vorhandensein einer Zwischenüberhitzer-Druckstufe, wie sie in Höchstdruckanlagen bisher wohl immer anzutreffen war, ist es zweckmäßig, die Speisepumpen-Antriebsturbine an diesen Druck anzuschließen. Trifft diese Voraussetzung nicht zu, dann ist die Einrichtung des elektrischen Antriebes für die Kesselspeisepumpen etwas im Vorteil. Wird die Speisepumpe, wie zuerst erwähnt, durch eine Dampfturbine angetrieben und an die Zwischenüberhitzer-Druckstufe angeschlossen, so wird diese Stufe gern als oberste Vorwärmstufe genommen (Beispiel Wärmeschaltbild des Kraftwerkes Bitterfeld Abb. 6). Die Antriebsturbine soll ein möglichst hohes Gefälle verarbeiten, damit ein geringer Dampfverbrauch bei gutem Wirkungsgrad erreicht wird. Es hat sich oft als zweckmäßig herausgestellt, auf Atmosphärendruck zu entspannen. Diese Schaltung hat folgenden Vorteil:

Der Abdampf der Speisepumpenantriebe ist gut unterzubringen, da diese Stufe außer als Vorwärmstufe auch gleichzeitig als Entgaser- und Speicherstufe ausgebildet wird. Die Entgasung bei Atmosphärendruck läßt sich besonders einfach und betriebssicher durchführen. Es braucht kein überhitztes Wasser unter Druck gespeichert zu werden, wodurch wiederum die betriebssichere Versorgung der Speisepumpe sich vereinfacht und auch die Explosionsgefahr des Speisewasserbehälters entfällt. Als weiterer Vorteil ist das betriebssichere Anfahren der Hilfsturbine im Störungsfall zu buchen. Dies kann grundsätzlich unabhängig von der Vorwärmung geschehen, weil die Turbine auf Auspuff betrieben werden kann (vgl. auch Abb. 100). Bei großem Leistungsbedarf kann für den Antrieb auch eine Anzapf-Gegendruckturbine genommen werden (Beispiel Wärmeschaltbild Kraftwerk Thalheim Abb. 5).

Der Vorteil des elektrischen Antriebes, der u. a. in seiner schnellen Anfahrbereitschaft liegt, ist bei Höchstdruckspeisepumpen nicht ausnutzbar, denn bei hohem Druck können die vielstufigen Pumpen mit heißem Wasser nicht schneller angefahren werden, als es eine Turbine ebenfalls verträgt. Abb. 98 zeigt neben einer dampfangetriebenen Speisepumpe eine solche für elektrischen Antrieb. Bei den Motoren handelt es sich meistens um solche mit recht hoher Leistung. Hierfür sind Motoren mit Oberflächenkühlung nur selten noch ausführbar. Motoren der Durchzugstypen haben aber gerade bei der Aufstellung in den oft sehr warmen Pumpenhäusern, in denen auch gelegentlich damit zu rechnen ist, daß Dampf mit angesaugt wird, gewisse Nachteile, die darin zu suchen sind, daß die Wärme nicht gut abführbar ist, und die Wicklungen evtl. bei Störungen der Dampfleitun-

gen naß werden können. Saugt man die Luft von außen an, dann besteht wieder
erhöhte Gefahr für die Verschmutzung der Wicklungen, besonders, wenn das Kraftwerk Industrieanlagen benachbart ist. Eine gute Luftfilterung ist dann die Voraussetzung für einen befriedigenden Betrieb. Aus solchen Gründen wählt man
daher oft Umlaufkühlung, wie auch heute meistens bei den Generatoren mit Rückkühlung der Luft durch Wasser. Diese Ausführungsart ist also bei der Größe der
Kesselspeisepumpen-Motoren und den Gegebenheiten ihres Aufstellungsortes

Abb. 98. Turbospeisepumpe (vorn rechts), elektrisch angetriebene Speisepumpe (vorn links),
dampfangetriebene Umwälzpumpe für LÖFFLER-Kessel (rechts hinten),
Hausturbosatz (links hinten) und Kesselleitstand (rechts).

eine sichere Lösung, die für die Erzielung guter Betriebsergebnisse empfehlenswert ist.

Die Anordnung von Kesselspeisepumpen und ihre Unterteilung auf Dampf
und elektrischen Antrieb unterliegt zahlreichen Variationsmöglichkeiten. Es würde
zu weit führen, dies im einzelnen auch nur andeutungsweise zu besprechen. Abb. 99
enthält ein Schema, das verschiedene Möglichkeiten aufzeigt. Wie weit man die
dort vorhandenen Varianten anwenden will, hängt von der Unterbringung im
Wärmeschaltbild und von der Sicherung des elektrischen Eigenbedarfs ab und
kann infolgedessen nicht allgemein entschieden werden. Bei der Betrachtung der
letztgenannten Abbildung soll aber auch die Regelung der Speisewassermenge
einige Beachtung finden. Man muß damit rechnen, daß die Kraftwerksleistung
gegebenenfalls in recht weiten Grenzen variabel ist. Dann kann es vorteilhaft
sein, verschieden große Speisepumpenaggregate vorzusehen. Ihr Einsatz richtet
sich dann nach der gefahrenen Last. In diesem Zusammenhang sei auf die Block-
kraftwerke nach Abb. 52 und 61 verwiesen, wo man Vollast- und Halblastspeise-
pumpen vorgesehen hat.

Die Überwachung der Kesselspeisung erfolgt durch Speiseregler, von denen
die bekannten Bauarten der Firmen Askania, Hannemann und Siemens wohl

am häufigsten verwendet werden. In der Mehrzahl der Fälle ist zwischen Pumpe und Speiseregler ein Differenzdruckregler angeordnet, dessen Aufbau und Arbeitsweise als bekannt vorausgesetzt werden darf. Bei Dampfantrieb wirkt der Differenzdruckregler auf das Turbinenanfahrventil. Bei einer durch Motor angetriebenen Speisepumpe verstellt es meistens ein in der Druckleitung eingebautes Drosselventil. Andernfalls muß er auf die Organe der Drehzahlregelung einwirken, falls man Regelmotoren gewählt hat (vgl. Abschnitt C 3 g und Abb. 32). Bei Ausfall der Kesselspeisepumpe muß die in Bereitschaft stehende Speisepumpe schnellstens hochgefahren werden. Sie soll nur bei offenem Druckschieber anlaufen. Die zwischen Pumpe und Druckschieber eingebaute Rückschlagklappe muß als Voraussetzung für ein störungsfreies Hochlaufen der Pumpe stets in Ordnung sein. Ihrer Betriebsbereitschaft ist dauernd eine erhöhte Aufmerksamkeit zu schenken. Während die Pumpen für den Dauerbetrieb, wie eingangs erwähnt, zwecks hoher Wirtschaftlichkeit oft Antriebsturbinen in mehrstufiger Ausführung mit Düsengruppenregelung erhalten, wird die für den Störungsfall vorzusehende Bereitschaftspumpe mit einer Antriebsturbine, die nur ein Curtis-Rad enthält (ein- oder mehrkränzig) ausgerüstet. Das Anfahren der

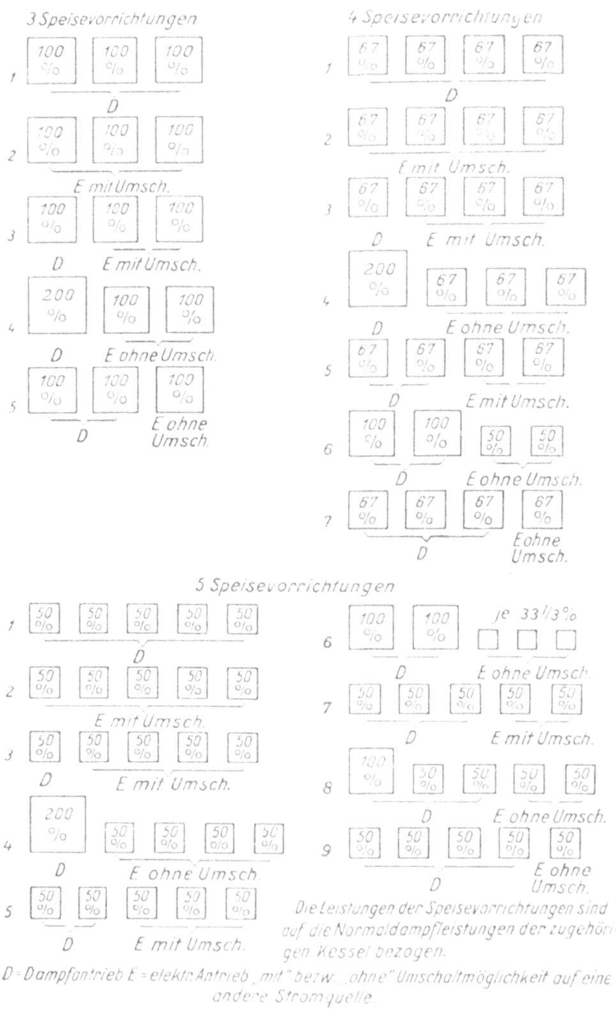


**Abb. 99.**
Grundsätzliche Anordnungen mehrerer Speisevorrichtungen
(nach Liebegott [20]).

Bereitschaftspumpe bei Störungen wird in großen Kraftwerken, wo eine dauernde Überwachung der Speisepumpengruppe durch einen Bedienungsmann erfolgt, zweckmäßig von Hand vorgenommen. Die Pumpe kann automatisch hochgefahren werden, indem beispielsweise der zu ihr gehörende Differenzdruckregler etwas unter dem Betriebsdruck der laufenden Pumpe eingestellt wird. Fällt bei einer Störung der Pumpendruck unter diesen eingestellten Differenzdruck, so wird vom Regler die Bereitschaftspumpe durch Aufsteuern des Turbinenanfahrventils selbsttätig angefahren. Bei dem Anfahren aus dem Stillstand ist folgendes noch zu beachten:

Zur Vermeidung von Sickerdampf bei undichtem Anfahrventil kann zwischen diesem und den Düsenventilen ein Belüftungsventil angebracht werden, das durch Drucköl betätigt wird und das sich bei plötzlicher Inbetriebnahme schließt. Damit kein Dampf von rückwärts in die Gegendruckturbine eindringt, ist sie auf Auspuff anzufahren. Eine verkürzte Anfahrzeit wird erreicht, wenn die Turbine der Bereitschaftspumpe unter niedrigerer Drehzahl mitläuft. (Nachteil dauernd geringer Dampfverbrauch.) Bei der Anordnung Motor – Pumpe – Turbine, wobei

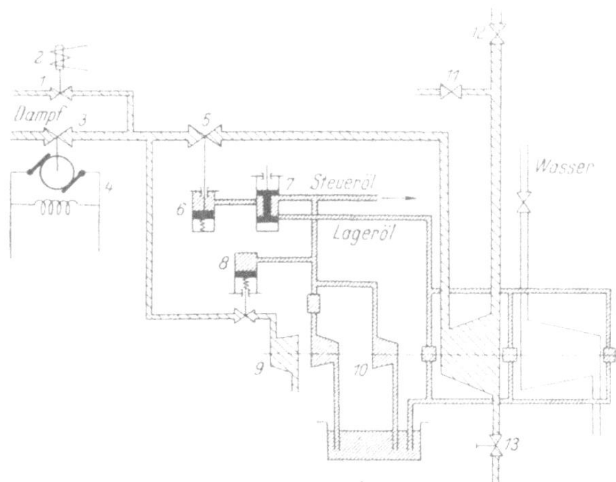


Abb. 100. Prinzipschaltbild für das selbsttätige Anfahren einer Turbo-Kesselspeisepumpe (AEG).

1 Elektrisch betätigtes Belüftungsventil;
2 Bremslüftmagnet zu 1;
3 Frischdampfschieber;
4 Elektroantrieb zu 3;
5 Öldruckbetätigtes Anfahrventil mit Schnellschlußvorrichtung;
6 Steuerzylinder zu 5;
7 Ölverteilungsventil;
8 Öldruckregler für die Turbohilfsölpumpe;
9 Turbohilfsölpumpe;
10 Hauptölpumpe;
11 Auspuffventil;
12 Schieber zum Gegendruck-Dampfnetz;|
13 handbetätigtes Entwässerungsventil der Turbine.

der Motor den Dauerbetrieb übernimmt, läuft die Turbine mit voller Drehzahl mit. Die erforderliche Kühldampfmenge erhält sie durch das Anfahrventil, welches durch den Servo-Motor fließendes Steueröl ständig etwas offengehalten wird. Wird der Motor stromlos, so stoppt ein Hubmagnet den Ölabfluß aus dem Servo-Motor, und die Turbine fährt mit voller Dampfmenge. Bei getrennter Anordnung kann der Abfluß des Öles bei Vorhandensein einer dauernd laufenden dampfangetriebenen Hilfsölpumpe auch in Abhängigkeit vom Wasserdruck erfolgen mit Hilfe einer Membrane oder auch eines einfachen Druckreglers. Der Vorteil liegt darin, daß das Hilfsaggregat stets die Förderung übernimmt, ganz gleich, ob Motor oder Pumpe versagen. Die Hilfsölpumpe kann auch elektrisch an einen anderen Stromkreis angeschlossen sein, der über ein Relais durch ein Kontaktmanometer bei Ausfall der Motorpumpe eingeschaltet wird.

Automatisch anlaufende, dampfangetriebene Reservespeisepumpen werden zwar keinesfalls allgemein angewendet. Es lohnt sich aber doch, wenigstens zu diskutieren, was damit erreicht werden kann. Die Zahlentafel 10 zeigt eine Gegenüberstellung der Zeiten, die bei Handbedienung bzw. automatisch betätigter Steuerung einer Reservedampfspeisepumpe erreichbar sind. Abb. 100 zeigt das Schema der Anlage. Das automatische Anlassen dauert in der als Beispiel herangezogenen Anlage 1 Minute, während man bei Handbedienung etwa 3 Minuten benötigt. Der automatische Anlauf geht folgendermaßen vor sich:

Der zum Schließen des Belüftungsventils 1 benutzte Bremslüftmagnet 2 wird über das Zeitrelais, das den Vorgang einleitet, unter Spannung gesetzt. Das Belüftungsventil 1 schließt. Dann wird mit dem elektrischen Antrieb 4 der Frischdampfschieber 3 geöffnet. Dadurch kommt die Hilfsölpumpe zum Laufen, der sich entwickelnde Öldruck wirkt auf den Regler 8 und über das Ölverteilungsventil 7 auf die Turbinen- und Pumpenlager. Ferner wird

Zahlentafel 10. *Anfahren einer Reserve-Turbo-Kesselspeisepumpe zwecks Notspeisung (AEG).*

| Vorg. Nr. | von Hand | Zeit in sec | Vorg. Nr. | mit Automatik | Zeit in sec |
|---|---|---|---|---|---|
| 1 | Schieber am Abdampfstutzen für Auspuff und Ventil für Hilfsölpumpe sowie Schieber in Pumpensaugstutzen und Ventile für Stopfbuchsen-Kühlwasser müssen offen sein | | 1 | Schieber am Abdampfstutzen für Auspuff und Ventil für Hilfsölpumpe sowie Schieber im Pumpensaugstutzen und Ventile für Stopfbuchsen-Kühlwasser müssen offen sein | |
| 2 | Kontaktmanometer in den Druckstutzen der in Betrieb befindlichen Pumpen legen bei Absinken des Druckes Zeitsignalrelais an Spannung. Nach 2 sec ertönt Hupe und leuchtet Transparent an Vorwärmtafel: „Gefahr! Notspeisen!" sowie an vorher bestimmter Turbopumpe: „Notspeisen!" | 2 | 2 | Kontaktmanometer in den Druckstutzen der Speisewasserpumpen legen bei Absinken des Druckes Bereitschaftsrelais an Spannung. Nach 2 sec ist Zeitelement abgelaufen, Relais hält sich selbst | 2 |
| | | | 3 | Bereitschaftsrelais schaltet Zeitüberwachungsrelais ein, legt Hubmagnet des Belüftungsventils an Spannung. Ventil öffnet | 0,5 |
| 3 | Bedienungsmann stellt Hupe ab und begibt sich über Maschinenhaustreppe in Pumpenraum zu der für Notspeisung vorherbestimmten Turbopumpe (siehe 1) | 20 | 4 | Kontakt am Belüftungsventil schaltet Steuerschütz „Öffnen" des Elektroantriebs für den Haupt-Frischdampfschieber ein. Schieber öffnet | 5 |
| 4 | Bedienungsmann schließt Belüftungsventil | 15 | 5 | Hilfsölpumpe läuft bei $^1/_2$ Schieberöffnung an, Öldruck öffnet Anfahrventil. Turbine läuft an | 19 |
| 5 | Bedienungsmann öffnet Frischdampfschieber (NW 10, 12 Spindelumdrehungen). Hilfsölpumpe läuft währenddessen hoch | 30 | 6 | Wenn Öldruck der Hauptölpumpe genügend hoch, d. h. etwa bei $^3/_4$ der Nenndrehzahl, wird Hilfsölpumpe stillgesetzt. Durch Öldruckkontakt wird Steuerschütz „Öffnen" des Elektroantriebs für den Speisewasser-Druckschieber[1] eingeschaltet. Schieber öffnet. Turbine erreicht Nenndrehzahl | 25 |
| 6 | Bedienungsmann öffnet Anfahrventil. Turbine läuft an | 10 | | | |
| 7 | Turbine erreicht Nenndrehzahl, Bedienungsmann beginnt inzwischen mit Öffnen des Speisewasser-Druckschiebers[1] | 20 | 7 | Nach voller Öffnung des Speisewasser-Druckschiebers fällt Bereitschaftsrelais ab. Hierdurch wird Zeitüberwachungsrelais abgeschaltet (Überwachung beendet) | 6 |
| 8 | Bedienungsmann öffnet Speisewasser-Druckschieber voll (NW 200 20 Spindelumdrehungen) | 75 | 8 | Durch Abfallen des Bereitschaftsrelais wird Hubmagnet des Belüftungsventils stromlos. (Ventil bleibt durch Dampfdruck geschlossen.) Optisches Signal „Notspeisung" wird eingeschaltet | 0,5 |
| 9 | Hilfsölpumpe stillsetzen. Auspuffschieber schließen. Abdampfschieber zur 1,6 ata-Leitung öffnen. Speisewasser-Druckschieber der ausgefallenen Pumpen schließen. | | 9 | Schließen des Auspuffschiebers von Hand. Öffnen des Abdampfschiebers zur 1,6 ata-Leitung von Hand. | |
| | Gesamtzeit | 172 | | Gesamtzeit | 58 |

[1] Anfahren gegen geschlossenen Druckschieber führt hier zu längeren Anfahrzeiten gegenüber der auf Seite 144 gegebenen Empfehlung.

durch den Öldruck das Anfahrventil *5* über den Steuerkolben geöffnet. Die Turbopumpe läuft an. Bei ausreichender Drehzahl übernimmt die Hauptölpumpe *10* die Ölversorgung. Die Hilfsölpumpe wird dann über den Regler *8* wieder abgeschaltet, das Auspuffventil *11* wird von Hand geschlossen, und durch Ventil *12* der Dampf dem Gegendrucknetz zugeführt. Vor Beginn des automatischen Vorganges müssen der Schieber *11* offen und *12* geschlossen sein. Ferner müssen die Kontaktvorrichtungen an den Strömungsanzeigern für die in Abb. 100 nicht gezeichneten Öl- und Stopfbuchskühler anzeigen, daß Kühlwasser vorhanden ist. Der Saugschieber der Pumpe ist dauernd offen, der Druckschieber wird bei diesem Beispiel im Gegensatz zu Seite 144 erst beim Anfahren geöffnet.

Der Leistungsbedarf für Kesselspeisepumpen ist abhängig von der manometrischen Förderhöhe (*p*) und der Speisewassertemperatur. Bezieht man auf eine Speisewassertemperatur von 100° C, so kann man aus Angaben von ELL-RICH [5] bzw. MUSIL [27] folgern, daß folgende Beziehung gilt:

$$A \approx 0{,}445 \cdot p\ [\mathrm{kWh/t}],$$ wobei $A$ der mittlere Arbeitsaufwand je Tonne gegen die manometrische Förderhöhe $p$ [at] gefördertes Kühlwasser bedeutet.

Bei 130  150  170  190  210  230 250° C ist der Arbeitsaufwand
1,2   2,3   3,4   4,6   6,3   8,3 11,0% höher.

## 5. Turbinenhaus einschl. Kondensationsantriebe und Kühlwasserversorgung.

Wie bei den Kesselspeisepumpen hat sich auch bei den Kühlwasserpumpen für große Leistungen der Dampfantrieb oft als zweckmäßig herausgestellt (vor allem bei Kondensationsanlagen mit Rückkühlung). Eine Turbine mit bestem thermischen Wirkungsgrad arbeitet über ein Getriebe auf die Pumpenwelle. Diese Anordnung ist erfahrungsgemäß so betriebssicher, daß eine zweite Kraftquelle entbehrlich ist. (Vgl. Abb. 5 oder 6.) Von der gleichen Turbine kann auch die Kondensatpumpe mit angetrieben werden. Der Turbinenabdampf wird in einem eigenen Vorwärmer (geschlossene Anzapfvorwärmung) niedergeschlagen. Die Schaltung kann so getroffen werden, daß bei Teillasten, wo der Dampfbedarf für die Vorwärmung schneller zurückgeht als der Leistungsbedarf, der Abdampf bei einem einstellbaren, bestimmten Gegendruck über ein Sicherheitsventil in dem Kondensator freigegeben wird. Bei dampfangetriebenen Kühlwasserpumpen ist die Fördermenge gut regelbar. Pumpen mit elektrischem Antrieb werden in der Förderleistung durch Drosseln des Druckschiebers geregelt. Drehzahlregelbare Motoren sind nur bei Zentralpumpwerken vertretbar, da hier allein der höhere Kostenaufwand gerechtfertigt erscheint.

Auch rein elektrischer Antrieb, und zwar heute ausschließlich durch Kurzschlußmotoren, wird gleichfalls angewendet, sofern genügend sichere Eigenbedarfsquellen vorhanden sind (vgl. Abb. 101). Gelegentlich verwendet man zur Reserve auch dauernd mitlaufende einfache Turbinen, die ähnlich wie beim Speisepumpenantrieb sofort einspringen, wenn der Motorantrieb ausfällt. Wie man den Kondensationsantrieb auch wählen mag, seine Sicherheit ist von großer Bedeutung, da man bei den heutigen großen Turbosätzen nicht wie früher bei sehr kleinen Aggregaten ein Fahren auf Auspuff — auch nicht kurzzeitig — zulassen kann. Der Auspuffbetrieb führt zur völligen Veränderung des Temperaturfeldes der ganzen Turbine, insbesondere des Abdampfstutzens und der letzten Turbinenschaufelräder. Durch die bei Auspuff stark ansteigenden Temperaturen können leicht dauernde Schäden entstehen. Auch Lagerverschiebungen, Wellenverlängerungen und damit unruhiger Lauf können in diesem Zusammenhang auftreten.

Aus diesen Gründen ist auch der früher oft verwendete Schleifringläufermotor für den Kondensationsantrieb heute praktisch verschwunden und durch den bei

Abb. 101. Kühlwasserpumpenantrieb.

Spannungsabsenkungen schneller und ohne zusätzliche Einrichtungen wieder hochlaufenden Kurzschlußmotor ersetzt worden. Spannungsunterbrechungen von 1 bis 2 sec, wie sie bei automatischem Umschalten vorkommen, sind erträglich.

Abb. 102 Antrieb von Kühlwasserpumpen eines Zentralpumpwerkes durch geschützte Drehstrom-Vertikal-motoren mit Kurzschlußläufer (350 kW, 590 U/min, 10 kV) (AEG).

Eine eindeutige und allgemein geltende Entscheidung für die Anwendung von elektrischem oder Dampfantrieb oder einer Kombination von beiden ist hier auch nicht gegeben. Sie ist, wie auch bei anderen Eigenbedarfsantrieben, von vielen Einflußgrößen abhängig, wie etwa Einfügung ins Wärmeschaltbild, Sicherheit der Versorgung bei elektrischem Antrieb, Anschaffungskosten und Wirtschaftlichkeit des Betriebes. Abb. 102 zeigt elektrisch angetriebene Pumpen einer zentralen Kühlwasser-Versorgungsanlage. Der Leistungsbedarf von Kühlwasser-, Kondensat- und Strahlwasserpumpen kann anhaltsweise zu etwa 0,8% der höchsten Kraftwerksleistung angenommen werden (MUSIL [27]).

Außer dem Kondensationsantrieb sind im Maschinenhaus noch zahlreiche andere Antriebe vorhanden, wie beispielsweise: Drehvorrichtungen für die Wellen der Turbosätze, zahlreiche Pumpen usw. Es handelt sich dabei meist um kleinere Einzelleistungen, die ausnahmslos für elektrischen Antrieb durch Kurzschlußmotoren geeignet sind.

Eine besondere Bedeutung haben die Hilfsölpumpen für die Turbinen. Die Hauptölpumpen werden durch die Turbinenwellen angetrieben. Zum Anfahren und nach Abstellen der Turbinen sind aber Hilfsölpumpen erforderlich. Dampfangetriebene Hilfsölpumpen sind weit verbreitet. Die Antriebsturbine dafür kann einfach sein, ohne Rücksicht auf den Wirkungsgrad. Elektrisch angetriebene Hilfsölpumpen werden gleichfalls oft angewendet, gelegentlich auch beide Arten gleichzeitig. Ihre Ingangsetzung kann leicht weitgehend selbsttätig gemacht werden. Im folgenden sind einige übliche Ausführungen bzw. Schaltungen geschildert:

Bei Turbinen mit Dampfeintrittstemperaturen unter etwa 450° C hat man als Reserve für die von der Turbine selbst angetriebene Hauptölpumpe meist eine dampfangetriebene Hilfsölpumpe. Sie dient der Ölversorgung des Turbosatzes

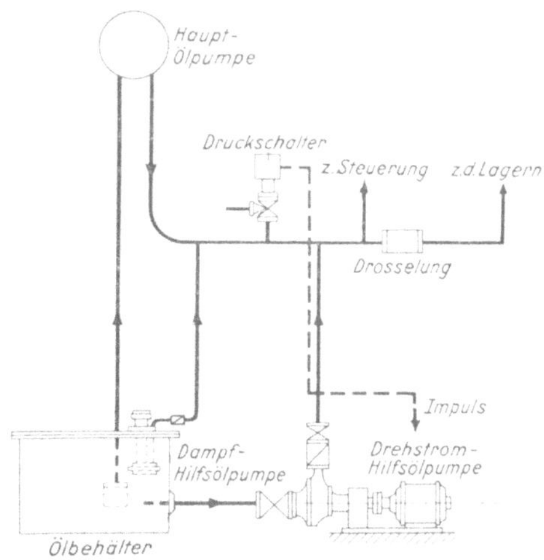


Abb. 103. Rohrschema für die Ölversorgung eines Turbosatzes, dampf- und elektrisch angetriebene Hilfsölpumpen.

beim Anfahren und Abstellen. Für die Steuerung wird Öl höheren Druckes benötigt als für die Versorgung der Lager. Die Ölpumpen erzeugen einen Druck, der für die Steuerung ausreichend ist. Der Druck für das Lageröl wird durch Drosselung auf den nötigen Wert herabgesetzt.

Zur Reserve der dampfangetriebenen Hilfsölpumpe wird oft eine elektrisch angetriebene Hilfsölpumpe verwendet. Ihre Antriebsleistung beträgt je nach Größe der Turbine etwa 20 bis 50 kW. Ihr Kurzschlußläufermotor wird an ein Drehstromnetz angeschlossen, das zur Versorgung des lebenswichtigen Eigenbedarfs dient. Auch die Verwendung einer elektrisch angetriebenen Hilfsölpumpe als alleinige Reserve für die Hauptölpumpe ist möglich. Sie wird am besten mittels eines Steuerquittungsschalters betätigt, der dann Blinklicht zeigt, wenn die Stellung des Motorschutzschalters oder Schützes nicht mit der Stellung des Knebels des Steuerquittungsschalters übereinstimmt. Ferner ist ein Druckschalter vorhanden, der vom Öldruck am Druckstutzen der Hauptölpumpe beeinflußt wird. (Vgl. Abb. 103.) Die Funktion dieser Einrichtungen ist dann folgendermaßen:

Beim Anstellen des Turbosatzes wird entweder die Dampfhilfsölpumpe oder die elektrische Hilfsölpumpe von Hand angestellt. Darauf erfolgt der weitere

Anfahrvorgang des Turbosatzes, sobald der nötige Öldruck vorhanden ist. Hat der Turbosatz eine genügende Drehzahl und dadurch der Öldruck der Hauptölpumpe einen ausreichenden Wert erreicht, so wird die Hilfsölpumpe abgestellt. Sinkt während des Betriebes der Öldruck, so ist anzunehmen, daß der Antrieb der Hauptölpumpe gestört oder der ganze Ölumlauf nicht mehr in Ordnung ist. Ein Stillsetzen des Turbosatzes ist dann jedenfalls dringend geboten durch selbsttätiges Ansprechen des Schnellschlußventils. Gleichzeitig muß aber eine Hilfsölpumpe anlaufen, um die Lagerschmierung wegen des Auslaufes des Turbosatzes zu garantieren. Ob diese automatische Funktion der dampf- oder elektrisch angetriebenen Hilfsölpumpe überlassen werden soll, mag hier offen bleiben. Wir wollen aber wegen des ähnlichen Prinzips beider Einrichtungen hier nur die elektrischen Einrichtungen weiter betrachten. Damit die elektrischen Hilfsölpumpen anspringen können, sofern der Öldruck auf ein Minimum abgesunken ist, ist der oben erwähnte Druckschalter erforderlich. Er schaltet den Motor ein. Der Turbinenwärter merkt diese automatische Funktion daran, daß der Steuerquittungsschalter Blinklicht zeigt. Beim betriebsmäßigen Abstellen des Turbosatzes schaltet man die Hilfsölpumpe ein, so daß gleichfalls der erforderliche Öldruck während des Auslaufens des Turbosatzes garantiert wird.

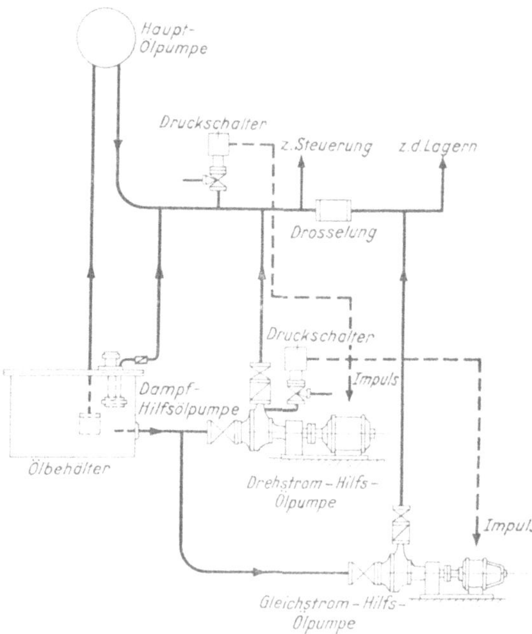


Abb. 104. Rohrschema für die Ölversorgung eines Turbosatzes, eine dampf- und zwei elektrisch angetriebene Hilfsölpumpen.

Bei Turbinen mit Dampftemperaturen am Eintritt von etwa mehr als 450° C ist die Funktion der Haupt- und Hilfsölpumpen grundsätzlich eine ähnliche. Es muß aber zusätzlich berücksichtigt werden, daß solche Turbinen nach dem Stillsetzen wesentliche Wärmemengen über die Lager abführen und daß infolgedessen die Versorgung der Lager mit Öl zwecks Kühlung weiterlaufen muß. Die Welle des Turbosatzes wird zur Verhinderung des Krummwerdens eine Zeitlang durch eine besonders vorhandene Drehvorrichtung mit niedriger Drehzahl von etwa 5 bis 10 U/min gedreht. Erst wenn der Turbosatz genügend abgekühlt ist, darf die Ölversorgung stillgesetzt werden. Gegenüber dem Betrieb beim Anfahren und Abstellen und auch dem Dauerbetrieb ist die erforderliche Ölmenge wesentlich geringer. Man kann dann den Lagerölkreislauf auch durch eine besondere, kleiner ausgelegte Ölpumpe versorgen. Zum Antrieb einer solchen zweiten elektrischen Hilfsölpumpe (3 bis 8 kW) wählt man gern Gleichstrom von der Batterie oder auch Drehstrom aus einem besonders gesicherten Netz, wie es im Abschn. L5 beschrieben wird. Die besondere Sicherheit des Antriebes dieser zweiten Hilfsölpumpen ist deswegen erwünscht, weil beim Ausbleiben der Ölförderung während des Abkühlvorganges einmal Lagerschäden eintreten könnten, dann aber auch die Welle des Turbosatzes gekrümmt werden könnte. Eine solche Krümmung verschwindet zwar nach völliger Abkühlung wieder vollständig, verhindert aber unter Umständen ein schnelles Wiederingangbringen des Turbosatzes. Die zweite elektrische Hilfsölpumpe kann auch automatisch eingeschaltet werden, und zwar

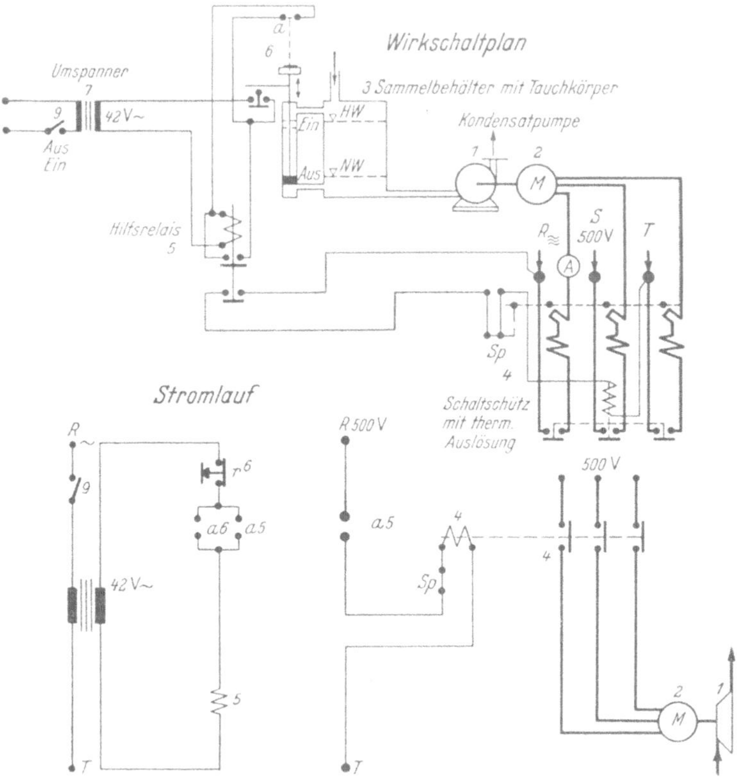


Abb. 105. Sammelkondensatpumpen, Wirkschaltplan und Stromlaufplan.

gleichfalls von dem schon oben erwähnten oder einem weiteren Druckschalter, doch ist eine Zeitverzögerung durch ein Zeitrelais zweckmäßig, um zu verhindern, daß die erste elektrische Hilfsölpumpe und die zweite gleichzeitig ansprechen. Die Abb. 103 und 104 zeigen ein Schema für den Ölkreislauf für beide eben im Prinzip geschilderten Varianten der Ölversorgung.

Die Pumpen für Kondensattiefbehälter werden in Abhängigkeit vom Wasserstand im Behälter oft automatisch gesteuert. Abb. 105 zeigt ein entsprechendes Wirk- und Stromlaufbild. Die Wirkungsweise geht daraus hervor. Die Pumpe wird bei Höchstwasserstand in Betrieb und bei Niedrigstwasserstand außer Betrieb gesetzt. Bei gewünschter Stillegung ist der Schalter 9 auszuschalten. Zur Vermeidung des „Pumpens" des Motorschutzschalters beim Ansprechen der Überstromglieder ist die nur von Hand auslösbare Wiedereinschaltsperre „Sp" vorhanden.

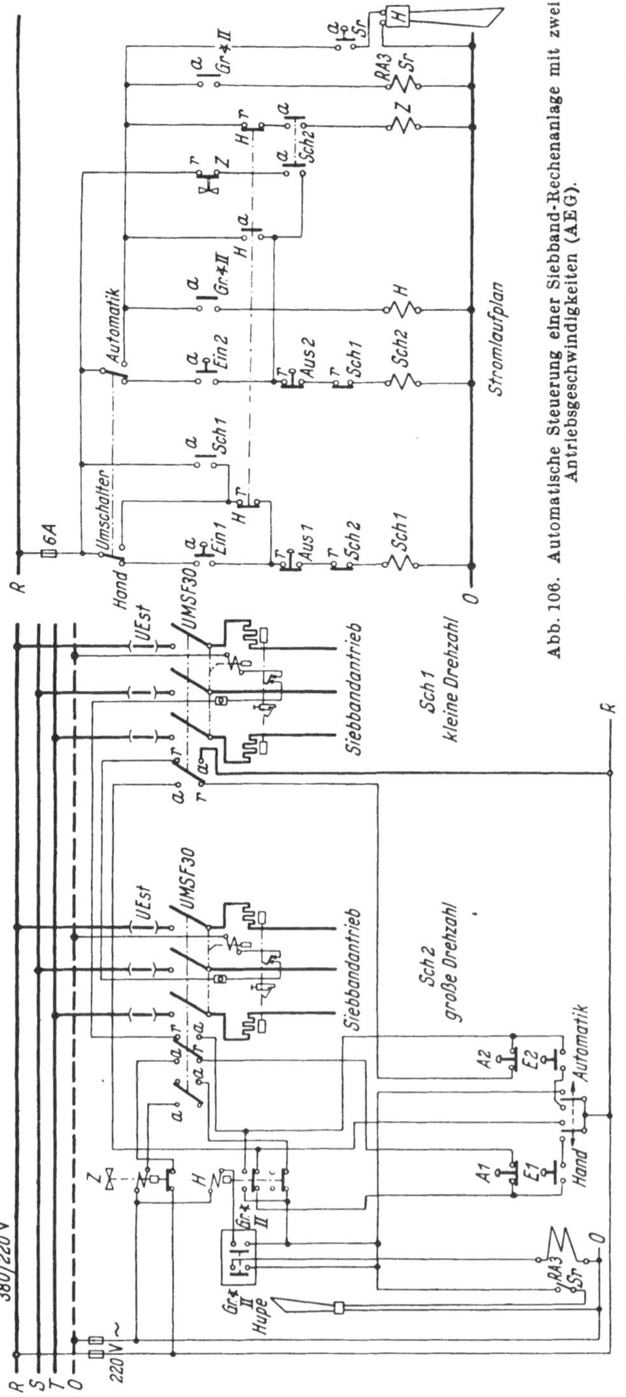


Abb. 106. Automatische Steuerung einer Siebband-Rechenanlage mit zwei Antriebsgeschwindigkeiten (AEG).

Im Zusammenhang mit der Kühlwasserversorgung wird häufig noch eine Automatik angewendet für die Einstellung der Drehzahl der Siebbänder. Es gibt Anlagen, bei denen die Bänder normalerweise stehen und bei größerem Stau sich in Bewegung setzen, oder sie sind ständig in Bewegung und werden bei größer werdendem Stau durch Polumschaltung der Motoren schneller angetrieben. Bei letztgenannter Ausführung sind mit den Motoren für den Siebbandantrieb die Frischwasserpumpen für die Siebreinigung gekuppelt. Eine automatische Steuerung wird verwendet, weil bei größerer Verschmutzung der Siebbänder infolge des gleichbleibenden Sogs der Kühlwasserpumpen eine Beschädigung der Bänder möglich ist. Die Automatik wird abhängig gemacht von der Größe des Staues, der mit der Verschmutzung der Bänder steigt. Er wird durch eine Sicherheitsüberdruckklappe bemerkbar gemacht. Die Klappe schließt bei Winkeln zwischen 5 und 10° mechanisch 2 Kontakte I und bei Winkeln zwischen 11 und 45° 2 Kontakte II. In Anlagen, bei denen die Siebbänder normalerweise stehen, benutzt man beide Kontaktpaare, bei Anlagen, die dauernd, aber mit verschiedener Geschwindigkeit laufen, wird nur das Kontaktpaar II benötigt. Abb. 106 zeigt die automatische Steuerung einer Siebbandrechenanlage mit 2 Antriebsgeschwindigkeiten. Die Anlage kann sowohl mit Handschaltung als auch automatisch betrieben werden. Bei Handschaltung können sowohl die Motoren mit niedriger (Druckknopf „Ein 1") als auch mit hoher Drehzahl (Druckknopf „Ein 2") eingeschaltet werden und durch entsprechende Betätigung der „Aus-Druckknöpfe" wieder ausgeschaltet werden. Bei automatischem Betrieb läuft normal der Antrieb mit kleiner Drehzahl, das setzt aber voraus, daß die Kontakte II an der Überdruckklappe offen sind, also ein normaler und nur geringer Stau vorhanden ist. Schließen aber diese Kontakte, so wird das Hilfsrelais $H$ angeregt, wodurch der Schalter $1$ herausfällt und $2$ eingeschaltet wird. Das Zeitrelais $Z$ kommt nicht zum Anlaufen, obwohl der Kontakt $Sch\,2\,a$ geschlossen ist. Der Kontakt $Hr$ ist aber kurz vorher geöffnet worden. Öffnen die Kontakte II wieder, so fällt zwar $H$ sofort wieder ab, aber Schalter $2$ bleibt noch so lange geschlossen, bis der Kontakt $Zr$ nach der eingestellten Zeit (2 bis 10 min) abgefallen ist. Dann erst schaltet der Schalter $2$ wieder ab und anschließend $1$ ein. Durch Schließen von $II$ wird auch das Signalrelais $Sr$ zum Ansprechen gebracht, das ein Signal auslöst. Der größere Stau bzw. die angestiegene Verschmutzung der Siebbänder wird also für das Bedienungspersonal bemerkbar gemacht.

Die Kompressoren zur Erzeugung von Druckluft werden heute selbst bei größeren Leistungen mit Kurzschlußmotoren angetrieben. Wenn auch die elektrische Ausrüstung der Kräne hier als zu weitführend nicht im einzelnen behandelt werden kann, so soll doch nicht unerwähnt bleiben, daß die Maschinenhauskräne sowohl mechanisch als auch elektrisch nicht zu knapp zu bemessen sind. Einem sanften Anheben und Absetzen auch der großen Lasten soll ausreichend Rechnung getragen werden. Die Motoren für Kräne erhalten meistens Schleifringläufer und werden für 20 % Einschaltdauer bemessen. Schleifringläufermotoren für Aufzüge werden je nach der voraussichtlichen Beanspruchung für Einschaltdauern von 20 oder 40 % ausgelegt.

Die in diesem Abschnitt besprochenen Antriebsmotoren können weitgehend in geschützter Ausführung gewählt werden. Nur bei Aufstellung im Freien oder bei örtlich erhöhter Verschmutzungsgefahr sind geschlossene, oberflächengekühlte Motoren unbedingt erforderlich.

## 6. Zusatzwasseraufbereitung.

Die Größe des Eigenbedarfs der Wasseraufbereitungsanlage richtet sich in erster Linie nach der Art des betreffenden Kraftwerkes. Bei reinen Kondensationskraftwerken betragen die zu ersetzenden Verluste durchschnittlich 3 bis 5 %. Die Wasseraufbereitungsanlage kann dementsprechend für kleine Leistungen ausgelegt werden. Gegendruckkraftwerke weisen größere Verlustmengen auf, die im Grenzfall bis zu 100 % der abgegebenen Heizdampfmenge betragen können. Bei Gegendruckwerken bleibt, insbesondere bei Höchstdruckkraftwerken, wo ausnahmslos Anzapfvorwärmung angewandt wird, dem Kreislauf mindestens das Vorwärmkondensat erhalten, das bis zu etwa 30 % des Gesamtspeisewassers ausmacht, so daß maximal etwa 70 % der Kesseldampfmenge ersetzt werden müssen. Für diese Leistung ist also die Wasseraufbereitungsanlage gegebenenfalls zu bemessen. Da es ratsam ist, in jedem Fall Speicherräume vorzusehen, braucht auf die Sicherstellung des Eigenbedarfs der Wasseraufbereitungsanlage nicht die Rücksicht genommen zu werden, wie beispielsweise beim Eigenbedarf für die Kesselspeisung. Die wichtigsten Hilfsmaschinen sind u. a. die Pumpen von Verdampferanlagen und Dampfumformern. Für diese Aggregate ist der Anschluß an zwei voneinander unabhängige Stromquellen zweckmäßig. Erhöhte Aufmerksamkeit ist auch dem sicheren Anschluß der Roh- und Betriebswasserpumpen zu schenken.

Die Hilfsmaschinen der Wasseraufbereitung haben durchweg elektrischen Antrieb, ihre Motoren sind als Kurzschlußläufer ausgebildet. Wird in einem Kondensationskraftwerk das Zusatzwasser durch Verdampfung gewonnen, so ist folgendes zu beachten:

Bei Motorantrieben der Hilfsmaschinen muß einer jeden Hauptmaschine eine Verdampferanlage zugeordnet werden, wenn der Grundsatz der geschlossenen Anzapfvorwärmung nicht gestört werden soll. (Jede Hauptmaschine besitzt eigene Vorwärmer, einen eigenen Kondensatweg bis zum Entgaser.) Bei Turbinenantrieb der Hilfsmaschinen ist die Zusatzwassererzeugung für die ganze Anlage gemeinsam.

Für die hier behandelten Anlagen können je nach den Verhältnissen des speziellen Aufstellungsortes geschützte oder besser geschlossene Motoren mit Oberflächenkühlung verwendet werden.

## 7. Elektrofilter.

In neuzeitlichen Kraftwerken, vor allem in solchen mit Mühlen- oder Staubfeuerung, werden zur Entstaubung der Rauchgase häufig Elektrofilter angewandt. Ihr Vorteil liegt in verhältnismäßig hoher Entstaubung in der Größenordnung

Abb. 107. Elektromechanische Staubfilteranlage eines modernen amerikanischen Kraftwerkes. Reinigungsgrad 95% [47].

von etwa 95% und geringem Leistungsbedarf. Auch Kombinationen von elektrischen und mechanischen Entstaubungseinrichtungen werden verwendet. Dies zeigt z. B. Abb. 107 an Hand einer Aufnahme aus einem modernen amerikanischen Kraftwerk [47]. Gegenüber Zyklonen ist auch der Zugverlust in der Entstaubungskammer wesentlich geringer, auch die Bedienung und Instandhaltung ist einfach, wenn man die weiter unten geschilderten Vorsichtsmaßnahmen berücksichtigt. Der Raumbedarf ist aber größer gegenüber der Verwendung von Zyklonen. Die Wirkungsweise ist etwa folgende:

Die Rauchgase durchströmen Kammern, in denen abwechselnd auf negativem Potential befindliche Gitter aus dünnen Drähten und geerdete Platten sich gegenüberstehen. Die negative Elektrizität ladet bei hoher elektrischer Feldstärke an den „Sprühelektroden" die Staubteilchen negativ auf, so daß sie in Richtung auf die

Abb. 108. Klopfeinrichtung für Elektrofilter (SSW).

Plattenelektroden wandern, dort ihre Ladung verlieren und nach unten fallen. Dies wird durch Klopfeinrichtungen, die motorisch angetrieben werden, unterstützt (vgl. Abb. 108). Der abgeschiedene Staub fällt in Trichter am Boden der Entstaubungskammern, von wo er mittels der auch sonst üblichen Entaschungseinrichtungen von Zeit zu Zeit abgezogen wird. Abb. 109 zeigt den äußeren Aufbau von stehenden Elektrofiltern. Die Filter werden mit einer Gleichspannung in der Größenordnung von etwa 40 bis 80 kV betrieben. Diese Spannung wird von den mechanischen Gleichrichtern nach den Entstaubungskammern durch einpolige Massekabel übertragen. Die geerdeten Kabelmäntel bilden die positive Rückleitung. Der hochgespannte Gleichstrom

Abb. 109. Stehende Elektrofilter mit untenliegendem Saugzug. (Motoren mit Oberflächenkühlung, 128 kW, 1500 U/min, 500 V, AEG.)

wird folgendermaßen erzeugt: Die Energie wird aus dem Drehstrom-Niederspannungsnetz des Kraftwerkes entnommen. Eine besondere Sicherheit der Stromquelle wird nicht verlangt. Durch einen Transformator wird der Drehstrom aufgespannt und dann einem mechanischen Gleichrichter, der von einem Synchronmotor angetrieben wird, zugeführt. Neuere Geräte sind durch besondere Siebketten rundfunkentstört.

Je nach Rauchgasdurchsatz wählt man eine Gleichrichteranlage für einen oder zwei Kessel gemeinsam aus. Eine Reserveanlage ist oft vorhanden und wird hochspannungsseitig auf die verschiedenen Entstaubungskammern umgeschaltet. Abb. 110 zeigt das Innere einer Gleichrichterkammer. Die Wände der Kammern bestehen aus Gips, der möglichst glattgestrichen sein soll, um Staubablagerungen möglichst zu vermeiden oder diese leichter beseitigen zu können. Die Türen schließen dicht und haben große Spiegeldrahtglasfenster, die eine Beobachtung von außen gestatten. Ein Teil der Vorderfront wird durch die Schalttafeln, die gleichfalls dicht eingesetzt sind, gebildet. Zur Belüftung der Zellen wird über Ölfilter Luft von außen angesaugt und nach Durchgang durch die Zellen wieder nach außen abgeleitet. Das Filter muß sehr gut sauber gehalten werden, damit die angesaugte Luft eine möglichst hohe Staubfreiheit hat. Diese soeben geschilderten Vorsichtsmaßnahmen sind empfehlenswert, da in den Gleichrichterzellen ja auch hohe Feldstärken herrschen und so Staub aus der Luft gerade an den Stellen abgeschieden wird, wo er aus Gründen einer guten Isolation und auch guten Instandhaltung der Anlage am wenigsten erwünscht ist. Gegenüber anderen, älteren Anlagen, in denen die Gleichrichter nur durch Gitter abgetrennt frei im Raum aufgestellt waren, war die gezeigte Anlage wenig überholungsbedürftig, da sie nur sehr langsam verschmutzte. Ein ausreichender Luftwechsel ist bei mechanischen Gleichrichtern in jedem Fall erforderlich, da der mit Funkenbildung verknüpfte Betrieb zur Bildung von nitrosen Gasen Anlaß gibt, die möglichst schnell aus der Anlage zu entfernen sind, um Korrosionen, vor allen Dingen der elektrischen Ausrüstung, zu vermeiden.

Abb. 110. Mechanischer Hochspannungsgleichrichter für Elektrofilter.

Ein wesentlich einfacherer Aufbau von Elektrofilteranlagen soll durch eine neuartige und zur Zeit in Entwicklung bzw. Erprobung befindliche Bauart ermöglicht werden. Die Weiterentwicklung der schon lange bekannten Selen-Gleichrichter hat schon vor längerer Zeit dazu geführt, daß diese auch für hohe Spannungen angewendet werden. Neuerdings versucht man daher, den Anwendungsbereich von Selen-Gleichrichtern auf die Speisung von Elektrofiltern auszudehnen, da die wirtschaftlichen Voraussetzungen allem Anschein nach dazu vorhanden sind (vgl. Abb. 111). Die in Abb. 110 gezeigte Anlage war beispielsweise für 60 kV und 250 mA ausgelegt. Für Leistungen etwa in dieser Größenordnung mit der erforderlichen Ausweitung des Leistungsbereiches nach oben und unten für größere und kleinere Anlagen hat man nun Geräte entwickelt, bei denen Transformatoren und Selen-Gleichrichter in Ölgefäßen untergebracht sind. Der Durchführungsisolator wird bei einigen Typen zur Einführung der Hochspannung

in die Entstaubungskammer benutzt, so daß der ganze der Gleichspannungs-
erzeugung dienende Apparat an einer Wand der Filterkammer eingebaut werden
kann (vgl. Abb. 112). Hochspannungsführende Teile sind dabei von außen nicht
zugänglich, ein Hochspannungskabel ist also auch nicht erforderlich. Die Niederspannung wird über einen Kabelendverschluß, ähnlich wie bei einem Motor,
zugeführt. Bei großen Einheiten ist getrennte Unterbringung von Transformatoren
und Gleichrichtern in 2 verschiedenen Ölgefäßen vorgesehen. Außer der schon
erwähnten Ausführungsart, bei der die Hochspannungsdurchführung als Einführung in die Filterkammer benutzt
wird, sind aber Konstruktionen vorhanden mit normaler Hochspannungsdurchführung oder Kabelanschluß auf der
Hochspannungsseite. Besondere Räume
wie bei der mechanischen Gleichrichtung

Abb. 111. Hochspannungssäulensatz eines Selen-
gleichrichters zur Speisung von Elektrofiltern für
50 kV und 280 mA zum Einlasen unter Öl (SSW).

Abb. 112. Hochspannungs-Selengleichrichter zur Speisung von Elektrofiltern. 30 kV, 40 mA. Transformator
und Gleichrichter in einem Ölgefäß. Stufentransfor-
mator, Schalter und Instrumente in getrenntem
Schaltschrank (AEG).

werden also nicht immer erforderlich sein. Von besonderem Vorteil dürfte die
Zuordnung von je einem Selen-Gleichrichter zu jeder Entstaubungskammer
sein, da damit der Betrieb den jeweiligen Verhältnissen durch Spannungsregelung besser angepaßt werden kann, als dies bei mechanischen Gleichrichtern
der Fall ist, bei denen meistens ein Gleichrichter mehrere Kammern versorgt.
Das Ergebnis des Betriebes der ersten Anlagen mit Selen-Gleichrichtern ist
positiv, so daß erwartet werden kann, daß Selen-Gleichrichter sich weiter für
diesen Zweck einführen und der Anwendung von Elektrofiltern neue Vorteile
bringen werden (vgl. auch [56]). Auslandserfahrungen bestätigen dies.

## H. Betriebsüberwachung.

Zur Betriebsüberwachung eines Dampfkraftwerkes gehört zweifellos auch
die Einrichtung der elektrischen Warte (vgl. beispielsweise Abb. 113). Im Rahmen
dieser Ausführungen erscheint aber eine eingehendere Behandlung aller mit der
Schaltwarte zusammenhängenden Probleme nicht als nötig, da die Aufgaben
der Schaltwarte mehr im Rahmen der Hauptschaltanlage liegen bzw. auch der
vom Kraftwerk gespeisten Netze. Bei den folgenden Ausführungen ist daher mehr

Gewicht auf die Betriebsüberwachung des wärme- und maschinentechnischen Teiles eines Kraftwerkes gelegt worden, zumal es sich dabei auch im eigentlichen Sinne um die Betriebsüberwachung des Eigenbedarfs handelt. Die Steuerung der Hochspannungsschaltanlage des Eigenbedarfs von der elektrischen Warte ist weit verbreitet und hat bedeutende Vorteile vor einer nur örtlichen Steuerung, weil von der Warte jederzeit bei Störungen eingegriffen werden kann (vgl. Abb. 113). Der Umfang der Steuerung ist weitgehend von den jeweiligen Verhältnissen abhängig.

Einfache Betriebe, wie beispielsweise normale Industriewerke, Fahrplanwerke der öffentlichen Versorgung und sonstige Betriebe mit normalen Verhält-

Abb. 113. Schaltwarte des Kraftwerkes Thalheim. Links Bedienungspulte und Tafeln der Maschinen und der 110 kV-Leitungen, rechts Steuerung der Eigenbedarfsanlage.

nissen für Dampf- und Stromabgabe, bedürfen weit weniger einer Fernsteuerung oder automatischen Regelung als die sogenannten schwierigen Betriebe, unter denen ausgesprochene Spitzenkraftwerke, frequenzhaltende Kraftwerke der öffentlichen Versorgung, Kraftwerke mit Bahnstromlast sowie alle anderen Werke mit verwickelten Betriebsverhältnissen zu verstehen sind.

## 1. Kesselüberwachung[1].

Bei den Kesselanlagen richtet sich die Automatisierung des Betriebes im wesentlichen nach der Kesselbauart, d. h. daß Durchlaufkessel viel eher mit einer Vollregelung ausgerüstet werden als beispielsweise einfache Trommelkessel. Der Mehraufwand für eine voll geregelte Kesselanlage gegenüber einer im Kesselhaus vornehmlich von Hand gesteuerten Anlage ist erheblich. Bei einer Kesselleistung von 100 t/h beträgt er etwa 4 % der Gesamtkesselkosten und steigt bei kleineren Kesseleinheiten weiter an (etwa 7 % bei 50 t/h). Die Einführung der Regelung ist

[1] Vgl. hierzu Abschn. G 2 d, S. 125.

nur dann gerechtfertigt, wenn dadurch die Führung des Betriebes verbessert wird (vgl. auch die Ausführungen im Abschn. G 2 e, S. 131).

Je nach Größe und Bauart der Kesselanlage wird eine Reihe von Eingriffen durch selbsttätige Regler vorgenommen. Da diese einen Wärter nicht ersetzen, sondern nur entlasten und die Sicherheit des Kesselbetriebes erhöht werden soll, empfiehlt es sich, den Umfang der Automatik auf das Notwendige einzuschränken. Für eine selbsttätige Regelung kommen in Frage:

1. Die Regelung der Speisewassermenge nach dem Wasserstand und evtl. der Dampfmenge.

2. Das Einhalten der normalen Dampftemperatur.

3. Die richtige Einstellung der Feuerung durch

a) Regulierung des Feuerraumunterdruckes durch Verändern des Zuges.

b) Das Einhalten eines bestimmten $CO_2$-Gehaltes durch Regelung der Luftzufuhr.

c) Das Einhalten des gewünschten Frischdampfdruckes durch Änderung der Brennstoffzufuhr.

d) Das richtige Einstellen der Einblasemühlen (Sichtertemperatur, Sichterdruck bzw. Mühlenluftmenge).

4. Bei Rohrmühlen und Anlagen mit Staubzwischenbunkerung die Regelung der Mühlenlufttemperatur und der Mühlenluftmenge.

Zur weiteren Erläuterung ist zu diesen Punkten zu sagen: Selbsttätige Speisewasserregelung nach 1 ist auch bei kleineren Kesseln üblich, ähnliches gilt auch für die Dampftemperaturregelung, vor allem bei höheren Drücken und Temperaturen etwa über 450° C.

Die automatische Feuerungsregelung ist heute bei den meisten größeren Kesseln, vor allem bei Drücken über etwa 64 atü, zu finden. Feuerungsregler sind also weit verbreitet, sollen aber auch nicht allzu kompliziert ausgeführt werden. Aus diesem Grunde begnügt man sich gelegentlich mit halbautomatischen Anlagen, die Regler nach 3 a und b erhalten, aber Brennstoffmengen und Dampfdruck von Hand einstellbar vorsehen. Auf eine Regelung nach 3 d verzichtet man oft, da Sichterdruck und Sichtertemperatur genügend sicher von Hand einstellbar sind. Die selbsttätige Regelung nach Ziffer 4 wird auch weniger oft benutzt, weil die Rohrmühlen besser mit Vollast durchlaufen.

Bei der automatischen Regelung nach 3 a und b wirkt die Automatik auf die Rauchgas- und Luftklappen bzw. Leitschaufeln oder auf die Drehzahlverstellung der betreffenden Gebläse (vgl. z. B. Abb. 29 und 30) oder auf Kombinationen von diesen Organen. Infolge dauernder Bewegung dieser Verstellorgane ist es zweckmäßig, Ausführungen zu wählen, die geringe Abnutzung erwarten lassen.

Bei Zwangsumlaufkesseln muß auf schnelles Umschalten der Umwälzpumpen besonders geachtet werden, um Schäden am Rohrsystem der Kessel zu verhüten. Da man meist elektrisch angetriebene Pumpen verwendet, ist eine Umschaltautomatik leicht ausführbar. Der Anschluß an verschiedene Netzteile ist empfehlenswert, aber auch Dampfantriebe kommen, vor allem zur Reserve, vor. Die Sicherung des Umlaufes ist dann etwa in ähnlicher Art und ähnlichem Umfang auszuführen, wie es bei Kesselspeisepumpen im Abschn. G 4 bereits besprochen wurde (vgl. hierzu auch Abb. 98).

Es ist nicht entscheidend für die Lage der Kesselüberwachung, ob die Kessel
gesteuert oder geregelt werden. Von Einfluß sind die Feuerungsart, die Kessel-
auslegung, Betriebsschwierigkeiten durch den Brennstoff oder sonstige auch
räumliche Betriebsumstände. Bei der Zusammenfassung aller Steuer-, Regel-
und Meßgeräte unmittelbar im Kessel- oder wenigstens am Kesselhaus kann der
Heizer seine Kessel gut überwachen und die erforderlichen Eingriffe vornehmen
(vgl. hierzu auch Abb. 98). Diese örtliche Überwachung ist mit Recht üblich bei
allen Rostfeuerungen und bei schwierigen, z. B. klebrigen, Brennstoffmischungen
und Kohle stark schwankender Eigenschaften. Hier ist die örtliche Vereinigung
von Kesselsteuerung mit dauernder Beobachtung des Rostes bzw. der Zuteil-
organe zweckmäßiger als örtliche Trennung. Auch ist bei gut ausgebildetem
Heizpersonal die örtliche Überwachung wohl in der Mehrzahl der Fälle wirtschaftlich überlegen. Anders liegen die Dinge bei Öl- und Gasfeuerung. Derartige Kessel
eignen sich viel besser für Fernsteuerung bzw. Fernüberwachung. Die amerikanische Praxis zeigt dafür auch, daß wesentliche Ersparnisse für Personalkosten
erzielbar sind.

## 2. Turbinenüberwachung.

Zur Überwachung des Turbinenhauses sind eine Reihe von vorwiegend wärmetechnischen Messungen notwendig bzw. zum Teil auch üblich. Zunächst sind
zahlreiche Meßinstrumente, die der Betriebsüberwachung unterliegen, an den
Turbinen selbst angebaut. Dazu gehören Temperaturmeßeinrichtungen in Form
vorwiegend einfachster Flüssigkeitsthermometer für die Überwachung des
Schmieröles, der Lufttemperaturen für die Kühlung des Generators, ferner verschiedene Dampfdruck- und Temperaturmeßeinrichtungen für den Zustand des
Dampfes vor Eintritt, an den verschiedenen Anzapfstellen, am Kondensator
usw. Viele Betriebe begnügen sich mit der durchschnittlich $1/_2$ stündlichen Ab-
lesung der Werte durch den Maschinenwärter. Die Übersicht über die am Maschinensatz verteilten Instrumente läßt allerdings einiges zu wünschen übrig,
so daß sich vor allem im letzten Jahrzehnt die Gepflogenheit herausgebildet hat,
die Mehrzahl dieser Meßwerte nach einer Maschinentafel zu übertragen. Die Auswahl der übertragenen Werte unterliegt weitgehend subjektiven Voraussetzungen,
die der einzelne projektierende Ingenieur mit sich bringt. Allgemein gültige Regeln
dürften daher kaum aufstellbar sein, so daß aus diesem Grunde hier einige Beispiele der Instrumentierung gebracht sind. Die Zahlentafel 11 enthält die in einem
Kraftwerk gewählte Instrumentierung auf der Maschinentafel. Außer den wärmetechnischen Meßwerten werden häufig zur Überwachung des gesamten Maschinensatzes noch weitere Werte, und zwar die elektrischen, angezeigt bzw. registriert.
In erster Linie interessiert ein meist als schreibendes Instrument vorhandenes
Leistungsinstrument und evtl. auch ein Frequenzmesser. Strom und Spannung
für die Drehstromseite und gegebenenfalls für die Erregung werden gelegentlich
auch als anzeigende Instrumente angebracht, doch besteht dazu keine zwingende
Notwendigkeit. Eine solche ist nur dann vorhanden, wenn man vom Maschinenhaus den gesamten Turbosatz anfahren, zuschalten und abschalten will. Im letz-
teren Falle sind dann auch die Betätigungsorgane für die zum Ein- und Ausschalten
notwendigen Schalter und Regler an der Turbinentafel anzubringen. Solche Anlagen sind aber selten ausgeführt worden. Gegen eine Zusammenfassung der

Zahlentafel 11. *Instrumentierung für Vorschalt- und Kondensationsmaschinen.*
(Kraftwerk Thalheim.)

| Meßstelle | Vorschaltmaschine | | Kondensationsmaschine | |
| --- | --- | --- | --- | --- |
| | Masch. H. TAFEL anzeigend | Geber u. Hilfseinrichtungen M. H. KELLER | Masch. H. TAFEL anzeigend | Geber u. Hilfseinrichtungen M. H. KELLER |
| **Drücke:** | | | | |
| Frischdampf . . . . kg/cm² | 0 bis 120 | 0 bis 160 | 0 bis 30 | 0 bis 40 |
| 1. Druckstufe . . . . kg/cm² | 0 bis 120 | 0 bis 160 | 0 bis 25 | 0 bis 30 |
| 15. Druckstufe . . . . kg/cm² | 0 bis 50 | 0 bis 64 | — | — |
| 2. Druckstufe . . . . kg/cm² | — | — | −1 bis +12 | −1 bis +16 |
| 3. Druckstufe . . . . kg/cm² | — | — | −1 bis + 2 | −1 bis + 3 |
| Gegendruck . . . . . kg/cm² | 0 bis 50 | 0 bis 50 | — | — |
| **Menge:** | | | | |
| Dampfmenge . . . . . . t/h | 0 bis 360 | 0 bis 360 mit Zählwerk | 0 bis 200 | 0 bis 200 schreibend |
| Kühlwassermenge . . . . m³ | Signallampe | 0 bis 200 mit Signalglocke | Signallampe | 0 bis 200 mit Signalglocke |
| Vakuum . . . . . . . . . % | — | — | 80 bis 100 | 80 bis 100 |
| Leitfähigkeitsmessung . . . | — | — | Geber und Anzeiger | am Kondensator |
| **Temperaturen:** | | | | |
| Frischdampf . . . . . . °C | 200 bis 550 | — | 200 bis 500 | — |
| Gegendruckdampf . . . . °C | 250 bis 450 | — | — | — |
| Gegendruckdampf in den beiden Ltg. zw. den Kesseln 2 u. 3 (zum Einspritzen 0 bis 500° C) Ringlaufkühler-Kaltluft | | | | |
| rechts und links . . . . °C | 0 bis 100 | — | 0 bis 100 | — |
| Ringlaufkühler-Warmluft, Kaltw., Warmw. | umschaltbar | — | umschaltbar | — |
| Signalanlage: Stabregler Warmw., Warmluft | Signallampe | Glocke im Kondensationskeller | Signallampe | Glocke im Kondensationskeller |

Überwachung mehrerer Turbinen auf einer Überwachungstafel ist nichts einzuwenden, wenn von der Tafel aus die Beobachtung der Maschinen möglich ist und von den Maschinen aus die Überwachungsgeräte abgelesen werden können. Die Verlegung der wärmetechnischen Überwachung aus dem Turbinenhaus nach der Warte ist bisher kaum zur Anwendung gelangt.

Außer den Meßinstrumenten etwa in obigem Umfang enthalten Turbinentafeln oft noch sogenannte Kommandotafeln. Diese dienen der Verständigung zwischen Warte und Maschinenhaus und enthalten Leuchtfächer mit verschiedener Beschriftung. Die Beschriftung besteht aus oft wiederkehrenden Meldungen bzw. Kommandos, wie etwa: Anfahren, Parallelschalten, Stillsetzen, Abschalten, mehr Last, weniger Last, Gefahr, Irrtum usw. Oft sind diese Kommandoanlagen auch noch in einer gegenseitigen Abhängigkeitsschaltung, daß beide Partner der Übertragung sich den Empfang der Meldung quittieren müssen. Die Meinungen über solche Dinge gehen aber weit auseinander. Auch ist die Notwendigkeit der Leuchttafeln nicht überall anerkannt.

Abb. 114 zeigt eine Tafel zur Überwachung eines Vorschaltmaschinensatzes von 17 MW, Abb. 115 eine Tafel zur Überwachung eines Nachschalt- (Kondensations-) Maschinensatzes von 36 MW und Abb. 116 eine Tafel zur Überwachung eines großen Entnahme-Kondensationsturbosatzes mit einer geregelten und zwei ungeregelten Entnahmen. Die Besetzungen der Tafeln sind aus den Bildern selbst

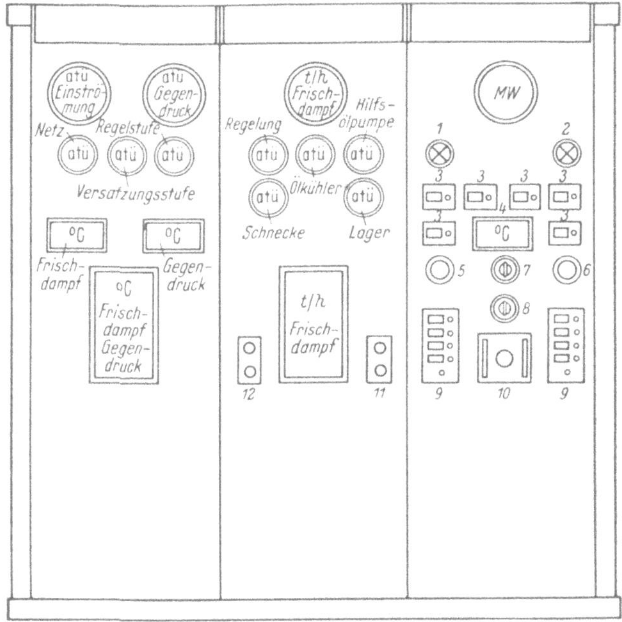


Abb. 114. Tafel zur Überwachung eines Vorschalt-Turbosatzes von 17 MW (AEG).

| Pos. | Teil | Zweck |
|---|---|---|
| 1 | Große Meldelampe mit roter Kalotte | Generatorluftrückkühler und Statortemperaturüberwachung |
| 2 | Große Meldelampe mit grüner Kalotte | Signalisierung der Turbinenendaussteuerung |
| 3 | Melderelais | Generatorluftrückkühler und Statortemperaturüberwachung |
| 4 | Temperaturanzeigegerät | Temperaturanzeiger für Generatorluftrückkühler und Stator |
| 5 | Einfachdruckknopfschalter | Betätigung des Schnellschlusses |
| 6 | Einfachdruckknopfschalter | Betätigung der $CO_2$-Löschvorrichtung |
| 7 | Paketschalter | Netzanschluß der Tafel |
| 8 | Paketschalter | Netzanschluß der Soffittenbeleuchtung |
| 9 | Kommandoapparat | Signalisierung von Anweisungen der Warte und Rückmeldung zur Warte |
| 10 | Meßstellenumschalter | Umschaltung der verschiedenen Meßwerte der Generatorluftrückkühler- und Statortemperaturüberwachung auf das Meßinstrument Pos. 4 |
| 11 | Druckknopfschalter | Betätigung der Hilfsölpumpe |
| 12 | Druckknopfschalter | Betätigung der Rotordrehvorrichtung |

ersichtlich. Auf solchen Tafeln für die Maschinenüberwachung sind auch noch Betätigungsschalter für Hilfsölpumpen, Rotordrehvorrichtungen, $CO_2$-Löschanlagen und Schnellschluß je nach Bedarf zu finden. Die $CO_2$-Anlage wird aber auch oft vom Generatorschutz betätigt. Auf der Tafel sind dann nur die Überwachungseinrichtungen für die Anlage am Platze. Der Schnellschluß wird oft an der Turbine selbst betätigt, sofern dies von Hand geschehen soll.

Eine automatische Inbetriebsetzung der Kondensat- und Kühlwasserpumpen wird im allgemeinen nicht für erforderlich angesehen, zumal auch meistens

Maschinenwärter im Kondensationskeller beschäftigt werden, die bei Unregelmäßigkeiten eingreifen können und die etwa $^1/_2$ stündlich alle interessierenden
Meßwerte zu notieren haben.

Die bisher in diesem Abschnitt gemachten Angaben gelten für die wenigstens
bis heute am meisten verwendete Betriebsweise. In die Bedienung der Turbo-

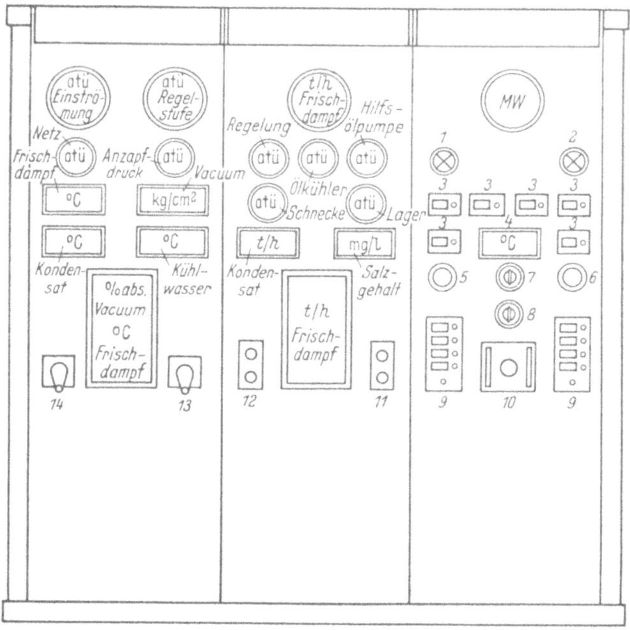


Abb. 115. Tafel zur Überwachung eines Nachschalt- (Kondensations-) Turbosatzes von 36 MW (AEG).

| Pos. | Teil | Zweck |
|---|---|---|
| 1 | Große Meldelampe mit roter Kalotte | Generatorluftrückkühler- und Statortemperaturüberwachung |
| 2 | Große Meldelampe mit grüner Kalotte | Signalisierung der Turbinenendaussteuerung |
| 3 | Melderelais | Generatorluftrückkühler und Statortemperaturüberwachung |
| 4 | Temperaturanzeigegerät | Temperaturanzeiger für Generatorluftrückkühler und Stator |
| 5 | Einfachdruckknopfschalter | Betätigung des Schnellschlusses |
| 6 | Einfachdruckknopfschalter | Betätigung der $CO_2$-Löschvorrichtung |
| 7 | Paketschalter | Netzanschluß der Tafel |
| 8 | Paketschalter | Netzanschluß der Soffittenbeleuchtung |
| 9 | Kommandoapparat | Signalisierung von Anweisungen der Warte und Rückmeldung zur Warte |
| 10 | Meßstellenumschalter | Umschaltung der verschiedenen Meßwerte der Generatorluftrückkühler- und Statortemperaturüberwachung auf das Meßinstrument Pos. 4 |
| 11 | Druckknopfschalter | Betätigung der Hilfsölpumpe |
| 12 | Druckknopfschalter | Betätigung der Rotordrehvorrichtung |
| 13 | Walzenschalter mit Kugelgriff | Meßstellenumschaltung für Registrierinstrument |
| 14 | Walzenschalter mit Kugelgriff | Meßstellenumschaltung für Registrierinstrument |

sätze teilen sich danach Maschinenhaus- und Wartenpersonal etwa in folgender
Weise:

Das Anfahren der Turbosätze führt das Maschinenhauspersonal durch,
ebenso das Stillsetzen. Bei beiden Funktionen ist gewöhnlich ein Schichtmeister
außer dem Maschinisten zugegen. Die übrige Tätigkeit des Maschinisten besteht
in der Beobachtung des ordnungsgemäßen Betriebes und der Weitermeldung
anormaler Betriebszustände und bei Gefahr im Betätigen des Schnellschlusses

und Anstellen der Hilfsölpumpe, wenn dies nicht automatisch geschieht. Außerdem hat er die gewünschten Aufzeichnungen von Meßwerten zu machen. Das Wartenpersonal hat die Aufgabe, den Turbosatz nach Meldung der Schaltbereitschaft aus dem Maschinenhaus parallel zu schalten, die Last und Spannung zu regeln und gegebenenfalls bei Gefahr von Hand abzuschalten. Letzteres ist aber normal die Aufgabe der Schutzeinrichtungen.

Die Fernsteuerung von Turbosätzen einschließlich aller zum An- und Abstellen notwendigen Funktionen ist mindestens in der bisherigen deutschen Praxis

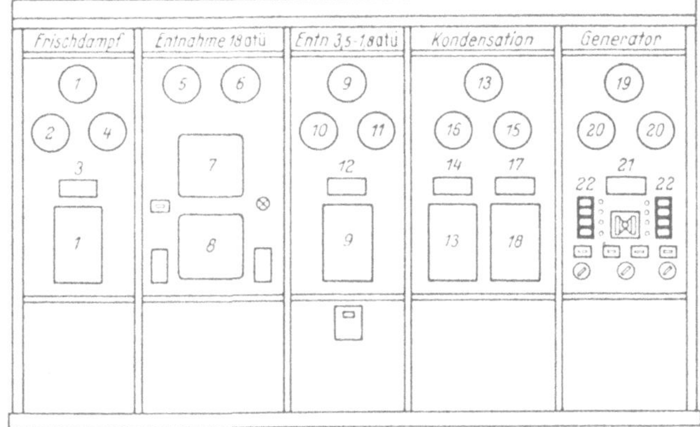


Abb. 116. Tafel zur Überwachung eines großen Entnahme-Kondensations-Turbosatzes mit einer geregelten und zwei ungeregelten Entnahmen (AEG).

*1* Dampf t/h; *2* Dampf atü; *3* Dampf °C; *4* Regelstufe atü; *5* Entnahme 1 t/h; *6* Entnahme atü; *7* Druckregler; *8* Temperaturregler; *9* Entnahme 2 t/h; *10* Entnahme 2 atü; *11* Entnahme 3 atü; *12* Entnahme °C; *13* Kondensat t/h; *14* Kondensat °C; *15* Kühlwasser t/h; *16* Vakuum %; *17* Pumpen A; *18* Salzgehalt mg/l; *19* Generator MW; *20* Öl atü; *21* Rückkühler °C; *22* Kommandotafel.

noch selten, wohl aber sind derartige Einrichtungen aus dem amerikanischen Kraftwerksbau bekannt geworden und scheinen mir für eine zukünftige häufigere Anwendung in Frage zu kommen [47, 48]. Eine solche Fernsteuerung von der Kraftwerkswarte, die dann in konsequenter Weise die Steuerung und Regelung der gesamten Kesselanlage in erster Linie für Öl- und Gasfeuerung enthält, setzt einmal voraus, daß alle für den Betrieb, zum Anfahren und Abstellen notwendigen Meßwerte vom Turbosatz nach der Warte übertragen werden müssen. Der Umfang einer solchen Übertragung ist zunächst etwa der gleiche, wie oben für den Fall der Zusammenziehung aller Meßwerte nach einer Maschinentafel beschrieben wurde, ist aber noch etwa in folgender Weise zu ergänzen:

Die besonders beim Anfahren sorgfältig zu überwachenden Wärmedehnungen, vor allem im Hochdruckteil der Turbinen, sollten fernangezeigt werden. Dazu gehören Wellenverschiebung und Gehäusedehnung. Diese Werte werden bei modernen Hochdruckturbinen bisher meistens nur mechanisch angezeigt, sind aber ohne erhebliche Schwierigkeiten auch elektrisch übertragbar. Ferner ist die Drehzahl zu übertragen. Wünschenswert ist auch die Fernmeldung von Erschütterungen verschiedener Stellen des Turbosatzes, vor allem der Lager. Die Fernsteuerung aller Ventile, die dem An- und Abstellen dienen, ist gleichfalls erforderlich. Zusammenfassend sind also alle wichtigen Funktionen, die sonst von Hand oder durch direkte Beobachtung geschehen, von der Warte aus ausführbar bzw.

dort bemerkbar zu machen. Sinngemäß Ähnliches gilt dann auch von der Fernbedienung der zum Turbosatz gehörigen Einrichtungen wie: Kondensationsantrieb usw. Durch die vollständige Fernsteuerung der Turbosätze von der Warte aus ist es nicht möglich, alles Bedienungspersonal an den Maschinen einzusparen. Man wird auch dann je nach Anzahl der Maschinen einige Wärter nötig haben, die zur Beobachtung von Unregelmäßigkeiten dienen, die einer Fernbedienung

Abb. 117. Warte eines amerikanischen Kraftwerkes zur Fernsteuerung von zwei Blöcken zu je 100 MW, bestehend aus je einem Kessel und einer Einwellenmaschine. Im Vordergrund die Pulte für die Steuerung der elektrischen Anlage. Im Hintergrund auf den 3 Tafeln die Steuerung der Kessel- und Turbinenanlage einschließlich Überwachung [47].

und Beobachtung nicht zugänglich sind. Dazu gehört z. B. das rechtzeitige Feststellen von anormalen Geräuschen, Undichtigkeiten von Wasser- und Dampfleitungen, aber auch noch vieler anderer Umstände. Die Abb. 117 zeigt eine solche Warte. Die bisherige deutsche Praxis verwendet das Anlassen von Maschinensätzen von der Warte nur in Sonderfällen, wie etwa das Ingangsetzen von Ruthsspeicherturbinen.

## 3. Überwachung von Rohrleitungen.

Bei einfacher Hochdruckleitung mit Dampfsammler ist bei zentraler Anordnung der wichtigsten Schieber deren Betätigung von einer Schalttafel auf mechanische Weise möglich. Entferntere Schieber werden unter Verwendung von elektrisch betriebenen Stellungsanzeigern durch elektrische oder sonstige Fernbetätigung (Druckluft, hydraulische Steuerung) zentral gesteuert. Die Kosten sind bei einfachen Hochdrucknetzen erträglich, während bei Doppelhochdruckleitungen schon aus Kostengründen lediglich die wichtigsten Trennschieber fernbetätigt werden (Beispiel Abb. 118). Häufig werden elektrisch betätigte Schieber angewendet und auch zum größten Teil von den Firmen empfohlen. Bei näherer Betrachtung muß man aber feststellen, daß dazu meistens eine gesicherte Betriebsspannung erforderlich ist, die einerseits von der Batterie oder von einem besonders gesicherten Drehstromnetz gegeben wird. Das gesicherte Drehstromnetz kann einmal durch Fremdeinspeisung gesichert werden oder durch Umformung von Gleichstrom (Batterie) auf Drehstrom (vgl. Abschn. L 5). Man erkennt daraus, daß die Kapazität der Batterie je nach Umfang der elektrischen Ventil- oder Schiebersteuerung auszulegen ist. Gegebenenfalls kann aber ein Teil der Ventilsteuerungen aus einem ungesicherten Netz versorgt werden. Für die Anwendung der heute weitaus am häufigsten benutzten elektrischen Steuerung von Ventilen ist etwa noch folgendes zu sagen:

Die Elektroantriebe werden meistens vollkommen anbaufertig geliefert und enthalten ein gekapseltes Getriebe mit Drehmomentkupplung und Schaltern

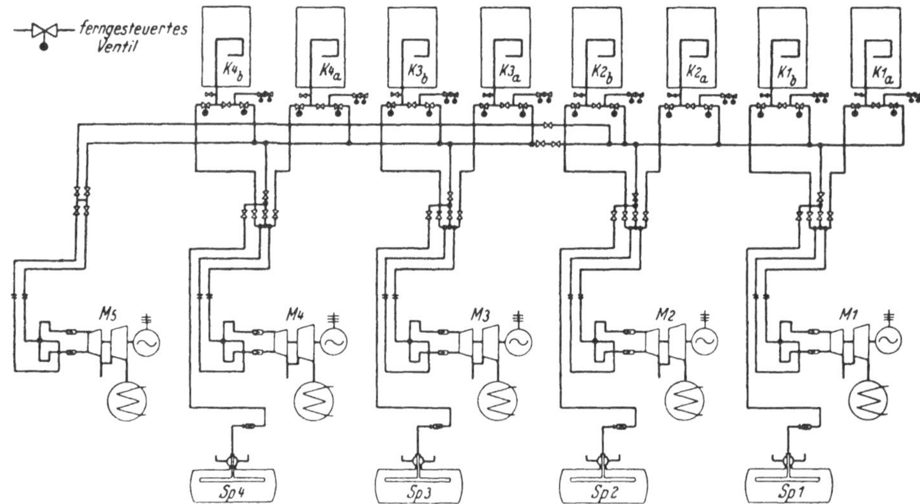


Abb. 118. Schema der Ventilsteuerung eines Großkraftwerkes mit Bensonkesseln.

sowie den Anbaumotor. Zur Betätigung von Dampfschiebern ist eine besonders sichere Auslegung erforderlich, da es durch verklemmte Armaturen infolge von Wärmedehnungen bei knapp bemessenem Antrieb leicht möglich ist, daß die Schieber aus dem geschlossenen Zustand nicht geöffnet werden können und so die Kupplungen der Antriebe leicht schadhaft werden. Bei Dampfabsperrorganen ist als besonderer Vorteil des elektrischen Antriebes noch zu nennen, daß die Bedienung von einer gegen Gefahren sicheren Stelle erfolgen kann. Bei Kühlwasserschiebern ist die Verkürzung der Zeit oft ein Grund für die Anwendung der elektrischen Steuerung. Dazu sei vergleichsweise daran erinnert, daß das Öffnen oder Schließen eines größeren Kühlwasserschiebers von Hand bis zu 30 min dauern und der Elektroantrieb solche Zeiten auf einen geringen Bruchteil vermindern und lästige Anstrengungen des Bedienungspersonals ersparen kann. Als Spannungsquelle für elektrische Schieberantriebe ist Drehstrom am angenehmsten, Gleichstrom aber ausführbar, doch erhöhtem Verschleiß unterlegen.

Man sollte untersuchen, ob die Schieber mit Druckluft betätigt werden können, da Druckluft ein Medium ist, bei dem man bei langsamer Bewegung große Momente übertragen kann. Die Druckluftsteuerung ist für Schaltanlagen gut entwickelt worden. Man sollte ihr daher auch bei der Schieberbetätigung

ein größeres Anwendungsgebiet geben, zumal man in Kraftwerken fast überall
Druckluft zur Verfügung hat. Die Steuerung der Druckluft kann leicht und mit
geringstem Energieverbrauch elektrisch erfolgen. Die Reservehaltung der Luft
wird durch Einbau von Zwischenwindkesseln vorgenommen, so daß auch im
Gefahrenfall jederzeit die Schalter und in unserem Fall die Schieber betätigt
werden können. Dadurch wäre also ein leistungsfähiges und besonders gesichertes
Netz für diesen Zweck nicht erforderlich.

## 4. Meß-, Steuer- bzw. Regelwarte.

Die Vorteile der Fernbedienung sind:

1. Bei Verwendung mehrerer Brennstoffe (z. B. Gas und Kohle) zweckmäßige
und wirtschaftliche Aufteilung der Last nach den Brennstoffanteilen.

2. Lastverteilung auf die einzelnen Kessel nach dem Gesichtspunkt des besten
Mittelwirkungsgrades.

3. Bessere Übersicht über den Kesselbetrieb.

4. Personalersparnis (allerdings selten).

Für eine Wärmewarte sind Kesselbetriebe mit Öl, Gas oder reiner Kohlenstaubfeuerung angebrachter als beispielsweise Betriebe mit Rostfeuerung. Die
natürliche Lage einer solchen Warte ist im Kesselhaus (vgl. Abb. 119).

Der weitestgehende
Fall ist die Vereinigung
der Wärmewarte mit der
elektrischen Warte zu
einer Kraftwerkswarte
(Abb. 117 und 120), die
leider meist vom Kesselhaus sehr weit entfernt
liegt. Abb. 121 zeigt die
in einer gemeinsamen elektrischen und Wärmewarte
aufgestellten Tafeln für
die Steuerung und Regelung von Bensonkesseln
als Beispiel. Vom wärmetechnischen Standpunkt
aus kommt zu den bereits
erwähnten Vorteilen einer

Abb. 119. Meß-, Steuer- und Regelwarte für 3 Hochdruckkessel (S.u.H.).

Wärmewarte noch die übersichtliche und leichte Überwachungsmöglichkeit des
Gesamtbetriebes hinzu. Bei großen Störungen wird das gesamte Wartenpersonal bei der nunmehr örtlichen Verständigung leichter vor Überlastung bewahrt
und wird bei ungestörter Fernwirkanlage leichter zu Eingriffen bereit sein, so daß
Zusatzkosten hierfür berechtigt sind. Soll die Möglichkeit vorhanden sein, mit
Schwachlast in Bereitschaft stehende Kessel jederzeit in Betrieb zu setzen, so hat
die Regelung dieser Kessel von der Kraftwerkswarte aus in bezug auf die Hochfahrzeit Vorteile. Für die Handsteuerung am Kessel muß eine Notsteuertafel
unter Ausschaltung der Fernbedienung jedoch vorhanden sein. Störungsmöglich-

keiten und Zusatzkosten werden durch die außerordentlich große Anzahl elektrischer Leitungen und Ölleitungen für Anzeige, Messung und Regelung erhöht. Kabelanhäufungen sind zu vermeiden, da bei örtlichen Störungen die gesamte Betriebsführung gefährdet werden kann.

Abb. 120. Vereinigte Wärme- und elektrische Warte eines Kraftwerkes

Die Mühlenfeuerung fordert bei aller Einfachheit und je nach Beschaffenheit des Brennstoffes und der Lastschwankungen neben der Regelung eine aufmerksame Überwachung der Brennstoffaufgabe in Abhängigkeit von der Mühlen-

Abb. 121. Tafel zur Fernsteuerung von Kesseln aus der gemeinsamen Wärme- und elektrischen Warte eines Kraftwerkes (SSW, S. u. H.).

füllung und den Brennstoffverhältnissen. Diese notwendige ständige Einzelbeobachtung ist nur schwer bzw. gar nicht durch Fernbedienung zu erfassen.

Eine Zwischenlösung ist die Wärmewarte nicht im, sondern am Kesselhaus, von der aus trotz Zentralisierung der Bedienung außerhalb des Kesselhauses doch noch eine unmittelbare Verständigung mit dem Mann am Kessel möglich

Zahlentafel 12. *Meßstellen innerhalb der Reduzierstation.*
(Kraftwerk Thalheim.)

| Meßstelle | Anzeige innerhalb der Reduzierstation |
|---|---|
| **3 Reduzierstationen bestückt mit je** | |
| **Drücke:** | |
| vor Reduzierventil . . . . . . . . . . . . 0 bis 160 kg/cm² | |
| hinter Reduzierventil . . . . . . . . . . 0 bis 160 kg/cm² | mechan. Anzeiger |
| vor Mitteldrucksammler . . . . . . . . 0 bis 50 kg/cm² | |
| **Menge:** | |
| vor Reduzierventil . . . . . . . . . . . . . 0 bis 100% t/h | mechan. Anzeiger |
| mit Fernsender für Summenbildung | |
| **Temperaturen:** | |
| vor Einspritzung . . . . . . . . . . . . . . 300 bis 550°C | |
| vor Reduzierventil . . . . . . . . . . . . . 300 bis 550°C | |
| hinter Reduzierventil . . . . . . . . . . 100 bis 400°C | elektr. Anzeiger |
| vor Mitteldrucksammler . . . . . . . . . 100 bis 500°C | |
| Zwischendruck-Sammelleitung 1 und 2 . . . . 200 bis 550°C | |

Zahlentafel 13. *Wärmemessung allgemein.*
(Kraftwerk Thalheim.)

| Meßstelle | Registriertafel | Kesselhaus Großanzeige | Schaltwarte |
|---|---|---|---|
| **Drücke:** | | | |
| Hochdruckdampf-Sammelleitung | | | |
|     0 bis 160 kg/cm² | mech. Schreiber | — | — |
|     0 bis 160 kg/cm² | — | anzeigend elektr. Übertrag. | anzeigend elektr. Übertrag. |
| Speisewasser-Sammelleitung | | | |
|     0 bis 180 kg/cm² | mech. Schreiber | — | — |
|     0 bis 200 kg/cm² | — | dto. | — |
| Zwischendampfdruck-Sammel- | | | |
| leitung    0 bis 40 kg/cm² | — | mech. Anzeiger | — |
|     0 bis 40 kg/cm² | mech. Schreiber | — | — |
|     0 bis 40 kg/cm² | — | — | anzeigend elektr. Übertrag. |
| **Dampfmenge:** | | | |
| Vorschaltmaschinen    0 bis 360 t/h | elektr. Schreiber | — | — |
| Reduzierstationen 1 bis 3 gesamt | | | |
|     0 bis 400 t/h | elektr. Schreiber | — | — |
| Summe aus Vorschaltmaschine und | | | |
| Reduzierstation | | | |
|     0 bis 400/800 t/h | elektr. Schreiber | elektr. Anzeiger | elektr. Anzeiger |
| **Temperaturen:** | | | |
| Speisewasserleitung 1 und 2 | | | |
|     100 bis 300°C | elektr. Schreiber | — | — |
| vor und hinter Vorschaltmasch. | | | |
|     200 bis 550°C | elektr. Schreiber | — | — |
| Zwischendampf-Sammelltg. 1 und 2 | elektr. Schreiber | — | — |

ist. Die Aufgabe der Überwachung kann auch so gelöst werden, daß die Regler mit den hauptsächlichsten Betriebsüberwachungsgeräten am Kessel angeordnet werden und in einer Fernwarte neben Anzeige- und Kommandogeräten Einrichtungen vorgesehen werden, die ermöglichen, die Sollwerte der einzelnen Regler

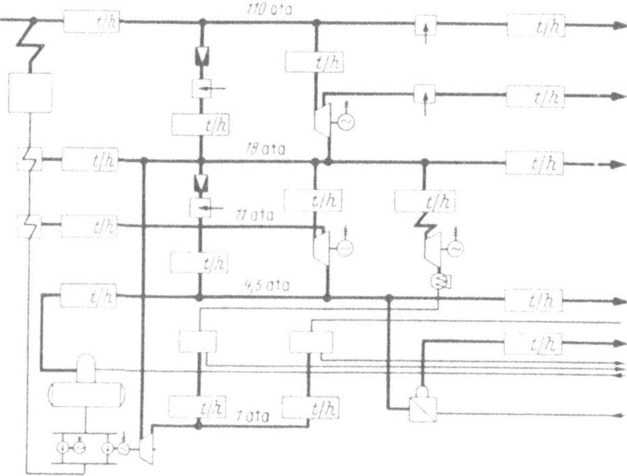

Abb. 122. Übersichtstafel des Energieflusses für ein großes Industriekraftwerk (AEG).

von dort aus zu verstellen. Zusammengefaßt sind die Vorteile der Wärmewarte am Kesselhaus:

1. Schnelle Verständigung mit dem Personal im Kesselhaus bei größeren Störungen.

2. Kostenersparnis, insbesondere durch die kürzeren Kabellängen und Drucköl-leitungen für die gesamte Regelung und Betätigung.

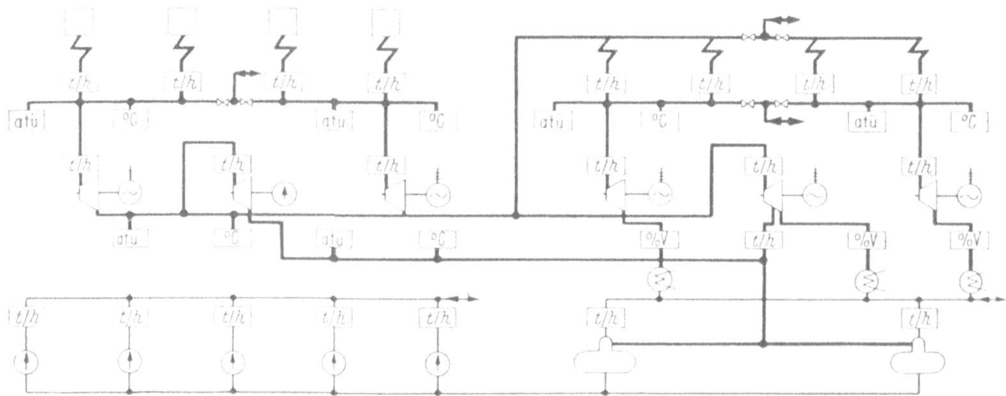

Abb. 123. Übersichtstafel für den Energiefluß eines großen Kondensationskraftwerkes (AEG).

3. Entsprechend den kürzeren Kabelwegen und Drucköl leitungen auch eine geringere Störungsanfälligkeit.

Für die gesamte Überwachung des wärmetechnischen Teiles interessiert noch die Instrumentierung der für alle Kessel gemeinsam vorhandenen Überwachungstafeln, wobei es gleichgültig ist, wo diese aufgestellt werden. Die Zahlentafel 12 zeigt an einem Beispiel alle Meßwerte, die für die Überwachung der Reduzierstation wichtig sind, während die Zahlentafel 13 für dasselbe Beispiel die Instrumente, die für die Gesamtüberwachung notwendig sind, angibt. Beide Zahlentafeln sollen ausdrücklich als Beispiel aufgefaßt werden, da über den Umfang der anzuzeigenden Meßwerte leicht Meinungsverschiedenheiten auftreten können und je nach den Erfahrungen der einzelnen projektierenden Ingenieure auch mit zahlreichen Variationen zur Ausführung kommen. Sind Wärme- und elektrische Warte getrennt, so hat man doch oft das Bedürfnis, wenigstens einige Meßwerte der Kesselanlage nach der elektrischen Warte zu übertragen. Dazu gehört die Anzeige des Frischdampfdruckes, evtl. auch der Gesamtdampfleistung der Kesselanlage. Bei Vorschaltanlagen mit Abgabe von Dampf nach außen und gleichzeitiger Kondensationsstromerzeugung interessieren auch noch die nach außen abgegebenen Dampfmengen. Wieweit man derartige Übertragungen von Meßwerten ausdehnen will, muß der Überprüfung örtlicher Verhältnisse überlassen bleiben. Man hat in diesem Zusammenhang auch schon Wärmeüberwachungstafeln gebaut, die in einem Blindschaltbild den Energiefluß darstellen und in das Blindschaltbild einige Meßinstrumente für die Anzeige in erster Linie von Dampfmengen, aber auch Temperaturen, Wassermengen usw. eingefügt. Abb. 122 und 123 zeigen Beispiele solcher Tafeln. Ob man solche Übersichtstafeln in der elektrischen Warte, der Wärmewarte oder an einer anderen Stelle, z. B. im Kesselhaus, aufstellt und ob solche Tafeln überhaupt nötig oder vorteilhaft sind, ist sehr umstritten.

# I. Erregung der Hauptgeneratoren.

Bei Dampfkraftwerken bzw. Turbogeneratoren aller Größen hat sich die Erregung durch angebaute Erregermaschinen allgemein durchgesetzt, während bei Wasserkraftwerken die Erregung aus Gleichstromquellen außerhalb der Hauptmaschinensätze oft vorkommt. Daß die Praxis heute angebaute Erregermaschinen bei Turbogeneratoren vorzieht, ist doch wohl in erster Linie darauf zurückzuführen, daß Störungen nicht häufig sind. In diesem Zusammenhang sei auf eine von mir veröffentlichte Arbeit [31] verwiesen, in der aus einem großen Maschinenpark und aus einer Zeit von mehreren Jahrzehnten alle Störungen an Generatoren einschließlich Erregermaschinen verzeichnet sind. Dort ist ersichtlich, daß Schäden an Erregermaschinen einen verschwindend kleinen Anteil an der Zahl der übrigen Schäden haben. Die vorgekommenen Schäden lagen aber nicht immer an der Erregermaschine selbst, sondern waren oft auf Einflüsse vom übrigen Maschinensatz zurückzuführen. Da die Erregermaschine immer das letzte Ende einer mehr oder minder langen Maschinenreihe ist, wirken sich an ihrer Welle, aber auch am Gehäuse unruhiger Lauf bzw. mechanische Schwingungen auch leicht ungünstiger aus als an anderen Teilen des Turbosatzes. Solche Einflüsse müssen aber auf alle Fälle am Ursprungsort der Schwingungen bekämpft werden, haben also mit der Art der Erregung und der Konstruktion der Erregermaschine oft nichts zu tun. Aus diesen Ausführungen geht aber auch wiederum hervor, daß vor Verwendung von Turbosätzen allzu großer Längen bzw. vor der Reihenschaltung mehrerer Generatoren zu warnen ist. Wenn man irgend kann, sollte man andere Lösungen finden.

Wenn also auch Schäden an angebauten Erregermaschinen heute nur noch äußerst selten vorkommen, so ist doch gelegentlich festzustellen, daß der Wunsch besteht und auch zur praktischen Ausführung geführt hat, eine Möglichkeit zu schaffen, von außen her beispielsweise aus einem Umformersatz, der sonst der Batterieladung dient, die Turbogeneratoren erregen zu können (vgl. Abb 128 und 133). Sieht man davon ab, nur für den Zweck der Reserve für die angebauten Erregermaschinen einen besonderen Umformer aufzustellen, so ist der Aufwand von Einrichtungen nach den soeben genannten Bildern nicht allzu groß. In dem genannten Beispiel kann zu gleicher Zeit nur ein Turbogenerator aus dem Ladeumformer erregt werden. Vom Aufstellungsort des Ladeumformers muß also ein Kabel an allen Turbogeneratoren eingeschleift werden. Zum Übergang von Eigen- auf Fremderregung ist dann ein Umschalter vorzusehen, der die Eigenerregermaschine vom Induktor trennt und dafür das Kabel der Lademaschine anlegt. Die ganze Einrichtung hat aber nicht viel Sinn, wenn nicht gleichzeitig auch durch möglichst denselben Schalter die Impulsleitungen für die Fernbedienung des Nebenschlußreglers der angebauten Erregermaschine auf die des Ladeumformers umgelegt werden. Der Bedienungsmann in der Warte hat dann für die Spannungsregelung des Turbogenerators dieselben Betätigungsorgane zu bedienen wie im Normalfall. Umklemmungen von Hand führen nur zu unliebsamen Verzögerungen und Fehlern. Es würde eine unnötige Komplikation darstellen, würde man auch noch verlangen, daß bei fremder Erregung auch die selbsttätige Spannungsregulierung funktionieren müßte. Ein solcher Aufwand lohnt sich sicher nicht, da in den seltenen Fällen, wo die fremde Erregung angewandt wird, man vom Personal eine etwas aufmerksamere Bedienung als beim Wirken der automatischen Spannungsregelung durchaus verlangen kann. Wie aber eingangs erwähnt, ist der Betrieb der angebauten Erregermaschine ohne Reserve schon von großer Sicherheit, so daß eine Reserveschaltung für die Erregung nicht oft angewandt wird. Es wird vielfach auch genügen, für die einzelnen angebauten Erregermaschinen Reserveläufer zur Verfügung zu haben, die bei kurzen Betriebsunterbrechungen schnell einsetzbar sind, ebenso sollte man Feldspulen, Bürsten und Bürstenhalter in Reserve halten. Mir ist ein Kraftwerk bekannt, das seit etwa 20 Jahren eine Erregerreserve durch einen Umformer besitzt. Dieser ist aber zu diesem Zweck nie in Funktion gekommen. In der gleichen Zeit aber hat man es vorgezogen, bei starker Abnutzung der Kollektoren lieber die vorhandenen Reserveanker schnell auszuwechseln. Dieses Verhalten spricht nicht gerade für die Notwendigkeit, eine Fremderregung vorzusehen. Eine Einrichtung, die im praktischen Betrieb nie gebraucht wird, wird meistens gar nicht oder nur sehr mangelhaft gewartet und ist so im Notfall auch oft nicht betriebsbereit.

Zur selbsttätigen Spannungsregelung werden mannigfache Einrichtungen verwendet. Die Beeinflussung des Spannungsreglers geht immer von einem Spannungswandler aus, der an den Maschinenklemmen bzw. — allgemeiner gesagt — an der zu regelnden Spannung angeschlossen ist. Im einfachsten Falle wirkt die selbsttätige Spannungsregeleinrichtung auf den Nebenschlußregler der Erregermaschine ein. Wenn man zum Zwecke einer schneller wirkenden Regelung, besonders bei starken Spannungsabsenkungen, zur Erregung der Haupterregermaschinen noch eine Hilfserregermaschine anwendet, wird meist die Erregung der Hilfserregermaschine beeinflußt. Solche Schaltungen werden oft bei langsam laufenden Erregermaschinen von Wasserkraftgeneratoren benützt, weil dort die räumlich verhältnismäßig großen Haupterregermaschinen eine recht große Trägheit des magnetisehen Kreises haben, die durch eine reichlich ausgelegte Hilfserregermaschine vermindert wird. In früheren Zeiten oft benützte Hauptstromregler im Stromkreis des Induktors sind heute kaum noch anzutreffen. Ihr großes Volumen, großes Gewicht, hoher Materialaufwand und dadurch hoher Preis bedingten dies (vgl. auch [43]).

Regelwiderstände der oben angedeuteten Art können durch Spannungsregeleinrichtungen direkt, d. h. mechanisch, angetrieben werden. Die bekannteste derartige Spannungsregeleinrichtung ist der THOMA-Regler. Ein von der zu regelnden Spannung beeinflußter Öldruck-Servo-Motor treibt den Regelwiderstand an. Der Öldruck wird durch eine eingebaute, elektrisch angetriebene Ölpumpe dauernd aufrechterhalten. Mit Hilfe des Öl-Servo-Motors sind relativ hohe Antriebsmomente erreichbar.

Andere Spannungsregeleinrichtungen benötigen außer den üblichen mechanisch oder handangetriebenen Regelwiderständen zusätzliche Vorwiderstände, die von der Regeleinrichtung überbrückt werden. Als kurzzuschließender Teil des Widerstandes im Erregerkreis der Erregermaschine kann aber auch ein Teil des normalen Regelwiderstandes benutzt werden. In dieser Weise arbeitet z. B. der weitverbreitete TIRRILL-Regler. Er überbrückt periodisch Teile des im Erregerkreis liegenden Widerstandes. Da die Häufigkeit des Schließens und Wiederöffnens der Überbrückungskontakte von der Spannungshöhe abhängt, stellt sich eine mittlere Erregung ein, die der gewünschten Spannung entspricht. Je nach Größe des Erregerstromes werden ein oder mehrere parallele Überbrückungskontakte benützt. Die Leistungsfähigkeit der Spannungsregler nach dem TIRRILL-Prinzip ist somit durch Anzahl und Schaltleistung der Überbrückungskontakte begrenzt.

Eine andere Art von Spannungsreglern sind die Wälzregler. Sie überbrücken durch den Wälzmechanismus eine Reihe von nebeneinanderliegenden Kontakten, die mit Abgriffen eines im Erregerkreis liegenden Widerstandes verbunden sind. Die Anzahl der durch den Wälzmechanismus jeweils überbrückten Kontakte bestimmt somit die Spannung. Die Stellung des Wälzmechanismus wird von der zu regelnden Spannung beeinflußt. Auch bei diesen Reglern ist die Leistungsgrenze durch die Schaltleistung der Wälzkontakte begrenzt.

Für geringe Regelgeschwindigkeiten genügen Kombinationen der oben beschriebenen Spannungsregler mit einfachen Erregermaschinen. Sind die Ansprüche an die Regelgeschwindigkeit höher, so verwendet man, wie oben schon angedeutet wurde, Kombinationen von Haupt- und Hilfserregermaschinen mit den gleichen Spannungsregeleinrichtungen. Es sind dabei ohne allzu große Schwierigkeiten Regelgeschwindigkeiten von 300 V/sec erreichbar. Nur in seltenen Fällen benötigt man höhere Regelgeschwindigkeiten bis in die Größenordnung von 500 bis 800 V/sec. Für solche Zwecke hat man Röhrenregler in Aussicht genommen, die mit Hochvakuum- oder Gasentladungsgefäßen arbeiten. Solche Einrichtungen sind viel diskutiert worden, haben aber nur selten oder versuchsweise Anwendung gefunden. Aus dem gleichen Bedürfnis werden zur Zeit in der amerikanischen Praxis magnetische Verstärker mit hohem Verstärkungsverhältnis (bis etwa 1 : 1000) als sogenannte Amplidyne- bzw. Rototrolsteuerungen entwickelt und

werden auch bei einigen Anlagen verwandt. Die Entwicklung der letztgenannten
Regler ist noch stark im Fluß, so daß es sich an dieser Stelle noch nicht empfiehlt,
sie eingehend zu behandeln [57].

Alle erwähnten Arten der Regelung konnten hier nur am Rande angeführt
werden. Dies gilt einmal für ihre Wirkungsweise und in noch viel stärkerem Maße
für die Auswahl der Schaltung und die Anpassung an die jeweiligen Netzverhält-
nisse und die Belastung. Ohne die Diskussion dieser Dinge ist eine eingehende
Besprechung der Regler nicht sehr sinnvoll. Eine befriedigende Besprechung des
ganzen Problems ginge aber über das hier behandelte Thema weit hinaus.

## K. Gemeinsame Steuerung zusammengehöriger Turbosätze mittels elektrischer Welle.

In modernen, großen Höchstdruckkraftwerken wird der Dampf selten in einer
einzigen Turbine von beispielsweise 125 atü auf Kondensationsdruck entspannt,
sondern man wählt dazu oft eine Reihenschaltung von Vorschalt- und Kondensationsturbinen. Erst in allerletzter Zeit sind Projektierungen und Ausführungen
von Einwellenmaschinen für den ganzen Druckbereich bekanntgeworden. Bei der
bisherigen, oben an erster Stelle genannten Ausführungsform wird der Dampf
einer Vorschaltmaschine und nach Zwischenüberhitzung einer oder zwei Kondensationsmaschinen zugeleitet, so daß Kombinationen von zwei oder drei Maschinen eine Einheit bilden, für die dann auch bei jeder Belastung die Bilanz des
durchgesetzten Dampfes stimmen muß. Der in einer solchen Einheit an der Vorschaltmaschine aufgenommene Hochdruckdampf muß, von Feinheiten abgesehen
(z. B. Dampf für Vorwärmung usw.), im Kondensator der Kondensationsmaschinen niedergeschlagen werden. Da in der Zwischendruckstufe, z. B. bei 20 bis 23 atü,
vor oder nach der Zwischenüberhitzung bei diesen Anlagen auch meistens keine
wesentliche Dampfspeicherung vorgesehen wird, würde bei nicht passender Verteilung von Ent- oder Belastungen auf Vorschalt- und Kondensationsmaschinen
der Zwischendampfdruck entweder steigen oder fallen. Die zwar immer vorhandenen Dampfdruckregler müßten dann arbeiten, wobei leicht eine Inanspruchnahme
der Reduzierstation zwischen Höchst- und Zwischendruck erfolgen würde. Besser
ist es aber, wenn Ent- oder Belastungen von einer Stelle automatisch im richtigen
Verhältnis auf Vorschalt- und Kondensationsturbinen verteilt werden. Dazu
kann man — natürlich bei darauf eingerichteter Steuerung von Vorschalt-
und Kondensationsturbinen — eine elektrische Welle zwischen den Verstellmotoren der Turbinensteuerungen, die die obengenannte Einheit bilden, benutzen.
In Abb. 124 ist die Schaltung einer derartigen Einrichtung zu sehen, die in einem
Kraftwerk vorhanden war und dort im obigen Sinne zur völligen Zufriedenheit
gearbeitet hat. Das hier gewählte Beispiel bezieht sich auf ein Kraftwerk mit
7 in der Leistung etwa gleich großen Turbosätzen, wovon 2 Sätze Vorschaltmaschinen und 5 Sätze Kondensationsmaschinen sind. Eine Kondensations-
maschine ist für Reserve vorhanden, so daß zwei Einheiten aus je einer Vorschalt-
und je 2 Kondensationsmaschinen gebildet werden können. Nach den obigen Ausführungen dient also die elektrische Welle zwischen den Verstellorganen der Steuerungen der 3 Turbinen einer jeden Einheit nach anfänglich einmal ausgeglichener

Lastverteilung auf alle 3 Turbinen, die aber jederzeit korrigiert werden kann, dazu, Lastschwankungen immer richtig aufzuteilen. Dabei soll der Zwischendruck unverändert bleiben.

Unter elektrischer Welle wird in diesem Zusammenhang eine Kuppelung zweier oder mehrerer Wellen in der Weise verstanden, daß auf der einen Welle, der Geberwelle, ein Asynchronmotor mit Schleifringläufer sitzt, dessen Ständer aus dem gleichen Drehstromnetz gespeist wird wie die Ständer ähnlicher Motoren auf den Empfängerwellen. Die Läufer aller Maschinen sind dabei miteinander verbunden. Im Läuferkreis fließt dabei so lange ein Drehmomente erzeugender Strom, wie die Läufer relativ zu den Drehfeldern der Ständer eine räumlich verschiedene Stellung einnehmen. Nach einer ausreichenden Drehung der Empfängerläufer verschwindet der das Drehmoment bewirkende Strom. Erst bei Veränderung der Stellung der Geberwelle tritt eine erneute Regelbewegung der Empfängerwellen ein. Die in Abb. 124 gezeigte Einrichtung arbeitet in der folgenden Weise:

Auf der Antriebswelle der Drehzahlverstelleinrichtung der Vorschaltturbinen $M_1$ und $M_7$ sitzen Gebermaschinen ($GM$) und auf den entsprechenden Wellen der Kondensationsmaschinen Empfängermotoren ($EM$), die nach obigem Prinzip dafür sorgen, daß jede Drehung der Antriebswellen für die Drehzahlverstellung an einer Vorschaltmaschine eine entsprechende Bewegung an den Kondensationsmaschinen nach sich zieht, jedoch nur dann und so lange, als die Ständer der zusammengehörenden Geber- und Empfängermaschinen an das gleiche Netz geschaltet sind. Wird die Verbindung mit dem erregenden Netz aufgehoben und gleichzeitig entweder von Hand oder durch die normalen Tourenverstellmotoren.($TM$) eine Antriebswelle für die Steuerung verdreht, so ist die elektrische Welle unwirksam. Die Einheiten aus einer Vorschalt- und 2 Kondensationsturbinen müssen mit Rücksicht auf die Freizügigkeit des Betriebes und die Einsatzmöglichkeit von Reservemaschinen beliebig zusammenstellbar sein. Dementsprechend ergab sich die Notwendigkeit, zwei elektrische Wellen unabhängig voneinander einrichten zu können. Während die Spannung für den Betrieb der Tourenverstellmotoren, der Geber- und der Empfängermaschinen in jedem Fall aus einem gesicherten Drehstromnetz entnommen wird, sind 2 Wellenschienen eingerichtet worden, die an sämtlichen Maschinen vorbeiführen und die zur Verbindung zusammengehöriger Läuferkreise dienen. Die soeben erwähnte Schaltung nach Abb. 124 zeigt den Fall, daß eine elektrische Welle zwischen den Maschinen *1, 2* und *3* besteht und eine zweite zwischen den Maschinen *7, 4* und *5*, während Maschine *6* in Reserve steht, d. h. daß der Läufer des zugehörigen Empfängermotors auf keine der beiden Wellenschienen eingeschaltet ist. Die Drehzahlverstellmotoren für die Einzelregelung und ferner auch für die Gesamtregelung einer Maschinengruppe können sowohl von den zugehörigen Turbinenhaustafeln als auch von den Pulten in der Warte betätigt werden. Für die Umschaltung von der Warte nach dem Turbinenhaus und umgekehrt ist der Umschalter $U$ vorhanden. Die soeben erwähnte Zeichnung zeigt die Stellung dieses Umschalters für Steuerung von der Warte aus. In der Warte sind am Pult der Vorschaltmaschinen $M_1$ und $M_7$ Betätigungsknebel für Summenregulierung „$S$" vorhanden. Bei ihrer Betätigung wird der Tourenverstellmotor ($TM$) in Richtung niederer oder höherer Drehzahl gedreht. Dabei liegen die Ständer der Geber- und Empfängermaschinen der zugehörigen Maschinen an derselben Spannung. Da die Läufer miteinander verbunden sind, machen sie die Bewegung

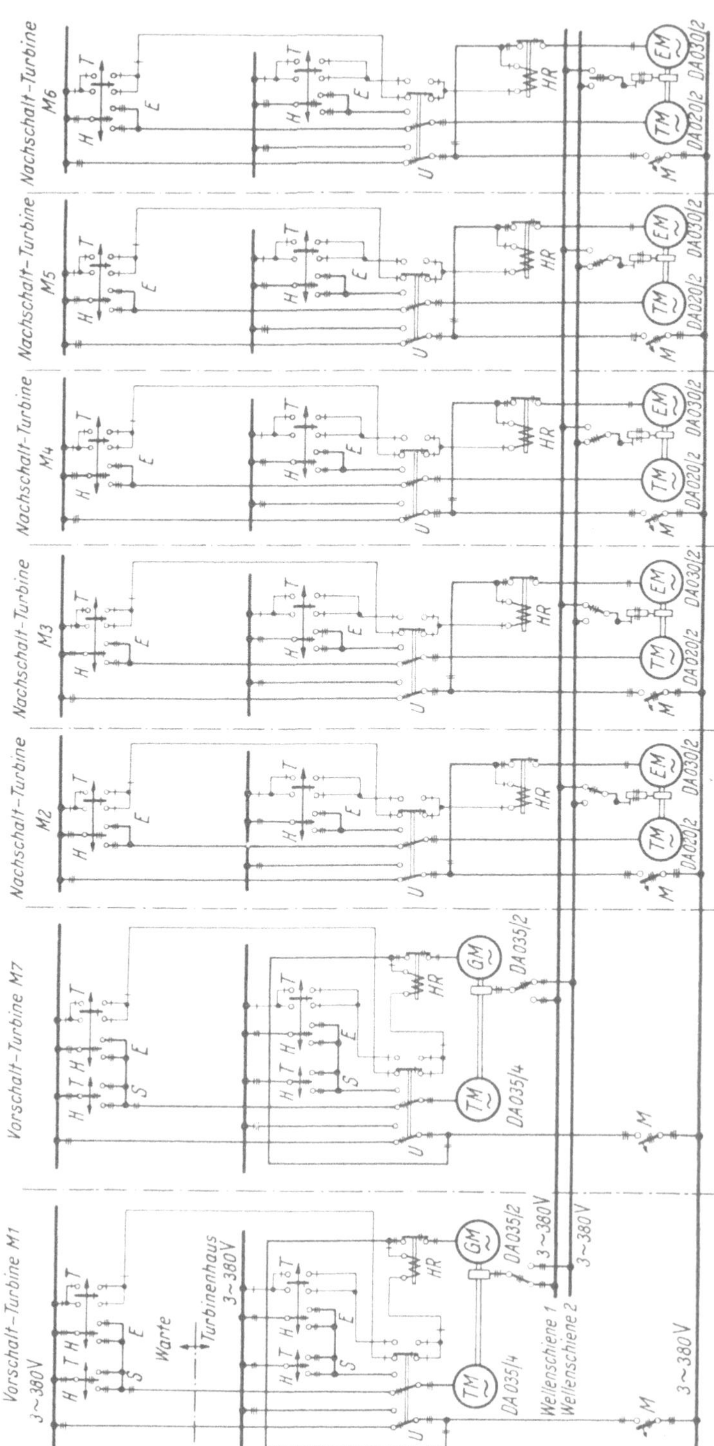



Abb. 124. Schaltung der Drehzahlverstelleinrichtung mittels elektrischer Welle.

*S* Summenregulierung; *E* Einzelregulierung; *U* Umschalter Warte-Maschinenhaus; *H* „Höher“; *T* „Tiefer“; *TM* Tourenverstellmotor; *GM* Gebermaschine; *EM* Empfängermotor; *HR* Hilfsrelais; *M* Motorschutzschalter.

Dargestellter Betriebszustand: Steuerung von der Warte, Maschine *1* arbeitet mit *2* und *3* zusammen, Maschine *7* mit *4* und *5*, Maschine *6* steht in Reserve.

des Tourenverstellmotors der Vorschaltmaschine mit. Betätigt man an der Vorschaltmaschine das Organ für die Einzelregelung (*E*), dann wird durch einen Hilfskontakt ein Hilfsrelais (*HR*) betätigt, das die Spannung zur Gebermaschine unterbricht. Es bekommt also nur der Tourenverstellmotor Spannung, so daß er eine „Höher"- oder „Tiefer"bewegung ausführen kann. Die Drehzahlverstelleinrichtungen der zugehörigen Kondensationsmaschinen bleiben dabei also in Ruhe. An den Pulten der Kondensationsmaschinen in der Warte und an den Maschinenhaustafeln sind nur Betätigungsorgane für Einzelregulierung vorhanden. Diese schalten über einen Hilfskontakt und das Hilfsrelais die Ständer der zu-

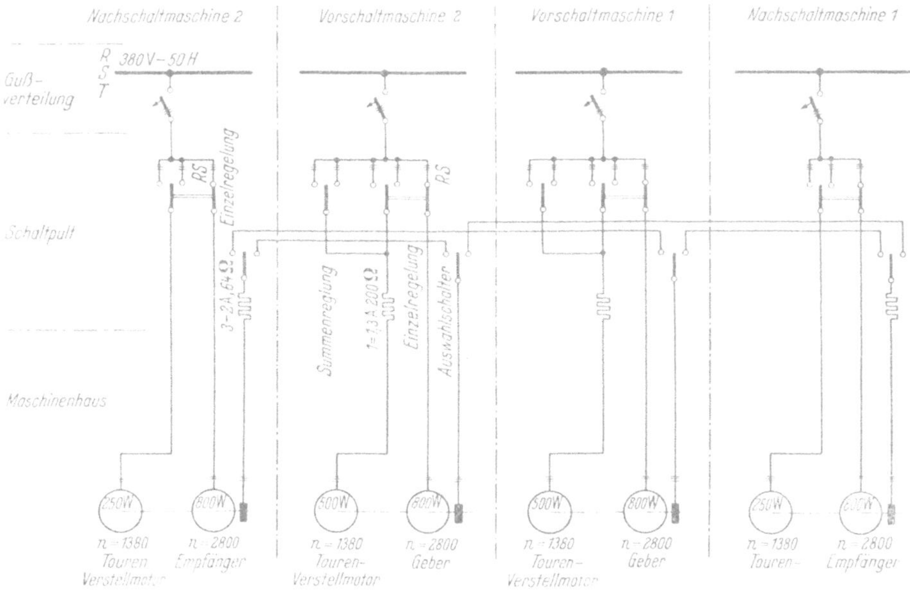


Abb. 125. Schaltung der Tourenverstellvorrichtung (elektrische Welle, AEG).

gehörigen Empfängermotoren von der erregenden Spannung ab, so daß die Tourenverstellmotoren der betreffenden Maschinen eine „Höher"- oder „Tiefer"bewegung ausführen können, ohne daß eine Rückwirkung auf die anderen Maschinen erfolgt. Die Bedienung der elektrischen Welle ist also denkbar einfach.

An besonderen Drehknöpfen an den Schaltfeldern der Vorschaltmaschinen wird also die einmal an der Wellenschiene *1* oder *2* ausgewählte Zusammenstellung von Maschinengruppen gemeinsam reguliert, während durch Betätigung der an allen Maschinentafeln oder Pulten vorhandenen Drehknöpfe für die Einzelregulierung jede Maschine für sich auf die gewünschte Last gebracht werden kann. Bei Änderung in der Zusammenstellung der Maschinengruppen brauchen jeweils nur die Umschalter an den Wellenschienen bedient zu werden. Es ist nicht notwendig, daß alle zu einer Einheit zusammengestellten Maschinen gleichzeitig von der Warte oder vom Maschinenhaus gesteuert werden. Die Auswahl ist in dieser Hinsicht vollkommen freizügig. Wenn allerdings die Vorschaltmaschine von der Warte aus gesteuert wird und eine oder beide Kondensationsmaschinen beispielsweise vom Maschinenhaus aus, dann nützt eine Betätigung des Organes für die

Summenregulierung am Feld der Vorschaltmaschine im Turbinenhaus nichts, weil dieses abgeschaltet ist. Diese Zusammenhänge sind leicht aus der Abb. 124 zu entnehmen. Es sei jedoch ausdrücklich darauf hingewiesen, daß es nicht notwendig ist und daß es nicht zum hier geschilderten Prinzip gehört, daß man die Maschinensätze von zwei verschiedenen Orten aus steuern kann. Wo das nicht erforderlich ist, können die in der Abbildung enthaltenen Umschalter „$U$" sowie eine der beiden Ausrüstungen mit Höher-Tiefer-Druckknopfschaltern wegfallen. Die geschilderte Einrichtung hat sich von Anfang an gut bewährt und die Bedienung der Turbinen wesentlich vereinfacht, vor allen Dingen ließen sich Laständerungen sehr schnell durchführen.

Die Abb. 125 zeigt ein Beispiel für eine gemeinsame Steuerung von je einer Vor- und Nachschaltturbine durch eine elektrische Welle. Beide Vorschaltmaschinen können in beliebiger Kombination mit den Nachschaltmaschinen arbeiten. Die Steuerung ist nur von der Warte vorgesehen. Die Einzelregelung ist ohne Hilfsrelais möglich. Durch diese Voraussetzungen ist die Gesamtschaltung einfacher als die in Abb. 124 gezeigte. Im Prinzip gelten aber die beim ersten Beispiel gemachten Angaben auch zur Erläuterung dieses Bildes.

Die obige Einrichtung wurde aber nicht nur im Hinblick auf die gleichzeitige Steuerung mehrerer Turbinen hier ausführlich geschildert, sondern auch gleichzeitig im Hinblick darauf, daß auch an anderen Stellen von Kraftwerken gelegentlich eine gleichmäßige Verstellung irgendwelcher Regelorgane nötig ist, z. B. gleichmäßige Betätigung von Verstelleinrichtungen von Regelgetrieben oder Motoren beim Antrieb von Zuteilvorrichtungen mehrerer Mühlen eines Kessels.

## L. Netze für Gleich- und Steuerdrehstrom.

Bei neuzeitlichen Kraftwerken ist der Gleichstrombedarf für Steuerzwecke sehr gering, weil die Betätigung der Leistungs- und Trennschalter im wesentlichen durch Druckluft und elektrisch betätigte Druckluftventile erfolgt. Die hierbei benötigte Gleichstromleistung ist im Verhältnis zu den früheren Hubmagneten für Ölschalter sehr klein. Die Antriebe der Drucklufterzeuger an Gleichspannung anzuschließen, ist nicht nötig, weil die Druckluftsammel- und -zwischenbehälter für die Reservehaltung genügender Druckluftmengen sorgen, um Aus- und Wiedereinschaltungen der Schalter mehrmals vornehmen zu können, auch wenn die Spannung für die Antriebsmotoren der Kompressoren gelegentlich ausbleibt. Größere Antriebe mit aus Batterien gespeisten Gleichstrommotoren kommen praktisch heute nicht mehr vor.

Der Normalverbrauch an Gleichstrom setzt sich also heute etwa zusammen aus dem Bedarf für die Steuerung der Schalter, der Meldelampen dafür, für Schutzrelais, für Verriegelungszwecke und automatische Anlagen. Eine zweite Gruppe der Gleichstromverbraucher bilden im allgemeinen Tourenverstellmotoren, Verstellmotoren von Nebenschlußreglern oder sonstige Regeleinrichtungen und Schieberantriebe. Als dritte Gruppe kann man solche Verbraucher bezeichnen, die nur bei Störungen in Erscheinung treten. Dazu gehört die Notbeleuchtung, die Versorgung einzelner Pumpenmotoren von hydraulischen Steuerungen, deren Druck normal von drehstromgespeisten Pumpenaggregaten aufrechterhalten wird, ferner Umformer, die bei Störungen im Drehstromnetz einspringen, um dort normalerweise angeschlossene wichtige Verbraucher indirekt aus der Batterie speisen zu können. Die zweite Gruppe kann man auch an ein gesichertes Drehstromnetz (Steuerdrehstrom) anschließen, das aus Gleichstrom-Drehstrom-Umformern gespeist wird, die im Normalbetrieb aus dem Drehstromnetz über Gleichrichter ihre Energie erhalten und die bei Drehstromunterbrechungen auf die Batterie umgeschaltet werden.

## 1. Gleichstromnetz, Batterien und Gleichstromerzeugung.

Trotz der Feststellung, daß in modernen Kraftwerken die Verwendung des Gleichstromes gegen früher zurückgegangen ist, darf nicht außer acht gelassen werden, daß der Frage der Gleichstromerzeugung, Speicherung und Verteilung große Sorgfalt beizulegen ist. Verständlicherweise gibt es auch dabei zahlreiche Ausführungsformen, die zu einer befriedigenden Lösung führen.

Es hat sich bei größeren Kraftwerken ziemlich allgemein der Grundsatz herausgebildet, zwei Batterien vorzusehen. Dabei erhalten beide die gleiche Größe und dienen so der gegenseitigen Reserve. Abb. 126 zeigt ein einpoliges Schaltschema des Gleichstromnetzes in einem Großkraftwerk. Dort ist allerdings nur etwa eine Hälfte des Netzes und eine Batterie enthalten. Die zweite Hälfte ist aber genau in derselben Art angelegt. Räumlich möglichst eng zusammengefaßt, werden Batterie, Zellenschalter, Ladegleichrichter und Gleichstromverteilungstafel aufgestellt, um möglichst kleine Spannungsabfälle in den Verbindungsleitungen zu erzielen. Von der Tafel erfolgt hier die Gleichstromverteilung auf verschiedene Verbraucher nach dem Strahlennetzsystem. Die zu den Anlagen $A$ und $B$ zugeteilten Verbraucher werden normal aus den zugehörigen Batterien bzw. Gleichrichtern versorgt. Es ist aber durch Querverbindungen zwischen $A$ und $B$ dafür gesorgt, daß die Verbraucher von $A$ auf die Anlage $B$ geschaltet werden können und umgekehrt. Die Batterie und der Gleichrichter $A$ können auch auf die Anlage $B$ arbeiten. Auch diese gegenseitige Aushilfe ist wechselweise möglich. Die Gleichrichter sind für die Batterieladung über die Ladeschiene und zum Arbeiten auf das Gleichstromnetz im Pufferbetrieb parallel mit der Batterie einsetzbar. Ein Parallelbetrieb der Batterien $A$ und $B$ ist nicht üblich und nachteilig, da eine gegenseitige Entladung möglich ist. Die Abzweige von der Gleichstrom-Sammelschiene sind in diesem Beispiel über Automaten angeschlossen, die gleichzeitig der Überwachung der Stromkreise dienen. Darüber wird noch später einiges gesagt werden. Sonst ist auch vielfach Anschluß der Verbraucher über Sicherungen üblich, wo es der Betrieb erfordert, auch gleichzeitig über Hebelschalter. Außerdem werden auch vielfach die Verbraucher über Ringkabel angeschlossen. In der Anlage nach Abb. 126 ist ein Teil des Notlichtes, und zwar nur die Richtlampen, dauernd an Gleichstrom, ein anderer Teil normal am Wechselstromnetz und nur aushilfsweise durch automatische Umschaltung am Gleichstromnetz angeschlossen. Eine andere Anordnung der Gleichstromverteilung in einem Großkraftwerk zeigt Abb. 127. Hier ist die Betriebsweise ähnlich wie in der Anlage nach Abb. 126. Die Notlichtanlage ist insgesamt wahlweise an beide Batterien anschließbar und schaltet sich automatisch beim Wegbleiben der Wechselspannung auf Batteriebetrieb um und wieder zurück, wenn die Wechselspannung wiederkehrt. Die Abzweige sind hier über Sicherungen und Hebelschalter angeschlossen.

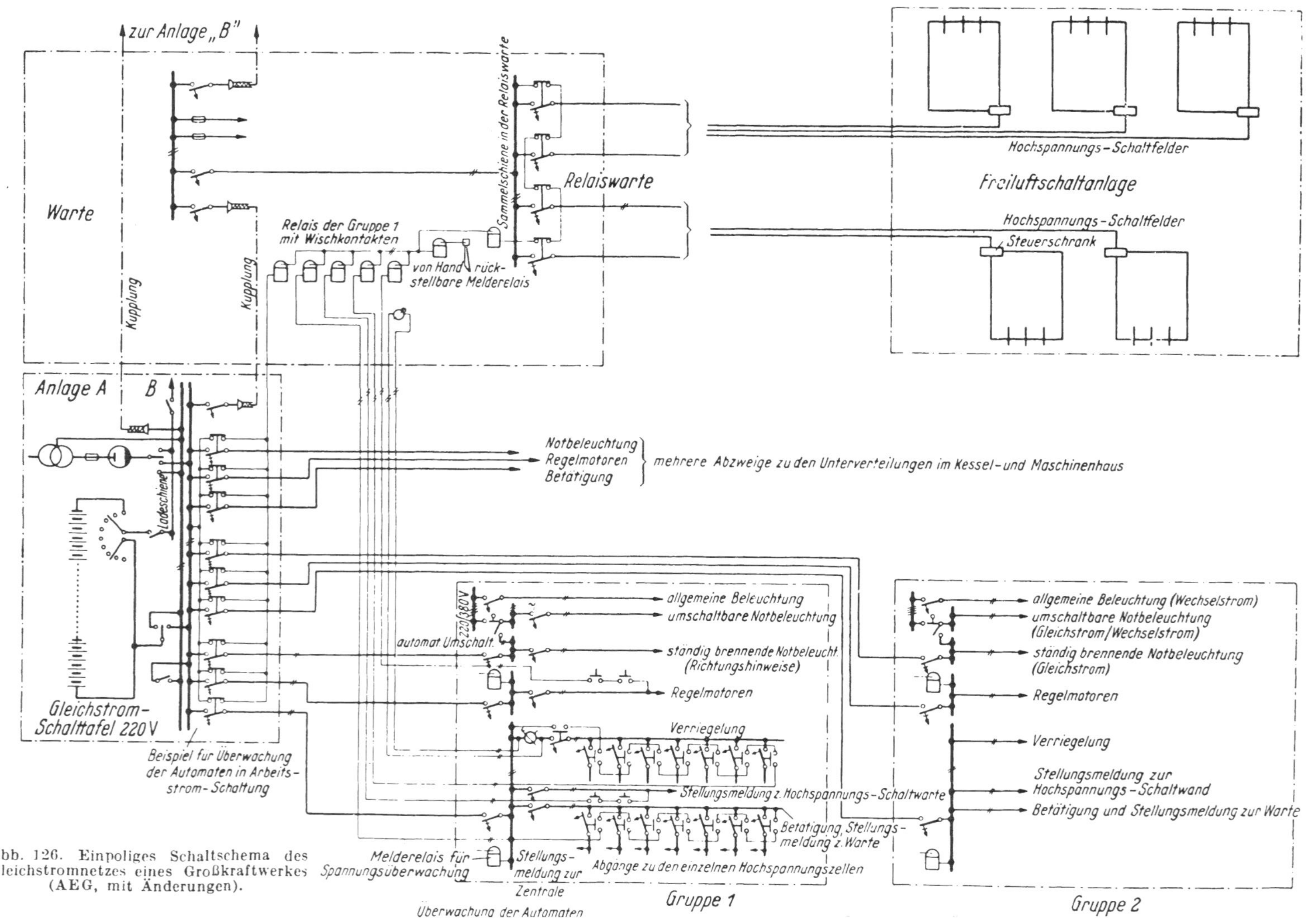


Abb. 126. Einpoliges Schaltschema des Gleichstromnetzes eines Großkraftwerkes (AEG, mit Änderungen).

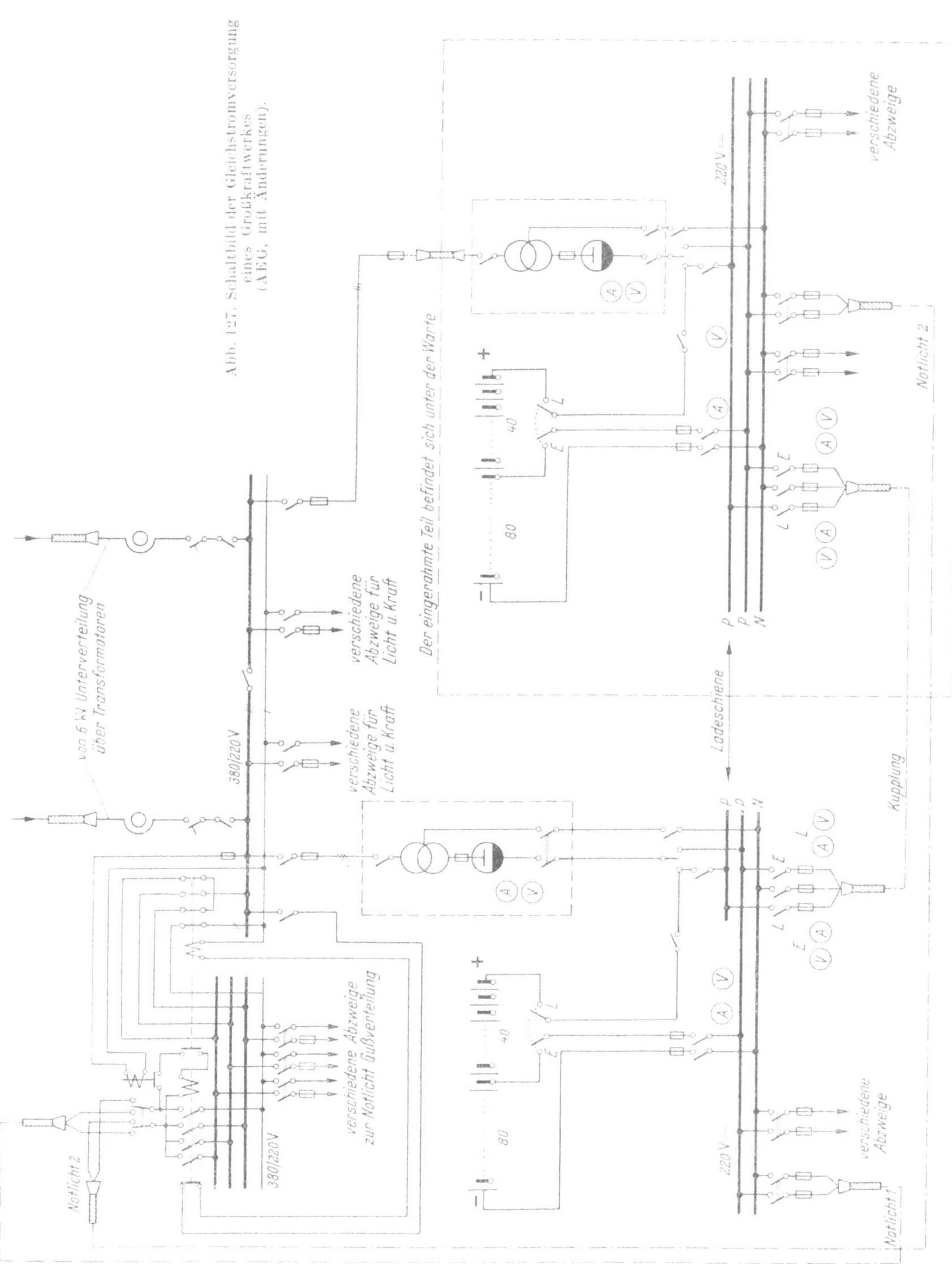


Abb. 127. Schaltbild der Gleichstromversorgung eines Großkraftwerkes (AEG, mit Änderungen).

Zur Ladung der Batterien werden heute meistens Quecksilberdampfgleichrichter mit Glaskolben verwandt. Während des Ladens muß die Spannung in den Grenzen von etwa 220 bis 300 V geregelt werden. Um aber auch Spannungsabsenkungen im speisenden Drehstromnetz zu berücksichtigen, tut man gut, den Bereich der Gleichrichter mit einer Regelbarkeit von 200 bis 330 V auszulegen. Die Regelung kann von Hand geschehen, wie es ja auch früher, als man allgemein Ladeumformer verwandte, nötig war und wie es damals auch mit genügender Sorgfalt erledigt wurde. Die Regelung der Gleichrichterspannung geschieht durch Stufenschaltung der Gleichrichtertransformatoren oder auch durch Gittersteuerung, evtl. auch durch Kombination beider Regelarten. Für das volle Aufladen der Batterie kann dies zusätzlich auch automatisch durch Ladedrosseln geschehen, die dem Gleichrichtertransformator vorgeschaltet sind. Bei Pufferbetrieb werden diese Drosseln überbrückt. Dabei wird die Spannung des Gleichrichters etwa auf 230 V eingestellt. Um einen ungestörten Betrieb zu erzielen, erhalten die Gleichrichterkolben eine ständige Hilfserregung. Der Gleichrichter wird für eine Stromstärke ausgelegt, die einer dreistündigen Ladung entspricht. Ersatzkolben sind vorrätig zu halten und schnell einsetzbar.

Außer dieser ziemlich allgemein verbreiteten Ausführung der Gleichstromversorgung gibt es aber auch andere Ausführungen, die von etwas anderen Voraussetzungen ausgehen. Ein solches Beispiel soll im folgenden erläutert werden:

In der Abb. 128 ist eine Lösung mit nur einer Batterie gezeigt. Man war aber mit der damit erreichten Sicherheit nicht ganz zufrieden, sagte sich aber, daß zwei wenig benutzte Batterien zwar sicherer sind als eine, daß aber im allgemeinen wohl mit einer auszukommen wäre. Diese müßte aber gelegentlich, wenn auch nicht sehr lange, außer Betrieb gehen, um Reparaturen durchführen zu können. Man fand einen Ausweg dadurch, daß man für solche kurzen Zeiten einen Notstrom-Diesel verwenden konnte, dessen Anschaffungskosten und nur ganz geringe Betriebskosten als wirtschaftlicher angesehen wurden. Gleichzeitig stellt dieser Dieselsatz die Reserveladeeinrichtung für die Batterie dar. Mit der Aufstellung nur eines Ladeumformers oder auch Gleichrichters kann man sich nie begnügen. Der Ladeumformer nach Abb. 128 und 133 dient aber auch noch als Reserve für die Erregung der Turbogeneratoren. Die einzelnen Aggregate nach diesem Schaltbild haben also mannigfache Funktionen, die im folgenden übersichtlich zusammengestellt sind:

a) *Der Ladeumformer* (Drehstrommotor und Gleichstromgenerator) dient:

1. der Batterieladung (Normalfunktion),

2. der Speisung des Gleichstromnetzes (Pufferbetrieb),

3. der Reserve bei einem Schaden an einer Erregermaschine eines Hauptgenerators.

b) *Der Notstrom-Diesel* (Diesel-Motor, Gleichstromgenerator und Drehstromgenerator) dient:

1. als Reserve für Batterieladegerät (Umformer unter a),

2. als Reserve für Batterie (Gleichstrom-Diesel-Generator arbeitet auf Gleichstromnetz),

3. als Reserve für Steuerdrehstromumformer (im Fall b 2).

Das Diesel-Aggregat ist für Anlassen von Hand eingerichtet, da sein Einsatz kaum plötzlich erforderlich wird. (Vgl. Abb. 129.) Als Mindestforderung wäre an Stelle der beschriebenen Einrichtung eine Batterie und 2 Ladeeinrichtungen anzusehen. Ein auf das Gleichstromnetz arbeitender Ladeumformer wäre nicht

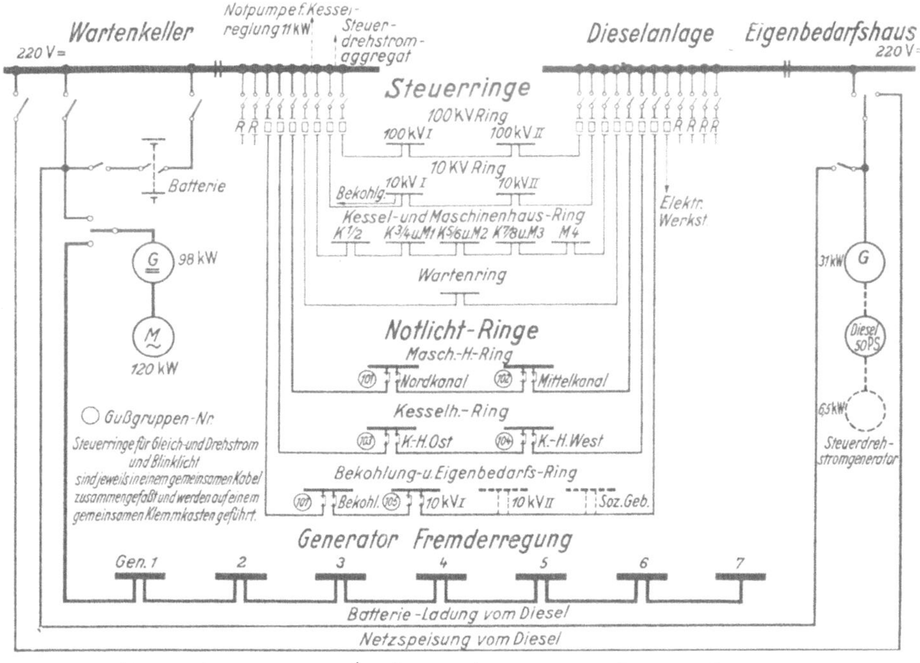


Abb. 128. Gleichstromnetz und Generatorfremderregung (Kraftwerk Thalheim).

als vollwertige Reserve für eine Batterie (falls in Reparatur) anzusehen, weil die Batterie gerade bei Störungen im Drehstromnetz, das den Umformer zu speisen hat, besonders wichtige Funktionen zu erfüllen hat. Das in Abb. 128 gezeigte Gleichstromnetz zeigt, daß zwei räumlich weit voneinander entfernte Gleichstromverteilungspunkte vorhanden sind, die als Wartenkeller und Diesel-Anlage im Eigenbedarfshaus bezeichnet sind. Zwischen diesen Knotenpunkten liegen Verbindungskabel, die in die verschiedenen Verbraucherstellen für Gleichstrom im ganzen Kraftwerk eingeschleift sind. Dieses Netz soll nicht vermascht gefahren werden, sondern als offenes Ringnetz. Man kann so ohne weiteres jeden Verbraucher herausnehmen, ohne die anderen dadurch zu stören.

Abb. 129.
Notstrom-Diesel mit Gleichstromgenerator (vorn) und Drehstromgenerator (hinten).

## 2. Auslegung der Batterie.

Um geringe Spannungsabfälle und kleine Leitungsquerschnitte zu bekommen, wählt man die Batteriespannung in großen Kraftwerken zu 220 V. Diese Wahl hat außerdem den Vorteil, daß die Notbeleuchtung kein getrenntes Netz benötigt, sondern daß die hierfür bestimmten Beleuchtungskörper in einzelnen Stromkreisen zusammengefaßt, im Störungsfall sich selbsttätig auf Gleichspannung umschalten, wie das in Abb. 126 und 127 schon gezeigt wurde. Es genügt, daß derartige Notlichtlampen nur an den wichtigsten Stellen des Kraftwerkes vorhanden sind und im übrigen den Zweck von „Richtlampen" erfüllen. Die höchste Zellenspannung ist am Ende der Ladung 2,75 V und die niedrigste Zellenspannung 1,83 V. Somit ergibt sich die erforderliche Zellenzahl

$$\frac{220\,\text{V}}{1,83\,\text{V}} = 120\,\text{Zellen}.$$

Da in den meisten Fällen auch während der Ladung Strom entnommen werden soll, ist ein Doppelzellenschalter erforderlich. Um die Entnahmespannung immer auf 220 V halten zu können, müssen gegen Ende der Ladung

$$120 - \frac{220}{2,75} = 40\,\text{Zellen}$$

abgeschaltet werden. Es ist ausreichend, Einheiten von je 2 Zellen mit 4 V zu schalten, so daß für den Doppelzellenschalter pro Kontaktschlitten 20 + 1 Endkontakt = 21 Kontakte erforderlich sind.

Von den obigen Überlegungen ausgehend, erhält die Batterie nur eine sehr geringe Grundlast. Die Batterie steht daher in ihrer ganzen Kapazität mit weitgehender Sicherheit für alle Fälle beim Wegbleiben der Drehspannung zur Verfügung. Man legt in Kraftwerken die Batterie für eine etwa 3 stündige Entladezeit aus.

Nach den obigen Ausführungen ist in modernen Kraftwerken die Batterie im Störungsfall am höchsten belastet, und zwar in erster Linie durch die Notbeleuchtung. Schätzungsweise ist für Notlicht etwa 5 bis 20 %, im Mittel etwa 10 % der gesamten Lichtleistung einzusetzen. Davon ausgehend ist eine einfache Methode der Bestimmung der Batteriegröße die folgende:

Man ermittelt die im Störungsfall auftretende Last, die meistens also durch das Notlicht gegeben ist, die aber auch noch zusätzlich durch Motorantriebe von Pumpen für hydraulische Steuerungen, Speisung von Steuerdrehstromumformern usw. erhöht werden kann. Den Verbrauch außer dem Notlicht berücksichtigt man aber nur, wenn er etwa über $^{1}/_{3}$ der Notlichtleistung liegt, sonst nicht. Diese Summenleistung in Watt durch 220 V dividiert ergibt den bei Störung der Drehstromversorgung aus der Batterie fließenden Gleichstrom. Für Steuer-, Schutz- und Regelzwecke schlägt man dazu etwa 30 %. Da man mit 3 stündiger Entladung der Batterie rechnet, ergibt sich die Kapazität der Batterie durch Multiplikation des soeben ermittelten Stromes mit dem Faktor 3. Man stellt also eine in dieser Weise ermittelte Batterie auf und gibt ihr als Reserve eine gleich große.

Außer dieser zwar einfachen, aber meistens ausreichenden Art der Ermittlung der Batteriekapazität sei auch noch auf die Abb. 130 verwiesen. Dort sind in Abhängigkeit von der installierten Kraftwerksleistung die mittleren Batteriekapazitäten angegeben sowie die Werte eingetragen, die den Kapazitäten der

Batterien ausgeführter Werke entsprechen. Auf Grund zahlreicher spezieller
Einflüsse schwanken diese Werte der ausgeführten Anlagen um die mittlere
Kapazität. Es sind in der soeben genannten Abbildung aber noch Grenzkurven an-
gegeben, die den Bereich festlegen, in dem die Kapazität etwa schwanken könnte.
Von Sonderfällen, die extreme Batteriekapazitäten erfordern, muß man bei der

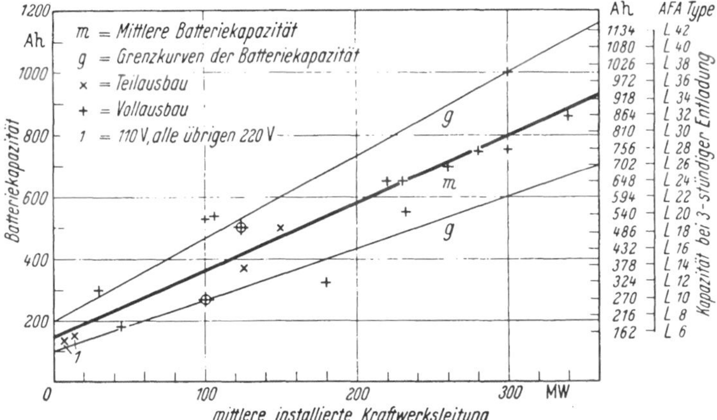


Abb. 130. Bereich normaler Batteriekapazitäten in Abhängigkeit von der installierten Kraftwerksleistung
für Kondensationskraftwerke.

Verwendung der Grenzkurven allerdings absehen. Auf der rechten Ordinate
dieser Abbildung sind noch die Kapazitäten (bei 3 stündiger Entladung) und Typen
der AFA-Batterien angegeben. Bei dem Diagramm nach Abb. 130 ist ferner vorausgesetzt, daß 2 Batterien gewählt werden. Die Ordinatenwerte geben die
Summe der Kapazitäten der beiden gleich großen Batterien an. Oft geht man
aber auch bei der Festlegung der Batterie so vor, daß man die Belastungen
des Gleichstromnetzes tabellarisch ermittelt und daraus die Kapazität errechnet.
Im folgenden ist ein solches Verfahren geschildert. Es bezieht sich auf die in
Abb. 128 gezeigte Anlage.

Zahlentafel 14. *Zusammenstellung für die Größe der Batterie*
(Beispiel, Hochdruckkraftwerk 180 MW 7 Maschinen)

| Verbrauch für | 1 | 2 | 3 | 4 | 5 |
|---|---|---|---|---|---|
| | kW | Normal-betrieb kW | Belastungs-faktor | Notbetrieb kW | Notbetrieb Amp. |
| 1. elektrische Betätigung, Signale u. Überwachung. . . . . . . . . . . | 2 | 2 | 1[1] | 2,0 | 9 |
| 2. 2 Motoren für Notpumpe f. Kessel- regelung a. 10 kW . . . . . . . | 20 | — | 0,8 | 16 | 73 |
| 3. 1 Steuerdrehstromumformer . . . . | 15 | — | 0,7 | 10,5 | 47 |
| 4. Notbeleuchtung . . . . . . . . . | 10 | — | 0,9[2] | 9 | 41 |
| | 47 | 2 | | 37,5 | 170 |

[1] Belastung liegt dauernd vor, Schaltmomente kann man unberücksichtigt lassen, da
hierbei nur kleine Leistungen zugrunde liegen und die Zusatzbelastung nur Sekunden dauert.
[2] Kommt nur in Frage, wenn eine große Störung bei Nacht vorliegt.

Legt man für die Dimensionierung der Batterie die Gesamtleistung Spalte 1 der Zahlentafel 14 zugrunde, dann dürfte auch für evtl. Erweiterungen des Gleichstromnetzes genügend Reserve vorhanden sein.

Demnach

$$\frac{47000}{220} = 214\,\mathrm{A}$$

bei dreistündiger Entladung $\approx 640\,[\mathrm{Ah}]$.

Nach Preisliste der AFA würde eine Batterie mit *648* Amperestunden zur Anwendung kommen.

Bei der normalen Tagesbelastung von $2\,\mathrm{kW} = 9\,\mathrm{A}$ (nach den obigen Ausführungen) würde die Batterie nach $\frac{648}{9} = 72$ Stunden entladen sein, so daß nach 3 Tagen die Batterie neu geladen werden müßte.

Bei Notbetrieb ist die Batterie nach Spalte 5 der Zahlentafel 14 in $\frac{648}{170} \approx 3^3/_4$ *Stunden* entladen.

Zur Störungsbeseitigung verbleiben also $3^3/_4$ Stunden, ehe die Batterie leer ist. Es hat sich bei der beispielsweise erwähnten obigen Anlage praktisch erwiesen, daß innerhalb kürzester Zeit immer wieder eine Spannung über das Drehstromnetz zugeschaltet werden konnte. Damit wurde die Batterie immer sehr bald entlastet. Dies traf insbesondere für die Pumpenantriebe für die Drucköisteuerung und für den Steuerdrehstrom zu. Steht aber die Batterie kurz vor der Neuladung, so gibt sie noch so viel Leistung ab, bis gegebenenfalls eine zweite Stromquelle, in diesem Beispiel ein Notstromdiesel, zugeschaltet ist.

Batterien mit Spannungen von 110 V oder weniger sind in großen Kraftwerken nicht gebräuchlich und kommen nur in kleinen Dampfkraftanlagen oder gelegentlich auch in kleinen Wasserkraftwerken vor, wo ein wesentlich geringerer Bedarf vorliegt und wo auch die Voraussetzung zutreffen muß, daß die Gleichstromverbraucher nicht weit von der Batterie abgelegen sind.

Die Räume für die Aufstellung von Batterien sieht man gern zu ebener Erde oder in Kellern vor. Der Boden und die Wände bis etwa zu einer Höhe von 1,60 m werden mit säurefesten, keramischen Platten ausgelegt, die in Säurekitt eingelegt und auch damit verfugt werden. Auch Verlegung in Bitumen ist üblich. Bitumenfußböden sind weniger günstig, aber hinreichend. Der Fußboden ist mit geringer Neigung von etwa 1 : 100 nach einer kleinen Sammelgrube zu verlegen, um bei Schadhaftwerden von Zellen die Säure leicht auffangen und beseitigen zu können. Die Batterien in großen Kraftwerken werden nicht in Etagen übereinander, sondern flach in Reihen mit Zwischengängen aufgestellt. Dadurch wird eine gute Zugänglichkeit erreicht. Die Gangbreite soll etwa 1 m betragen. Decken und Wände werden mit säurefester Farbe gestrichen, ebenso die Konstruktionen für die Leitungsverlegung. Die Leitungen aus Rund- oder Flachkupfer oder -aluminium werden auf Porzellanisolatoren verlegt und mit einem säurefesten Anstrich versehen. Für ausreichenden Luftwechsel ist zu sorgen, wobei darauf zu achten ist, daß unten die schweren Säuredämpfe abzuführen sind und oben Frischluft zugeführt wird. Wo ein natürlicher Luftstrom nicht gewährleistet ist, muß die Luftzirkulation durch säurefeste Lüfter erzwungen werden. Vor dem Batterieraum ist eine Luftschleuse anzuordnen, die nicht als Lagerplatz für Säureballons benutzt werden darf. Fenster sind zwar üblich, sollen aber nicht zur Erzielung einer Luftzirkulation notwendig sein, um nicht die Umgegend durch Säuredämpfe zu belästigen. Direkte Sonnenbestrahlung der Batterien ist zu vermeiden.

## 3. Dauerladung.

Dauerladung ist grundsätzlich dann erforderlich, wenn die Grundlast der Batterie so hoch ist, daß sie eine tägliche Aufladung nötig macht (wenn man die Batterie nicht so groß wie in obigen Beispielen wählen will, Einschränkung der Sicherheit!). In regelmäßigen Abständen ist eine volle Ladung wünschenswert, um alle Zellen wieder zum Gasen zu bringen. Batterien mit Dauerlader (Pufferbetrieb) ohne Schaltzellen haben den Nachteil, daß im Störungsfall, wenn auch die Spannung für den Dauerlader fehlt, die Netzspannung sehr schnell absinkt und manche Relais und Apparate, die gerade dann, wenn sie vorzugsweise arbeiten sollen, wegen zu niedriger Spannung nicht mehr ansprechen. Man sollte es sich daher reiflich überlegen, ob man wegen geringer Ersparnis an Anlagekosten derartige Lösungen wählt. Knapp ausgelegte, für Pufferbetrieb vorgesehene Batterien für Großkraftwerke sind also nicht allgemein empfehlenswert, da sie m. E. doch nicht eine ausreichende Sicherheit geben und die damit im Zusammenhang stehenden Einsparungen im Verhältnis zu den sonstigen Aufwendungen recht unbedeutend sind.

## 4. Überwachung der Gleichstromversorgung.

Die Batterien werden ohne Erdung der Plus- oder Minusklemmen betrieben, damit nicht jeder Erdschluß (des entgegengesetzten Poles) gleich ein Kurzschluß ist oder wichtige Stromkreise falsch ausgelöst werden. Zur Isolationsüberwachung wird z. B. ein Doppelspannungsschreiber und ein Fallklappenrelais an den Plus- und Minusklemmen gegen Erde vorgesehen; das letztere setzt durch ein Signal das Schaltpersonal von dem Erdschluß in Kenntnis, wonach der Erdschlußort ermittelt bzw. der Erdschluß selbst beseitigt werden kann. Es ist allgemein üblich diese Meldungen nach der elektrischen Warte zu geben. Ebenso ist es empfehlenswert und entspricht einer fast allgemeinen Gepflogenheit, die Überwachung der Batteriespannung, die Bedienung der Zellenschalter und auch die Bedienung der Ladeeinrichtungen von der Warte aus steuerbar einzurichten. Da die Gleichstromversorgung äußerst wichtigen Zwecken dient, lohnt sich auch eine Überwachung der Abzweige. Eine sehr einfache Möglichkeit der Überwachung zeigt bereits die Abb. 126. Dort haben die Gleichstromabzweige an Stelle von Sicherungen und Hebelschaltern Kleinautomaten. Da diese leicht mit Hilfskontakten erhältlich sind, kann man ihren Schaltzustand überwachen. Die Abbildung enthält 2 Ausführungsmöglichkeiten, einmal mit Ruhestrom- und das andere Mal mit Arbeitstromüberwachung. Schaltet ein solcher Automat durch Überlast oder Kurzschluß ab, so wird dies optisch oder akustisch gemeldet. In einer Anlage wird man beide Arten der Meldung natürlich kaum zur Anwendung bringen, sondern entweder Ruhestrom- oder Arbeitstromüberwachung wählen. Empfehlenswert ist es auch, auf ähnliche Weise, d. h. mit Hilfe von Kleinautomaten, eine Glimmlampe auf z. B. den Bedienungstafeln aufleuchten zu lassen, wenn die Hilfsspannung fehlt.

Eine Zusammenfassung der meistens verwendeten Überwachungseinrichtungen von Batterien und Gleichstromnetzen enthält Abb. 131. Zur Erdschlußüberwachung ist an der Batterie ein Potentiometer angeschlossen, das einen künstlichen Nullpunkt schafft. Dieser wird über die Spule eines Erdschlußüberwachungsrelais an Erde gelegt. Der künstliche Nullpunkt kann nachgestellt

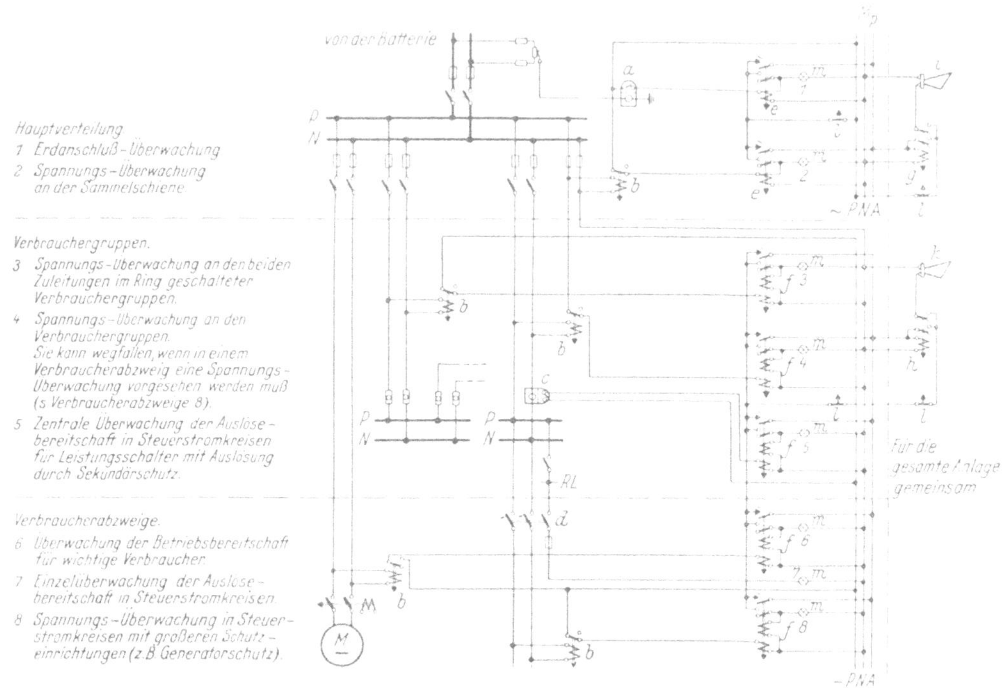


Abb. 131. Gleichstromanlagen für Betätigung und Notbeleuchtung in Kraftwerken, Überwachungseinrichtungen (SSW).

*a* Erdschluß-Überwachungsrelais; *b* Ruhestrom-Relais für Gleichstrom; *c* Stromstoß-Relais; *d* Selbstschalter; *e* Arbeitsstrom-Relais für Wechselstrom; *f* Arbeitsstrom-Relais für Gleichstrom; *g* Halte-Relais für Wechselstrom; *h* Halte-Relais für Gleichstrom; *i* Hupe für Wechselstrom; *k* Hupe für Gleichstrom; *l* Abstelldruckknopf; *m* Meldeleuchte in der Leuchtschrifttafel; *n* Meldeleuchte im Knebel des Steuerquittungsschalters.

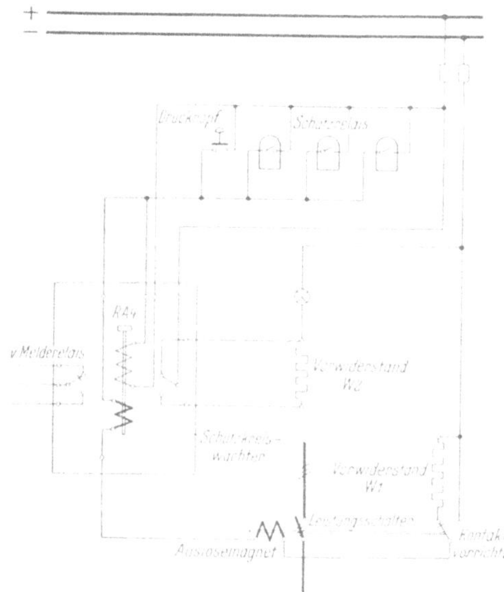


Abb. 132. Schutzkreiswächter (AEG).

werden, da im Verlauf der Zeit der Isolationswiderstand des Minuspols gegen Erde geringer wird, also Unsymmetrien eintreten können, die zu Fehlmeldungen führen. Nach den bisherigen Ausführungen sind die in Abb. 131 angegebenen Schaltungen ohne weiteren Kommentar verständlich.

Eine sehr weitgehende und nur für die wichtigsten Stellen empfehlenswerte Überwachungseinrichtung für die Gleichstromversorgung von Auslösekreisen von Leistungsschaltern zeigt Abb. 132. Der Arbeitsstromkreis für den Auslösemagneten wird durch Strom- und Spannungsspulen des Schutzkreiswächters, die in Reihe geschaltet sind, in einen Ruhestromkreis verwandelt. Im ungestörten Betrieb hält die Spannungsspule das Relais. Ihr Widerstand ist so groß, daß nur ein kleiner Strom fließt, der

die Auslösespule nicht zum Ansprechen bringen kann. Durch den Ausschalt-
druckknopf oder die Schutzrelais wird die Spannungsspule überbrückt. Dann
fließt der volle Auslösestrom. Der Schutzkreiswächter wird dabei durch die
Stromspule gehalten. Nach der Auslösung hält wieder die Spannungsspule das
Schutzkreisrelais. Zur Verminderung des Stromverbrauches wird ein Vorwiderstand $W_1$ bei ausgeschaltetem Leistungsschalter eingeschaltet. Ist der Betäti-
gungsstromkreis irgendwo unterbrochen, so fällt der Schutzkreiswächter ab und
gibt eine Meldung. Außerdem wird die normal hell brennende Lampe durch
einen Vorwiderstand $W_2$ verdunkelt. Die Abstimmung der Spulen und der Vorwiderstände muß sorgfältig durchgeführt werden, ebenso die Instandhaltung. Die
Anwendung dieser Schaltung ist nur den wichtigsten Schaltfeldern vorbehalten
und weniger für allgemeinere Einführung geeignet.

## 5. Steuerdrehstrom.

Für die Einrichtung von „Steuerdrehstromnetzen", worunter Drehstromnetze zwar nur geringer Leistungsfähigkeit, aber sehr weit getriebener Sicherheit
verstanden werden sollen, sprechen etwa folgende Gründe:

Beim Betrieb von Kraftwerken in der chemischen Industrie wurde häufig
beobachtet, daß SERVO-Motoren für die Verstellung der Drehzahlen von Dampfturbinen sowie auch andere Regelmotoren, die dort, wie üblich, als Gleichstrommotoren ausgelegt sind, häufig versagen bzw. sehr oft überholt werden müssen,
weil sich auf den Kollektoren Schichten bilden, die zunächst starke Funkenbildung
und später gänzliches Versagen hervorrufen. Diese Schichten werden durch chemische Agenzien erzeugt, vor allen Dingen handelt es sich um Einwirkung von
Chlor, Salzsäure oder auch anderen Säuren. Die vorerwähnten Motoren stehen
meistens still und werden nur bei Regelvorgängen eingeschaltet. Es ist für den
Betrieb außerordentlich nachteilig, wenn diese Motoren gerade dann nicht funktionieren, ohne daß man es vorher bemerken konnte. Ähnliche Schwierigkeiten
wurden seit Jahren an den Uhrwerken der registrierenden Instrumente beobachtet. Auch diese Antriebe werden durch chemische Einflüsse (trotz Kapselung
in verhältnismäßig dichten Gehäusen) häufig so geschädigt, daß der zeitrichtige
Ablauf der Registrierstreifen nicht gewährleistet ist. Vor allen Dingen bei der
Analyse von Störungen, wobei Schreibstreifen verschiedener Instrumente miteinander verglichen werden müssen, um das zeitliche Aufeinanderfolgen verschiedener Ereignisse klarzustellen, wirkt sich der ungleichmäßige Gang derartiger Uhr-
werke sehr nachteilig aus. Im Kraftwerk Bitterfeld-Süd wurden daher schon
vor dem Bau des Kraftwerkes Thalheim wiederholt solche registrierenden Instrumente mit Synchronmotorantrieb ausgerüstet. Diese Kleinmotoren sind modi-
fizierte Kurzschlußmotoren, haben jedenfalls keinerlei Schleifringe, Bürsten oder
ähnliche Teile, deren Korrosion sich nachteilig auswirken könnte. Der Antrieb
von Registrierschreibern mit Synchronmotoren hatte sich als zufriedenstellend
herausgestellt. Er setzte nur voraus, daß das speisende Netz einigermaßen zeit-
geregelte Frequenz besitzt. Diese beiden ursprünglichen Gründe für die Projektierung eines Steuerdrehstromnetzes, nämlich die Anwendung von Kurzschlußläufern bzw. Synchronmotoren für den Antrieb von Reglern und Registrier-
instrumenten werden aber noch durch folgende weiter ergänzt:

Für Meßzwecke, aber auch für eine Reihe von Fernmeldezwecken wird häufig

Gleichstrom gebraucht. Falls es sich um Anlagen handelt, die unter allen Umständen in Betrieb sein müssen, ist dann eine Batterie nötig. Es ergibt sich damit aber für den Betrieb der Nachteil, daß meistens eine größere Anzahl von Batterien für solche Zwecke vorzusehen ist, deren Ladung und Instandhaltung naturgemäß sehr viel weniger angenehm ist als die Entnahme der entsprechenden Gleichströme über ein Netzanschlußgerät aus einem Wechsel- oder Drehstromnetz. Man sehe sich unter diesem Gesichtspunkt einmal ein älteres Großkraftwerk an, und man wird feststellen, daß für die obengenannten Zwecke viele lästige Einrichtungen vorhanden sind. Die Anwendung von Netzanschlußgeräten für Anlagen, die ununterbrochen im Betrieb sein müssen, setzt voraus, daß die Spannung der Wechsel- bzw. Drehstromnetze in ähnlicher Weise sicher sein muß wie eine Batterie. Dieser letzte Grund gilt selbstverständlich auch mit ganz besonderem Nachdruck für die Verwendung von Drehstrom für Regelzwecke, sofern die Regelung auch bei Störungen jederzeit funktionieren muß. Diese Voraussetzung gilt aber meistens. In Kraftwerken oft vorhandene Hochfrequenztelefonieanlagen können an das Steuerdrehstromnetz angeschlossen werden und brauchen dann die sonst üblichen Sicherheitseinrichtungen für ihre Stromversorgung nicht mehr.

Schließlich war für die Schaffung des Steuerdrehstromnetzes noch als Nebengrund der Umstand vorhanden, daß in einem Kraftwerk, dessen Netzfrequenz nicht mit Sicherheit zeitgeregelt ist, für die im Betrieb unentbehrlichen Uhren ein besonderes Uhrennetz zur Steuerung von Nebenuhren durch eine Hauptuhr vorgesehen werden muß. Wenn man schon ein Steuerdrehstromnetz schafft und dieses so auszulegen hat, daß seine Sicherheit dem Batteriebetrieb nicht nachsteht, dann ist es eine kleine zusätzliche Mühe, die Generatoren für die Speisung des Steuerdrehstromnetzes mit einer zeitgeregelten Frequenz zu betreiben. Dies kann von Hand durch Beobachtung von Periodenkontrolluhren üblicher Art geschehen oder auch durch einen automatischen Frequenzregler. Im erwähnten Beispiel wurde von der letztgenannten Möglichkeit Gebrauch gemacht. Dadurch war also ein besonderes Uhrennetz nicht nötig. Die Uhren im ganzen Kraftwerk waren Synchronuhren, die am Steuerdrehstromnetz angeschlossen waren. Alle diese Gründe führten also zu der in Abb. 133 und 134 dargestellten Steuerdrehstromanlage. In der obengenannten Abbildung ist auf der linken Seite (Aufstellung im Wartenkeller) erläutert, daß über einen Gleichrichter wahlweise 2 verschiedene Motorgeneratoren gespeist werden können. Der Gleichrichter ist für Anschluß an Drehstrom 500 V 50 Per/sec und für eine Abgabe von 220 V bei 80 A, d. h. für eine Leistung von 17,6 kW ausgelegt. Im Normalfall wird also die für den Antrieb der Steuerdrehstromumformer benötigte Leistung dem 500 V-Eigenbedarfsdrehstromnetz entnommen. Wenn aber diese Spannung aus irgendeinem Grunde verschwindet, schaltet sich automatisch der gerade im Betrieb befindliche Umformer auf die Batterie um. Der Umformer kann dabei schlimmstenfalls kurzzeitig ein wenig in der Drehzahl abfallen. Die Umschaltzeit ist jedoch so kurz, daß im praktischen Betrieb das Umschalten vom Gleichrichter auf die Batterie im Steuerdrehstromnetz nicht bemerkt wird. Die beiden wechselweise im Betrieb befindlichen Steuerdrehstromumformer bestehen aus folgenden Maschinen:

Die Motoren sind Gleichstrom-Nebenschlußmotoren für 220 V 15,8 kW mit einer Drehzahl von 1000 U/min. Die Generatoren sind für 400/231 V, 16 kVA und die gleiche Drehzahl ausgelegt. Der Drehstromgenerator hat einen angebauten Erregergenerator. (Vgl. Abb. 133.) Die niedrige Drehzahl wurde mit Rücksicht auf möglichst geringe Geräusche gewählt. Die Drehzahl der Gleichstrommotoren wird durch Nebenschlußregler konstant gehalten, die ihrerseits von einem THOMA-Regler angetrieben werden. Der THOMA-Regler erhält seine Regelbefehle von einem Schwingungskreis von 50 Per/sec zwecks Konstanthaltung der Frequenz. Diese kann in geringen Grenzen durch einen Sollwertversteller nachgeregelt werden. Der Erfolg dieser Regelung wird an einer am Drehstromgenerator angeschlossenen Periodenkontrolluhr überprüft. Die Drehspannung wird durch einen Kohledruckregler konstant gehalten. Von den beiden vorhandenen Steuerdrehstromumformern speist jeweils nur einer die Sammelschiene. Eine Parallel-

Abb. 133. Steuerdrehstromumformer für 16 kVA, links Gleichstrommotor, rechts Drehstromgenerator mit angebauter Erregermaschine. Im Hintergrund Ladeumformer, der auch als Hilfserregermaschine für die Turbogeneratoren dient.

schaltung beider Maschinensätze ist nicht vorgesehen. Der Betrieb des einen Umformers schließt den Betrieb des anderen aus. Falls beide Umformer wider Erwarten gleichzeitig nicht betriebsfähig sein sollten, wird automatisch das Licht-

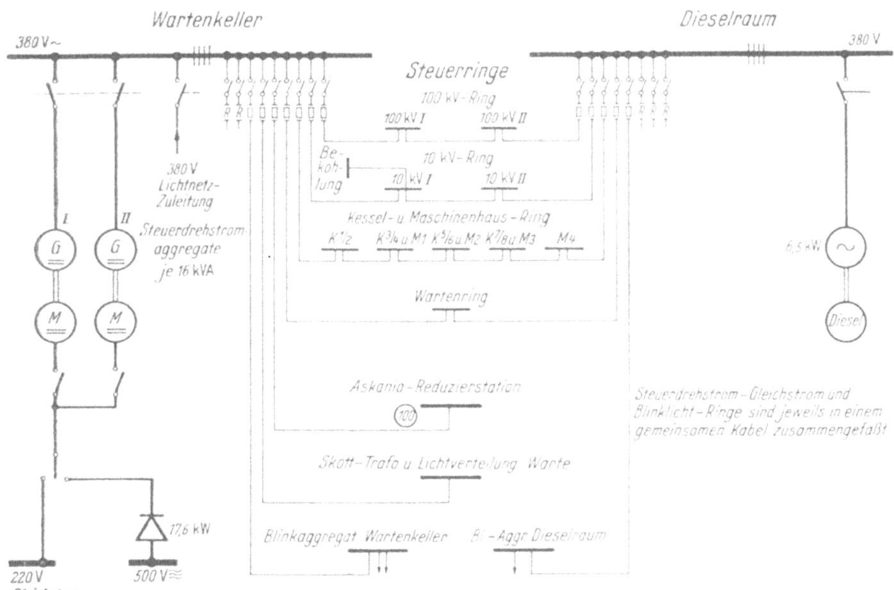


Abb. 134. Steuerdrehstromnetz.

netz zur Speisung des Steuerdrehstromnetzes herangezogen. Dies braucht aber
nicht lange zur Speisung des Steuerdrehstromnetzes benützt zu werden, da der Diesel-
Generator nach kurzer Zeit, die für das Anlassen und Schalten benötigt wird,
die Lieferung übernehmen kann. Die bisher geschilderten Einrichtungen würden
aber eine Lücke aufweisen, wenn die Batterie nicht betriebsfähig ist. Da für letztgenannten Fall ein Notstrom-Diesel vorhanden ist, wurde dieser Diesel-Satz
außer mit einem Gleichstromgenerator noch mit einem Drehstromgenerator versehen (vgl. Abb. 129). Dieser Generator ist also in der Lage, das Steuerdrehstromnetz zu speisen, falls gleichzeitig das 500 V-Drehstromnetz und die Gleichstrom-
batterie nicht betriebsfähig sind. Die oben gemachten Ausführungen lassen erkennen, daß die Sicherung des Steuerdrehstromes ausreichend ist. Die Steuer-
drehstrom- und Gleichstromabzweige sind in einem Kabel miteinander vereinigt
und enthalten auch die noch später behandelten Leitungen für die Blinkspannung. Infolgedessen ist also fast an jedem Punkt, an dem Gleichspannung vorhanden ist, auch Steuerdrehstrom verfügbar. Im übrigen zeigt die schon erwähnte Abbildung 134 alle Einzelheiten. Wenn auch die geschilderte Anlage
zunächst aus den besonderen Erfordernissen in Kraftwerken der chemischen
Industrie erwachsen ist, so ist doch auch für allgemeinere Zwecke der Vorteil eines
Drehstromnetzes größter Sicherheit erkennbar und wird möglicherweise einen
weiteren Anwendungsbereich finden.

# M. Signalanlagen.
## 1. Telefonanlagen.

Für die Führung des Betriebes in Kraftwerken ist die Auslegung der Werks-
telefonanlage in reichlichem Maßstab zweckmäßig. Eine jederzeit betriebsbereite
Telefonanlage mit Anschlüssen an alle für den Betrieb wichtigen Stellen spart
erhebliche Kosten, insbesondere bei der Behebung von Störungen. Es ist nicht
empfehlenswert, eine Telefonanlage in einem größeren Kraftwerk von einer gemeinsamen Zentrale eines beispielsweise benachbarten Industriewerkes mit zu
betreiben. Vielmehr erscheint es zweckmäßig, eine eigene Telefonzentrale in
jedem Kraftwerk selbst aufzubauen und diese gegebenenfalls durch Querverbindungen mit anderen Telefonzentralen in der Nachbarschaft zu verbinden. Da sich
Telefongespräche bei Störungen häufen, ist darauf zu achten, daß die Anzahl
der gleichzeitig zu führenden Gespräche nicht allzu niedrig eingesetzt wird. Bei
einem Großkraftwerk hat man mit einer Zentrale, die für rund 100 Anschlüsse
ausbaufähig ist, zu rechnen. Gelegentlich kommt man auch mit einem Wählergestell für 50 Teilnehmer aus. Man sollte die Anlage aber immer so auslegen,
daß man mindestens Platz für ein zweites gleich großes Wählergestell vorsieht.
Es ist bei einer solchen Zentrale notwendig, daß etwa 15 bis 20 Gespräche (bezogen auf 100 Teilnehmer) gleichzeitig geführt werden können. Es ist zu empfehlen, die endgültige Telefonanlage schon bei Baubeginn eines Kraftwerkes
zu erstellen. Dazu eignet sich ein unterirdischer Bunker in der Nähe der zu-
künftigen Warte oder ein Teil eines Kellers, den man vorab fertigstellen läßt.
Man hat dann während der gesamten Bauzeit genügend Anschlüsse zur Verfügung, die zunächst durch provisorische Leitungen angeschlossen werden können. Man spart aber den sonst notwendigen provisorischen Einbau einer Telefon-

zentrale. Außer einer automatischen Telefonanlage sind aber noch Telefonverbindungen zwischen der Schaltwarte und anderen benachbarten bzw. im Netz verteilten Schaltstellen erforderlich, die möglichst ohne Benutzung einer automatischen Zentrale eine jederzeitige Verbindung gestatten.

## 2. Lautsprecheranlagen.

Außer einer Telefonanlage ist für die Nachrichtenübermittlung in einem Kraftwerk eine Lautsprecheranlage empfehlenswert, die von verschiedenen Stellen aus besprochen werden kann. Als Sprechstellen wählt man vorzugsweise die elektrische Schaltwarte, die Wärmewarte bzw. die Kommandostellen im Kesselhaus. Mit derartigen Lautsprecher- bzw. Kommandoanlagen wurden sowohl im Kraftwerk Bitterfeld als auch Thalheim die besten Erfahrungen gemacht. Es wurde dadurch ermöglicht, die Störungszeiten gegen früher erheblich herabzusetzen. Bei ausgedehnten Kesselhäusern (Bitterfeld: 69 Kessel!) ist die Führung des Kesselbetriebes von einer zentralen Stelle mit Unterstützung durch eine Lautsprecheranlage sehr viel leichter möglich, als mit anderen Signaleinrichtungen. Der für die Einrichtung solcher Anlagen erforderliche Aufwand steht im minimalen Verhältnis zu dem erzielten Erfolg. Sind elektrische Warte und Wärmewarte getrennt, so ist ein Lautsprechgegenverkehr zwischen beiden, vor allem während großer Störungen, angenehm. Die Nachteile getrennter Warten werden dadurch etwas gemildert. Es ist aber bei der Einrichtung von Lautsprecheranlagen ganz allgemein empfehlenswert, die akustischen Verhältnisse aller in Frage kommenden Räume durch Vorversuche zu studieren. Erst wenn solche Versuche hinsichtlich guter Verständigung positiv ausgelaufen sind, ist eine endgültige Anlage zu bestellen. Sonst hat man mit Rückschlägen zu rechnen. Dies gilt besonders für Räume mit großen Betriebsgeräuschen. Dort kann es evtl. angebracht sein, durch optische Signale das Personal zu veranlassen, die Nähe von Lautsprechern aufzusuchen.

## 3. Alarmanlagen.

Außer den vorgenannten Telefon- und Lautsprecheranlagen empfiehlt es sich weiterhin, in einem jeden Kraftwerk eine Alarmanlage einzurichten, die darin besteht, daß über den ganzen Betrieb verteilt z. B. lautschlagende Wecker angeordnet werden, die das gesamte Personal von eingetretenen Störungen in Kenntnis setzen, unabhängig davon, wo die Störung entstanden ist. Es wird damit nach meinen Erfahrungen erreicht, daß das Betriebspersonal sofort veranlaßt wird, der Betriebsüberwachung besondere und zusätzliche Aufmerksamkeit zuzuwenden. Die Art von Signalen ist zweckmäßigerweise so zu wählen, daß keine Instrumente verwendet werden, die durch ihr lautes Ertönen geeignet sind, unnötige Unruhe in den Betrieb zu bringen. Ich denke dabei an Sirenen und ähnliche Geräte. Es ist vielmehr anzustreben, daß die Signale überall deutlich gehört werden, ohne lästige Geräusche zu erzeugen. Eine solche Anlage muß etwa von folgenden Punkten zu betätigen sein:

1. Von der Schaltwarte,
2. von der Wärmewarte,
3. vom Kesselhaus (mehrere Stellen),

4. vom Maschinenhaus (mehrere Stellen),
5. vom Kondensationskeller,
6. vom Pumpenhaus.

Jeder dazu befugte Wärter, Meister usw. soll die Anlage in Gang setzen, wenn er Unregelmäßigkeiten feststellt, von denen er annehmen muß, daß sie auf andere Betriebsteile Einfluß gewinnen können.

## 4. Personenrufanlagen.

Als weitere Signalanlage empfiehlt sich, in Verbindung mit der Telefonanlage eine Personenrufanlage einzurichten, die darin besteht, daß über den gesamten Betrieb verteilte Leuchtsignale verwendet werden, die jeweils durch Kombination von 3 verschiedenen Farben aufleuchten, wenn eine bestimmte Person gesucht wird. Das Aufleuchten dieser Farbenkombinationen kann durch Wählen von jeweils einer bestimmten Telefonnummer von einem beliebigen Apparat aus erfolgen. Beobachtet die gesuchte Person das Aufleuchten der für sie ein für allemal festgelegten Lampenkombination, so kann durch Wählen einer gleichfalls einmalig festgelegten Nummer vom nächstgelegenen Telefonapparat aus die suchende mit der gesuchten Person in telefonische Verbindung kommen. Auf diese Weise sind Betriebsleiter, Ingenieure und Meister, die häufig von ihrer normalen Dienststelle anläßlich von Betriebsbegehungen abwesend sind, jederzeit und leicht erreichbar und können somit ihre Funktion im Sinne einer sicheren und reibungslosen Betriebsführung leichter erfüllen, als es beim Fehlen einer Personensuchanlage möglich ist.

## 5. Gefahrenmeldung.

In manchen Kraftwerken ist der Gefahrenmeldung und der Signalisierung keine besondere Beachtung gewidmet worden. Man benutzt oft für die Signalisierung, unabhängig davon, ob es sich um die Meldung einer schweren Störung oder nur um die eines verhältnismäßig belanglosen Betriebszustandes oder gar einen telefonischen Anruf handelt, lauttönende und in allen Fällen gleiche Hupen, die besonders bei geringer Entfernung eher die Aufmerksamkeit des Betriebspersonals vermindern als fördern. Es erscheint mir als zweckmäßig, lauttönende Hupen und Sirensignale, wenn man sie überhaupt einführt, nur für seltene und wichtige Zwecke vorzubehalten. Nach meinen Erfahrungen sind laute und langsam schlagende Glockensignale dafür besser, da sie eher dazu angetan sind, daß das Personal bei schweren Störungen genügend aufmerksam wird, aber nicht durch überflüssigen, lauten Lärm belästigt oder gestört wird. Es kann somit seine in solchen Momenten oft schwere, verantwortungsvolle und nur bei genügender geistiger Konzentration zum Erfolg führende Tätigkeit besser ausüben. (Vgl. auch Bemerkungen im nächsten Abschnitt.)

## 6. Blinklicht.

Bei der Fernsteuerung von Leistungs- und Trennschaltern mittels Steuerquittungsschaltern wird häufig folgende Schaltung gewählt:

Die im Steuerquittungsschalter enthaltene Lampe zeigt Blinklicht, wenn der Knebel des Steuerquittungsschalters mit der Stellung des gesteuerten Schalters nicht übereinstimmt. Sonst sind diese Lampen dunkel und werden nur bei

Bedarf mit gleichbleibendem Licht eingeschaltet. Die Blinkspannung für derartige Zwecke wird im allgemeinen durch sogenannte Blinkrelais erzeugt, die mittels Quecksilberschaltröhren eine Gleichspannung periodisch unterbrechen. Die an den Lampen liegende Spannung wechselt zwischen Null und dem normalen Spannungswert. Die Relais und auch die Lampen, die so betrieben werden, haben wegen des dauernden Wechsels zwischen Vollaststrom und Stromstärke Null meistens sehr geringe Lebensdauer. Es hat sich besonders bei der Verwendung von Blinklampen im Eisenbahnsignalbetrieb herausgestellt, daß die Lebensdauer der Lampen sehr verlängert wird, wenn die Spannung nicht zwischen Null und dem Höchstwert, sondern etwa zwischen $1/_3$ des Normalwertes und der vollen Spannung wechselt. Wenn man Blinklicht, wie noch weiter unten besprochen wird, in großem Umfang verwenden will, dann müssen Blinkrelais auch praktisch dauernd in Betrieb sein. Einen solchen Betrieb halten diese Relais wegen starker Abnutzung ihrer Kontakte und sonstigen beweglichen Teile aber nicht dauernd aus. Außer für die Versorgung von Steuerquittungsschaltern ist die Verwendung von Blinklicht in Kraftwerken an Stelle von akustischen Signalen empfehlenwert. Allgemein verwendet man allerdings für Signalgebung fast ausschließlich elektrische Hupen. Da aber die Wichtigkeit der Signale sehr verschieden ist, ist die Meldung durch ein immer gleichlautendes Hupensignal im Betrieb lästig und irreführend. Dies wurde schon oben angedeutet. Differenzierte Meldungen sind jedenfalls besser. Aus diesen Gründen wurde bei der Errichtung des Kraftwerkes Thalheim ein anderer Weg für die Signalgebung gesucht und die im folgenden näher beschriebene Blinklichtanlage eingerichtet:

Blinklicht hat den Vorteil gegenüber konstantem Licht, viel leichter bemerkt zu werden, auch dann, wenn die Person, für die das Signal bestimmt ist, die Blinklichtlampe nicht unmittelbar im Blickfeld hat. Eine blinkende Lampe wird auch dann wahrgenommen, wenn man mit dem Rücken gegen sie steht, da aus der Veränderung von Licht und Schatten und aus der Reflexion des Blinklichtes an blanken und glänzenden Teilen immer genügende Aufmerksamkeit erregt wird. In dem Kraftwerk Thalheim und auch in Bitterfeld wurden bzw. werden in Räumen mit großen Geräuschen Telefonanrufe mit Blinklicht bemerkbar gemacht. In der Warte wurde das Blinklicht nicht nur für die Meldungen an den Steuerquittungsschaltern verwendet, sondern auch für die einlaufenden Störungsmeldungen. Zuerst wurde mit Rücksicht auf diese bis dahin neue Signalgebung das Blinklicht nur für weniger wichtige Signale, wie Wegbleiben von Druckluft usw., benutzt. Nachdem aber durch längeren praktischen Betrieb erwiesen wurde, daß Blinklichtsignale vom Bedienungspersonal immer wahrgenommen werden, wurde auch die Signalisierung der wichtigsten Ereignisse mit Blinklicht durchgeführt. Der Grad der Wichtigkeit wurde durch verschiedene Farben des Blinklichtes unterschieden. In der Warte Thalheim z. B. wurden ankommende Telefonanrufe durch rotes Blinklicht angezeigt, Meldungen von Störungen geringerer Wichtigkeit durch grünes. Schwere Störungen wurden durch Anstrahlen der Glasdecke mit orangefarbigem Blinklicht bemerkbar gemacht. Das Blinklicht wird nach Abb. 135 auf folgende Weise erzeugt:

Aus dem Steuerdrehstromnetz, das oben beschrieben wurde, wird eine Spannung entnommen, die dem Ständer eines Drehreglers zugeführt wird. Da der Drehregler 4polig ausgeführt wurde, entsteht in seinem Ständer ein Drehfeld,

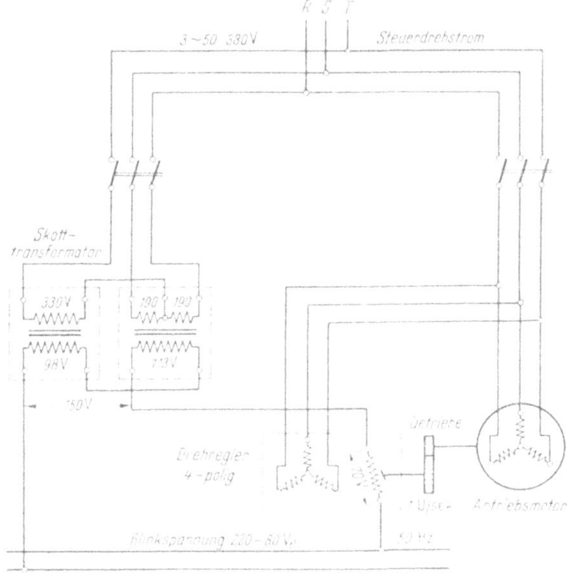

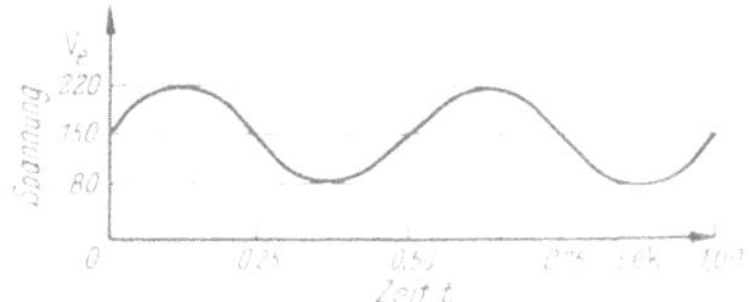

Abb. 135. Blinkspannungserzeugung.

das mit einer Geschwindigkeit von 25 U/sec umläuft. Bei Stillstand des Läufers entsteht in seinen Wicklungen eine Wechselspannung mit einer Frequenz von 50 Per/sec. Wird der Läufer des Drehreglers mit einer Drehzahl von 1 U/sec in Drehung versetzt, so erhält seine Wicklung eine dem Betrage nach konstante Spannung, deren Vektor sich aber in der Sekunde 2 mal um 360° dreht. Diese Spannung wird zu einer hinsichtlich ihrer Richtung und ihres Betrages gleichbleibenden Spannung addiert (durch Reihenschaltung). Die konstante Wechselspannung wird über einen SKOTT-Transformator dem Steuerdrehstromnetz entnommen und beträgt 150 $V_e$. Da die Spannung des umlaufenden Läufers mit 70 $V_e$ festgelegt wurde, schwankt die Summenspannung entsprechend dem in Abb. 135 im unteren Teil dargestellten Schema innerhalb einer Sekunde zweimal zwischen 220 und 80 $V_e$, mit anderen Worten ausgedrückt entsteht also eine Gesamtwechselspannung, die sich periodisch zwischen 220 und 80 $V_e$ verändert. Die so erzeugte Blinkspannung wird nach Abb. 136 im ganzen Kraftwerk mit der Steuer- und Signalspannung

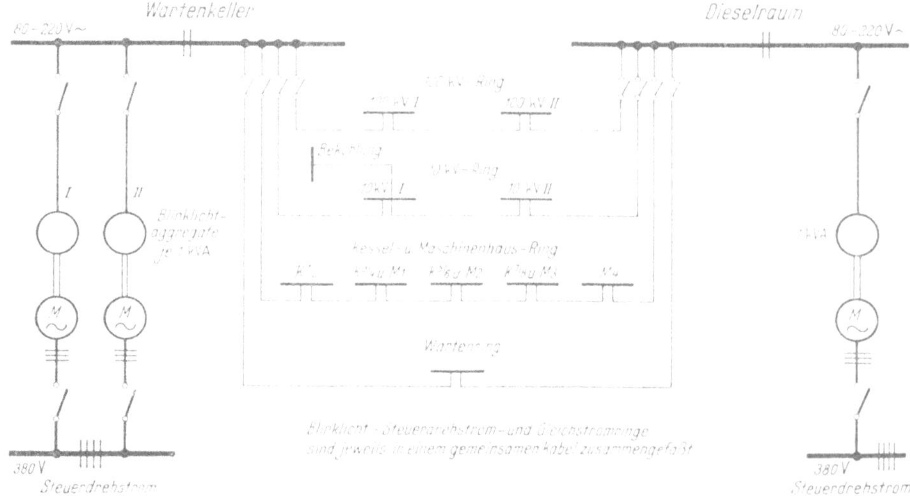

Abb. 136. Blinklichtverteilung.

220 V Gleichstrom und dem Steuerdrehstrom von 380/220 V 50 Per. verteilt.
Für alle diese Spannungen wurde ein gemeinsames mehradriges Signalkabel
verwendet. Im Wartenkeller waren 2 der obengeschilderten Blinkaggregate aufgestellt (vgl. Abb. 137). Hat man einmal eine solche Blinkspannung, dann
kann man noch einen weiteren Vorteil ausnutzen. Die Lampen in Steuerquittungsschaltern können nicht für
kleinere Leistungen als 15 Watt
ausgelegt werden, wenn sie an
220 V angeschlossen werden
sollen. Die Leuchtfäden werden bei kleineren Leistungen
zu dünn, wodurch die Lebensdauer zu klein würde. Auch
die Lampen für 15 Watt und
220V haben aus diesem Grunde
schon geringe Lebensdauern,
zumal sie auch noch oft dauernde Erschütterungen erleiden

Abb. 137. Blinkmaschine.

müssen. Andererseits ist ihre Leistung aber unnötig groß, und die Betätigungs-
knebel werden bei längerem Betrieb heiß. Da man Blinkspannungen wie andere
Wechselspannungen beliebig transformieren kann, ist die Verwendung von
Kleinspannungen, z. B. 24 V, leicht möglich. Für konstantes Licht kann man
in Anlagen, wie sie hier als Beispiel erwähnt sind, auch 24 V-Wechselspannung
verwenden, da ein Steuerdrehstromnetz vorausgesetzt ist. Für 24 V sind die
Lampen für Steuerquittungsschalter aber ohne weiteres und sogar mit größerer
Lebensdauer und Schwingungsfestigkeit für 5 Watt auszulegen und listenmäßig auf
dem Markt. Die Lichtstärke ist dann noch vollkommen ausreichend. Die Steuerquittungsschalter werden aber auch bei Dauerbetrieb der Lampen nicht mehr
heiß. Die Aufwendungen für die soeben geschilderte Einrichtung waren sehr gering, die gesamte Anlage hat sich ausgezeichnet bewährt und unterlag praktisch
keinem Verschleiß.

## N. Reservehaltung.

Für den sicheren Betrieb eines Kraftwerkes ist eine ausreichende Reservehaltung ebenso wichtig wie die richtige Auslegung aller Betriebseinrichtungen.
Dies gilt u. a. auch für die im Eigenbedarf verwendeten Maschinen, Apparate und
sonstigen Ausrüstungsteile. Mit der Inbetriebnahme eines Kraftwerkes muß
auch das Reservematerial wenigstens im wesentlichen zur Verfügung stehen.
Die rechtzeitige Festlegung und Bestellung des erforderlichen Materials ist also
notwendig, um einen möglichst ununterbrochenen Betrieb zu ermöglichen,
wenn einmal das Kraftwerk angelaufen ist. Man hat dabei zu berücksichtigen, wie weitgehend Reserven im Kraftwerk bereits bei der Planung für
einen festen Einbau vorgesehen sind. Wenn also in der Kohlenförderanlage
beispielsweise zwei vollständige Transportwege vom Kohlenbunker bis zu den
Kesseln vorhanden sind, die beide in der Lage sind, die volle Kohlenmenge,
die das Kraftwerk braucht, zu fördern, so wird dieser Umstand bei der Anschaffung zusätzlicher Reserveteile mit zu berücksichtigen sein. Andere Ver-

hältnisse liegen z. B. in der Aschenförderung vor. Dort seien für die Förderung geradesoviel Pumpenaggregate eingebaut, wie für die Beseitigung der Asche erforderlich sind. Die Anlage braucht aber nicht volle 24 Stunden des Tages zu laufen, so daß man genügend Zeit hat, eine Pumpe oder einen Motor oder auch beide gemeinsam, die aus irgendeinem Grunde ausgefallen sind, auszuwechseln. Als weiteres Beispiel seien die Unterwind- und Saugzugmotoren der Kessel genannt. Hier habe beispielsweise jeder Kessel je einen der genannten Motoren. Bei Grundlastwerken wird von mehreren Kesseln jeweils einer immer in Revision oder Reparatur sein, so daß zwar manchmal ein ausfallender Motor durch einen Motor eines gerade stillstehenden Kessels ersetzt werden kann. Sicher ist dies aber nicht, so daß es angezeigt ist, hierfür Reservemotoren anzuschaffen. Die drei angezogenen Beispiele zeigen schon, daß beinahe für jeden Fall die Voraussetzungen für die Anschaffung von Reserveteilen etwas anders liegen. Auf Statistiken über die durchschnittliche Lebensdauer von Maschinen und Apparaten kann man hinsichtlich der Anschaffung von Reservematerial gar nicht aufbauen. Auch sonst gibt es keine allgemeingültigen Erfahrungszahlen, die etwa in Prozenten des eingebauten Materials das erforderliche Reservematerial bestimmen ließen. Noch nicht einmal durch Erfahrung festgestellte Zahlen für die Häufigkeit des Ausfalles irgendeines Betriebsmittels sind sehr zuverlässig. Man müßte im Zusammenhang damit wieder prüfen, besonders wenn die Ausfallhäufigkeit in bestimmten Fällen groß ist, ob das betreffende Betriebsmittel nicht ungünstig ausgelegt oder gar dauernd überlastet ist und deswegen so oft ausfällt. Die Bereitstellung einer großen Zahl von Reserveeinheiten wäre dabei falsch oder nur eine vorübergehende Hilfsmaßnahme. Ein ordnungsgemäßer Betriebszustand ist erst wieder vorhanden, wenn solche Auslegungsmängel beseitigt sind. Langjährige eigene Betriebserfahrungen haben mir gezeigt, daß für die Festlegung des wirklich nötigen Reservematerials so viele Einflüsse mitsprechen, daß allgemeine Richtlinien nicht aufstellbar sind. In jedem Fall muß man sich das Verhalten der Betriebsmittel klarmachen und aus der Erfahrung wissen, welche Fälle für den Einsatz von Reservematerial eintreten können und mit welcher Wahrscheinlichkeit bzw. Häufigkeit sie etwa auftreten werden. Ferner ist es für die Auswahl wichtig, zu überlegen, ob der Betrieb mit seinen eigenen Mitteln in der Lage ist, das Reservematerial einzubauen oder nicht, ob die beschädigte Maschine zum Herstellerwerk eingesandt werden muß oder ob eine örtliche Reparatur möglich ist. So hat die Anschaffung von Material keinen Sinn, das der Hersteller in seiner eigenen Werkstatt benötigt und das also im Kraftwerk selbst gar nicht für die Reparatur gebraucht wird. Dazu sei als Beispiel genannt, daß es nicht viel Sinn hat, sich einen Kollektor für die Erregermaschinen von Turbogeneratoren hinzulegen. Eine eigene Werkstatt eines Kraftwerkes wird selten in der Lage sein, einen solchen Kollektor auf einen Anker aufzuziehen, einzubauen und schließlich auszuwuchten. Besser ist es da schon, sich einen Reserveanker anzuschaffen und den Anker mit dem abgenutzten Kollektor an den Hersteller einzuschicken. Einen Reserveanker einzubauen, ist meist mit dem eigenen Personal möglich. Wenn man aber einen Reserveanker anschafft, so überzeuge man sich auch, daß er ohne große Nacharbeit einsetzbar ist. Dies sollte bei erster Gelegenheit geschehen, wenn die betreffende Maschine steht, auch wenn der ursprüngliche Anker noch lange nicht abgenutzt ist. Es kommt sonst vielleicht zu dem für alle Beteiligten peinlichen

Fall, daß ein jahrelang aufbewahrtes Reserveteil bei notwendig werdendem Gebrauch gar nicht passend ist. Die Kontrolle des eingehenden Reservematerials ist also keineswegs nur eine Angelegenheit von Lagerhaltern und Kaufleuten. Eine gute Betriebsorganisation führt solches Material auch dem zuständigen technischen Personal vor, das es später, wenn ein Notfall vorliegt, auch verwenden soll. Die bisherigen Ausführungen dieses Abschnittes zeigen, daß es keine allgemeinen Rezepte für die Anschaffung von Reservematerial gibt und daß die spezielle Behandlung vieler Gruppen von Reservematerial erforderlich ist. Um aber doch einige brauchbare Anhaltspunkte geben zu können, erscheint mir eine Aufzählung der wichtigsten Anschaffungen mit einigen Kommentaren als der beste Weg, wobei naturgemäß auf Vollständigkeit verzichtet werden muß. Dabei scheint es zweckmäßig zu sein, die Anlage des Eigenbedarfs abteilungsweise durchzugehen und die Notwendigkeiten der Reservehaltung zu diskutieren.

## 1. Eigenbedarfs-Hochspannungsschaltanlagen.

Mit Rücksicht auf einfache Reservehaltung wird man, wenn es irgendwie sich einrichten läßt, dafür sorgen, daß Leistungs- und Trennschalter möglichst einer oder mindestens weniger Bauformen verwendet werden, soweit dies natürlich im Gesamtaufbauplan des Werkes gegeben ist. Als notwendiges Reservematerial ist in erster Linie zu nennen:

a) Mehrere *Leistungsschalter* jeder verwendeten Type und Nennstromstärke. (Etwa eine Einheit bis zu etwa 15 eingebauten, darüber hinaus 2 oder 3 Einheiten.) Bei gekapselten Anlagen ist ein oder mehrere komplette Schaltwagen als Reserve empfehlenswert.

b) *Trennschalter* mit der doppelten Reserve wie bei Leistungsschaltern, da Schaltfehler erfahrungsgemäß weitaus am häufigsten bei der Bedienung von Trennschaltern gemacht werden.

c) *Strom- und Spannungswandler.* Von jeder vorkommenden Type mindestens 1 Satz, also je 2 oder 3 Stück, je nachdem, ob in einem Abzweig 2 oder 3 Strom- oder Spannungswandler für den Betrieb vorgesehen sind. Spannungswandler können ohne wesentlichen zusätzlichen Aufwand oft einheitlich für die ganze Anlage gewählt werden. Dadurch ist auch die Reservestückzahl niedrig zu halten. Bei Stromwandlern ist die Reservehaltung niedrig, wenn man es einrichten kann, daß wenigstens für gleiche Nennstromstärke und Belastungen die gleiche Bauart verwendet wird, also entweder Durchführungs- oder Topfwandler.

d) *Meßinstrumente und Zähler.* Der Reservebestand kann verhältnismäßig klein sein, da nur für die wichtigsten Instrumente Reserven vorhanden zu sein brauchen. Da die Sekundär-Nennstromstärken und Spannungen allgemein bei 5 A bzw. 100 V liegen, können die Instrumente auch gegeneinander ausgetauscht werden, wenn man für die begrenzte Zeit der Reparatur eines ausgefallenen Instrumentes sich mit der Umrechnung über einen provisorisch auf dem Instrument verzeichneten Faktor einverstanden erklärt. Auch bei Leistungsinstrumenten kann man so verfahren. Der Ausfall von Zählern ist nicht sehr kritisch, da sie im Eigenbedarf meistens nur der Nachkalkulation dienen und so vorübergehend entbehrlich sein können. Einige Einheiten sollen aber immer auf Lager sein und allgemein für 5 A und 100 V geeicht sein, so daß für den speziellen Verwendungszweck nur verschiedene Faktoren zu benutzen sind. Bei anzeigenden Meßinstrumenten wäre dies auf die Dauer nicht empfehlenswert, da die dabei relativ häufigen Umrechnungen zu Verwirrungen Anlaß geben könnten.

e) *Betätigungsorgane.* Dazu gehören Druckluftventile, Betätigungsschalter, wie z. B. Steuerquittungsschalter einschließlich Lampen, Druckknopf- und Schwenkschalter. Von jeder Type sind einige komplette Einheiten als Reserve erforderlich. Bei Ventilblöcken für eine pneumatische Verriegelung sind etwa je eine komplette Einheit pro Ausführungsart als Reserve zwar nicht unbedingt nötig, aber empfehlenswert. Es ist aber nötig, alle Typen von Ventilen und Dichtungen mehrfach auf Lager zu haben. Gleiches gilt von allen Druckluftventilen, die in Leistungsschaltern vorhanden sind. Hier sind also auswechselbare Ventildichtungen bzw. Sitze erforderlich, Reservebowdenzüge sind auf Lager zu halten. Auch Auslöse- und Einschaltspulen sind in bescheidenem Umfang zu beschaffen.

· f) *Relais.* Unabhängig verzögerte Überstromrelais können weitgehend einheitlich für die gesamte Anlage vorgesehen werden. In diesem Falle ist eine Reserve von etwa 1 oder 2 Stück wünschenswert. Die Reservehaltung der übrigen Relais, Fallklappen usw. bedarf einer besonderen Prüfung. Die Reservestückzahl ist der Anzahl der vorhandenen Einheiten und ihrer Wichtigkeit anzupassen. Meistens empfiehlt sich die Reserve von mindestens einer Einheit.

g) *Aufbaumaterial, Stützer, Durchführungen, Schienen, Klemmen usw.* Als Reservemindestbedarf gilt hier etwa so viel Material, wie bei einer Zerstörung einer Zelle durch Kurzschluß erforderlich wird. Die Zahl von Stützern, Durchführungen und besonders von Reihenklemmen darf über diesen Umfang hinausgehen. Eine möglichst einheitliche Ausführung dieses Materials wirkt sich vorteilhaft aus. Reihenklemmen sollten für das gesamte Werk einheitlich sein, auch dann, wenn verschiedene Anlageteile von mehreren Lieferanten stammen.

## 2. Niederspannungsschaltanlagen.

Um unnötige Wiederholungen zu vermeiden, sollen hier die Gesichtspunkte für die Reservehaltung nicht mehr im einzelnen aufgezählt werden, wie es im vorhergehenden Unterabschnitt schon geschehen ist. Es gilt hier sinngemäß das gleiche. Das Folgende dient also nur der Ergänzung. Für die offenen und stahlgekapselten Hauptniederspannungs-Schaltanlagen sind zusätzliche Gesichtspunkte nicht zu nennen. Für die Unterverteilungen, die meistens in gußgekapselter Ausführung angewandt werden, ist noch das Folgende erwähnenswert:

Gußgekapselte Niederspannungsverteilungen aller Fabrikate werden nach einem Baukastensystem in beliebiger Variation zusammengestellt. Deswegen ist die einheitliche Anwendung eines Systems bzw. einer einzigen Lieferfirma für den Bau, den Betrieb und die Reservehaltung am angenehmsten. Kombinationen verschiedener Systeme sind zwar grundsätzlich möglich, erfordern aber zahlreiche Ausführungsformen von Zwischenflanschen und sind dadurch unschön und unpraktisch. Von den wichtigsten und am häufigsten angewendeten Bausteinen solcher Anlagen, wie etwa Sammelschienen-, Sicherungs- und Kabelanschlußkästen, sind jeweils mehrere Reserveeinheiten erforderlich. Sie dienen nachträglichen Erweiterungen, die allerdings mit dem Grad der Ausführlichkeit der Projektierung immer geringfügiger werden, dann aber auch dem Ersatz zur Behebung von Störungen. Nicht immer werden dabei die Gußkästen unbrauchbar. Für die Reservehaltung kommen daher auch Einbauteile wie: Isolatoren für die Schienenbefestigung, Schienen und Klemmen dafür und auch Schalter zum Einbau in Frage. Für Niederspannungsschalter und Schütze ist außer kompletten Reserveeinheiten der am meisten verwendeten Typen auch die Lagerhaltung von Kontaktteilen, keramischen Lichtbogenkammern und auswechselbaren thermischen Auslösern für verschiedene Auslösebereiche nötig.

### 3. Motoren.

Es wurde schon oben unter C 2, S. 18, die Ansicht ausgesprochen, daß eine einzige Baureihe für alle vorhandenen Motoren für den Betrieb und die Reservehaltung am angenehmsten ist. Wenn man diesen Grundsatz auch nicht immer geschlossen durchführen kann, so sollte man wenigstens versuchen, Motoren gleicher Leistungen und Drehzahlen unabhängig von ihrem Verwendungszweck einheitlich auszuführen. Ferner ist hier besonders auf schon aufgestellte Reserven zu achten. In diesem Zusammenhang sei auf die Zahlentafel 15 hingewiesen. Dort sind für ein Kraftwerk alle Motoren über 20 kW aufgeführt und auch die Reservemotoren, die für die Lagerhaltung in Frage kommen, erwähnt. Bei Ziffer 1 und 5 z. B. ist die gleiche Motorentype für verschiedene Zwecke verwendet worden. Jeder Anwendungsfall hat für sich eine 100 %ige Reserve in der Anlage selbst. Fällt irgendeiner der eingebauten Motoren aus, so wird sofort auf das vollständige Reserveaggregat umgeschaltet. Der ausgefallene Motor kann in Reparatur genommen werden, während der Zeit ist allerdings keine Reserve vorhanden. Tritt dabei ein zusätzlicher Ausfall ein, dann kann immer noch auf einen Motor zurückgegriffen werden, der der Reserve für einen anderen Zweck dient. Ein eigentlicher Reservemotor im Lager ist also nicht erforderlich. Voraussetzung ist aber, daß es sich dabei um Antriebe handelt, die nicht unbedingt dauernd laufen müssen bzw. auch eine zusätzliche Reserve in einem Aggregat anderer Auslegung haben. Bei Ziffer 3 z. B. hat man in der Anlage keine Reserve, kann aber in einer Betriebspause leicht einen Reservemotor einbauen. Bei Ziffer 4, 8, 10 usw. ist zwar eine Reserve in der Anlage vorhanden, ein längeres Fahren ohne Betriebsreserve ist aber bedenklich, so daß man eine bescheidene Reserve an Motoren für nötig hielt, um schnell wieder zu einer vollständigen Reserve im Betrieb zu kommen. Bei Betrachtung der Zahlentafel 15 mag man natürlich zu anderen Ansichten über die Notwendigkeit der Reservehaltung, z. B. auf Grund anderer Betriebserfahrungen des Lesers, kommen. Dies würde aber nur bestätigen, daß einheitliche Regeln nicht aufstellbar sind. Das Endergebnis der Zahlentafel mit einer 19 %igen Reserve an Motoren auf dem Lager darf deswegen auch nicht etwa verallgemeinert werden und gar nicht speziell für die einzelnen Motoren aufgefaßt werden. Es ist ein Mittelwert, den man höchstens für Vorkalkulationen der Errichtungskosten als ungefähren Richtwert benutzen darf. Außer vollständigen Motoren ist die Reservehaltung von Wälzlagern nötig, da diese erfahrungsgemäß am leichtesten ausfallen können, ohne daß andere Teile der Motoren in Mitleidenschaft gezogen werden. Man muß dabei die Anzahl vorhandener Typen von Wälzlagern ermitteln und bei kleinen Stückzahlen mindestens einen Satz von Lagern, der der Reparatur eines Motors dient, bereithalten, bei größeren Stückzahlen auch mehrere Sätze. Sinngemäß gleiches gilt auch für andere gelegentlich ausfallende Einzelteile von Motoren. Dazu gehören Klemmbretter in den Anschlußkästen und Kabelstutzen

Zahlentafel 15. *Motoren über 20 kW eines Hochdruck-Kondensationskraftwerkes von 180 MW mit 16* SCHMIDT-HARTMANN-*Kesseln und 7 Turbosätzen* (Thalheim).

| | Verwendungszweck | Type u. Leistung | Anzahl der Motoren | | Bemerkungen |
|---|---|---|---|---|---|
| | | | im Betrieb | in Reserve | |
| 1 | Rohwasserpumpen 2, Druckerhöhungspumpen 2 | OR 2261—4 140 kW | $2 \atop 2^+ = 4$ | — | Reserve d. aufgest. Maschinen, evtl. Austausch von Motoren |
| 2 | Kompressoren 2 | OR 2061—8 125 kW | 2 | — | wie Ziffer 1 |
| 3 | Entaschungspumpen | OR 2062—4 110 kW | 6 | 2 | keine Reserve in aufgestellt. Maschinen. Auswechselung in Arbeitspausen mögl. |
| 4 | Kohlenbänder | OR 2062—8 90 kW | $2 \atop 2^+ = 4$ | 1 | Reserve in aufgest. Maschinen, jedoch wichtiger Betrieb |
| 5 | Spülwasserpumpen 4, Druckerhöhungspumpen 4, Hydrantenpumpen 2 | OR 2061—4 88 kW | $4 \atop 4^+ = 10 \atop 2^+$ | — | wie Ziffer 1 |
| 6 | Kondensat aus Sammelbehälter | OR 1862—4 72 kW | 2 | 1 | wie Ziffer 4 |
| 7 | Kesselfüllpumpen | OR 1863—2 70 kW | 2 | 1 | wie Ziffer 4 |
| 8 | Eimerkette des Baggers | OR 2061—8 64 kW | 2 | 1 | wie Ziffer 4 |
| 9 | Kondensatpumpen an Turbosätzen | OR 1862—6 60 kW | 5 | 1 | wie Ziffer 3 |
| 10 | Kohlenbänder | OR 2061—8 58 kW | 2 | 1 | wie Ziffer 4 |
| 11 | Spritzwasserpumpen | OR 1861—4 58 kW | 2 | 1 | wie Ziffer 4 |
| 12 | Unterwind | OR 1861—6 50 kW | 16 | 2 | wie Ziffer 3 |
| 13 | Saugzug | OR 1661—4 45 kW | 16 | 2 | wie Ziffer 3 |
| 14 | Kohlenbänder, Kohlenbrecher | OR 1861—4 40 kW | $2 \atop 2^+ = 4$ | 1 | wie Ziffer 4 |
| 15 | Pumpen für hydraul. Feuerungsantrieb | OR 1371—4 37 kW | 6 | 1 | wie Ziffer 4 |
| 16 | Primärnachspeisepumpen | OR 1371—6 28 kW | 6 | 1 | wie Ziffer 4 |
| 17 | Brüdenkondensatpumpen | OR 1271—4 27 kW | 4 | 1 | wie Ziffer 4 |
| 18 | Hilfsölpumpen für Turbosätze | OR 1171—2 22 kW | 5 | 1 | wie Ziffer 3 |
| 19 | Kohlenbänder | OR 1371—8 22 kW | 2 | 1 | wie Ziffer 4 |
| 20 | Backenbrecher | OR 1271—6 21 kW | 2 | 1 | wie Ziffer 3 |
| 21 | Kondensatpumpen aus Sammelbehälter, Spülwasserpumpen | OR 1174—4 21 kW | $4 \atop 4^+ = 8$ | 1 | wie Ziffer 4 |
| | Summe | | 110 | 21 | Stück |
| | | | 100 % | 19 % | |

einschließlich der Kontaktteile, Kabelschuhe und Material für den Kabelanschluß. Eine besondere Frage ist die Reservehaltung von fertigen Wicklungen. Bei Motoren, die Formspulen haben, ist ein Vorrat am ehesten zweckmäßig. Bei Motoren mit geträufelten Wicklungen ist dies weniger der Fall. Legt man sich aber überhaupt Wicklungen auf Lager, so ist der Umfang der Lagerhaltung weitgehend von den Fähigkeiten der eigenen Ankerwickelei abhängig bzw. davon, ob man eine solche überhaupt hat. Bei langjähriger Aufbewahrung von einbaufertigen Wicklungen hat man nur bei sehr sorgfältiger staubfreier Lagerung bei normaler Temperatur und Luftfeuchtigkeit damit zu rechnen, daß die Wicklungen brauchbar bleiben.

Nach der Diskussion der hauptsächlichsten Gesichtspunkte für die Auswahl von Reservematerial soll aber ein Fragenkomplex noch andeutungsweise berührt werden, der darin besteht, daß der Organisation des Reparaturwesens für den Eigenbedarf einige Beachtung auch schon bei der Planung eines Kraftwerkes geschenkt werden soll. Eine rechtzeitig vorhandene Elektrowerkstatt einschließlich feinmechanischer Werkstätte mit der nötigen Einrichtung von Werkzeugmaschinen und Werkzeugen hat auch schon beim Aufbau des Kraftwerkes erhebliche Vorzüge und spart viel Kosten und Zeit, da manche bei der Montage auftretenden Fehler und Schäden dann sachgemäß und schnell behoben werden können.

## O. Der Eigenbedarf von Wasserkraftwerken.

Die bisher unter B bis N gemachten Angaben und behandelten Fragen gelten in erster Linie für Dampfkraftwerke. Der Eigenbedarf von Wasserkraftwerken unterliegt aber in mancher Hinsicht ganz ähnlichen Bedingungen, so daß es sich generell nicht lohnt, alle Fragen mit Rücksicht auf die Eigenbedarfsversorgung von Wasserkraftwerken hier zu wiederholen. Hier wird somit nur das erwähnt werden, was eine besondere Behandlung ratsam erscheinen läßt, bzw. werden die Unterschiede gegenüber der Versorgung von Dampfkraftwerken geschildert.

### 1. Größe des Eigenbedarfs.

Ebenso wie bei Dampfkraftanlagen ist die benötigte Eigenbedarfsleistung von Wasserkraftwerken in weiten Grenzen variabel, je nach der Ausführungsart des Werkes selbst und aller seiner Hilfseinrichtungen. Die Größe des Eigenbedarfs liegt aber generell tiefer, als die in Abb. 1 gezeigte untere Grenzkurve für Dampfkraftwerke. Praktisch liegt er in den Grenzen von etwa 2,5 bis herunter zu etwa 0,25 % der erzeugten Kraftwerksleistung. Eine deutliche Abhängigkeit besteht vom ausgenutzten Gefälle in dem Sinne, daß Hochdruckanlagen den geringeren und Niederdruckanlagen den höheren Bedarf haben. Beispiele dafür sind aus der Zahlentafel 16 zu entnehmen. Auch diese Angaben sind nur vergleichsweise benutzbar, nicht aber für die eigentliche Projektierung, die sich doch genauer dem speziellen Bedarf des anzutreibenden Maschinenparkes anzupassen hat. Von wesentlichem Einfluß auf die Eigenbedarfsgröße sind folgende Umstände:

Art der Kühlung der Generatoren (Frischluft- oder Wasserkühlung),
höchste Temperatur des verwendeten Kühlmittels,
Gewinnung des Kühlwassers aus Ober- oder Unterwasser,

Größe und Gewicht der Absperrorgane,
Ausbildung und Größe der erforderlichen Hebezeuge.

Von besonderer Bedeutung ist aber die Art der Erzeugung der Erregung der Hauptmaschinen. Werden getrennte Erregerumformer aufgestellt und aus dem Hausnetz gespeist, so ist die dafür benötigte Leistung manchmal sogar größer als der ganze übrige Bedarf.

Zahlentafel 16. *Eigenbedarf von Wasserkraftanlagen.*

| Druck-höhe m | Anlage | Ausbau-leistung kW | Leistungsbedarf | | | | Bemerkungen |
| | | | installiert | | im Betrieb | | |
| | | | kW | Ausbau-leistung % | kW | Ausbau-leistung % | |
| Niederdruckanlagen | | | | | | | |
| 9,4 | A | 24000 | 700 | 3 | 540 | 2,3 | Kühlwasser aus Brunnen gepumpt |
| 10,2 | B | 72000 | 1700 | 2,3 | 950 | 1,3 | Frischluftkühlung |
| 10,0 | C | 72000 | 1900 | 2,6 | 1740 | 2,4 | Umformer 1080 kW, Kühlwasser aus der Turbinenkammer gepumpt |
| 25,5 | D | 75000 | 780 | 1 | 670 | 0,9 | Frischluftkühlung |
| Hochdruckanlagen | | | | | | | |
| 300 | E | 115000 | 1000 | 0,85 | 460 | 0,4 | Frischluftkühlung |
| 890 | F | 95000 | 730 | 0,75 | 580 | 0,6 | Kühlwasser aus dem Unterwasser gepumpt |
| 830 | G | 125000 | 400 | 0,32 | 310 | 0,25 | Kühlwasser nicht wärmer als 12° C, weitgehende natürliche Belüftung des Kraftwerkes. Heizung durch Verlustwärme der Generatoren und Schienenkanäle |

## 2. Art der Antriebe.

Die Anwendung von Kurzschlußmotoren ist in noch größerem Umfang möglich als bei Dampfkraftwerken. Regelantriebe kommen selten vor. Im einzelnen handelt es sich um folgende Verbraucher: $z$ = zeitweiser Betrieb, $d$ = Dauerbetrieb.

a) *Wehranlage.*
Schützenantriebe $z$,
Heizanlagen $z$,
Dammbalkenkräne $z$.

Die Schütze selbst werden in verschiedener Ausführung abhängig von den örtlichen Erfordernissen als Hakenschütze, Rollschütze, Walzenverschlüsse usw. ausgeführt. Ihr Antrieb geschieht durch Kurzschlußläufermotoren über Getriebe. Wo ein Gleichlauf solcher Einrichtungen erforderlich ist, wählt man oft zur Vermeidung der schwerfälligen mechanischen Glieder eines gleichmäßigen

Antriebes eine elektrische Welle. Diese ist im Prinzip den Einrichtungen, die im Abschnitt K geschildert wurden, ähnlich. Die Motoren, die für den Gleichlauf bestimmt sind, werden als Drehstrom-Schleifringläufermotoren vorgesehen. Ihre Läuferkreise werden parallel betrieben. Es wird nur ein Anlaß- oder Regelwiderstand für alle gemeinsam betriebenen Motoren verwendet. Dadurch wird erzielt, daß z. B. ein Motor, der bestrebt ist, eine höhere Drehzahl anzunehmen, über den Läuferkreis die Momente der anderen Motoren erhöht und damit sein Antriebsmoment verringert, so daß also der Gleichlauf erzwungen wird [19]. Die Antriebe von Wehranlagen rechnen zum lebenswichtigen Eigenbedarf. Wo es möglich ist, sieht man zur Reserve Handantriebe vor. Wo dies schwer oder gar nicht ausführbar ist, muß für einen Notantrieb gesorgt werden. Da diese Anlagen auch oft arbeiten müssen, wenn das Kraftwerk nicht in Betrieb ist, oder auch schon, ehe es in Betrieb gehen kann, hat man verschiedentlich zur Sicherung dieses Bedarfes Diesel-Notstromanlagen aufgestellt. Über diesen Zweck hinaus können solche Dieselsätze auch noch für das Anfahren des Kraftwerkes nützlich sein.

Zur Ermöglichung eines einwandfreien Betriebes sieht man bei vorliegender Vereisungsgefahr auch elektrische Heizungen für Führungen, Dichtungsflächen und Antriebsteile von Wehranlagen vor. Für Transport, Ein- und Ausbau von Dammbalken werden meistens elektrisch angetriebene Hebezeuge verwendet.

b) *Einlaufbauwerk.*
Schützenantriebe z,
Rechen-Reinigungsmaschinen z,
Rechenheizung z,
sonstige Heizanlagen z,
Dammbalkenkräne z.

Hierzu gilt sinngemäß das gleiche wie unter a) ausgeführt wurde. Bei Frost bilden sich im fließenden Wasser leicht Eisnadeln, die sich an den Rechenstäben ansetzen und dadurch den freien Querschnitt einengen oder auch ganz zusetzen können. Soweit darf es aber nicht kommen, da dabei die Rechenstäbe eingedrückt werden könnten. Durch Heizung wird dies verhindert. Für die Rechenheizung wird oft eine direkte Widerstandsheizung der Rechenstäbe verwendet. Die Rechenstäbe sind also konstruktiv so auszuführen, daß sie in Reihen- und Parallelschaltung an einen Wechselstromkreis oder bei geeigneter Aufteilung auch an einen Drehstromkreis angeschlossen werden können. Die erforderliche Isolation zwischen den Stäben wird durch ihre Fassung in Holzrahmen erreicht. Für die Speisung der Rechenheizung nimmt man Niederspannung. Man verwendet aber zwischen der Rechenheizanlage und dem übrigen Netz Isoliertransformatoren, um ein eindeutiges Potential im Niederspannungsnetz gewährleisten zu können und in der Spannungswahl freizügig zu sein. Außer elektrischer Heizung wird auch Dampf- oder Warmluftheizung verwendet, evtl. in Kombination mit elektrischer Heizung. Die Schilderung der nicht elektrisch betriebenen Heizarten würde hier zu weit führen.

Die Einlaufschütze werden entweder direkt elektrisch oder hydraulisch angetrieben. Im letztgenannten Fall sind elektrisch betriebene Pumpen für die Erzeugung und Speicherung der Flüssigkeit, meist Öl, erforderlich.

c) *Wasserschloß.*

Schützenantriebe $z$,

Drosselklappen $z$,

Schrägaufzüge $z$.

Auch hierfür gilt sinngemäß das gleiche wie unter a) und b). Die Anordnung von Wehranlagen, Einlaufbauwerken und Wasserschlössern ist von Fall zu Fall immer verschieden und richtet sich nach den jeweils vorhandenen Verhältnissen. In manchen Fällen sind einige der besprochenen Anlageteile dicht beieinander oder auch miteinander kombiniert, so daß ihre Eigenbedarfsversorgung gemeinsam aufgebaut werden kann. In anderen Fällen bedingt ihre Aufstellung weit voneinander oder vom Kraftwerk eine Hochspannungsübertragung. Ebenso ist die Lage von evtl. vorhandenen Schleusenanlagen, die vom Eigenbedarfsnetz des Kraftwerkes mit versorgt werden müssen, sehr verschieden, so daß einheitliche Regeln für ihre Anordnung und die Einrichtung der Eigenbedarfsversorgung nicht gegeben sind.

Die Betätigung von Drosselklappen in Wasserschlössern wird verschieden je nach Zweckbestimmung ausgeführt. So gibt es Drosselklappen als Sicherheitseinrichtungen, die durch Gewichte geschlossen werden und auch mechanisch wieder zu öffnen sind. Die Auslösung des Gewichtes kann mechanisch oder elektrisch durch einen Hubmagneten geschehen. Zur Sicherung seiner Stromversorgung richtet man im Wasserschloß gern einen Batteriebetrieb mit Dauerladung ein. Kleinspannungen von etwa 36 V genügen und können auch für die Schalterbetätigung mit benutzt werden. Außer mechanischem Antrieb wird auch hydraulischer oder elektrischer für Drosselklappen benutzt. Sind 2 derartige Organe z. B. in einer Rohrleitung hintereinander eingeschaltet, so dient das eine Organ oft nur als Sicherheitseinrichtung und wird vorwiegend mechanisch betätigt und evtl. nur elektrisch ausgelöst. Der andere Apparat wird für Betriebszwecke benutzt. Sein Antrieb ist vorwiegend hydraulisch oder elektrisch, um eine vollkommene Fernbedienung vom Kraftwerk aus zu ermöglichen.

Die Stromversorgung von Schrägaufzügen wird oft mit der Einrichtung des Wasserschlosses vereinigt, wenn die räumliche Lage es gestattet. Bei Hochdruck-Wasserkraftwerken, deren Druckrohre in Schrägstollen verlegt sind, ist die Führung der Kraft- und Steuerkabel durch den Stollen zwar möglich, bei Wasserausbruch sind diese Kabel aber höchst gefährdet. Reserveleitungen oder Kabel sind daher auf einen anderen Weg zu verlegen. Eine doppelte Kabel- oder Leitungsverbindung auf verschiedenen Wegen ist dann erforderlich, wenn die Führung von Kabeln oder Leitungen außerhalb des Stollens aus klimatischen Gründen zwar möglich, aber zeitweise gefährdet ist. Die Sicherheit bzw. Gefährdung der beiden Kabel- oder Leitungswege ergänzen sich dann und ermöglichen nur in Kombination miteinander einen einwandfreien Betrieb. Diesen Dingen ist auch bei offener Verlegung der Druckrohre außen am Hang eine besondere Aufmerksamkeit zu widmen, da bei dicht beieinander verlegten Kabeln und Druckrohren eine ähnliche Gefährdung vorliegt wie im Stollen.

d) *Maschinenhaus.*

| | |
|---|---|
| Kühlwasserpumpen $d$, | Sickerwasserpumpen $z$, |
| Drucköelpumpen $d$, | Kräne $z$, |
| Kompressoren $z$, | Erregerumformer $z$ bzw. $d$. |

Bei der Kühlwasserversorgung zur Rückkühlung der im Kreislauf bewegten Luft innerhalb der Generatoren, ferner zur Rückkühlung des Öls ist zu unterscheiden zwischen Entnahme durch freien Zulauf aus dem Oberwasser, aus besonderen Brunnen oder aus dem Unterwasser mittels elektrisch angetriebener Pumpen. Bei Hochdruckanlagen wird das Kühlwasser nur ungern aus den Druckrohren entnommen, einmal wegen des meistens nicht zu vernachlässigenden Energieverlustes und dann wegen der notwendigen Installation des Kühlwasserrohrnetzes für hohe Drucke. Unter der Voraussetzung, daß das Wasser für Kühlzwecke überhaupt geeignet ist, entnimmt man es bei Hochdruckanlagen meist lieber dem Unterwasser und wendet die erforderliche Pumparbeit aus den genannten Gründen gern an. Bei geringem Gefälle ist Entnahme aus dem Oberwasser besonders einfach und erspart jede Pumparbeit. Ist das Betriebswasser wegen starker Verschmutzung oder aus ähnlichen Gründen für Kühlzwecke nicht geeignet, so ist das Kühlwasser durch besondere Brunnen- oder Aufbereitungsanlagen zu beschaffen. Der Arbeits- und Errichtungsaufwand ist dann unter Umständen erheblich. Der Antrieb der Kühlwasserpumpen gehört zum lebenswichtigen Bedarf und erfordert sicheren Anschluß.

Die Ölpumpen für die Versorgung der Lager und der Steuerungen sind entweder mit dem Turbinenantrieb mechanisch gekuppelt oder besonders elektrisch angetrieben. Im letztgenannten Fall dienen sie oft nur der Reserveölversorgung beim Anlaufen und Abstellen in ähnlicher Weise wie bei Dampfturbinen. Aber auch ausschließliche Ölversorgung aus getrennt angetriebenen Pumpen ist möglich. Die Ölversorgung wird dann durch besonders sicheren Anschluß und auch unter Verwendung von Windkesseln, die den nötigen Öldruck eine Zeitlang noch aufrechterhalten, gesichert. Sofern die Fettschmierung nicht von der Turbine selbst angetrieben wird, sind elektrisch angetriebene Fettpressen ebenfalls an einen Netzteil anzuschließen, der für die Übernahme lebenswichtigen Bedarfes geeignet ist. Die Antriebsmotoren von Kompressoren, Sickerwasserpumpen usw. sind je nach ihrer Bedeutung an Netzteile entsprechenden Sicherheitsgrades anzuschließen. Über die Erregerumformer wird im nächsten Abschnitt noch besonders gesprochen werden.

*e) Sonstige Hilfsantriebe.*

| | |
|---|---|
| Ölpumpen *z* bzw. *d*, | allgemeine Wasserversorgung *d* bzw. *z*, |
| Ölaufbereitungsanlagen *z*, | Werkstatt *z*, |
| Lüfter für Transformatoren *d*, | Schleusenantrieb *z*, |
| Lüfter für Raumbelüftung *d* bzw. *z*, | elektrische Raumheizung *d* bzw. *z*. |

Für die meisten Antriebe der obigen Aufzählung gilt sinngemäß Gleiches oder Ähnliches, wie bereits oben ausgeführt wurde. Besonders zu erwähnen ist die Lüftung, Heizung und Klimatisation der verschiedenen Räume von Wasserkraftwerken, besonders wenn Teile oder die gesamte Kraftanlage im Felsen eingebaut ist. Elektrische Heizung ist dabei weitverbreitet. Bei Maschinenhäusern kann die Verlustwärme der Generatoren aber auch z. B. von Schienenkanälen zur Heizung herangezogen werden. Sowohl bei Frischluft- als auch bei Ringlaufkühlung der Generatoren ist dies möglich. Je nach den jahreszeitlichen Bedingungen wird die gesamte Warmluft aus den Generatoren oder ein Teil davon ins Maschinenhaus und auch daran anschließende Räume wie: Warte, Werkstatt usw. durch

Zahlentafel 17. *Eigenbedarfsaufstellung für ein Wasserkraftwerk mit 2 Maschinensätzen zu je 32 MW (Fallhöhe 24 m).*

$d$ = Dauerbetrieb, $z$ = Kurzzeitiger Betrieb, $a$ = Ausnahmebetrieb.

| Anlage | Verbraucher | Zahl | Einzelleistung kW | $d$ kW | $z$ kW | $a$ kW |
|---|---|---|---|---|---|---|
| Maschinenhaus | Reglerölpumpe . . . . . . . . | 2 | 77 | 154 | | |
| | Reserveölpumpe . . . . . . | 2 | 77 | — | | |
| | Sickerwasserpumpe . . . . . | 2 | 2,2 | | 2,2 | |
| | Fettpressen . . . . . . . . | 2 | 0,6 | | 0,6 | |
| | Ölpumpen für Generatoren . | 2 | 2 | 4 | | |
| | Kühlwasserpumpen . . . . . | 2 | 10 | 20 | | |
| | Ölpumpen für Schütz . . . . | 2 | 18,5 | | 18,5 | |
| | Saugrohrpumpen . . . . . . | 2 | 120 | | | 120 |
| | | | | 178 | 21,3 | 120 |
| Aufspanner und Schaltanlage | Gleichrichter . . . . . . . . | 2 | 7 | | 7 | |
| | Druckluftanlage . . . . . . | 2 | 3 | | 3 | |
| | Trafo-Ölpumpe 32 MVA . . . | 2 | 6,6 | 13,2 | | |
| | Trafo-Ölpumpe 10 MVA . . . | 2 | 5 | 10 | | |
| | Kühlwasserpumpen . . . . . | 2 | 10 | 20 | | |
| | Kühlwasserpumpen . . . . . | 2 | 5 | 10 | | |
| | Trafolüfter 380 V . . . . . . | 2 | 2 | 4 | | |
| | | | | 57,2 | 10 | — |
| Wehranlage | Stauklappen . . . . . . . . | 2 | 12 | | 24 | |
| | Grundablässe . . . . . . . . | 4 | 12 | | 24 | |
| | Wehrheizung . . . . . . . . | | 150 | | | 150 |
| | | | | | 48 | 150 |
| Hebezeuge | Rechenreinigungsmaschine | | | | | |
| | Hub . . . . . . . . . . . . | 1 | 30 | | 30 | |
| | Fahren . . . . . . . . . . | 1 | 5 | | | |
| | Schwenken . . . . . . . . | 1 | 7 | | | |
| | Heizung . . . . . . . . . | 1 | 3 | 3 | | |
| | Dammbalken Oberwasser | | | | | |
| | Hub . . . . . . . . . . . . | 1 | 20 | | | 20 |
| | Fahren . . . . . . . . . . | 1 | 4 | | | |
| | Katzfahren . . . . . . . . | 1 | 2,5 | | | |
| | Dammbalken Unterwasser | | | | | |
| | Hub . . . . . . . . . . . . | 1 | 7,2 | | | 7,2 |
| | Fahren . . . . . . . . . . | 1 | 3,6 | | | |
| | Maschinenhaus Kran . . . . | 2 | 60 | | | 60 |
| | | | | 3 | 30 | 87,2 |
| Dieselanlage | Kühlwasserpumpe . . . . . | 1 | 2 | | | 2 |
| | Lüfter . . . . . . . . . . . | 1 | 3 | | | 3 |
| | Kompressor . . . . . . . . | 1 | 2 | | | 2 |
| | Umwälzpumpe . . . . . . . | 1 | 3 | | | 3 |
| | Heizung . . . . . . . . . . | | 3 | 3 | | |
| | | | | 3 | — | 10 |

*Zahlentafel 17.* (Fortsetzung.)

| Anlage | Verbraucher | Zahl | Einzelleistung kW | $d$ kW | $z$ kW | $a$ kW |
|---|---|---|---|---|---|---|
| Pumpen usw. | Reserve-Saugrohrpumpe . . . | 1 | 125 | | | — |
| | Trinkwasserpumpen . . . . . | 2 | 3 | | 3 | |
| | | | | — | 3 | — |
| Werkstatt | | | 30 | 10 | 5 | |
| Beleuchtung und Heizung | | | 70 | 70 | | |
| | | | 50 | 50 | | |
| | | | | 120 | — | |

| Anlage | $d$ | $z$ | $a$ | Auswertung |
|---|---|---|---|---|
| Zusammenstellung | | | | Spalte $d$ Gleichzeitigkeitsfaktor $= 0{,}7$ |
| Maschinenhaus . | 178 | 21 | 120 | $\dfrac{371 \cdot 0{,}7}{0{,}85 \cdot 0{,}85} = 360\ \text{kVA}$ |
| Schaltanlagen . | 57 | 10 | — | Spalte $z$ Gleichzeitigkeitsfaktor $= 0{,}3$ |
| Wehranlage . . | — | 48 | 150 | $\dfrac{117 \cdot 0{,}3}{0{,}85 \cdot 0{,}85} = 49\ \text{kVA}$ |
| Hebezeuge . . . | 3 | 30 | 87 | |
| Dieselanlage . . | 3 | — | 10 | Spalte $a$ kann im normalen Betrieb vernach- |
| Pumpen . . . . | — | 3 | — | lässigt werden. |
| Werkstatt . . . | 10 | 5 | — | Trafoleistung $360 + 49 = \mathbf{409\ kVA}$ |
| Beleuchtung, Heizung . . . | 120 | — | — | Ungünstigster Fall: |
| | 371 kW | 117 kW | 367 kW | Zuschaltung der Wehrheizung bei vollem Betrieb |

Ungünstigster Fall:
Zuschaltung der Wehrheizung bei vollem Betrieb

$$409 + 150 = \mathbf{559\ kVA}$$

Vorgesehener Trafo 640 kVA ausreichend.
Außerdem ist Trafo überlastbar

| | |
|---|---|
| 24 Stunden | um 20% |
| 1 Stunde | um 40% |
| 10 Minuten | um 75% |

Klappenregelung geleitet. Ein besonderer Energieaufwand ist dann also nicht erforderlich. Nur wenn die Frischluft über lange Kanäle (bei im Felsen liegenden Kraftwerken) herangeführt werden muß, ist die Ventilatorleistung der Generatoren selbst gelegentlich nicht ausreichend und muß dann durch besondere Ventilatoren unterstützt werden. Die Belüftung ist gelegentlich durch Ausnutzung natürlichen Zuges gewährleistet. Durch örtliche Verhältnisse bedingt, ist also der Aufwand aus dem Eigenbedarfsnetz für Heizung und Lüftung zwischen Null und erheblichen Werten variabel. Allgemeingültige Regeln sind dabei also kaum anzugeben. Eine spezielle Projektierung ist somit für jeden einzelnen Fall erforderlich.

Aus der Fülle der sehr verschieden ausgeführten Eigenbedarfsanlagen für Wasserkraftwerke sei hier ein Beispiel herausgegriffen und dabei auch gezeigt, wie man die Transformatorenleistung ermittelt. Zahlentafel 17 gibt eine Eigenbedarfsaufstellung für ein Wasserkraftwerk mit einer Fallhöhe von 24 m und 2 Maschinensätzen zu je 32 MW. Etwa in dieser Weise hat man die Eigenbedarfsleistung in jedem speziellen Fall an Hand der Eigenbedarfsverbraucher tabellarisch zu ermitteln und die Gesamtleistung unter Zugrundelegung etwa passender Gleichzeitigkeitsfaktoren festzulegen.

### 3. Auswahl der Spannungen, Eigenbedarfsquellen, Netzgestaltung.

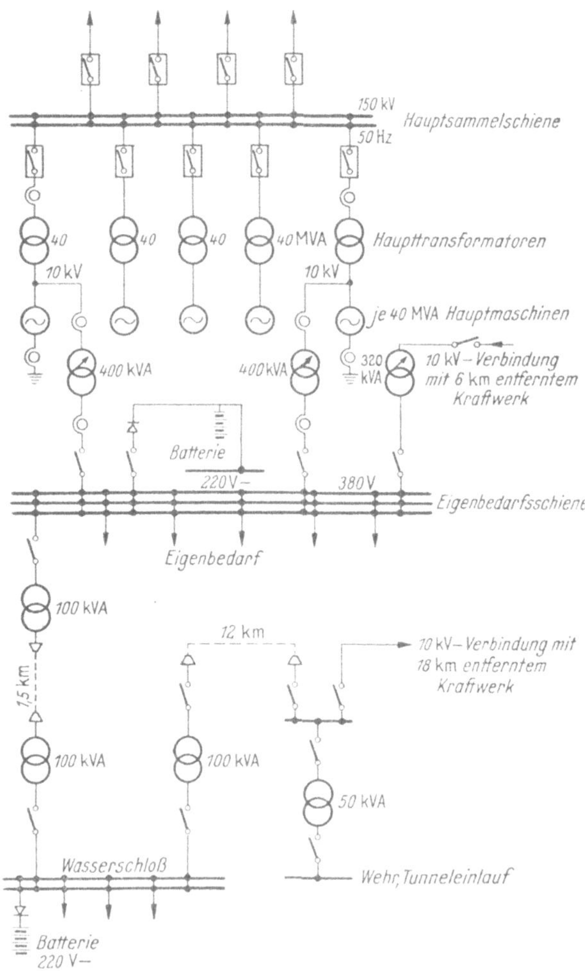


Abb. 138. Eigenbedarfsversorgung eines Hochdruck-Wasserkraftwerkes (830 m Gefälle), Spannungsquelle Generatorklemmen, Reserve durch Fremdanschluß, Versorgung des Wasserschlosses und der Wehranlagen.

Die bei weitem gebräuchlichste Niederspannung ist 380/220 V Drehstrom. Sieht man von den Motoren für Erregerumformer ab, für die man der Größe nach Hochspannungsmotoren (6 kV) verwenden kann, so sind alle Motoren für Niederspannungsanschluß geeignet. Hochspannungsanlagen wird man also im allgemeinen nur für die Verteilung benötigen, wobei auch zu beachten ist, daß Teile der Kraftwerksanlagen vom Maschinenhaus unter Umständen weit entfernt sein können, z. B. Wehranlagen oder das Wasserschloß. Hier ist manchmal lediglich der Entfernung wegen die Verwendung von Hochspannungskabeln oder Freileitungen nötig (vgl. Abbildung 138). Ähnlich wie bei Dampfkraftanlagen hat die Verwendung von Hausmaschinen auch bei Wasserkraftwerken heute · einen geringeren Umfang als früher, und zwar im allgemeinen aus den gleichen Gründen, wie im Abschnitt E 1 auseinandergesetzt wurde, vor allem also wegen der größeren Vermaschung der gespeisten Hauptverteilungsnetze, der schnelleren Klärung bzw. selektiven Abtrennung von Fehlern und der leichteren Beschaffung von Fremdspannungen gegen früher. Ob man also Hausmaschinensätze aufstellt, ist von seiten der Anschaffungskosten und der sonst jeweils erreichbaren Sicherheit der Eigenbedarfsversorgung zu entscheiden.

Für die Auslegung des Eigenbedarfsnetzes gelten auch ähnliche Gesichtspunkte wie bei Dampfkraftanlagen, nur mit dem Unterschied, daß die Netzgestaltung wegen der geringeren benötigten Leistung auch dementsprechend leichter und einfacher ist. Es sei hier auf Abb. 138 verwiesen. Es handelt sich hier um eine Hochdruckanlage mit einem Gefälle von 830 m und einer gesicherten Leistung von 125 MW. Die Antriebsmaschinen sind PELTON-Turbinen, die Generatoren haben eine Leistung von je 40 MVA. Da die Eigenbedarfsleistung nur 310 kW beträgt, wurden an zwei Generatorklemmen (10 kV) die Oberspannungsklemmen der Eigenbedarfstransformatoren direkt angeschlossen. Es lohnte sich nicht, eine besondere 10 kV-Verteilung anzulegen. Die Eigenbedarfstransformatoren 10/0,38 kV, 400 kVA erhalten nur auf der Niederspannungsseite Leistungsschalter.

Der Differentialschutz für eine solche Kombination sollte zwischen den Stromwandlern im Generatorsternpunkt, den Wandlern auf der 150 kV-Seite der Haupttransformatoren und den Wandlern der Niederspannungsseite der Eigenbedarfstransformatoren wirksam sein. Die Auslegung eines Differentialschutzes in dieser Weise macht aber einige Schwierigkeiten wegen der möglicherweise kleinen Fehlerströme bei Schäden im Eigenbedarfstransformator. Man kann sich aber dadurch helfen, daß man auf beiden Seiten des Eigenbedarfstransformators Wandler vorsieht, die die Einrichtung eines besonderen Differentialschutzes für den Eigenbedarfstransformator ermöglichen. Der Haupt-

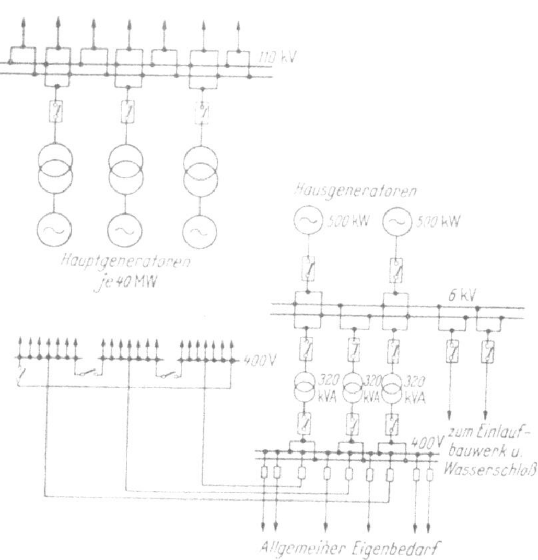



Abb. 139. Eigenbedarfsversorgung eines Hochdruck-Wasserkraftwerkes durch Hausgeneratoren.

transformator und Generator haben außerdem einen gemeinsamen Differentialschutz. Beide Differentialschutzrelais müssen aber auf den 150 kV- und 380 V-Schalter auslösend wirken, ebenso die BUCHHOLZ-Schutzrelais beider Transformatoren. Für äußere Fehler sind für den 150 kV-Schalter ein Distanzschutz, der vom Sternpunkt des Generators aus mißt, und für den 380 V-Schalter ein unabhängig verzögerter Überstromschutz vorzusehen. Für den normalen Betrieb des Kraftwerkes laut Abb. 138 ist der Betrieb des Eigenbedarfsnetzes in zwei Gruppen vorgesehen. Ausreichende Reserve bei Ausfall einer Eigenbedarfsstromquelle ist im 10 kV-Fremdanschluß vorhanden. Auch die Anlagen im Wasserschloß und am Wehr sind auf diese Weise gesichert, falls die Speisung vom Kraftwerk nicht betriebsbereit ist.

Abb. 139 zeigt das Prinzipschaltbild eines anderen Hochdruckwasserkraftwerkes. Hier lagen andere Voraussetzungen für die Sicherung der Eigenbedarfsversorgung vor als bei dem Werk nach Abb. 138. Mit einer sicheren Versorgung aus dem Netz war nicht zu rechnen, vor allem nicht zum Anfahren nach Stillständen. Somit kam man zur Aufstellung von Hausgeneratoren. Bei Hochdruckwerken ist die Aufstellung von Hausmaschinen relativ zu den Aufwendungen bei Niederdruckanlagen noch am wirtschaftlichsten. Die zwei Hausgeneratoren sind so ausgelegt, daß jeder die höchste Eigenbedarfsleistung allein übernehmen kann. Außer der Versorgung des Einlaufbauwerkes und des Wasserschlosses, die wegen größerer Entfernung über 6 kV versorgt werden, sind alle Antriebe für Niederspannung vorgesehen. Es sind 3 Transformatoren von je 320 kVA vorhanden, von denen 2 für den Normalbetrieb eingeschaltet sind und der dritte der Reserve dient. Das Niederspannungsnetz ist so aufgeteilt, daß jede Maschine für den zu ihr gehörenden Teil des Eigenbedarfes eine Unterverteilung besitzt

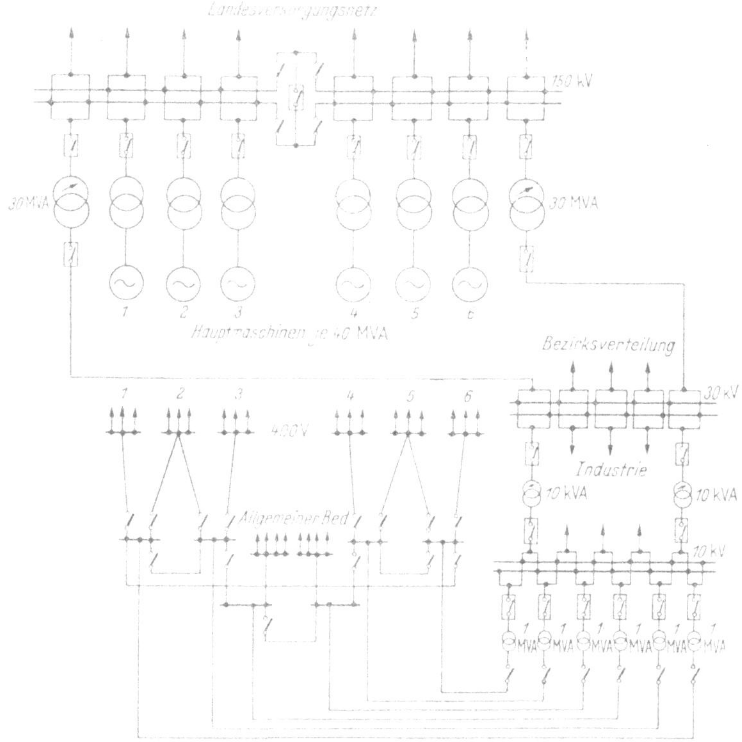


Abb. 140. **Niederdruck-Wasserkraftwerk** zur Versorgung eines Landesnetzes, benachbarter **Industrie** und **Ortschaften, Eigenbedarfsversorgung** aus dem Netz.

und von der Niederspannungshauptverteilung der allgemeine Bedarf gedeckt wird.

Ein weiteres Beispiel für die Eigenversorgung eines Wasserkraftwerkes ist in Abb. 140 dargestellt. Hier handelt es sich um ein Niederdruckkraftwerk mit 6 Maschinensätzen, von denen 1 Satz zur Reserve aufgestellt wurde. Der Hauptteil der erzeugten Energie wird in das 150 kV-Landesnetz eingespeist, ein kleinerer Teil geht über zwei 30 MVA-Transformatoren in ein 30 kV-Netz über, dessen Schaltanlage am Kraftwerk liegt und das der Industrieversorgung und der Belieferung eines größeren Bezirkes dient. Für die Nahversorgung und die Eigenbedarfsspeisung ist damit wieder ein 10 kV-Kabelnetz verbunden, dessen Schaltanlage gleichfalls am Kraftwerk liegt. Das 150- und 30 kV-Netz sind auch über andere Kraftwerke und Stützpunkte im Verbundbetrieb. Es handelt sich also hier um die Speisung eines eng vermaschten Netzes, dessen Sicherheit recht hoch ist. Der Eigenbedarf ist also am Netz angeschlossen und auch beim Anfahren des

Werkes genügend gesichert. Der gesamte Eigenbedarf wird an 400 V angeschlossen. Er unterteilt sich in allgemeinen Bedarf und den Bedarf für jeden Maschinensatz. Jeder der 6 Eigenbedarfstransformatoren kann durch einen anderen ersetzt werden durch Umlegungen im Niederspannungsnetz von Hand. Im Normalbetrieb brauchen nur 5 Transformatoren eingeschaltet zu sein, die aber nicht alle voll belastet sind und somit Teillasten von den benachbarten mit übernehmen können, falls es notwendig ist.

Die in den Abb. 138 bis 140 gezeigten Schaltbilder sind natürlich nur als Beispiele von vielen Möglichkeiten anzusehen. Andere Varianten, wie sie im Abschn. E besprochen wurden, können je nach Lage der Dinge ebenso gut oder besser zur Anwendung gelangen. Die Erhöhung der Sicherheit durch Umschalteinrichtungen ist bei Wasserkraftwerken ebenfalls möglich (vgl. Abschn. F).

## 4. Erregung der Hauptgeneratoren.

Die Drehzahl der Generatoren für Wasserkraftwerke muß, sofern es sich um größere Leistungen handelt, in Übereinstimmung mit der Drehzahl der Wasserturbinen gewählt werden. Bei geringen Gefällen und entsprechend hohem Wasserdurchsatz ergeben sich niedrige Drehzahlen, vor allen Dingen bei Vertikalmaschinen. Damit werden aufgebaute Erregermaschinen relativ zu ihrer Leistung recht groß. Dies gilt mit erhöhter Bedeutung, wenn man es für erforderlich hält, auch noch Hilfserregermaschinen vorzusehen. Dafür ist oft kein Platz vorhanden bzw. werden durch hohe aufgebaute Erregermaschinen teurere Maschinenhäuser bzw. Kräne erforderlich. Bei KAPLAN-Turbinen wird am oberen Wellenende des Maschinensatzes das Drucköl für die Verstellung der Propeller eingeführt. Auch dies ist für den Aufbau einer Erregermaschine hinderlich. Wenn das letzte Führungslager einer senkrechten Welle eines solchen Maschinensatzes verhältnismäßig tief unter dem oberen Wellenende liegt, dann macht eine sichere Lagerung der Erregermaschine auch gewisse Schwierigkeiten, wenn man für diese selbst nicht noch ein besonderes Führungslager anwenden will. Dadurch würden sich noch höhere und damit teurere Konstruktionen ergeben. Gelegentlich wurde der Antrieb einer Erregermaschine auch so gelöst, daß man zwischen Generator und Turbine durch ein Winkelgetriebe eine Erregermaschine angetrieben hat. Die Verwendung eines Winkelgetriebes führt manchmal zu verhältnismäßig großen Geräuschen und ist auch nur bis zu einer begrenzten Leistung möglich. Eine solche Konstruktion ist aber auch oft ohne Verlängerung der Hauptmaschinenwelle und damit in Verbindung stehende höhere Baukosten nicht ausführbar. Man verzichtet aus den genannten Gründen also oft auf eine direkt von der Hauptmaschinenwelle angetriebene Erregermaschine. Wenn man von angebauten Erregermaschinen abgeht, so wählt man am besten schnellaufende Erregerumformer mit Drehzahlen zwischen etwa 750 und 1500 U/min. Unter dieser Voraussetzung sind Maschinen verwendbar, die bei allen in Frage kommenden elektrotechnischen Lieferfirmen gängige Typen sind. Die in solchen Umformern verwendeten Gleichstromgeneratoren haben gegenüber angebauten Erregermaschinen eine sehr viel geringere magnetische Trägheit. Für die Spannungsregelung ist dies nur als Vorteil anzusehen.

Der Antrieb solcher Erregerumformer kann auf verschiedene Art geschehen. Hat man ein sicheres Hausnetz zur Verfügung, das beispielsweise durch Fremdstromzuführung sicher genug gespeist werden kann, dann ist der Antrieb aus dem Hausnetz ohne weiteres möglich. Bei Wasserkraftwerken mit nur geringen Gefällen, wofür die obigen Ausführungen im wesentlichen gelten, ist es nur mit erheblichem Aufwand möglich, Hausmaschinen zu installieren, so daß eine sichere Hausnetzversorgung aus einer solchen Quelle selten wirtschaftlich sein wird. Man hat sich daher vielfach nach anderen Mitteln umgesehen, um trotz Trennung der Erregermaschine von der Hauptwelle einen sicheren Betrieb zu ermöglichen. Wenn wenigstens zum Anfahren, wie schon oben angedeutet, eine Fremdspannung vorhanden ist, dann kann man so verfahren, daß man jeder Hauptmaschine einen besonderen Erregerumformer zuteilt und den Motor des Erregerumformers direkt oder über einen Zwischentransformator von den Maschinenklemmen aus speist. Für das Anfahren könnte man dann einen besonderen Umformer verwenden, der vom Hausnetz gespeist wird und der bis zum Hochlaufen der Hauptmaschine und voller Erregung den Erregerstrom deckt. Inzwischen würde der fest an den Maschinenklemmen liegende eigene Umformer ordnungsgemäß hochgelaufen sein, so daß, gleiche Spannung vorausgesetzt, der Hilfsumformersatz gegen den normalen Umformersatz ausgetauscht werden könnte. Der Hilfsumformersatz kann für alle in einem Kraftwerk vorhandenen Hauptmaschinen nacheinander zum Anfahren benutzt werden.

Liegen die Dinge aber so, daß ein sicheres Hausnetz im Umfang der Leistungsaufnahme des Hilfserregerumformers nicht vorausgesetzt werden darf, dann muß man andere Arten des Antriebes für den Erregerumformer suchen. In Abb.141 wird eine Anlaßschaltung nach SSW gezeigt. Bei dieser Schaltung wird der Motor des Erregerumformers direkt oder unter Zwischenschaltung eines Vortransformators an die Klemmen des Hauptgenerators gelegt. Eine solche Kombination würde jedoch beim Anfahren nicht ohne weiteres in Betrieb kommen, zumal nicht nach Kurzschlüssen, wenn durch Schwingungsentregung das Feld des Hauptgenerators völlig vernichtet wurde. Das Anfahren nach diesem Schaltschema geschieht dann auf folgende Weise:

Der Hauptmaschinensatz wird durch Regelung der Wasserturbine auf Drehzahl gebracht und dann durch Betätigung des Anfahrschalters $A$ eine Batterie in den Stromkreis zwischen Haupterregermaschine und Induktor des Synchrongenerators eingeschaltet. Für solche Zwecke kann man je nach Größe des Maschinensatzes Starterbatterien, wie sie für das Anwerfen von Fahrzeugmotoren verwendet werden, gebrauchen. Es sei in diesem Zusammenhang auf diesbezügliche Veröffentlichungen verwiesen ([2], [3], [11]). Der Synchrongenerator wird mit Hilfe der Starterbatterie erregt, so daß, wenn auch zunächst nur mit verminderter Spannung, auch der Motor des Erregerumformers ein Antriebsmoment entwickelt und hochzulaufen beginnt. Von da ab liefert der Erregergenerator, der seinerseits durch die Hilfserregermaschine erregt wird, eine zusätzliche Spannung für die Erregung, so daß schließlich an den Klemmen des Hauptgenerators eine für den Betrieb des Erregerumformers erforderliche Spannung vorhanden ist. Ist dieser Zustand erreicht, so wird, ohne den Erregerkreis zu öffnen, durch kurzzeitiges Überschalten über einen Widerstand die Batterie aus dem Erregerkreis herausgenommen. Damit ist der Anfahrvorgang beendet, und die normale Regelung kann einsetzen. Die soeben beschriebene Schaltung für den Antrieb von getrennten Erregerumformern hat aber im laufenden Betrieb noch folgende Nachteile:

Treten im Netz, das von dem Wasserkraftwerk gespeist wird, Kurzschlüsse auf, besonders solche mit weitgehender Spannungsabsenkung, so kann der Motor des Erregerumformers leicht sein Kippmoment überschreiten und zum Stillstand kommen. Ein solches Verhalten ist für den Betrieb denkbar unangenehm. Zur Vermeidung derartiger Nachteile wurde die Schaltung nach Abb. 142 entwickelt (SSW). Man verwendet nach dieser Schaltung im Sternpunkt des Generators einen sogenannten Stütztransformator. Dieser besitzt eine Primärwicklung mit starkem Querschnitt und wenigen Windungen und eine Sekundärwicklung mit vielen Windungen. Sobald nun ein Kurzschluß vom Hauptgenerator gespeist

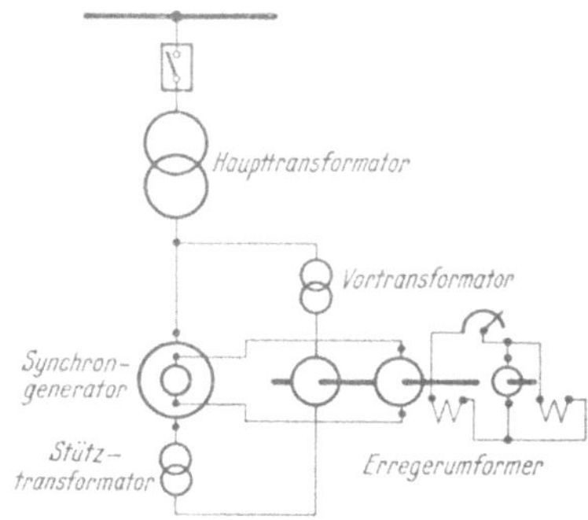

Abb. 142. Schaltschema eines Umformerantriebes mit Stütztransformator (SSW).

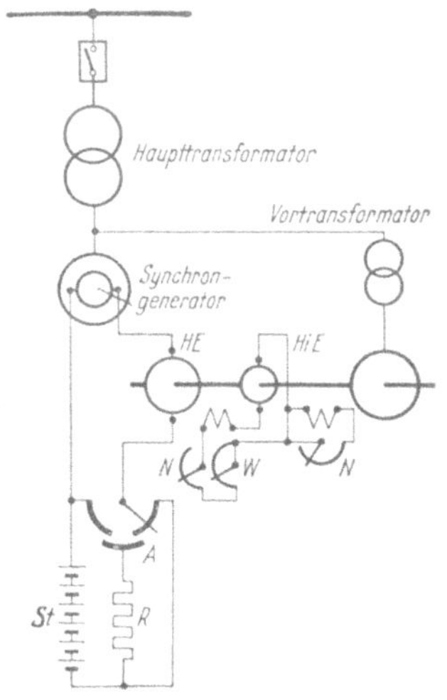

Abb. 141. Schaltschema zum Anlassen eines Erregerumformers durch Batterieerregung des Synchrongenerators (SSW).

*HE* Haupterregermaschine; *HiE* Hilfserregermaschine; *N* Nebenschlußregler; *W* Wälzregler; *A* Anfahrschalter; *R* Überschaltwiderstand; *St* Starterbatterie.

wird und damit die Stromstärke des Synchrongenerators angestiegen ist, gibt der Stütztransformator eine zusätzliche Spannung an seinen Sekundärklemmen ab. Diese Spannung erhöht die Spannung für den Antriebsmotor des Erregerumformers, so daß das oben erwähnte Kippen des Motors vermieden wird. Über die Auslegung solcher Stütztransformatoren und der übrigen Schaltelemente sei gleichfalls auf die schon erwähnten Arbeiten verwiesen. Diese Schaltung muß man etwas variieren, wenn z. B. zwei Generatoren einen Haupttransformator speisen oder zwei oder mehrere Generatoren einen Erregerumformer gemeinsam haben. Solche Schaltungen sind zwar komplizierter, gelegentlich ergeben sich aber niedrigere Anschaffungskosten. Die Stützschaltung kann dann aber auch noch angewendet werden. Der Stütztransformator muß dann mit seiner Primärwicklung entweder in die Verbindung von den Generatorklemmen nach den Unterspannungsklemmen des Haupttransformators oder in den Sternpunkt des Haupttransformators eingeschaltet werden. Die erstgenannte Schaltung ist möglich, wenn der Haupttransformator auf der Unterspannungsseite eine Dreieckschaltung hat. Hat er Sternschaltung, dann kann der Stütztransformator ebenso ausgeführt werden, als ob er für Einschaltung in den Generatorsternpunkt bestimmt wäre. Grundsätzlich ist auch eine Einschaltung des Stütztransformators in den Sternpunkt der Oberspannungswicklung des Haupttransformators möglich. Die hier zusätzlich erwähnten Auslegungsmöglichkeiten von Stütztransformatoren sind aber wegen der höheren Isolationsbelastung weniger erwünscht.

Man muß also auch aus diesem Grunde sorgfältig abwägen, ob die soeben erwähnten Anlässe für die Verlegung des Stütztransformators aus dem Generatorsternpunkt an eine andere Stelle genügende Vorteile anderer Art mit sich bringen. Gemeinsame Erregung von zwei oder mehr Generatoren aus einem Umformer bedingt z. B. auch Hauptstromregler, die umfangreich und teuer sind. Aus diesem Grunde hat man von einer solchen Art der Erregung auch oft Abstand genommen. Eine Entscheidung ist aber auch hier nur auf Grund aller örtlichen Gegebenheiten möglich.

Für die praktische Ausführung kommt in den meisten Fällen eine Kombination der Schaltungen nach den Abb. 141 und 142 in Frage. Zur besseren Übersicht wurden die beiden Funktionen (Anlassen und Verwendung von Stütztransformatoren) nicht in einem Schaltschema vereinigt.

Zum Antrieb von getrennten Erregerumformern wurde von SSW noch eine weitere Schaltung angegeben, die in Abb. 143 gezeigt wird. Nach diesem Vorschlag ist auf der Hauptmaschinenwelle außer dem Hauptgenerator noch ein Hilfsgenerator angebracht. Ein solcher Drehstromsynchron-Hilfsgenerator ist oft leichter aufzubauen als eine Gleichstromerregermaschine. Die in Abbildung 143 als Wellengenerator bezeichnete Maschine dient ausschließlich zur Speisung des Antriebsmotors für den Erregerumformer. Eine solche Einrichtung kann man als elektrische Welle bezeichnen.

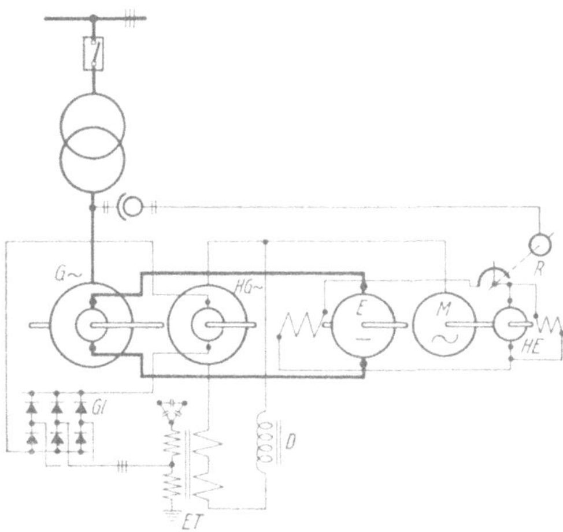


Abb. 143. Resonanzerregung, durch elektrische Welle angetriebener, getrennter Erregerumformer, Drehstromhilfsgenerator auf gleicher Welle mit Hauptgenerator (SSW).
*G* Hauptgenerator; *HG* Hilfsgenerator, Wellengenerator; *M* Asynchronmotor, Wellenmotor; *E* Haupterregermaschine; *HE* Hilfserregermaschine; *ET* Erregertransformator; *D* Drossel; *Gl* Gleichrichter.

Während des Betriebes kann im Gegensatz zu der Schaltung nach Abb. 141 bei Kurzschlüssen der normale Betrieb des Erregerumformers kaum beeinflußt werden. Da sich unsere Diskussion ausschließlich auf langsam laufende Vertikal-Wasserkraftmaschinen bezieht, wird bei Kurzschlüssen infolge des hohen Schwungmomentes kaum eine nennenswerte Drehzahlverminderung eintreten, zum mindesten nicht plötzlich, so daß der Wellengenerator auch bei Kurzschlüssen mit kaum veränderter Spannung und Leistung weiterläuft. Der Betrieb des Erregerumformers bleibt also ungestört und kann auch seine Regelfunktionen ungehindert ausführen. Den Wellengenerator könnte man beim Anlassen an sich auch durch eine verhältnismäßig klein bemessene Hausbatterie erregen und erst später auf die Eigenerregung über Gleichrichter umschalten, nachdem der Erregerumformer hochgelaufen ist. Um aber von einer solchen Schaltung unabhängig zu sein, wurde die in Abb. 143 gezeigte Resonanzschaltung entwickelt. In den Sternpunkt des Wellengenerators ist zu diesem Zweck ein Erregertransformator eingeschaltet, der für die Erregung des Wellengenerators nach Gleichrichtung die nötige Spannung gibt. Wird der gesamte Maschinensatz hochgefahren, so entsteht infolge des vorhandenen Schwingungskreises aus Drossel und Kondensatorbatterie bei einer Teildrehzahl, die etwa 30 Perioden entspricht, eine Resonanzspannung, die nach Gleichrichtung eine genügend hohe Erregung für den Wellengenerator gibt. Auf diese Weise wird erreicht, daß der Erregerumformer, ohne daß Schalthandlungen unternommen werden müssen, beim Anfahren mit hochläuft. Die elektrische Welle, die hier verwendet wird, ist ein erprobtes Energieübertragungsmittel und dürfte für den vorgenannten Zweck auch gut brauchbar sein. Die Ausführung ist robust. Die elektrische Welle enthält keinerlei Schalter oder Sicherungen, und der Anfahrbetrieb ist für das Bedienungspersonal genau so einfach, als wenn es sich um einen Generator mit aufgebauter Erregermaschine handelte.

# Literaturverzeichnis.

[1] ANDRITZKY: Wirtschaftlichkeit des Hilfsmaschinenantriebes durch Dampfturbinen oder elektrische Motoren. Elektrizitätswirtsch. Bd. 38 (1939) Heft 6 S. 135/39.

[2] BAUER, S., u. M. TUNKEL: Erregerumformer an Stelle aufgebauter Erregermaschinen für vertikale Wasserkraftgeneratoren. Elektrotechn. u. Masch.-Bau Bd. 57 (1939) S. 285.

[3] BAUER, S., u. A. TIMASCHEFF: Stützschaltung für Asynchronmotoren zum Antrieb von Erregerumformern. Elektrotechn. u. Masch.-Bau 59. Jg. (1941) Heft 37/38 S. 421—430.

[4] BÖHM: Die Elektrotechnik im Industrie-Höchstdruck-Kraftwerk. Elektrotechn. u. Masch.-Bau 62. Jg. (1944) Heft 1 u. 2.

[5] ELLRICH: Der Eigenbedarf von Dampfkesselanlagen. Mitt. Ver. Großkesselbes. 1939 Heft 73 S. 196—206.

[6] FEHST, G.: Dampfangetriebene Kesselspeisepumpen im Wärmekreislauf von Hochdruckanlagen. Arch. Wärmew. Bd. 19 (1939) S. 329.

[7] FIEGUTH: Aus der Projektionsarbeit an Eigenbedarfsanlagen in Dampfkraftwerken. Elektrotechn. u. Masch.-Bau 61. Jg. (1943) Heft 15/16 S. 157—162.

[8] FIEGUTH: Zur zweckmäßigen Auswahl elektrischer Maschinen und Hilfsmittel für den Eigenbedarf in Dampfkraftwerken. Siemens-Z. Bd. 23 (1943) Heft 3 S. 71—77.

[9] GIES: Sichtwirkung der Rauchgase und Grundsätzliches über Entstaubungsgrad mechanischer und elektrischer Rauchgasentstauber. Braunkohle 1940 Heft 10 S. 52.

[10] GROPP, F.: Anschaffungskosten elektrischer Antriebe. Wärme Bd. 61 (1938) S. 250.

[11] JAKOBI, H., u. A. TIMASCHEFF: Netzunabhängiges Anlassen von Erregerumformern. Elektrotechn. und Masch.-Bau 60. Jg. (1942) Heft 15/16 S. 153—166.

[11a] JANSEN, K.: Die Pulviskupplung. Schlägel u. Eisen 1950 Nr. 3.

[12] KAISSLING u. ROGGENDORF: Der Eigenbedarf beim Dampfkraftwerk im Rahmen des gesamten Entwurfes. ETZ 61. Jg. (1940) Heft 20 u. 21.

[13] KAISSLING u. KAHLERT: Eigenbedarfsanlagen unter dem Gesichtspunkt des Wärmekreislaufes. Arch. Wärmew. Bd. 22 (1941) Heft 1 S. 3—5.

[14] KAISSLING u. KAHLERT: Eigenbedarfsanlagen mit Turbinenantrieb für ein Kondensationswerk. Arch. Wärmew. Bd. 22 (1941) Heft 3 S. 55—60.

[15] KAISSLING: Die räumliche Gestaltung größerer Dampfkraftwerke. Elektrizitätswirtsch. 41. Jg. (1942) Heft 3.

[16] KLINGENBERG: Bau großer Elektrizitätswerke. Berlin: Springer 1924.

[17] KNOWLTON, A. E.: Standard handbook for electrical engineers, McGraw-Hill Book Company, eight edition, New York 1949 Section 12 § 409—420.

[18] KUGEL, F.: Die Turboregelkupplung im Kesselhaus. Wärme 58. Jg. (1935) Nr. 48. — Strömungsgetriebe und Strömungskupplungen. Anwendungsgebiete der Strömungsgetriebe und Strömungskupplungen. Glückauf Jg. 81/84 (1948) Heft 39/40 u. 41/42.

[18a] BECKER, R.: Stufenlos regelbare Antriebe in Kraftwerken. Die verschiedenen Bauarten Z. VDI Bd. 93 (1951) Nr. 19/20 S. 626/32.

[18b] BECKER, R.: Stufenlose Regelung in Kraftwerken. Betriebserfahrungen mit den verschiedenen regelbaren Antrieben Z. VDI Bd. 93 (1951) Nr. 27 S. 861.

[19] LEHMANN, W.: Die Elektrotechnik und elektrischen Antriebe. Berlin/Göttingen/Heidelberg: Springer 1948. — HOPFERWIESER, S. E.: Elektromotoren und elektrische Antriebe. Ein Hilfsbuch für die Erstellung von Motorenanlagen. BBC-Baden 1944. Vgl, auch [58].

[19a] Richter, R.: Elektrische Maschinen, Bd. 5. Stromwendermaschinen für ein- und mehrphasigen Wechselstrom. Regelsätze. Berlin/Göttingen/Heidelberg: Springer 1950.

[20] Liebegott: Wärme Bd. 62 (1939) S. 62.

[21] Marguerre, Fr., u. Fe. Marguerre: Maßnahmen im Großkraftwerk Mannheim zur Verbesserung der Wirtschaftlichkeit. BWK Bd. 2 (1950) Nr. 6 S. 170.

[22] Melan: Die Schaltungsarten der Haus- und Hilfsturbinen. Wien: Springer 1926.

[23] Melan: Die Hilfsturbine im Kraftwerksbetrieb. Elektr. u. Bergbau 1928.

[24] Melan: Hilfsbetriebe im Kraftwerksbau. Arch. Wärmew. 1933.

[25] Münzinger: Einige grundlegende Gesichtspunkte für das Entwerfen von Kraftwerken. AEG-Mitt. 1939, Beiheft „Das Kraftwerk".

[26] Münzinger: Dampfkraft, Berechnung und Verhalten von Wasserrohrkesseln, Erzeugung von Kraft und Wärme. Berlin/Göttingen/Heidelberg: Springer 1949.

[27] Musil: Die Gesamtplanung von Dampfkraftwerken. Berlin: Springer 1948.

[28] Pfleiderer: Industriekraftwerke. Z. VDI Bd. 86 (1942) S. 529 u. 571.

[29] Philippi: Planung von Eigenbedarfsanlagen im Kraftwerksbetrieb. ETZ 37. Jg. (1938) S. 394.

[30] Queisser: Die Grundlagen der Energieversorgung des Eigenbedarfs. Arch. Wärmew. (1939) Heft 5 S. 125—128.

[31] Roggendorf: Schäden an Turbogeneratoren. Elektrotechnik Bd. 2 (1948) Nr. 8 S. 209 bis 214.

[32] Roggendorf: Sicherung des Eigenbedarfs von Kraftwerken durch Umschaltung. Elektrotechnik Bd. 4 (1950) Nr. 5 S. 169—173.

[33] Schröder: Der innere Aufbau von Dampfkraftwerken. Wärme 69. Jg. (1936) Nr. 9.

[34] Schröder: Der äußere Aufbau von Dampfkraftwerken. Wärme 59. Jg. (1936) Nr. 10.

[35] Schröder: Der innere und äußere Aufbau von Dampfkraftwerken. ETZ 58. Jg. (1937) Heft 22 S. 595.

[36] Schröder: Planung und Gestaltung von Dampfkraftwerken. Z. VDI Bd. 85 (1941) Nr. 49/50.

[37] Schröder: Die Auswirkung energiewirtschaftlicher Einflüsse auf die Planung und Gestaltung von Dampfkraftwerken. Arch. Wärmew. Bd. 22 (1941) S. 205.

[38] Schröder: Planung und Gestaltung von Hütten-Dampfkraftwerken. Stahl u. Eisen Bd. 64 (1944) Heft 1/2.

[39] Schubert: Planungsgrundlagen für Rauchgasentstauber. Francksche Verlagsbuchhandlung 1940.

[40] Schult u. Langrehr: Eigenbedarfsanlagen für größere Dampfkraftwerke. AEG-Mitt. 1930 Heft 10, Beilage „Das Kraftwerk".

[41] Schult: Dampf- oder elektrischer Antrieb der Eigenbedarfsanlagen größerer Dampfkraftwerke. ETZ Bd. 52 (1931) Heft 35 u. 36.

[42] Schult: Bedeutung der Eigenversorgung im Rahmen der Gesamtplanung von Dampfkraftwerken. Elektrizitätswirtsch. Bd. 36 (1937) S. 292.

[43] Titze, F.: Die elektrischen Einrichtungen für den Eigenbedarf großer Kraftwerke. Berlin: Springer 1927.

[44] Wellmann: Neue Gesichtspunkte für die Einrichtung der Betriebsüberwachung von Kraftwerken. VDE-Fachber. Bd. 39 (1937) S. 150.

[45] Johnson, A. A., u. H. A. Thompson: Bus Transfer Tests on 2300 V Auxiliary System. Pwr. Plant (Engn.) Mai 1950 III S. 60.

[46] Fleck: Hochspannungs- und Niederspannungs-Schaltanlagen. Essen: W. Girardet 1950. Vgl. auch [55].

[47] Berkley, L. H., F. P. Fairchild u. P. A. Salmon: Sewaren Station. A Pioneer Power Plant. Westinghouse Engineer. Sept. 49.

[48] Levine, D. L., F. W. Beeman u. T. A. Le Clair: Chicago's New Ridgeland Station. Electr. Engng. Febr. 1951 S. 106.

220                     Literaturverzeichnis.

Während des Druckes bekanntgewordene Literatur:

[49] FLATT, F.: Antrieb der Hilfsmaschinen großer Hochdruck-Dampfkraftwerke, 4. Weltkraftkonferenz, London 1950 Sektion E 3 Bericht Nr. 6.

[50] FROST, A. C. H., u W. BRITTLEBANK: The control of Hydro-Electric Plant, The Proceedings of the Institution of electrical engineers Vol 98 (1950) Part I Nr 111.

[51] POHL, E.: Die Meßgeräte zur Betriebsüberwachung von Dampfturbinen. Elektrizitätswirtsch. 50. Jg. (1951) Heft 9 S. 344.

[52] SCHÖNE, O.: Kesselspeiseeinrichtungen, Berlin/Göttingen/Heidelberg: Springer 1951.

[53] SCHROEDER, G.: Die Technik der elektrischen Kesselregelung Siemens-Z. 25. Jg. (1951) Heft 4 S. 192.

[54] SCHRÖDER, K.: Die Weiterentwicklung des Dampfkraftwerkes Siemens-Z. 25. Jg. (1951) Heft 1.

[55] HOPPNER, A.: Handbuch für Planung, Konstruktion und Montage von Schaltanlagen. Brown, Boveri, Mannheim 1951.

[56] HESSE, H., O. RENNER und W.-O. SAFFIEN: Hochspannungs-Gleichrichteranlagen für elektrostatische Anwendungsgebiete. AEG-Mitteilungen 41 (1951) Heft 9/10 S. 257.

[57] KÜBLER, E.: Konstantstrom-, Verstärker- und Regelmaschinen für Gleichstrom (Metadyne, Amplidyne, Rototrol). ETZ 72. Jg. (1951) Heft 21 S. 623.

[58] SCHUISKY, W.: Elektromotoren, ihre Eigenschaften und ihre Verwendung für Antriebe. Wien: Springer 1952.

# Sachverzeichnis.